大数据技术与应用

能源大数据

楼振飞

主编

U0281908

上海科学技术出版社

图书在版编目(CIP)数据

能源大数据/楼振飞主编. —上海：上海科学技术出版社，2016.3
（大数据技术与应用）
ISBN 978 - 7 - 5478 - 2949 - 3

Ⅰ.①能… Ⅱ.①楼… Ⅲ.①能源—数据—研究
Ⅳ.①TK01

中国版本图书馆 CIP 数据核字(2016)第 006911 号

能源大数据

楼振飞　主编

上海世纪出版股份有限公司
上 海 科 学 技 术 出 版 社　出版
（上海钦州南路 71 号　邮政编码 200235）
上海世纪出版股份有限公司发行中心发行
200001　上海福建中路 193 号　www.ewen.co
苏州望电印刷有限公司印刷
开本 787×1092　1/16　印张 23
字数 580 千字
2016 年 3 月第 1 版　2016 年 3 月第 1 次印刷
ISBN 978 - 7 - 5478 - 2949 - 3/TP·38
定价：82.00 元

内容提要

本书具体介绍了能源大数据相关技术手段和可能的应用路线,对推动能源管理模式的创新发展、温室气体减排、节能低碳社会建设及新兴信息技术应用示范有着重要意义。

本书第1章和第2章论述了能源大数据的概论以及数据采集的方法,提出了能源大数据建设的核心理念、总体思想以及技术路径;第3、4、5章分别从政府、市场和企业的角度深入剖析各参与主体的角色和定位,以及能源大数据在各个主体的应用发展情况;第6~9章从主要耗能行业着手,对能源大数据在钢铁、石化、机械制造和电力行业的具体应用进行了系统的论述,并对典型的能源大数据案例进行了总结和描述。最后,第10章从平台思维的角度,论述了建立能源大数据公共服务平台的可行性和具体方案,为全社会能源大数据的整合和发展提供了新的思路。

本书的出版,可为政府部门制定能源管理政策提供参考,在能源管理中更好地应用大数据技术。本书的主要读者为各级政府部门能源管理的决策人员、企事业单位领导和动力部门,各节能服务机构、行业协会,关注能源形势及大数据发展的各界人士等,以及大专院校相关专业的师生。

大数据技术与应用

编撰委员会

本书编委会

丛书序

我国各级政府非常重视大数据的科研和产业发展,2014年国务院政府工作报告中明确指出要"以创新支撑和引领经济结构优化升级",并提出"设立新兴产业创业创新平台,在新一代移动通信、集成电路、大数据、先进制造、新能源、新材料等方面赶超先进,引领未来产业发展"。2015年8月31日,国务院印发了《促进大数据发展行动纲要》,明确提出将全面推进我国大数据发展和应用,加快建设数据强国。前不久,党的十八届五中全会公报提出要实施"国家大数据战略",这是大数据第一次写入党的全会决议,标志着大数据战略正式上升为国家战略。

上海的大数据研究与发展在国内起步较早。上海市科学技术委员会于2012年开始布局,并组织力量开展大数据三年行动计划的调研和编制工作,于2013年7月12日率先发布了《上海推进大数据研究与发展三年行动计划(2013—2015年)》,又称"汇计划",寓意"汇数据、汇技术、汇人才"和"数据'汇'聚、百川入'海'"的文化内涵。

"汇计划"围绕"发展数据产业,服务智慧城市"的指导思想,对上海大数据研究与发展做了顶层设计,包括大数据理论研究、关键技术突破、重要产品开发、公共服务平台建设、行业应用、产业模式和模式创新等大数据研究与发展的各个方面。近两年来,"汇计划"针对城市交通、医疗健康、食品安全、公共安全等大型城市中的重大民生问题,逐步建立了大数据公共服务平台,惠及民生。一批新型大数据算法,特别是实时数据库、内存计算平台在国内独树一帜,有企业因此获得了数百万美元的投资。

为确保行动计划的实施,着力营造大数据创新生态,"上海大数据产业技术创新战略联盟"(以下简称"联盟")于2013年7月成立。截至2015年8月底,联盟共有108家成员单位,既有从事各类数据应用与服务的企业,也有行业协会和专业学会、高校和研究院所、大数据技术和产品装备研发企业,更有大数据领域投资机构、产业园区、非IT

领域的数据资源拥有单位,显现出强大的吸引力,勾勒出上海数据产业的良好生态。同时,依托复旦大学筹建成立了"上海市数据科学重点实验室",开展数据科学和大数据理论基础研究、建设数据科学学科和开展人才培养、解决大数据发展中的基础科学问题和技术问题、开展大数据发展战略咨询等工作。

在"汇计划"引领下,由联盟、上海市数据科学重点实验室、上海产业技术研究院和上海科学技术出版社于2014年初共同策划了《大数据技术与应用》丛书。本丛书第一批已于2015年初上市,包括了《汇计划在行动》《大数据评测》《数据密集型计算和模型》《城市发展的数据逻辑》《智慧城市大数据》《金融大数据》《城市交通大数据》《医疗大数据》共八册,在业界取得了广泛的好评。今年进一步联合北京中关村大数据产业联盟共同策划本丛书第二批,包括《大数据挖掘》《制造业大数据》《航运大数据》《海洋大数据》《能源大数据》《大数据治理与服务》等。从大数据的共性技术概念、主要前沿技术研究和当前的成功应用领域等方面向读者做了阐述,作者希望把上海在大数据领域技术研究的成果和应用成功案例分享给大家,希望读者能从中获得有益启示并共同探讨。第三批的书目也已在策划、编写中,作者将与大家分享更多的技术与应用。

大数据对科学研究、经济建设、社会发展和文化生活等各个领域正在产生革命性的影响。上海希望通过"汇计划"的实施,同时也是本丛书希望带给大家一个理念:大数据所带来的变革,让公众能享受到更个性化的医疗服务、更便利的出行、更放心的食品,以及在互联网、金融等领域创造新型商业模式,让老百姓享受到科技带来的美好生活,促进经济结构调整和产业转型。

上海市科学技术委员会副主任
2015 年 11 月

前　言

随着"大数据"时代的到来,"数据"这种抽象的东西,在我们的日常生活中变得越来越具体和重要。能源行业作为关系国民生计的关键行业,在"大数据"时代也爆发出新的生命力,能源大数据呼之欲出。伟大革命先驱孙中山先生曾经说过:"世界潮流,浩浩荡荡;顺之则昌,逆之则亡",面对来势汹涌的能源大数据的发展和需求,《能源大数据》应运而生。

随着大数据技术在各领域的兴起,一些学者开始探索如何在能源管理领域应用大数据技术。工业企业作为经济与社会发展的基础,正在受到大数据的深刻影响,尤其是在我国大力提倡节能减排的今天,工业企业如何通过有效手段降低企业的能源消耗,提高能源利用效率,是政府与企业需要共同关注的焦点。大数据技术为企业进行能源优化配置、能源效率水平提升、优质服务和辅助社会管理提供了坚实的数据基础。可以说,大数据技术在工业企业的应用,对节能减排、建设资源节约型和环境友好型社会意义重大。

本书是国内第一本系统介绍大数据在能源行业应用的书籍,并得到了高校及研究院所著名学者、企业负责人以及政府领导的帮助和指导,是一本面向政府机关和管理部门、用能企业、供能企业的技术专著。

本书依据大数据的基础理论和发展逻辑,结合能源系统的现状,紧跟能源大数据的前沿应用,力求理论性、实践性和前瞻性的完美结合,深入全面地探索能源大数据的发展趋势。本书编者们通过艰苦的文献研究,及时跟踪国际最新的、有重要价值的国际研究报告、重要数据、行业最新进展等文献,从能源大数据概论、能源大数据应用、各参与主体的角色定位等不同的角度为读者展示了一幅浩瀚的大数据景观。本书在编写的过程中,编者十分重视深入企业和政府部门实地调研,获得了丰富翔实的第一手资料,让读者能够深入浅出地了解能源大数据如何影响能源行业发展,是本书的一大亮点。面对汹涌来袭的大数据,无论对于专业人士还是普通公众,本书无疑具有重要价值。

本书旨在推动中国能源大数据的建设和发展,论述能源大数据的理念、特点和建设的核心内容,为中国政界、产业界、教育界以及社会各界人士打开一扇了解"能源大数据"的窗户。在此,我们向为尽快把国内外最新、最权威动态成果介绍给读者而付出努力的各界人士,表示一并感谢。

作 者

目　录

第1章

能源大数据概述

1.1 大数据发展与能源信息化管理建设

大数据并非一个确切的概念。最初,这个概念是指需要处理的信息量过大,已经超出了一般计算机在处理数据时所能使用的内存量,因此工程师们必须改进处理数据的工具。这导致了新的处理技术的诞生,例如谷歌的 MapReduce 和开源 Hadoop 平台(最初源于雅虎)。这些技术使得人们可以处理的数据量大大增加。更重要的是,这些数据不再需要用传统的数据库表格来整齐地排列。

严格来说,到目前为止,"大数据"在学术界还没有一个统一的定义,大多数人比较认同的说法是,"超过典型数据库工具的硬件环境和软件工具所能获取、存储、管理和分析能力者"即被视为大数据。更为简单的说法是,"大数据"指的是无法以传统流程或工具所处理、分析的数据。

为什么以往的数据处理方式无法处理大数据? 这是因为在这些数据中,除了少部分是结构化(structured)数据外,其他绝大多数都属于半结构化(semi-structured)与非结构化(unstructured)数据。

结构化数据是指具有明确关联性定义的固定结构数据,也就是经过编码后存放在数据库应用系统内的数据。在以往的数据库应用中,"数据"必须完全以明确的预定格式被存放,通常是以表格的形式呈现。也就是说,数据库中的每一笔数据都要以事先设定好的格式按指定的顺序出现。以某企业的能源管理数据库为例来说明,该企业能源消耗计量的表格呈现形式如图1-1所示。

能源名称		计量单位	期初库存量	购进量		消费量				期末库存量	折标系数(等价)	折标系数(当量)
				实物量	金额(千元)	合计	工业生产消费量	用于原材料	非工业生产消费			
天然气(气态)		万立方米									12.99710	12.99710
汽油		吨									1.47140	1.47140
柴油		吨									1.45710	1.45710
电力		万千瓦时									3.00000	1.22900
能量合计	当量值	吨标准煤									1.00000	1.00000
	等价值	吨标准煤									1.00000	1.00000

图1-1 能源消耗计量表格形式

表格中的各项数据由人工录入后存入能源管理数据库中,供相关人员进行能耗数据的分析和处理。

半结构化数据既不同于表格型数据,又不同于纯文本型数据,例如 XML 或 HTML 格式的网页数据、电子邮件和电子文档等。虽然半结构化数据具有程序编码既定的逻辑和格式,但不容易被数据库分类存储和分析处理,尤其是其包含有许多不必要的格式不同的数据内容。

非结构化数据是指没有固定格式、难以用统一的概念或逻辑处理分析的数据,这类数据主要包括文件、图像、音频、影像等。单以文件为例,就有纯文本文档、Word 文件、PDF 文档等不同格式。

目前,大数据分析技术应用最成功的莫过于商业领域,一些大型的电商开始利用大数据分析打造实时、个性化的服务,比如通过消费者的网络点击流,来追踪个体消费者的行为,更新其偏好,并实时模拟后续的购买倾向。这种实时性的精准营销,不仅可预测客户再次光顾的时间,同时可以针对个人需求,促使客户购买高利润率的商品。

随着大数据技术在各领域的兴起,一些学者开始探索如何在能源管理领域应用大数据技术。工业作为经济与社会发展的基础,正在受到大数据的深刻影响,尤其是在我国大力提倡节能减排的今天,工业企业如何通过有效手段降低企业的能源消耗、提高能源利用效率,是政府与企业需要共同关注的焦点。大数据技术为企业进行能源优化配置、能源效率水平提升、优质服务和辅助社会管理提供了坚实的数据基础。可以说,大数据技术在工业企业的应用,对节能减排、资源节约型和环境友好型社会建设意义重大。

众所周知,大数据技术是一种数据处理手段,因此要发挥大数据的作用,必须依托相应完备的信息管理系统。尤其是将大数据技术应用到能源管理领域,则需要相关方建立相适应的能源管理系统(中心)(energy management system,EMS),以此来满足大数据技术实施前所必需的软硬件条件。目前,国际上对能源管理系统还未形成统一的定义。维基百科指出,能源管理系统属于计算机辅助系统范畴,用来监测、控制以及优化能源的转换、使用与回收,提高能源利用效率。其中监测与控制类似于常见的监视控制与数据采集系统(supervisory control and data acquisition,SCADA),优化功能常通过先进技术(先进控制、人工智能)实现。有时将 EMS 与 SCADA 分开表述,此时 EMS 不包括监视与控制功能,而更多的指发电或生产蒸汽控制,能源计划与调度。

美国国家可再生能源实验室(National Renewable Energy Laboratory,NREL)对能量系统集成(energy systems integration,ESI)进行了研究。能量系统不仅包括可再生能源、核能、化石能源等资源,还包括电、热、燃料等用于转换和传递能量的不同能量形式,以及能源和各种能量形式之间、能量系统与其他系统(数据与信息网络、水系统)之间的相互作用。ESI 正是在技术、经济、法规和社会方面对能量系统和相互作用进行分析、设计和控制,最优化能量系统及与能量系统相关的相互作用,提高能量系统的稳定性与效率,减少消耗,最小化对环境的影响。ESI 更加重视各能量系统之间及各能量系统和数据、信息网络、水系统之间的交互与集成。

加拿大自然资源部能源效率办公室指出,能源管理信息系统(energy management information system,EMIS)是全面能源管理程序(energy management program,EMP)的一个重要组成部分,是紧密集成到企业系统之中的用于过程监视、控制和信息管理的软件解决方案。它为能源审计提供支持,通过监控保证效率的实现与持续,对运行效率进行分析,为各部门提供有效报告。概括而言,EMIS 是整个过程效率管理系统中的能效管理部分。

我国工业和信息化部指出,能源管理系统是采用自动化、信息化技术和集中管理模式,对企业能源系统的生产、输配和消耗环节实施集中扁平化的动态监控和数字化管理,改进和优化能源平衡,实现系统性节能降耗的管控一体化系统。

虽然各能源管理系统的定义有所差异,但实质上可将能源管理系统分为两部分:一是基于 SCADA 系统的数据采集与监视控制部分;二是基于统计学、人工智能、优化算法等实现的分析与优化解决方案包。能源管理系统首先通过完善的数据采集网络获取过程的重要参数和相关能源数据,经过数据处理、转换、分析实现对过程能源的综合在线监控;然后与生产工艺相结合,通过能源系统平衡计算与能源负荷预测,提供实时动态能源平衡信息和能源使用计划;最后利用数据分析、人工智能、数学规划等技术实现能源的决策支持与优化调度。总之,能源管理系统是一个管控一体化系统,使用信息化与自动化技术,实现能源的集中监控与统一管理,最终促进能源管理水平和能源利用效率的持续提升,图 1-2 所示为某企业能源管理系统界面。

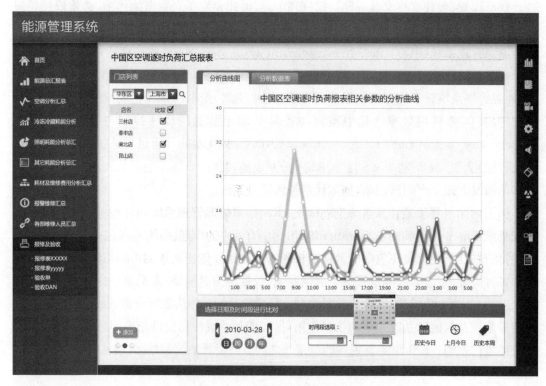

图 1-2 能源管理系统界面

能源管理系统在国外发展较早,特别是在日本、美国、德国等发达国家。20 世纪 60 年代中期,发达国家就开始研究能源管理系统,日本是最早开发能源管理系统的国家,其八幡制铁所开发了第一个能源管理系统,其他的还有歌山、鹿岛钢铁厂以及德国的布得鲁斯和蒂森钢铁厂能源管理系统等。早期的能源管理系统规模不大、功能不多,主要用来进行能源数据的采集和监控以及用能设备的控制。70 年代,分布式控制系统(distributed control system,DCS)和能源系统工程理论开始在能源管理系统得到应用,能源管理系统功能逐渐增强,加入了能源的投入产出、生产优化等功能。之后,在计算机、自动控制、数据库等技术飞速发展的推动下,能源管理系统技术日趋完善,分析决策系统、智能预测等广泛应用于能源管理系统中,能源管理系统技术也成了企业能源管理现代化的基本配置。近年,随着技术的成熟,出现了一些专门提供能源管理方案的专业公司,例如,Abraxas Energy Consulting 公司专门提供无线 EMS 解决方案,EnergyICT 公司提供完整软硬件解决方案,提供可选择的无线或有线数据传输方式等。

国内的能源管理系统研究起步较晚,始于 20 世纪 80 年代,起初主要应用于钢铁企业。目前,我国大约 15 家钢铁企业已经有自己的能源管理中心,例如宝钢、南钢、首钢、济钢等都建设有能源管理系统。我国最早的能源管理系统出现在宝钢公司,这也是一套比较成功的系统,它在一开始就采用能源集中管理的思想,辅以大规模计算机控制技术,建立了一个以模拟仪表为主的能源管理系统。济钢的能源管理系统主要包含五大部分:接口管理、计划过程管理、分析预测管理、生产调度运行管理和系统设置,此系统可以自动统计数据和生成各种报表等,满足济钢的能源管理需求。这些能源管理系统的建设,使企业获得良好的节能效果。宝钢的能源管理系统每年为企业节约 8.8 万 t 标准煤,约折合 2 530 万元。济钢利用能源管理系统的优化控制使焦炉能耗降低 1.5%～3%。这些成功的应用案例有效地促进了能源管理系统在国内的发展,并开始应用于其他部分高能耗企业,例如重庆卷烟厂、中国网通(集团)有限公司北京市分公司等也逐步建设自己的能源管理系统。经过 20 多年的发展,企业能源管理系统在国内已初具规模,但是仍存在一个很大的限制:应用行业不够广,能源管理系统仍旧主要应用在钢铁企业,其他的高能耗企业(如轮胎企业、电子企业等)应用不多,需要开发出具有一定通用性的能源管理系统。

由上述国内外能源管理系统发展现状来看,虽然能源管理系统已经在这些国家(地区)及大型工业企业中得到广泛推广和应用,但是仍有一定的局限性:一是功能比较单一,现有的能源管理系统大多仅具有实时的能源消耗计量和汇总输出功能,并不具备前瞻性的数据处理分析和面向需求的能效诊断等智能化管理功能,没有让监测到的数据发挥出实际应用价值;二是数据来源单一,目前大多数企业的能源管理系统的数据采集对象为系统边界内各个用能单位能源消耗统计,并没有对企业内部现有的一些管理信息系统(如 ERP、MRP 系统等)进行数据信息的整合利用,这对企业整体的生产和运营管理带来了一定的不便;三是能源管理系统较为独立,不具备一定的通用性,这在一定程度上阻碍了能源管理系统的进一步发展。

现在,国外一些组织和机构开始考虑通过引入大数据技术来拓展现有能源管理系统的功能,通过扩大数据来源并升级现有能源管理系统的功能,使其采集和监测得到的能源数据的价值最大化。

南加州爱迪生电力公司(Southern California Edison, SCE)是全美最大的电力公司之一,服务范围涵盖加州中部、南部和沿海地区,每天向500万用户供电,其中包括30多万家企业,服务总人口近1 400万人。2009年9月,在加州公共事业委员会授权下,SCE推出"Edison智慧连接"(Smart Connect)计划,预计在3年内协助500万用户改装智慧电表。用户不仅可以运用智慧电表调整用电模式,家中有电动汽车用户还可以在车库中装设家用充电装置,依据自己的使用需求向SCE订购充电模式,如夜间充电或白天充电、以110 W功率慢充或240 W功率快充等。对于目标是在2050年前将个人交通设备全面更换为零排放车辆的加州来说,此项计划预计将协助用户减少约100万kW·h的用电需求,相当于一座普通发电厂一天的发电量,而整个加州每年也将减排36.5万t的温室气体和排烟污染物,等于路上少了7.9万辆汽车。

未来,这项计划将结合第三方开发新的消费应用层面,例如帮助消费者进行在线用电管理,或是建立GPS和电表之间的联系,这样用户就可以在回家前20 min发送指令,预先打开家里的空调。对电力公司而言,智慧电网除了可以自动区分不同的电流,并收取不同的电费,甚至还能进一步自我修复故障,图1-3所示为智慧电网示意。以往,电力设施出现故障时,工人通常有两个选择:一是毫无头绪地搜索故障的根源所在地;二是等待使用者投诉,然后根据投诉人的位置确定大致的故障发生地。不过,无论是哪一种方法都非常耗时,因为传统的一个电网区域就广达方圆1.3万km²,只要一道闪电伴随着一声雷响划过天空,一根树干应声倒地,压倒了电线,就有可能造成数十万用户停电。通过智慧电网,以前需要

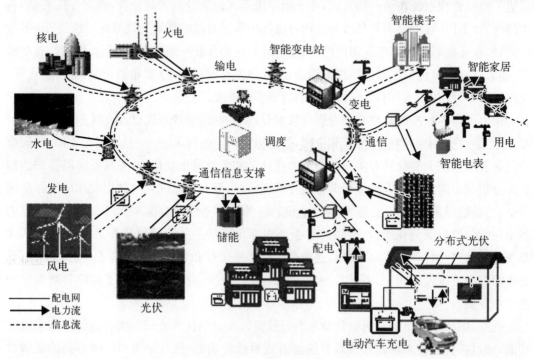

图1-3 智慧电网示意

好几个小时才能排除的事故,现在只需 10 s,电网就会通知总部哪些电线受到了影响,并且自动改变送电线路,恢复供电。系统还可以依据电路中断的情况通知总部事故发生的地点,以便尽快派遣维修工人前往修复。在饱受电网故障困扰的地区,缩短电力系统停运的时间可以节约数百万元的成本。

为应对电动汽车增多而开始实施的西北太平洋智慧电网示范项目(Pacific Northwest Smart Grid Demonstration Project)也是如此。原本美国政府和企业推动电动汽车是为了节能减排,但是隶属美国能源部的博纳维尔电力管理局(Bonneville Power Administration, BPA)却发现,傍晚通常是电力负载的高峰,因为这个时间大家下班回家开始做饭,并打开热水器或空调等多项用电设备。而且人们习惯下班后将电动车直接停进车库充电;如此一来用电量就会瞬间极高,很容易使得区域电网负载过重,可能得盖一座新电厂来支应这项新需求。

由于盖一座新电厂本身就是一次能源消耗,这样做就完全无法达到推动电动汽车以节能减排的目的,于是他们开始思考,怎样才能在不盖新电厂的情况下提高电网效率。BPA和巴特尔(Battelle)公司以及华盛顿大学合作研究发现,如果车主可以改在半夜的非高峰时段给电动汽车充电,就可以消化傍晚用电高峰时 70% 的电量负载,而且完全不用增建电厂。但是,总不能要求车主半夜起床给电动汽车充电吧。他们的解决办法是,针对美国 5 个州、6 万用户装设智慧电表。这种智能型电表借由感测、接收的用电量数据,帮助电力公司更有效地分配电力,不仅可以在用电高峰期提醒用户,建议关闭某几项用电量较高的如空调、干衣机等家庭电器,并依此给予电费奖励,更可以直接设定电动汽车的充电时间,鼓励用户将之设定在电费优惠的半夜时段。如此一来,BPA 就不必再随着尖峰爆量而筹盖新电厂,或至少可先在电网内进行适当调度,而把新电厂的投资往后延几年。建立一座新电厂从资本投入、营运到维持,通常需要耗资 6 亿～10 亿美元,可见省下的成本非常惊人。

1.2 能源大数据的信息资源

1.2.1 能源大数据信息简介

1989 年,我国建立了工业、交通运输业能源统计报表制度。工业企业、交通运输企业定期向行业主管部门、地方统计部门等能源管理机构报送能源统计报表,由国家统计局汇总并定期公布。除了国家统计局进行的能源消费统计外,钢铁、建材、化工、有色、电力、轻工、纺织、机械等主要耗能行业都建立了本行业的能源统计系统,建立了能源平衡表填报制度,规范了统计计算范围和口径,并组织对能源统计人员进行培训。80 年代至 90 年代初,这一能源统计系统的建立及其有效运作,对于全国各级政府、工业部门及时了解企业能源消耗情况和企业能源经济效益、剖析企业能耗升降原因和节能潜力、进行宏观节能决策和企业自身节能决策、促进企业不断降低能源消耗等方面,发挥了重要的作用。

在国家层级,1982 年国家统计局正式建立了专门的能源统计机构,逐步建立了国家能源统计制度,如建立了能源的投入与产出调查制度,地区能源平衡表的编制与报送制度,主要工业产品单位综合能耗调查制度,重点耗能工业企业能源购进、消费、库存的直接报送制度,能源统计制度日臻完善。在工业部门层级,各工业部门相应组织制定了能源管理、技术、产品标准和节能设计规范;建立了能源统计指标体系,编制了企业能源平衡表,通过部门统计汇总,定期上报国家有关节能主管部门。建立健全了各级节能机构,形成了两个"三级节能管理网",即国家、部门、省厅(局)三级节能管理网和企业三级节能管理网;多数企业特别是年耗能 1 万 t 标准煤以上的企业形成了企业、车间和班组三级节能管理网。

为了做好综合能耗考核和产品单耗考核,一方面,国家制定了 400 多项能源管理、技术和产品标准等;14 个主要耗能部门制定了 27 个节能设计规范;制定了比较符合我国实际的能源统计指标体系和实施方案,建立了重点企业能源消费报表、地区能源平衡表的制度。各工业行业分别制定了《企业能源平衡及能耗指标计算办法的暂行规定》,为落实主要产品的综合能耗考核创造了条件;冶金、轻工等部门还进一步制定了工序定额、工业窑炉分等、分级标准,加强了对企业和用能单位的能耗控制。另一方面,在企业特别是在近千家重点耗能企业中,普遍开展了能源计量、能量平衡测试、定额管理等基础工作,逐步加强了企业的能源管理。各工业部门普遍建立了企业能量平衡制度和企业能耗等级考核标准制度,使企业的能源消耗管理逐步步入科学管理和量化管理轨道。

企业能源统计是企业能源管理的重要内容,是编制企业能源规划的主要依据,又是政府监督管理企业能源使用、进行企业能源审计和企业能量平衡的基础性工作。20 世纪 50 年代起,我国一直实行单项能耗考核,这种考核办法对反映各行各业某一方面的能源消耗情况起了一定的作用,但不能反映整个生产过程中能源消耗的全面情况。为了加强能源管理和统一能耗计算方法,在原冶金部、原石油部试点的基础上,1981 年原国家计划委员会、原国家经济贸易委员会联合发布通知,对国家计划产品的能源消耗,在实行单项消耗定额考核的同时,要逐步实行综合能耗考核。综合能耗考核是把企业消耗的煤、电、油、气等各种能源都按热值换算成标准煤,确定一个综合能耗,并对企业生产过程中每道工序(工艺)所消耗的能源进行分析,找出同类企业不同工艺的可比因素,确定一个比较科学、便于评比的可比能耗以及相应的考核办法。综合能耗考核可以全面反映企业和产品的能耗情况,便于同国内外比较,从中分析能源使用中出现的问题,以便采取节能措施。

20 世纪 80 年代中期,国家颁布了《企业能源平衡及能耗指标计算办法的暂行规定》,并组织有关工业、交通运输业等耗能行业起草并出台了《企业能耗指标计算通则》。通过贯彻《企业能源平衡及能耗指标计算办法的暂行规定》和《企业能耗指标计算通则》,统一了主要耗能产品的统计范围和计算口径,使同类企业产品的能耗指标更具可比性。截至目前,我国主要产品综合能耗指标的统计口径和计算方法基本沿用过去制定的统计口径和计算方法,一些重点耗能企业主要产品综合能耗统计指标的定义及计算方法仍在继续使用。

GB/T 2589—2008《综合能耗计算通则》中对相关能源术语做出了明确的规定,具体如下:

1) 能耗指标术语和定义

(1) 耗能工质(energy-consumed medium)。在生产过程中所消耗的不作为原料使用、也不进入产品,在生产或制取时需要直接消耗能源的工作物质。

(2) 能量的当量值(energy calorific value)。按照物理学电热当量、热功当量、电功当量换算的各种能源所含的实际能量。按国际单位制,折算系数为1。

(3) 能量的等价值(energy equivalent value)。生产单位数量的二次能源或耗能工质所消耗的各种能源折算成一次能源的能量。

(4) 用能单位(energy consumption unit)。具有确定边界的耗能单位。

(5) 综合能耗(comprehensive energy consumption)。用能单位在统计报告期内实际消耗的各种能源实物量,按规定的计算方法和单位分别折算后的总和。对企业,综合能耗是指统计报告期内,主要生产系统、辅助生产系统和附属生产系统的综合能耗总和。企业中主要生产系统的能耗量应以实测为准。

(6) 单位产值综合能耗(comprehensive energy consumption for unit output value)。统计报告期内,综合能耗与期内用能单位总产值或工业增加值的比值。

(7) 产品单位产量综合能耗(comprehensive energy consumption for unit output of product)。统计报告期内,用能单位生产某种产品或提供某种服务的综合能耗与同期该合格产品产量(工作量、服务量)的比值。

(8) 产品单位产量可比综合能耗(comparable comprehensive energy consumption for unit output of product)。为在同行业中实现相同最终产品能耗可比,对影响产品能耗的各种因素加以修正所计算出来的产品单位产量综合能耗。

2) 综合能耗计算的能源种类

(1) 综合能耗计算的能源指用能单位实际消耗的各种能源,包括:① 一次能源,主要包括原煤、原油、天然气、水力、风力、太阳能、生物质能等;② 二次能源,主要包括洗精煤、其他洗煤、型煤、焦炭、焦炉煤气、其他煤气、汽油、煤油、柴油、燃料油、液化石油气、炼厂干气、其他石油制品、其他焦化产品、热力、电力等。

(2) 耗能工质消耗的能源也属于综合能耗计算种类。耗能工质主要包括新水、软化水、压缩空气、氧气、氮气、氩气、乙炔、电石等。

3) 综合能耗的计算范围

指用能单位生产活动过程中实际消耗的各种能源。对企业,包括主要生产系统、辅助生产系统和附属生产系统用能以及用作原料的能源。能源及耗能工质在用能单位内部储存、转换及分配供应(包括外销)中的损耗,也应计入综合能耗。

4) 综合能耗的计算

（1）综合能耗计算式为

$$E = \sum_{i=1}^{n} (e_i \, p_i) \tag{1-1}$$

式中，E 为综合能耗；n 为消耗的能源品种数；e_i 为生产和服务活动中消耗的第 i 种能源实物量；p_i 为第 i 种能源的折算系数，按能量的当量值或等价值折算。

（2）单位产值综合能耗计算式为

$$E_g = \frac{E}{G} \tag{1-2}$$

式中，E_g 为单位产值综合能耗；G 为统计报告期内产出的总产值或增加值。

（3）某种产品（或服务）单位产量综合能耗计算式为

$$e_j = \frac{E_j}{P_j} \tag{1-3}$$

式中，e_j 为第 j 种产品单位产量综合能耗；E_j 为第 j 种产品的综合能耗；P_j 为第 j 种产品合格产品的产量。

对同时生产多种产品的情况，应按每种产品实际耗能量计算；在无法分别对每种产品进行计算时，折算成标准产品统一计算，或按产量与能耗量的比例分摊计算。需要注意的是，产品单位产量可比综合能耗只适用于同行业内部对产品能耗的相互比较，计算方法应在专业中和相关的能耗计算办法中，由各专业主管部门予以具体规定。

5) 各种能源折算标准煤的原则

计算综合能耗时，各种能源折算为一次能源的单位为标准煤当量。用能单位实际消耗的燃料能源应以其低（位）发热量为计算基础折算为标准煤量。低（位）发热量等于 29 307 kJ 的燃料，称为 1 千克标准煤（1 kgce）。用能单位外购的能源和耗能工质，其能源折算系数可参照国家统计局公布的数据；用能单位自产的能源和耗能工质所消耗的能源，其能源折算系数可根据实际投入产出自行计算。当无法获得各种燃料能源的低（位）发热量实测值和单位耗能工质的耗能量时，可参照表 1-1 和表 1-2。

表 1-1　各种能源折标准煤参考系数

能 源 名 称		平均低位发热量	折标准煤系数
	原煤	20 908 kJ/kg(5 000 kcal/kg)	0.714 3 kg 标准煤/kg
	洗精煤	26 344 kJ/kg(6 300 kcal/kg)	0.900 0 kg 标准煤/kg
其他洗煤	洗中煤	8 363 kJ/kg(2 000 kcal/kg)	0.285 7 kg 标准煤/kg
	煤泥	8 363~12 545 kJ/kg (2 000~3 000 kcal/kg)	0.285 7~0.428 6 kg 标准煤/kg

（续表）

能 源 名 称	平均低位发热量	折标准煤系数
焦炭	28 435 kJ/kg(6 800 kcal/kg)	0.971 4 kg 标准煤/kg
原油	41 816 kJ/kg(10 000 kcal/kg)	1.428 6 kg 标准煤/kg
燃料油	41 816 kJ/kg(10 000 kcal/kg)	1.428 6 kg 标准煤/kg
汽油	43 070 kJ/kg(10 300 kcal/kg)	1.471 4 kg 标准煤/kg
煤油	43 070 kJ/kg(10 300 kcal/kg)	1.471 4 kg 标准煤/kg
柴油	42 652 kJ/kg(10 200 kcal/kg)	1.457 1 kg 标准煤/kg
煤焦油	33 453 kJ/kg(8 000 kcal/kg)	1.142 9 kg 标准煤/kg
渣油	41 816 kJ/kg(10 000 kcal/kg)	1.428 6 kg 标准煤/kg
液化石油气	50 179 kJ/kg(12 000 kcal/kg)	1.714 3 kg 标准煤/kg
炼厂干气	46 055 kJ/kg(11 000 kcal/kg)	1.571 4 kg 标准煤/kg
油田天然气	38 931 kJ/m³(9 310 kcal/m³)	1.330 0 kg 标准煤/m³
气田天然气	35 544 kJ/m³(8 500 kcal/m³)	1.214 3 kg 标准煤/m³
煤矿瓦斯气	14 636~16 726 kJ/m³ (3 500~4 000 kcal/m³)	0.500 0~0.571 4 kg 标准煤/m³
焦炉煤气	16 726~17 981 kJ/m³ (4 000~4 300 kcal/m³)	0.571 4~0.614 3 kg 标准煤/m³
高炉煤气	3 763 kJ/m³	0.128 6 kg 标准煤/m³
其他煤气 发生炉煤气	5 227 kJ/kg(1 250 kcal/m³)	0.178 6 kg 标准煤/m³
重油催化裂解煤气	19 235 kJ/kg(4 600 kcal/m³)	0.657 1 kg 标准煤/m³
重油热裂解煤气	35 544 kJ/kg(8 500 kcal/m³)	1.214 3 kg 标准煤/m³
焦炭制气	16 308 kJ/kg(3 900 kcal/m³)	0.557 1 kg 标准煤/m³
压力气化煤气	15 054 kJ/kg(3 600 kcal/m³)	0.514 3 kg 标准煤/m³
水煤气	10 454 kJ/kg(2 500 kcal/m³)	0.357 1 kg 标准煤/m³
粗苯	41 816 kJ/kg(10 000 kcal/kg)	1.428 6 kg 标准煤/kg
热力(当量值)	—	0.034 12 kg 标准煤/MJ
电力(当量值)	3 600 kJ/(kW·h)[860 kcal/(kW·h)]	0.122 9 kg 标准煤/(kW·h)
电力(等价值)	按当年火电发电标准煤耗计算	
蒸汽(低压)	3 763 MJ/t(900 Mcal/t)	0.128 6 kg 标准煤/kg

表1-2 耗能工质折标准煤参考系数

品 种	单位耗能工质耗能量	折标准煤系数
新水	2.51 MJ/t(600 kcal/t)	0.085 7 kg 标准煤/t
软水	14.23 MJ/t(3 400 kcal/t)	0.485 7 kg 标准煤/t
除氧水	28.45 MJ/t(6 800 kcal/t)	0.971 4 kg 标准煤/t
压缩空气	1.17 MJ/m³(280 kcal/m³)	0.040 0 kg 标准煤/m³
鼓风	0.88 MJ/m³(210 kcal/m³)	0.030 0 kg 标准煤/m³
氧气	11.72 MJ/m³(2 800 kcal/m³)	0.400 0 kg 标准煤/m³
氮气(做副产品时)	11.72 MJ/m³(2 800 kcal/m³)	0.400 0 kg 标准煤/m³
氮气(做主产品时)	19.66 MJ/m³(4 700 kcal/m³)	0.671 4 kg 标准煤/m³
二氧化碳气	6.28 MJ/m³(1 500 kcal/t)	0.214 3 kg 标准煤/m³
乙炔	243.67 MJ/m³	8.314 3 kg 标准煤/m³
电石	60.92 MJ/kg	2.078 6 kg 标准煤/kg

目前,国家、地方、企业等各级系统所具有的能源统计功能,仅仅是反映能源的综合平衡,即能源资源与使用的平衡,不具备反映和监测能源动态供需、能源市场运行状况的功能。企业能源统计不具备反映能源利用效益的功能。反映能源利用效益方面的指标主要是与经济产出相关的能源消耗强度指标,如万元总产出能源消耗、万元 GDP 能源消耗等,过去企业的能源平衡表中没有此项指标。关于产品单耗指标,以前在工业经济技术指标中有比较完善的统计,但受1998 年政府机构改革、职能调整的影响,一些工业行业协会已无法通过既有渠道获得资料。在国家统计方面,1992—1994 年国家统计局建立了产品综合能耗指标统计内容,但在以后的统计方法制度改革中被取消。同时,目前的能源统计还不具备为能源排放统计提供具体服务的功能,其原因:一是目前能源消费的行业分类方法不适应能源排放统计的需要,能源排放统计需要的能源消费行业分类方法是以产品的生产活动为原则来进行行业分类,而现行的能源消费行业分类方法则是以"工厂法"为原则进行行业分类;二是目前的产品分类太少、太粗,远不能达到能源排放统计对产品分类的要求;三是缺少按耗能设备划分的消费分组,燃烧方式不同、设备不同,则排放因子不同,因此能源消费按耗能设备分组,是一项重要,不可缺少的指标分组。

随着经济社会的高速发展,在国家对能源的需求日益增加的背景下,节能减排事业的形势不容乐观,以人工进行能源管理的传统方式已无法满足国家在节能减排领域的更高要求。在大数据技术等信息化手段不断发展的今天,通过大数据技术助力节能减排将成为未来节能减排发展的新路径。当前,工业企业在能效对标、节能改造技术方面仍有较大发展空间,通过建立能源大数据平台,可以有效地推动节能改造技术、工艺工序、管理水平等节能措施、理念的发展和提高。

要想通过大数据技术实现能源管理的智能化、自动化,首要的问题就是如何能实时地

采集到系统平台所需的各种能源数据。根据统计学原理,能源在用能单位内部流动的过程
及其特点,可划分为能源购入储存、加工转换、输送分配和终端使用四个环节进行能源统
计,其能源流动如图 1-4 所示。

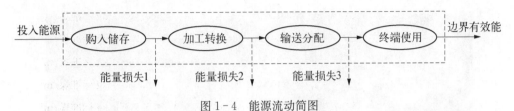

图 1-4　能源流动简图

从图 1-4 中可以看出,在能源流动过程中不可避免地伴随着一定量的能量损失,因此
精准有效地获取各环节的能源数据是保证能源大数据平台发挥实际功能的先决条件。

按照能源的物理形态,可将能源简单地分为:固体能源(如煤、焦炭、煤制品等),液体能
源(如汽油、柴油、煤油等),气体能源(如天然气、焦炉煤气、炼厂干气等),特殊能源(如电
力、核能等)。针对不同物理形态的能源,可采用不同的计量器具来测量。目前,已有成熟
的计量仪器可实现能源数据的实时采集。

图 1-5 所示为固体流量测量仪,通过皮带秤等衡器的称重积算仪,累计煤量转化为电
信号输出,在获得通信协议后,可以接入相应的现场数据采集器,实现无线数据传输。

图 1-5　固体流量测量仪

图1-6所示是液体流量计,它与气体流量计原理类似,输送管道连接液体流量积算仪,具备4~20 mA电流信号输出和RS-485信号输出,在获得不同积算仪厂家的通信协议后,可以接入相应的现场数据采集器,实现无线数据传输。

图1-6　液体流量计

图1-7所示是电力数据采集仪器,需要对输电线路进行智能化改造,在电力线路上加装互感器、变送器、智能电能表或电力仪表等,连接现场数据采集器,通过RS-485接口连接电力公司加装在用电大户的负荷控制终端,获取企业电能数据,一般用于企业二、三级电力能源计量。

需要注意的是,电力能源作为主要的二次能源,是所有工业企业生产过程中必须使用的一种能源。其利用高效、配置优化、服务便捷,对节能减排、资源节约型和环境友好型社会建设意义重大。基于大数据的理念开发出的电力计量系统为电力资源优化配置、能源效率水平提升、优质服务和辅助社会管理提供坚实的数据基础和提升空间。目前,各国针对电力能源的计量都开展了相关研究。

高级计量体系(advanced metering infrastructure, AMI)基于开放式双向通信平台,结合用电计量技术,以一定的方式采集并管理电网数据,最终达到智能用电的目标。AMI是

图 1-7　智能电能表、电力仪表

智能电网发展的关键技术之一,是实现网络互动、优化资源配置、提高用电安全性的基础。AMI 的研究与实践重点在于实现高级计量、双向互联、实时通信、质量监控、故障自检、智能控制、停电管理等核心功能。同时,为满足不同用户的多元化功能需求,需要为应用系统建立相应的接口,是实现特殊功能的扩展。

2010 年,欧盟启动了为期 3 年的"智能电力网项目",共有 18 个欧洲国家计量研究所和 4 个大学/研究中心参与该项目,旨在开发计量测量结构系统,促进智能电网的可观性和可控性,为智能电网在欧洲的实施提供技术支撑。该项目包括一系列智能计量技术研发,为确保供电安全和电网稳定、电网质量、维护商业各方之间的公平贸易提供必要的技术保障。

美国能源部为了鼓励电力节能,开发测试完成了电力安全控制系统软硬件的通信技术,并确保这些技术符合相关标准;邀请美国计量机构参与国家电力服务试点实验室,帮助美国赢得全球电力市场;建立智能电网中发电和配电过程的计量模型,促进智能电网更加可靠、高效和安全运行。

2010 年,中国计量科学研究院实施"高压电能计量标准及其量值溯源的研究"项目,其目标就是针对高压电能计量中急需解决的计量标准和量值溯源技术问题,通过高压大电流标准功率源和高压大电流标准表的技术研究,建立高压电能计量标准装置,解决高压电能整体量值溯源问题;建立高压电能溯源体系,为高压电能测量结果的可比可溯源提供技术、物质和管理保障。

结合国内外 AMI 技术的研究进展,需要进一步加深多功能智能电表的研制,促进用户参与需求响应和电力市场；进一步建立统一共享的数据平台，积极开展AMI组网方式和通信技术的研究。电能测量结构的量值溯源是实现智能电网AMI系统功能的保障，而AMI系统的构建要求也推动智能技术在电能计量领域的应用，从而进一步促进计量装置的更新换代。

1.2.2 能源大数据信息特征与价值

能源大数据的数据来源不仅仅是采集企业能源数据，还包含了企业的生产数据、经济数据、用能设备数据等多方面的数据源。这些数据都直接或间接地反映了企业的生产状况、能耗状况、经营状况等。

图1-8 能源大数据特征示意

能源大数据的特征可以概括为"3V"和"3E"，如图1-8所示。其中"3V"分别是体量大（volume）、类型多（variety）和速度快（velocity），"3E"分别是数据即能量（energy）、数据即交互（exchange）、数据即共情（empathy）。如仅从体量特征和技术范畴来讲，能源大数据是大数据在各个行业的聚焦和子集。但能源大数据更重要的是其广义的范畴，其超越大数据普适概念中的泛在性，有着其他行业数据所无法比拟的丰富的内涵和专用特性。

（1）体量大。体量大是能源大数据的重要特征。随着工业企业信息化快速建设和智能电力系统的全面建成，企业能源数据的增长速度将远远超出企业能源管理系统（中心）的预期处理能力。以发电侧为例，电力生产自动化控制程度的提高，对诸如压力、流量和温度等指标的监测精度、频度和准确度更高，对海量数据采集处理提出了更高的要求。就用电侧而言，一次采集频度的提升就会带来数据体量的"指数级"变化，见表1-3。

表1-3 表计数量与采集频率决定的数据量变化

表计数量	采集频率15 min	采集频率1 min	采集频率1 s
10 000	32.61 GB	489.0 GB	114.7 TB
100 000	326.1 GB	4.8 TB	1.1 PB
1 000 000	3.1 TB	47.7 TB	11.2 PB

对于政府或企业主管部门来说，一个地区的全部工业企业，其表计数量就很可观，仅电力能源一项就会带来大量的能源计量数据。

（2）类型多。能源大数据涉及多种类型的数据，包括结构化数据、半结构化数据和非结构化数据。随着工业企业能源管理系统(中心)视频应用不断增多,音视频等非结构化数据在全部能源数据中的占比进一步加大。此外,能源大数据应用过程中还存在对行业内外能源数据、天气数据等多类型数据的大量关联分析需求,而这些都直接导致了数据类型的增加,从而极大地增加了能源大数据的复杂度。

(3) 速度快。主要指对能源数据采集、处理、分析速度的要求。鉴于能源管理系统(中心)中某些业务对系统处理时限的要求较高,如电力能源数据的实时处理就是以"1 s"为目标,因此需要能源管理系统(中心)有较快的响应及数据处理分析能力,这也是能源大数据与传统的事后处理型的商业大数据、数据挖掘间的最大区别。

(4) 数据即能量。能源大数据具有无磨损、无消耗、无污染、易传输的特性,并可在使用过程中不断精炼而增值,可以在保障能源大数据平台用户利益的前提下,在能源管理系统(中心)各个环节的低耗能、可持续发展方面发挥独特而巨大的作用。通过节约能量来提供能量,具有与生俱来的绿色性。能源大数据应用的过程,即能源数据能量释放的过程,从某种意义上讲,通过能源大数据分析达到节能减排的目的,就是对能源基础设施的最大投资。

(5) 数据即交互。能源大数据以其与国民经济社会广泛而紧密的联系,具有无与伦比的正外部性。其价值不局限于工业内部,更体现在整个国民经济运行、社会进步以及各行各业创新发展等方方面面,而其发挥更大价值的前提和关键是能源数据与行业外数据的交互融合,以及在此基础上全方位对能源数据的挖掘、分析和展现。

(6) 数据即共情。企业的根本目的在于创造客户、创造需求、创造效益。能源大数据平台的应用必然会联系千万家厂矿企业及政府机构等部门,通过对政府部门和企业用户需求的充分挖掘和满足,建立情感联系,为广大能源数据用户提供更加优质、安全、可靠的能源大数据服务。

能源大数据没有一个严格的标准限定多大规模的数据集合才是能源大数据。作为重要的基础设施信息,能源大数据的变化态势从某种程度上决定了整个国民经济的发展走向。如将能源数据单独割裂来看,其仅仅是企业进行能源管理的一种手段,则能源数据的大价值无从体现。传统的商业智能(business intelligence,BI)分析只关注单个领域或主题的数据,这造成了各类数据之间强烈的断层。而大数据分析则是一种总体视角的改变,是一种综合关联性分析,发现具有潜在联系之间的相关性。注重相关性和关联性,并不仅仅囿于行业内的因果关系,这也是能源大数据应用与传统数据仓库和 BI 技术的关键区别之一。

能源大数据是能源变革中工业信息技术革新的必然过程,而不是简单的技术范畴。能源大数据不仅仅是技术进步,更是下一代智能化能源管理系统(中心)在大数据时代下价值形态的跃升(图 1-9)。人类社会经过工业革命两百多年来的迅猛发展,能源和资源的快速消耗以及全球气候变化已经上升为影响全人类发展的首要问题。传统投资驱动、经验驱动的快速粗放型发展模式,已面临越来越大的社会问题,亟待转型。

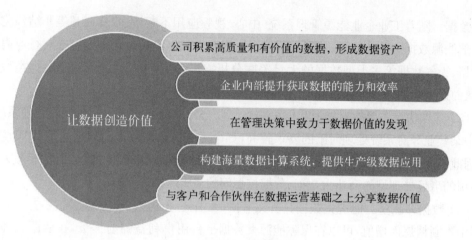

图 1-9 能源大数据的价值

能源大数据通过对能源管理系统(中心)生产运行方式的优化、对间歇式可再生能源的消纳以及对全社会节能减排观念的引导,能够推动工业企业由高耗能、高排放、低效率的粗放发展方式向低耗能、低排放、高效率的绿色发展方式转变。

以电力行业为例,基于电力能源的大数据分析技术可以有效提升电力生产、传输和终端使用的能效。电力需求侧管理是在政府法规和政策的支持下,通过有效的激励和引导措施,配合适宜的运作方式,促使电力公司、能源服务公司、中介机构、节能产品供应商、电力用户等共同努力,在满足同样用电功能的同时,提高终端用电效率和改善用电方式,减少电量消耗和电力需求,实现能源服务成本最低、社会效益最佳、节约资源、保护环境、各方受益所进行的管理活动。

目前,能源大数据平台的应用还面临多方面的技术挑战:

(1) 数据质量的挑战。高质量的数据是能源大数据应用的基础。数据准确性、完整性不高,将影响决策分析的质量,甚至产生错误的决策建议。

(2) 多数据融合的挑战。多数据融合是能源大数据应用的关键。长期以能源信息系统为主的信息化建设,导致企业内部一些生产、运营的数据及社会发展的宏观经济数据等外部数据与企业的能源管理数据相互独立,这对能源大数据平台来说会形成信息孤岛。为破除信息孤岛的数据壁垒,需要融合能源生产、传输、利用,生产、设备运行和社会宏观经济发展状况等有关数据。通过大数据分析技术挖掘出能服务于国家、社会和企业的有价值能源数据信息。

(3) 数据可视化信息传递的挑战。能源大数据的可视化是数据价值传递的最有效、最直观的方式,能源大数据中蕴藏着能源生产和服务经济社会发展的规律和特征,一般较抽象,难以发现。大数据可视分析将易于大数据规律的发现,展示海量数据中的特征和规律,便于数据价值的传递与知识的分享。

(4) 大数据存储与处理的挑战。能源大数据对数据存储与计算能力需求巨大。能源大数据对多个数据源的结构化和非结构化数据进行分析处理,需要存储海量的数据,并提供快速的计算能力。分布式数据存储和计算是解决能源大数据存储和计算的有效途径。

1.3 能源大数据应用意义

能源大数据应用的最终目的是通过采集以企业能源流数据为主的各种与能源相关的数据,建立面向企业能源流和跨行业能源流的能源大数据分析研究与应用平台。构筑国家或地区间能源大数据生态系统,进行面向政府服务到面向企业与社会服务的转型。通过深入分析、挖掘能源生态系统内各种可能存在价值的数据,提供面向企业个体、面向产品整个产业链以及面向工业产业各层次在能源、环境、经济和可持续发展等方面的决策支持、优化评价和预测咨询服务,并积极探索形成创新的能源服务模式,实现对企业自身能源管理、节能潜力挖掘,以及政府部门工业节能管控、能源利用水平的持续提高、节能低碳社会建设的良好助推作用,获得经济效益和社会效益的双赢。

1) 在工业用能企业服务方面

(1) 通过能效对标等方式有效提升企业能效水平。通过能效对标、智慧能源管控、能效提升专家系统切实提升企业能效。提供主要装置、工序、通用设备、产品单耗等方面的对标标杆数据,由数据处理与分析模块和能效提升专家系统模块自动找出差距,分析原因,并提供详细的技术可行性方案、经济性分析等企业关心的潜在能效项目方案,起到实时能源审计和专家现场诊断的作用,便于企业实施能效项目和优化用能管理。

(2) 有效地优化企业自身的用能管理。工业能效大数据平台建设同时所开发的企业用能管理软件,可有效地帮助企业进行用能管理。为增强分布式智慧能源系统的针对性,还将针对不同的行业开发不同的版本,便于企业依据自身情况进行针对性管理,并发现自身在用能管理中的不足,发掘自身节能潜力,基于此,企业自身的用能管理水平将得到较大的优化。

(3) 方便企业对接政府。企业可依据此管理软件,快速地生成相关报告、报表,简化企业的人力管理,对于企业对接政府,提供了极大的便利。

以发电企业为例,在能源大数据系统平台的建设过程及功能服务方面,对发电企业的帮助有以下几点:

(1) 提升机组能效水平。通过能源大数据平台的建设,将不同电厂的能源数据导入数据库,进行横向和历史纵向比较,经过专家库找出其他机组与标杆机组在能源管理、运行技术等方面的差距,并进行能耗数据对标,提出经济技术可行、针对性更强的优化用能管理方案和节能技术改造项目。通过分析机组不同能耗数据以及挖掘不同指标的关联性,努力挖掘薄弱环节节能潜力点,使电力生产的设备、工艺工序尽量达到最优用能水平,指导企业进行有效能源管理,进一步刷新供电煤耗、机组效率等指标。

（2）指导企业宏观决策，减少企业管理工作。电厂作为用能大户和碳排放大户，其用能指标或节能指标以及碳排放指标均受政府相关部门的严格考核控制，通过能源大数据平台相关功能对电厂的用能和碳排放进行预测预警，为企业留下了时间缓冲带，并经数据库的智能支持，为企业提供部分解决方案。此外，大数据平台自动生成相关报表提供给节能主管部门，减少了企业管理工作。

（3）锻炼电厂本身节能服务人才队伍，培育自身节能服务产业。在能源大数据平台建设过程中，通过电厂员工对平台建设提出的调研需求、使用以及后期的能效分析和优化用能方案的提出等环节进一步锻炼了电厂的节能服务队伍能力，并可向其他相似电厂或企业提供节能服务，培育了自身的节能服务产业。

2）在节能服务机构服务方面

（1）有助于节能服务机构对服务对象的发掘。能源大数据分析可以及时发掘出能效水平较低、亟待进行节能技术改造的一批用能企业，大数据的分析结果对节能服务机构与工业用能企业的对接起到了极好的媒介作用。对于推广合同能源管理机制，通过市场化手段推进全社会实现节能化发展具有重要的意义。

（2）对节能服务机构所服务的行业进行有效导向。通过对企业的用能情况分行业进行大数据分析，可以及时发掘出能效水平较低、亟待提升能效的相关行业，节能服务企业可有针对性地研究发展对于这些行业的节能技术改造方案，并大力推广，使得工业用能企业和节能服务机构在此过程中获得双赢。

（3）有助于节能技术的推广。该平台还将收集汇总一批节能改造技术方案，通过该平台分享、发布，对节能服务机构的节能改造工作及先进节能技术的推广具有极好的推动作用。

（4）有助于在节能服务机构、研发机构和用能单位之间架起桥梁，将大数据分析的成果和用能单位需求共享给节能服务企业和研发机构，以便更好地服务用能单位及促进节能服务研发行业的发展。

3）在政府服务方面

（1）能源大数据平台收集、整合的工业用能数据，可以推动大数据产业在能源领域的进一步发展和完善，为建立智慧型工业奠定良好的数据基础。

（2）有助于政府整合地区内工业历史用能数据，进一步深入挖掘能源数据所蕴含的潜在价值，分析工业各行业的用能趋势、规律及产业结构调整成效，进行能耗和碳排放的预测预警，并为政府部门节能目标分解、落实、考核提供政策支撑。此外，项目的建设将有助于政府及相关单位的信息化人才培养，建成后将减少目前的人工工作量，提高工作效率。

（3）促进服务政府向服务社会的职能转变。有助于工业主管部门发现用能单位的节能潜力点，指导企业进行合理用能，优化用能管理，并提供可复制、可执行的节能技改方案，产业转型服务；同时，有助于政府对金融投资机构进行导向，形成新的产业形态，如能源交易市场、碳排放权交易市场等。

◇参◇考◇文◇献◇

［1］ 维克托·迈尔-舍恩伯格,肯尼思·库克耶. 大数据时代:生活、工作与思维的大变革［M］. 盛杨燕, 周涛,译. 杭州:浙江人民出版社,2013.

［2］ 胡世忠. 云端时代杀手级应用:大数据分析［M］. 北京:人民邮电出版社,2013.

［3］ 吴波. 造纸过程能源管理系统中数据挖掘与能耗预测方法的研究［D］. 广州:华南理工大学,2012.

［4］ 杨文人. 基于能耗预测模型的能源管理系统研究与实现［D］. 广州:华南理工大学,2013.

［5］ 国家标准化管理委员会. GB/T 2589—2008 综合能耗计算通则［S］. 2008.

第2章

能源数据的采集、传输、存储和分析处理

2.1 能源数据采集技术

2.1.1 能源数据的采集

1) 数据采集

随着用能企业业务的不断转型与升级,对信息化服务商的要求日益提高。用能行业的全面解决方案应包括众多方面,例如:

(1) 财务管理解决方案。主要包括用以满足销售侧、需求侧和辅业三大领域企业,以财务资源管控为核心的企业集团管控财务软件;适用于农村电网、电力多经等细分领域的通用型财务软件。

(2) 电力行业专业软件解决方案。主要包括设备资产管理、电力供应链管理(如燃料、物资)、电力安全管理、电力企业班组管理,能够与财务资源管控软件实现无缝集成、业务财务一体化,用以减少电力行业客户的重复投资,并降低项目的风险。

(3) 基础业务平台。由流程引擎、规则引擎、行为引擎、单据引擎、业务组件仓库、业务建模工具、客户化开发工具、业务模式数据库(电力行业管理对象、管理业务、管理关系)等引擎、规则、工具组成,用于支撑电力行业财务管理解决方案和业务解决方案一体化开发、运行与维护。

(4) 系统集成服务。随着高端定制化项目增多,信息化系统应该可以对组成系统的各个部件或子系统进行综合集成服务,并具有较高的项目管理能力,成熟的集成产品提供能力、集成开发服务能力、现场集成实施及测试能力等。

用能行业的众多解决方案,导致能源数据的采集很难形成一个统一的接口和标准,针对目前电力行业信息化发展的情况,可以从以下三个方面对电力数据进行采集:

(1) 能源管理中心的管理平台。从重点用电单位管理平台采集用能企业的能源数据,包括定期和不定期的能源消耗、指标完成、能源利用状况报表、能源审计报告、产品限额自查报告,以及节能技改、节能整改方案等。

(2) 企业能源管理中心。对于已建有能源管理中心的企业,可通过相关数据对接协议,从这些企业的能源管理中心直接获取原始的能源消耗、生产状况等实时数据。

(3) 软件客户端。企业通过产品用能限额、能源状况利用等客户端软件将数据录入,或通过在线监测系统直接将数据与平台对接,之后,数据经过管理人员的后台审核,剔除异常数据后,数据进入数据库。

以上三种数据采集方式获取的数据包含结构化数据、半结构化数据和非结构化数据。其中结构化数据主要是能源管理平台采集到的相关报表数据,如企业能源利用状况报表、温室气体排放报表、节能月报等。这些报表由企业电能管理负责人根据事先设计好的表格,将所要求的数据填入,因此采集到的数据格式和类型基本固定,属于结构化数据;半结构化数据和非结构化数据主要是能源管理中心的管理平台采集到的相关文字报告数据,如企业能源审计报告、产品限额自查报告等。这些报告含有大量文字和数据信息,没有固定的内容格式,因此属于半结构化数据或者非结构化数据。同时,软件客户端采集的数据来自企业计量仪表,此采集方式,首先通过企业的计量网络、能源拓扑结构图等技术来采集相关计量仪表的数据,然后客户端软件将采集到的部分半结构化数据或非结构化数据转化为结构化数据,基本形成了客户端软件和企业中心管理平台的数据分布式处理架构。

2) 数据脱敏

能源行业的发展对国家的经济建设起到重大作用,采集到的能源数据对能源行业的发展更是起到决定性的指导作用,因此能源数据的保密和安全至关重要。能源行业为进一步降低数据泄露的风险,已经将数据脱敏技术引入能源行业信息化管理系统。

数据脱敏是指,在保存数据原始特征的同时改变它的数值,从而保护敏感数据免于未经授权的访问,同时又可以进行相关的数据处理。用户可以在保留数据意义和有效性的同时保持数据的安全性,并遵从数据隐私规范。借助数据脱敏,信息依旧可以被使用并与业务相关联,不会违反相关规定,而且也避免了数据泄露的风险。数据脱敏可分为以下两种:

(1)动态数据脱敏。动态数据脱敏是在个体用户层面对数据进行独特屏蔽、加密、隐藏、审计或封锁访问途径的流程。动态数据脱敏解决方案是一个代理软件,安装在作为业务应用程序、报表和开发工具及数据库枢纽的单一服务器内。当应用程序请求通过动态数据脱敏层面时,该解决方案对其进行实时筛选,并依据用户角色、职责和其他 IT 定义规则屏蔽敏感数据。它还能运用横向或纵向的安全等级,同时限制响应一个查询所返回的行数。动态数据脱敏以这种方式确保业务用户、外部用户、兼职雇员、业务合作伙伴、IT 团队及外包顾问能够根据其工作所需和安全等级,恰如其分地访问敏感数据。

(2)静态数据脱敏或持久数据脱敏。静态数据脱敏在数据来源处永久修改数据。它主要用于处理静止的数据,例如,当把数据从一个生产数据库复制到另一个非生产数据库时,需要提前对这些数据进行脱敏,这种脱敏称为静态数据脱敏。使用静态数据脱敏方案的相关软件是一种高度可扩展的高性能静态数据脱敏软件,可帮助 IT 组织管理敏感数据的访问。该软件通过创建可在内部和外部实现数据安全共享,但无法识别数据的归属,进而防止了机密数据意外泄露。

2.1.2　能源数据采集技术的挑战及发展趋势

目前,能源数据采集面临的挑战主要有以下几个方面:

（1）数据质量低、可用性差。能源大数据是多源的，其形式是多模态的，多源和多模态的不确定性和多样性，导致数据的质量存在很大差异，直接影响数据的可用性。

（2）数据管控能力弱。数据管控能力直接影响数据分析的准确性和实时性。目前，能源行业数据在可获取的颗粒程度，数据的及时性、完整性、一致性等方面均比较差，数据源的唯一性、及时性和准确性亟须提升，部分数据尚需手动输入，采集效率和准确度还有所欠缺，行业中企业缺乏完整的数据管控策略、组织以及管控流程。

（3）数据共享程度低。由于网络技术、信息化技术等多方面的因素，能源信息采集系统获取的数据在智能电网中并未达到完全共享，数据在各自的系统中形成了很多信息孤岛。

针对上述能源数据采集技术所面临的挑战，在其发展趋势下，能源数据采集技术所包含的关键技术为：① 数据源的选择和高质量原始数据的采集方法；② 多源数据的实体识别和解析方法；③ 数据清洗和自动修复方法；④ 高质量的数据整合方法；⑤ 数据演化的溯源管理。

2.2 能源数据传输技术

随着现代通信、计算机、网络和控制技术的进步，信息技术运用领域的不断拓展，信息与能源数据的结合已成为一种必然的发展趋势。为加快能源用户用电信息自动采集系统的建设，国家电网公司提出在系统范围内能源用户实现"全覆盖、全采集、全预付费"的工作目标，积极推进营销计量、抄表、收费模式标准化建设和电网信息化建设，并将用电信息自动采集系统列为国家电网信息化建设的重要组成部分，用电信息采集的受重视程度比以往任何历史时期都要更加突出。同时，科研、设计、制造等设计的各级厂商和各级能源公司均投入大量的人力财力开展这方面的研究和实施工作。

从目前我国已建成的能源通信网络来看，是以光纤通信为主，微波、载波、卫星、无线公网等多种通信方式并存，分层分级自愈环网为主要特征的能源专用通信网络架构。在配电、用电领域，有电力负荷控制专用无线电频率 230 MHz，有电力线载波（power line carrier，PLC）等技术，应用于自动抄表、配网管理、用户双向通信等方面。

需要指出的是，我国目前的电力通信系统骨干网络基本实现了传输媒介光纤化，但是总体上仍呈现"骨干网强、接入网弱""高压端强、低压端弱"的特点，EMS 主站与配网基站信息传输（上行信道）的瓶颈已经消除，但"最后一公里"的下行信道却成为电力数据采集的最大瓶颈。本书中所展开讨论的电力能源数据传输方式也主要是针对下行信道的采集和传输。

2.2.1 能源数据传输方式

智能电网信息流的层次模型包括四个层次,即电网设备层、通信网架层、数据存储管理层、数据应用层,如图 2-1 所示。各个层次组成的信息支撑体系是坚强智能电网信息运转的有效载体,是坚强智能电网坚实的信息传输基础。

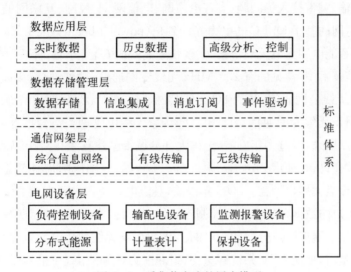

图 2-1 采集信息流的层次模型

在通信网架层中,从传输媒介的分类来看,电力能源数据传输技术可以分为有线通信和无线通信。在电力通信专网中,有线通信主要包括电力线载波通信和光纤通信等。

(1)电力线载波通信。电力线载波通信是电力系统传统的特有通信方式,它以输电线路为传输通道,具有通道可靠性高、投资少、见效快、与电网建设同步等优点,曾经是电力通信的主要方式。

但电力线载波通信的缺点也比较明显。由于受电力线强磁场干扰,噪声电平高;传输性能受电力线结构影响,电力线换位及线路故障会衰耗剧增;通道容量小,我国规定其频率使用范围在 40~500 kHz,音频范围窄。目前这种通信方式已逐步退出运行。

(2)光纤通信。光纤的传输频带宽、通信容量大,传输损耗低、中继距离长,线径小、重量轻。光纤原料为石英,节省金属材料,有利于资源合理使用;兼有绝缘高、抗电磁干扰性能强、抗腐蚀能力强、抗辐射能力强、可绕性好、无电火花和保密性强等优点。它一问世便在电力行业得以应用并迅速发展。除普通光纤外,一些专用于电力系统的特种光纤已被大量使用。

光纤通道可以开展光纤复合架空地线(optical ground wire,OPGW)、全介质自承式(all dielectric self-support,ADSS)光缆、光纤复合相线(optical phase conductor,OPPC)、光纤复合低压电缆(optical fiber composite low-voltage cable,OPLC)等多项特种应用,实现网络化、宽带化和综合化的目标,满足电力通信网络应用及用户需求。

光纤复合架空地线是在传统的输电地线、导线中融合光信息单元,是导线与特种光缆的高度融合和集成产品。光纤复合相线技术是 OPGW、ADSS 的延伸,实现电力通信从骨干输电网络延伸到配电网络,主要适用于 110 kV、35 kV、10 kV 等城网、农网通信改造及配网自动化系统。

通过 OPGW、ADSS、OPPC 等光缆解决骨干网、配电网电力通信技术,还需要解决用电侧"最后一公里"的接入问题。光纤复合低压电缆集电缆和光缆于一体,"一线四用"解决终端供电、信号传输、宽带接入等问题,实现电力网、电信网、电视网、互联网的"多网融合",可实现面向智能电网的基于 OPLC 的电力光纤到户(power fiber to the home,PFTTH)接入部署方案,推行智能电网光电无缝链接,实现快速高效的安装、开通、管理和维护。

在无线通信技术中,常见的有 230 MHz 无线专网通信、微波通信、无线局域网 WLAN 通信、2G/2.5G 无线公网通信、3G/B3G 无线公网通信、4G 无线公网通信等。

(1) 230 MHz 无线专网通信。自 1991 年国家无线电管理委员会批复电力负荷控制专用 230 MHz 频点以来,经过多年发展,全国大部分城市已建有 230 MHz 无线系统。系统以地市公司为单位建设,在地市公司主站附近建一主台站,在辖区随信号覆盖情况建设基站/中继站,实现地市级大用户覆盖。2005 年以前,县级电力公司主要选用 230 MHz 无线通信系统实现专变用户的数据采集与负荷控制等功能,具有投资少、建设周期短、维护简单等优点,非常适合应用于通信结点分散的配电网。230 MHz 无线数传电台也存在一些诸如传输速率低、实时性差、管理能力弱、系统容量小、组网能力弱等缺点,在很大程度上制约了该项技术的发展和应用。

(2) 微波通信。微波通信是使用波长为 0.1~1 000 mm 电磁波的通信。微波通信不需要固体介质,只要两点间直线距离内无障碍就可以传送微波。微波通信具有良好的抗灾性能,但微波经空中传送,易受干扰。由于在同一方向上不能使用一个以上的同频率的微波通信,所以微波电路必须在无线电管理部门的严格管理下进行建设。

(3) 无线局域网 WLAN 通信。WLAN 是在局部区域内以无线媒体或介质进行通信的无线网络。其传输媒介为射频无线电波和红外光波,具有灵活性、可伸缩性、经济性等优点;但又有可靠性受影响、宽带系统容量有限、兼容性、安全性等局限性。所以,需要设计者在研发过程中加以考虑,使用者在应用时加以克服和注意。

(4) 2G/2.5G 无线公网通信。2G 即第二代移动通信技术,以数字语音传输技术为核心,代表为 GSM。2.5G 是一种介于 2G 和 3G 之间的无线技术,可以提供更高的速率和功能,代表为 GPRS。GPRS 是一种分组交换系统,特别适用于间断的、突发性的或频繁的、少量的数据传输,也适用于偶尔的大数据量传输。在电力行业,通过租用运营商的通信系统,GPRS 技术可用于部分远程数据采集,例如配网自动化的数据采集。

(5) 3G/B3G 无线公网通信。国际电信联盟(International Telecommunication Union,ICU)一共确定了全球四大 3G 标准,分别是宽带码分多址(wide-band code division multiple access,WCDMA)、CDMA2000、时分同步码分多址(time division synchronous

code division multiple access，TD‐SCDMA）、全球微波互联接入（worldwide interoperability for microwave access，WiMAX）。WiMAX 又称 802.16 无线城域网。WCDMA、CDMA2000、TD‐SCDMA 三大标准已在我国三大运营商（中国联通、中国电信和中国移动）开始商用，三种技术都属于宽带 CDM 技术。3G 具有提供多速率业务、分组数据、载波间切换、快速功控、多用户检测等优点。TD‐SCDMA 在频率利用率、对业务支持方面具有灵活性；WCDMA 有较高的扩频增益，发展空间较大，全球漫游能力最强，技术成熟性最佳；CDMA2000 建设成本低。总之，三大技术各有优缺点，对于移动性要求不高的电力系统通信，这三大技术都有很大的发挥空间。

超三代移动通信系统 B3G（beyond third generation in mobile communication system）与 3G 技术相比，其有着更高的传输效率，更全的业务类型，更强的智能性、适应性和灵活性等。3G 技术在世界范围已大规模商用，不久的将来，B3G 技术的使用将使世界移动通信面貌焕然一新，在智能电网的实现中大有作为。

（6）4G 无线公网通信。4G 是集 3G 与 WLAN 于一体并能够传输高质量视频图像以及图像传输质量与高清晰度电视不相上下的技术产品。4G 系统被认为是基于 IP 的蜂窝系统；目前许多不同的 4G 空中接口正在接受检验，4G 系统必须是低成本的、不断提高服务质量（quality of service，QoS），一些可能的 4G 工具和技术包括：先进的天线技术、MIMO 技术、自适应、可重配置系统、无线接入技术、广播与蜂窝网络的结合。目前，4G 发展的趋势是多种技术的结合。4G 通信具有通信速度更快、网络频谱更宽、通信更加灵活、智能性更高、兼容性更平滑、提供各种增值服务、实现更高质量的多媒体通信、频率使用效率更高、通信费用更加低廉等优点。

随着信息通信技术（information and communication technology，ICT）、网络技术与自动化、生产、管理等应用正日益走向融合，信息通信技术是支撑智能电网的关键技术，对于用电信息采集系统也不例外。可以预见的是，电力数据采集系统的发展将会有以下趋势：

（1）230 MHz 无线专网。拥有国家无线电管理委员会批准专用的 15 对双工频点和 10 个单工频点构建数据通信资源，现在可采用新的单工/双工自组网技术，支持自动中继和路由功能，可充分利用频点资源，扩充系统容量，为电力大型专变用户提供用电信息采集和监控等服务。

（2）目前远程信道主要采用 GPRS/CDMA 和 230 MHz 专网方式，随着 3G、4G 新一代公网通信方式的发展，会衍生基于语音、照片、数据、视频的高速、大量数据的传输需求。

（3）电力系统接入点分散、环境复杂、接入点扩容变化大，建设用电信息采集系统需要一套技术先进、稳定可靠、扩展便捷、成本最优的通信接入系统。以太网无源光网络（ethernet passive optical network，EPON）作为全 IP 化宽带光纤接入系统，可以有星形、F 形、一字形等多种组网方式，能很好地满足电力系统接入需求。

（4）电力线宽带通信技术经多年发展，技术已趋成熟，电力线宽带抄表的实时性、远程控制能力、网络及设备管理能力可大力应用到电力用户用电信息采集系统；在条件不具备的地区,可考虑用电力线低压载波作为补偿。

(5) 大部分数据的采集采用基于开放标准的数字通信网,即基于 IP 的实时数据传输方式。多通道共用,提高通道利用率,可以和其他数据通信共用。为保证信息安全,用电信息采集设备特别是费控电能表考虑内置 ESRM 模块等安全芯片。

2.2.2 能源数据传输接口协议及标准

能源系统是一个复杂系统,以电力行业为例,其涉及发电、输电、变配电、用电以及信息安全等诸多环节,为保证安全、稳定运行,电力系统大量使用了网络通信与信息技术,实现了对生产与管理的信息收集与控制。目前,发电、输电、变配电、用电和调度系统各个环节都有网络通信技术对生产与管理进行支撑。现有的通信标准大多针对特定需求,在不同的历史阶段制定,种类很多。控制中心(能源管理系统 EMS)的软件接口标准遵循 IEC 61970或 IEC 61968 标准;控制中心与变电站之间遵循 IEC 60870 等标准;变电站自动化系统内部则遵循 IEC 61850 标准进行通信。

电力能源数据信息采集通常被划分到用电环节。从长期以来的用电网络建设来看,我国历史上电网缺电严重,加上"重发、轻配、不管用"的影响,用电系统的建设相对薄弱,自动化、信息化的程度相对较低,从时间上来看,在 20 世纪 90 年代全面推广应用电力负荷控制系统之后,才迎来了电力能源数据信息采集的快速发展时期。

随着电力负荷控制系统采集功能应用的逐步扩大,在大用户、台区监测及居民抄表应用中也部分投运了配变监测系统和居民集抄系统。但是,由于各系统分别建设,没有很好地整合各种系统资源,主站软件对多种信道的综合运用能力存在不足,目前应用的有230 MHz 无线专网、GPRS/CDMA 无线公网、电力线载波等,缺乏统一管理,存在重复建设、信道资源利用率低等问题。

针对这种情况,在国家电网公司主导下,电力行业标准化技术委员会修订了 DL/T 698《电能信息采集与管理系统》。它系统规范了电能信息采集的主站、信道、终端的功能、性能,其范围涵盖了所有上网关口、变电站关口和考核各类电力用户、公用配变的所有计量点,并可构成一个整体的从发电上网到用户消费的全过程电能信息采集。

2.2.2.1 电能信息采集与管理系统的架构

电能信息采集与管理系统的物理结构如图 2-2 所示。

从图 2-2a 可以看出,电能信息采集与管理系统的结构通常有三层。第一层是主站,是整个系统的管理中心,负责整个系统的电能信息采集、用电管理以及数据管理和应用等;第二层是数据采集层,负责对各采集点电能信息的采集和监控,包括各种应用场所的电能信息采集终端;第三层是采集点监控设备,是电能信息采集源和监控对象,如智能电表和相关测量设备、用户配电开关、无功补偿装置以及其他现场智能设备等。通信网络

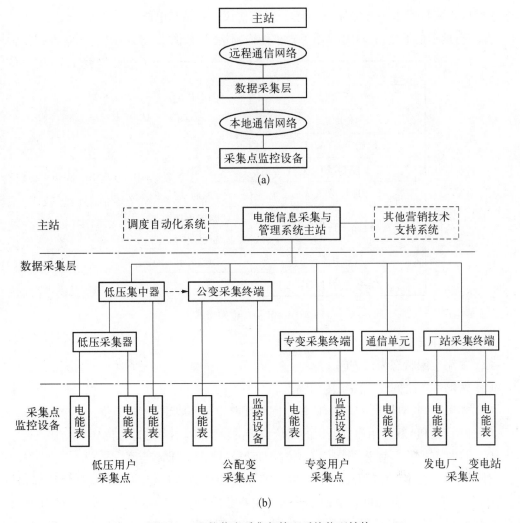

图 2-2 电能信息采集与管理系统物理结构

负责系统各层之间的数据传输,可以使用专用或公用、有线或无线通信网络等各种形式,从通信方向上可以分为数据采集层至主站的上行信道、数据采集层至采集点监测设备的下行信道。

需要说明的是,数据采集层的主体是电能信息采集终端,负责电能信息的采集、数据管理、数据传输以及执行或转发主站下发的各种控制指令。按照不同的应用场所,电能信息采集终端可以分为厂站采集终端、专变采集终端、公变采集终端和低压集中抄表终端(包括低压集中器和低压采集器等)几种类型,如图 2-2b 所示。

2.2.2.2 上行信道的通信协议

上行信道包括主站与电能信息采集终端之间的数据传输,以及主站与直接通信的电能表通信单元间的数据传输,这两种数据传输的通信协议目前都采用 DL/T 698.41—2010

《电能信息采集与管理系统 第 4-1 部分：通信协议—主站与电能信息采集终端通信》。

在上行信道的通信协议中，采用了异步传输帧格式，如图 2-3 所示。

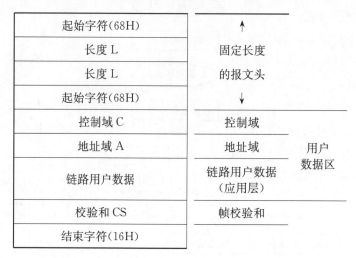

图 2-3 异步传输帧格式

定义了以下传输规则：

（1）线路空闲状态为二进制 1。

（2）帧的字符之间无线路空闲间隔。

（3）如按规则（5）检出了差错，两帧之间的线路空闲间隔最少需 33 位。

（4）帧校验和 CS 是用户数据区的八位位组的算术和，不考虑进位位。

（5）接收方校验。对于每个字符：校验启动位、停止位、偶校验位。

对于每帧：① 检验帧的固定报文头中的开头和结束所规定的字符以及规约标识位；② 识别 2 个长度 L；③ 每帧接收的字符数为用户数据长度 L1+8；④ 帧校验和；⑤ 结束字符；⑥ 校验出一个差错时，校验按规则（3）的线路空闲间隔；若这些校验有一个失败，舍弃此帧；若无差错，则此帧数据有效。主站和终端之间的传输服务被分为三种，见表 2-1。

表 2-1 主站和终端的传输服务

类 别	功 能	用 途
S1	发送 / 无回答	启动站发送传输，从动站不回答
S2	发送 / 确认	启动站发送复位命令，从动站回答确认
S3	请求 / 响应	启动站请求从动站的响应，从动站作确认、否认或数据响应

在协议中，将通信内容分为两大部分，即链路层和应用层，其中链路层规定了数据的长度、控制域和地址域，应用层规定了功能码、帧序列域、数据单元标识、数据单元格式、附加信息域。基本的原则是，链路层用来明确终端的地址、唯一性标识及主站和终端要进行的操作方向和命令内容，应用层用来响应请求、处理请求和按协议中规定的格式来传输数据，

适用于点对点、多点共线及一点对多点的通信方式,适用于主站对终端执行主从问答方式以及终端主动上传方式的通信。

2.2.2.3 下行信道的通信协议

下行信道主要指的是集中器与电能表之间的通信,或采集器之间的数据传输。协议中规定了主从结构的半双工通信方式,集中器为主动站,电能表或采集器为从动站。每个电能表或采集器均有各自的地址编码。通信链路的建立与解除均由集中器发出的信息帧来控制。每帧由帧起始符、从动站地址域、控制码、附加信息域、数据域长度、数据域、帧信息逐比特校验码及帧结束符 8 个域组成。每个域由若干字节组成。

下行信道的数据传输帧格式如图 2-4 所示。

说　　明	代　　码
帧起始符	68H
地址域	A0
	A1
	A2
	A3
	A4
	A5
帧起始符	68H
控制码	C
附加信息域	R
数据域长度	L
数据域	DATA
校验码	FCS
结束符	16H

图 2-4　下行信道数据传输帧格式

协议中对控制码进行了约定,明确了数据传输方向、从站应答标志,约定了读数据、读通信地址、写数据、广播校时、写地址、更改通信速率、清零等功能码。

同时,协议中对数据域进行了规范,约定数据域包含数据标识、密码、数据等,其结构随功能码不同而改变,传输时发送方按字节进行加 33H 处理,接收方按字节进行减 33H 处理。

在传输时,所有的数据项传输次序为先传送低位字节,后传送高位字节。每次通信都是由主动站向按信息帧地址域选择的从动站发出请求命令帧开始,被请求的从动站接收到命令后做出响应。

与上行信道通信协议相同的是,协议中同样对应用层中的数据格式进行了规范和约束,规定了数据传输中主站的控制码,以及从站的正常应答和异常应答。

2.3 能源数据存储技术

当前能源数据的存储管理技术主要包括:关系型和非关系型数据库技术,数据融合和集成技术,提取、转换和装载(extract,transfer,load,ETL)技术,能源数据统一公共模型等技术。虽然目前能源数据质量本身不高,准确性、及时性均有所欠缺,但是也对数据管理技术提出了更高的要求。

2.3.1 传统存储技术在能源行业中发展现状

在能源行业发展的早期,由于能源系统较小,对系统要求不高,数据信息量较少,且计算机网络技术还很不发达,采用单机或前置机-后台机方式对数据信息进行更改一般会引起程序的更改,极其不便。后来,随着自动化管理系统日趋庞大和复杂、功能不断完善,加之计算机网络技术快速发展,调度自动化、能量管理系统及信息管理系统等在能源行业中得到越来越广泛的应用。但是由于能源系统的复杂性,能源管理系统和自动化系统等均需对大量数据和信息进行综合处理,同时对数据信息的可靠性、一致性和共享性提出了更高的要求,因而促使能源行业必须以数据库管理系统作为支持。数据库系统功能的强弱直接影响整个能源系统功能的实现与否,成为建设能源管理系统和自动化系统的关键。

在能源行业的不断建设与发展中,能源设备状态信息数据量开始剧增,海量的数据存储和大规模数据分析使得传统数据库越来越难以适应能源企业信息化建设的需求。分析了传统能源调度数据库系统在决策分析应用等方面的不足,故提出了在现有数据库系统的基础上建立数据仓库的思想。数据仓库以改进后的数据库技术作为存储数据和管理资源的基本手段,以统计分析技术作为分析数据和提取信息的有效方法,通过人工智能、神经网络、知识推理等数据挖掘方法来发现数据背后隐藏的规律,实现从数据到信息再到知识的过程,从而为能源行业提供各种层次的支持。

随着信息化建设的进一步发展,能源行业对存储技术提出了更高的要求,在软件层需要解决新产生的结构化数据、半结构化数据、非结构化数据,并兼顾对遗留数据的管理,进而保证数据的可用性和正确性。在硬件层需要合理地利用底层的物理设备特性,满足上层应用对存储性能和可靠性的要求。传统的数据存储技术已无法满足现在能源数据的特点,不适应时代发展需求。在能源大数据的环境下,目前最实用的是分布式数据库与分布式文件系统。

2.3.2 分布式数据库

2.3.2.1 分布式数据库简介

1) 分布式数据库特性

分布式数据库是指利用高速计算机网络将物理上分散的多个数据存储单元连接起来组成一个逻辑上统一的数据库。分布式数据库产生于20世纪70年代，经过80年代的成长阶段，到了90年代已实现商品化，在21世纪得到大规模应用。其基本思想是将原来集中式数据库中的数据分散存储到多个通过网络连接的数据存储结点上，以获取更大的存储容量和更高的并发访问量。相对于中心数据库，分布式数据库具有以下特点：

(1) 降低了传送代价。因为大多数对数据库的访问操作都是针对局部数据库的，而不对其他位置的数据库进行访问。

(2) 数据独立性。除了数据的逻辑独立性和物理独立性之外，还有数据分布的透明性。即用户不用关心数据的逻辑分布、物理分布，在用户的应用程序中，如同操作一个集中式数据库。

(3) 集中和结点自治相结合。每个局部结点都有一个完全的数据库系统，各个局部结点的数据库管理系统(database management system，DBMS)可独立地管理局部数据库，同时又服从集中控制机制，支持全局的应用。

(4) 支持全局数据库的一致性和可恢复性。由于全局应用涉及多个局部结点上的数据，有全局事务的提交和回滚。

(5) 位置透明性。用户和应用程序无须知道所使用的数据存储位置。简化了应用程序的复杂性，即使存储数据的位置发生改变，应用程序也无须改变。

(6) 复制透明性。在分布式系统中，为了提高系统的性能和可用性，可把一个场地的数据复制到其他场地存放。应用程序执行时，如果使用复制到本地的数据，可以在本地数据库基础上运行，避免通过网络传输数据，提高了系统的运行和查询效率。但是，对于有复制数据的更新操作，涉及对所有复制数据库的更新。所谓复制透明性，是指用户不用关心数据库在网络中各个结点的复制情况，被复制数据的更新都由系统自动完成。

(7) 易于扩展性。在大多数网络环境中，单个数据库服务器最终无法满足需求。如果服务器软件能支持透明的水平扩展，可以通过增加多个服务器或处理器(多处理器计算机)来进一步分布数据和分担处理任务。

2) 分布式数据库系统结构

1986年C.J.Date提出了全功能分布式数据库系统的12条准则和目标，具体如下：

(1) 局部结点自治性。网络中的每个结点是独立的DBMS，有高度的自治性。

(2) 不依赖中心结点。每个结点有全局字典管理、查询处理、并发和恢复功能。

（3）可连续操作性。增加或撤销结点、动态地建立和消除片段，不中止服务。

（4）具有位置独立性（或称位置透明性）。位置独立性是指用户不必知道数据的物理存储地，可工作得像数据全部存储于局部场地一样。允许数据在不同的场地之间迁移，而不影响应用程序的执行和用户的操作。一般来说，位置独立性需要有分布式数据命名模式和数据字典子系统的支持。

（5）分片独立性（或称分片透明性）。大部分操作是局部的。分布式系统如果将给定的关系分成若干块或片段，每个片段存储在不同的结点上，可提高系统的处理性能。因为利用分片将数据存储在最频繁使用它的位置上，使大部分操作是局部操作，减少网络的信息流量。如果系统支持分片独立性，用户工作起来就像数据全然不是分片的一样。

（6）数据复制独立性。数据复制独立性是指将给定的关系（或片段）可在物理级用许多不同存储副本或复制品存储在许多不同场地上。支持数据复制的系统应当支持复制独立性，即数据复制透明性，使用户工作时就像它全然没有存储副本一样。这样，当增加或减少副本时，不影响终端用户和应用程序的操作。

（7）支持分布式查询处理。在分布式数据库系统中，有三类查询：局部查询、远程查询和全局查询。局部查询和远程查询仅涉及单个结点的数据（本地的或远程的），采用的是集中工作数据库的查询优化技术。而全局查询涉及多个结点上的数据，其查询处理和优化技术要复杂得多。

（8）支持分布式事务管理。支持分布式事务管理包括两个主要方面：恢复控制和并发控制，两者在分布式系统中都不同于集中式数据库系统。在分布式系统中，单个事务会涉及多个场地上的代码执行，会涉及多个场地上的更新。可以说，每个事务由多个"代理"组成，每个代理代表在给定场地上对给定事务的执行进程，属于同一个事务的两个代理之间不能发生死锁。在分布式系统中必须保证事务的所有代理，或者全部一致提交，或者全部一致撤销。

（9）具有硬件独立性。希望在不同硬件系统上运行同样的 DBMS 软件，使不同的计算机成为对等的合作者参与支持分布式的工作。

（10）具有操作系统独立性。希望在不同的操作系统上运行相同的 DBMS 软件。

（11）具有网络独立性。如果系统能够支持多个不同的场地，每个场地有不同的硬件和不同的操作系统，则要求该系统能支持各种不同的通信网络。

（12）具有 DBMS 独立性。实现对异构型分布式系统的支持。理想的分布式系统应该提供 DBMS 的独立性。

根据我国制定的《分布式数据库系统标准》，分布式数据库系统抽象为四层的结构模式，这种结构模式得到了国内外的支持和认同。四层模式划分为全局外层、全局概念层、局部概念层和局部内层，在各层间还有相应的层间映射。这种四层模式适用于同构型分布式数据库系统，也适用于异构型分布式数据库系统，如图 2-5 所示。

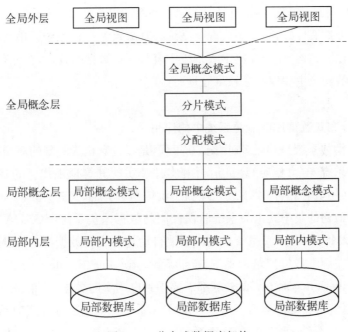

图 2-5 分布式数据库架构

(1) 全局外层。定义全局用户视图,是分布式数据库的全局用户对分布式数据库的最高层抽象。全局用户使用视图时,不必关心数据的分片和具体的物理分配细节。

(2) 全局概念层。定义全局概念视图,是分布式数据库的整体抽象,包含了全部数据特征和逻辑结构。与集中式数据库中的概念模式一样,是对数据库全体的描述。全局概念模式经过分片模式和分配模式映射到局部模式。分片模式是描述全局数据的逻辑划分视图,即根据某种条件的划分,将全局数据逻辑结构划分为局部数据逻辑结构,每一个逻辑划分成一个分片,在关系数据库中,一个关系中的一个子关系称为该关系的一个分片。分配模式是描述局部数据逻辑的局部物理结构,即划分后的分片的物理分配视图。

(3) 局部概念层。定义局部概念视图,是全局概念模式的子集。全局概念模式经逻辑划分后,被分配到各局部场地上,用于描述局部场地上的局部数据逻辑结构。当全局数据模型与局部数据模型不同时,还涉及数据模型转换等内容。

(4) 局部内层。定义局部物理视图,是对物理数据库的描述,类似于集中数据库的内层。

分布式数据库的四层结构及模式定义描述了分布式数据库是一组用网络连接的局部数据库的逻辑集合。它将数据库分为全局数据库和局部数据库。全局数据库到局部数据库由映射(1∶N)模式描述。全局数据库是虚拟的,由全局概念层描述;局部数据库是全局数据库的内层,由局部概念层和局部内层描述。全局用户只关心全局外层定义的数据库用户视图,其内部数据模型的转换、场地分配等由系统自动实现。

基于分布式数据库的架构,分布式数据库的优点为:① 具有灵活的体系结构;② 适应分布式的管理和控制机构；③ 经济性能优越；④ 系统的可靠性高、可用性好；⑤ 局部应用的响应速度快；⑥ 可扩展性好，易于集成现有系统。其缺点为：① 系统开销大，主要花在通信部分；② 复杂的存取结构，原来在集中式系统中有效存取数据的技术，在分布式系统中都不再适用；③ 数据的安全生和保密性较难处理。

2.3.2.2　分布式数据库在能源系统中的应用

电网调度自动化系统兴起于 20 世纪 60 年代，是以计算机为基础的新型电网控制技术，已成为保证电力系统安全、稳定、经济运行的支柱和实现其管理现代化的基础。在维持电网正常运行、加强用电管理、提供事故处理和决策依据等方面，经过 40 多年的发展，电网调度自动化系统由最初的集中式电力系统监视控制与数据采集系统（SCADA）演变为分布式SCADA/EMS/DMS。SCADA 系统是电力系统自动化的实时数据源，为 EMS 提供大量的实时数据。同时在调度员模拟培训系统（dispatcher training simulator，DTS）、管理信息系统（manage information system，MIS）等都需要用到电网实时数据，如果没有电网实时数据信息，所有其他系统都将无法运行。所以，SCADA 系统如何与其他非实时系统（DTS、企业MIS 系统、地理信息系统、水调度自动化系统、调度生产自动化系统以及办公自动化系统等）进行集成至关重要。

作为一个面向电力系统调度一体化的实时数据库，它除了应符合作为数据库的一般要求外，还需要满足电力系统的应用要求。因此，实时数据库应具备以下特点：

（1）数据访问快速，能满足系统的实时性要求。

（2）具备完备的数据处理和管理功能，有效的恢复和重载机制。

（3）满足电力系统网络分析的要求，确保数据的实时性和一致性。

（4）高效的数据分布性能，支持数据的分布存储和访问。

（5）多任务的并发处理机制。

（6）支持多个工程的数据库并存机制，数据库间的数据方便切换，以提高工程管理效率。

（7）支持数据库的镜像功能机制，满足不同应用间的数据快速切换。

（8）提供数据库访问的规范接口，具有良好的数据安全性。

（9）开放性好，提供与其他系统数据交换机制。

综上所述，电力系统的数据库应用技术有其特殊的行业特点，电力系统中 SCADA 实时要求以及传统的 MIS 数据可用性问题，都要求其底层数据库技术的改进。分布式数据库可完成将数据转换为信息并及时提供给电力系统管理阶层用户以实现决策支持的任务。

2.3.2.3　主流分布式数据库

分布式数据库的分类很多。为全面、系统地对分布式数据库进行分类，可采用分布式数据库的三个特征（分布性、异构性、自治性）来描述分布式数据库的类型。

　　分布性是指系统的各组成单元是否位于同一场地上。分布式数据库系统是物理上分散、逻辑上统一的系统，即具有分布性。而集中式数据库系统集中在一个场地上，所以不具有分布性。

　　异构性是指系统的各组成单元是否相同，不同为异构，相同为同构，异构主要包括：数据异构性指数据在格式、语法和语义上存在不同；数据系统异构性指各个场地上的局部数据库系统是否相同，如均采用 Oracle 数据库系统的同构数据系统，或某些场地上采用 Sybase 数据库系统，某些场地采用 Informix 系统的异构数据库系统；平台异构性指计算机系统是否相同，如均为微机系统组成的同构平台系统或由 VAX 或 Alpha 系统等异构平台组成的系统。

　　自治性是指每个场地的独立自主能力。自治性通常由设计自治性、通信自治性和执行自治性三方面来描述。根据系统自治性，可分为集中式系统、联邦式系统和多库系统。集中式系统即传统的数据库；联邦式系统是指实现需要交互的所有数据库对之间的一对一连接；多库系统是指若干相关数据库的集合。各个数据库可以存在同一场地，也可分布于多个场地。对多数据库系统进行管理的软件称为多数据库管理系统，多数据库管理系统是对一组自治的数据库进行管理，并提供透明访问。

　　根据上述分布式数据库的特征可对其进行分类，见表 2-2。

表 2-2　分布式数据库分类

存 储 类 型	存 储 系 统
行导向存储	MySQL，Oracle RAC，Voldemort
文档导向存储	MongoDB，SimpleDB，CouchDB 等
列导向存储	C-Store，SyBase IQ，BigTable，HBase
行列混合导向存储	Greenplum，Oracle Exadata 等
图形数据库	Neo4j，FlockDB，AllegroGraph 等
Key-Value 数据库	Dynamo，Apache Cassandra

1）文档导向存储

　　1989 年起，Lotus 通过其群件产品 Notes 提出了数据库技术的全新概念——文档数据库，它主要用来管理文档。文档数据库仍属于数据库范畴，它可以共享相同的数据，并且具有数据的物理独立性和逻辑独立性，数据和程序分离。但是文档数据库又别于传统的其他数据库，在传统的数据库中，信息被分割成离散的数据段，而在文档数据库中，文档是处理信息的基本单位。同时，文档数据库也不同于关系数据库，关系数据库是高度结构化的，而 Notes 的文档数据库允许创建许多不同类型的非结构化的或任意格式的字段，一个文档可以很长、很复杂，可以无结构，与字处理文档类似，一个文档相当于关系数据库中的一条记录。与关系数据库的主要不同在于，它不提供对参数完整性和分布事务的支持，但和关系数据库也不是相互排斥的,它们之间可以相互交换数据,从而相互补充、扩展。以下以 MongoDB 为例,对文档导向存储做进一步介绍。

MongoDB 是一个基于分布式文件存储的数据库,由 C++语言编写,旨在为 WEB 应用提供可扩展的高性能数据存储解决方案。它的特点是高性能、易部署、易使用,存储数据非常方便。MongoDB 服务端可运行在 Linux、Windows 或 OS X 平台,支持 32 位和 64 位应用,默认端口为 27017。其内部结构由以下几部分组成:

(1) BSON。在 MongoDB 中,文档是对数据的抽象,其表现形式为 BSON(binary JSON)。BSON 是一个轻量级的二进制数据格式。MongoDB 能够使用 BSON,并将 BSON 作为数据的存储存放在磁盘中。当客户端要执行写入文档、查询等操作时,需要先将文档编码为 BSON 格式,再发送给服务端。同样,服务端的返回结果也将编码为 BSON 格式再返回给客户端。使用 BSON 格式具有以下优点:

① 效率高。BSON 是为效率而设计的,它只需要使用很少的空间。即使在最坏的情况下,BSON 格式也比 JSON 格式处于最好的情况下存储效率高。

② 传输性高。某些情况下,BSON 会牺牲额外的空间让数据的传输更加方便。

③ 性能高。BSON 格式的编码和解码非常快速,而且它使用了 C 风格的数据表现形式,这样在各种语言中都可以高效地使用。

(2) 写入协议。客户端访问服务端使用了轻量级的 TCP/IP 写入协议。此协议是在 BSON 数据上做了一层简单的包装,其在 MongoDB Wire 中进行了详细介绍。

(3) 数据文件。在 MongoDB 的数据文件夹中(默认路径是/data/db)包含构成数据库的所有文件。每一个数据库都包含一个.ns 文件和一些数据文件,其中数据文件会随着数据量的增加而变多。数据文件每新增一次,大小都会是上一个数据文件的 2 倍,每个数据文件最大 2GB。这样的设计有利于防止数据量较小的数据库浪费过多的空间,同时又能保证数据量较大的数据库有相应的空间使用。

另外,MongoDB 会使用预分配方式来保证写入性能的稳定。预分配在后台进行,并且每个预分配的文件都用 0 进行填充。这会让 MongoDB 始终保持额外的空间和空余的数据文件,从而避免了数据增长过快而带来的分配磁盘空间引起的阻塞。

(4) 名字空间和盘区。每一个数据库都由多个名字空间组成,每一个名字空间存储了相应类型的数据。数据库中的每一个 Collection 都有各自对应的名字空间,索引文件同样也有名字空间。所有名字空间的元数据都存储在.ns 文件中。

(5) 内存映射存储引擎。MongoDB 目前支持的存储引擎为内存映射引擎。当 MongoDB 启动的时候,会将所有的数据文件映射到内存中,然后操作系统会托管所有的磁盘操作。

2) 列导向存储

列式数据库是以列相关存储架构进行数据存储的数据库,主要适合于批量数据处理和即时查询。磁盘的每个 Page 仅仅存储来自单列的值,而不是整行的值。因此,压缩算法会更加高效。

列数据库按列存储的结构,便于在列上对数据进行轻量级的压缩,列上多个相同的值只需要存储一份。压缩能够大大地降低存储成本。按列存储和压缩的特点,也为列数据库在查询方面带来巨大优势,因为将更多的数据压缩在一起,每次读取时可以获得更多的数据。同时,因为列数据库各条记录在磁盘中是按照关键码值压缩顺序存放的,采用的是稀疏索引,即把连续的若干记录分成组(块),对一组(块)记录建立一个索引项,因此列数据库先进的索引技术也大大提高了数据库的管理水平。

如图 2-6 所示,BigTable 由主服务器和分服务器构成。如果把数据库看成一张大表,那么可将其划分为许多基本的小表,这些小表就称为 Tablet,是 BigTable 中最小的处理单位。主服务器负责将 Tablet 分配到 Tablet 服务器、检测新增和过期的 Tablet 服务器、平衡 Tablet 服务器之间的负载、GFS 垃圾文件的回收、数据模式的改变(例如创建表)等。Tablet 服务器负责处理数据的读写,并在 Tablet 规模过大时进行拆分。

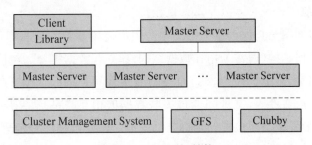

图 2-6　BigTable 结构

3) 行列混合导向存储

行列混合导向存储数据库结合了行存储和列存储的优点,其典型的代表为 Oracle Exadata。Oracle Exadata 的核心是由 Database Machine(数据库服务器)与 Exadata Storage Server(存储服务器)组成的一体机硬件平台。运行在 Exadata 上的软件核心为 Oracle 数据库和 Exadata Cell 存储管理软件。其架构如图 2-7 所示。

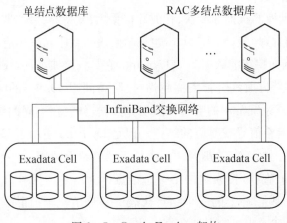

图 2-7　Oracle Exadata 架构

（1）ASM。Database Machine 通过使用 Exadata Storage Server 技术为 Oracle 数据库的单实例实现和 RAC 实现提供了智能的高性能共享存储。通过使用 Oracle 数据库的自动存储管理（automatic storage management，ASM）功能可将 Exadata Storage Server 提供的存储用于 Oracle 数据库。

（2）存储网络。Database Machine 包含一个基于 InfiniBand 技术的存储网络。该网络可提供对 Exadata Storage Server 的高带宽低延迟访问。通过使用多台冗余的网络交换机以及网络接口接合，该网络体系结构中内置了容错功能。

（3）Oracle RAC。Database Machine 中的数据库服务器设计为功能强大且平衡性良好的服务器，因而在服务器体系结构内不存在瓶颈。它们均配备有 Oracle RAC 所需的所有组件，这使得客户可以轻松地在单台 Database Machine 中部署 Oracle RAC。

（4）RAC 互联网络。InfiniBand 的高带宽低延迟特征最适合群集互连的要求。因此，Database Machine 还默认配置为使用 InfiniBand 存储网络作为群集互连。

4）图形数据库

图形数据库将地图与其他类型平面图中的图形描述为点、线、面等基本元素，并将这些图形元素按一定数据结构（通常为拓扑数据结构）建立起数据集合。包括两个层次：第一层次为拓扑编码数据集合，由描述点、线、面等图形元素间关系的数据文件组成，包括多边形文件、线段文件、结点文件等，文件间通过关联数据项相互联系；第二层次为坐标编码数据集合，由描述各图形元素空间位置的坐标文件组成。图形数据库是地理信息系统中对矢量结构地图数字化数据进行组织的主要形式。

例如 Neo4j，它是一个用 Java 实现、完全兼容 ACID 的图形数据库。数据以一种针对图形网络进行过优化的格式保存在磁盘上。Neo4j 的内核是一种极快的图形引擎，具有数据库产品期望的所有特性，如恢复、两阶段提交等。Neo4j 既可作为无须任何管理开销的内嵌数据库使用，也可以作为单独的服务器使用。另外，Neo4j 提供了广泛使用的 REST 接口，能够方便地集成到基于 PHP、.NET 和 JavaScript 的环境中。

5）Key‑Value 数据库

Key‑Value 数据库的查询速度快、存放数据量大、支持高并发，非常适合通过主键进行查询，其思想主要来自散列表（hash table，也称哈希表），在哈希表中有一个特定的 key 和一个 value 指针，指针指向特定的数据。如 Dynamo，它是一个典型的 Key‑Value 模式的数据库，在可用性、扩展性等方面具有很大优越性，读写访问中 99.9% 的响应时间都在 300 ms 内。Dynamo 按分布式系统常用的哈希算法切分数据，分放在不同的结点上。在进行 Read 操作时，根据 key 的哈希值寻找对应的结点。但是 Dynamo 使用了 Consistent Hashing 算法，结点对应的不再是一个确定的哈希值，而是一个哈希值范围，key 的哈希值落在这个范围内，则顺时针沿 ring 查找，搜索到的第一个结点即为所需。另外，Dynamo 对 Consistent Hashing 算法进行了改进，环上的一个结点代表的是一组机器（而不是把一台机器作为结点），这一组机器是通过同步机制保证数据一致的。

2.3.3 分布式文件系统

2.3.3.1 分布式文件系统简介

1) 分布式文件系统特性

根据 CAP(consistency, availability, tolerance to network partitions)理论,在分布式系统中,一致性、可用性、容错性三者不可兼得,追求其中两个目标必将损害另外一个目标。并行数据库系统追求高度的一致性和容错性(通过分布式事务、分布式锁等机制),无法获得良好的扩展性和系统可用性,而系统的扩展性是大数据分析的重要前提。

分布式文件系统向客户端提供了一种永久的存储器,在分布式文件系统中一组对象从创建到删除的整个过程完全不受文件系统故障的影响。这个永久的存储器由一些存储资源联合组成,客户端可以在存储器上创建、删除、读和写文件。分布式文件系统与本地文件系统不同,它的存储资源和客户端分散在一个网络中。文件通过层级结构和统一的视图在用户之间相互共享,虽然文件存储在不同的存储资源上,但用户就像是将不同文件存储在同一个位置。分布式文件系统应当具有透明性、容错性和伸缩性。

(1) 透明性。对用户来说,分布式文件系统应表现为常规的集中式文件系统,即服务和存储器的多重性和分散性对用户应该是透明的;透明性的另一个方面是用户的可移动性,即用户可以在系统中的任何机器上登录。分布式文件系统的透明性一般包括以下几个方面:① 名字透明性,名字的含义不依赖于系统中的场点,用户仅依据名字就可以存取相关的资源;② 位置透明性,资源的名字独立于该资源位置,一个资源可以从一个场点迁移到另一个场点而不必改变其名字;③ 程序执行的透明性,在响应一个用户提供的某个执行程序时,可以在系统内任何可用的处理机上调度所指程序的执行,并对用户保持这种透明性;④ 复制透明性,系统对用户提供资源的副本;⑤ 存取透明性,存取资源与该资源的位置无关,存取透明性不仅保证一个进程可以从一台处理机迁移到另一台处理机上运行,而且还可以实现将一个任务分配后,使其各子任务在不同的处理机上并发执行;⑥ 性能透明性,主要是指系统使访问远程资源与访问本地资源所需的开销之差小到可以忽略的程度;⑦ 故障透明性,系统对进程或者用户隐藏故障,而用户可以通过系统性能的衰减而察觉系统的故障点。

(2) 容错性。容错性是指在发生各种故障时分布式文件系统应该能够正常工作,尽管其性能可能有所降低。分布式文件系统的容错性与其可用性、可靠性、安全性和可维护性息息相关。可用性指系统可以工作,可靠性指系统可以无故障地持续工作,安全性指系统在偶然发现故障的情况下可以正确操作而不会造成任何灾难,可维护性指系统发生故障后恢复的难易程度。

引起分布式文件系统的故障可分为暂时的、间歇的和持久的。分布式文件系统根据不同的故障类型,可使用冗余掩盖故障、进程容错、可靠的点对点通信容错和可靠的组通信容错等方案实现系统的容错功能。

（3）伸缩性。分布式文件系统通过简单配置即可实现文件存储空间的扩展，同时可通过扩展名称服务器集群来提高名称服务器的并发性能，并可通过增加副本文件来实现存储服务器的 I/O 吞吐量扩展。分布式文件系统的扩展性架构可分为 Client‐Server 和 Cluster‐Based 两类。

Client‐Server 架构：多个服务器管理、存储和共享元数据和信息数据，并且分布式文件系统向多客户端之间的数据提供一个全局的命名空间。Cluster‐Based 架构：元数据和信息数据是解耦模式，一个或者多个服务器用于管理元数据，剩余服务器用于存储数据，如果系统只有一个元数据服务器则称为集中式，系统具有多个分布式的元数据服务器被称为完全分布式。

2）分布式文件系统结构

图 2‐8 所示是一种比较典型的分布式文件系统架构，主要包括主控服务器、多个数据服务器以及多个客户端，客户端可以是各种应用服务器，也可以是终端用户。

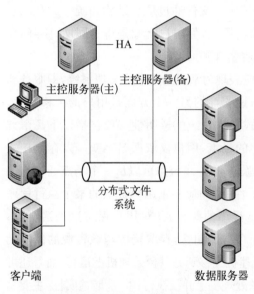

图 2‐8　分布式文件系统典型架构

（1）主控服务器。也称元数据服务器、名字服务器等，通常会配置备用主控服务器以便在故障时接管服务，也可以两个都为主的模式。其功能主要是管理命名空间的维护、数据服务器管理、服务调度等。

（2）数据服务器。也称存储服务器、存储结点等，其功能主要包括数据本地存储、本地服务器的状态维护以及数据的副本管理。

（3）客户端。客户端可以是各种应用服务器，也可以是终端用户。用户可以通过文件系统提供的接口来存取数据。但是，在对分布式文件系统的文件进行存取时，要求客户端先连接 Master 获取一些用于文件访问的元信息，这一过程不仅加重了 Master 的负担，也增加了客户端请求的响应延迟，因此为了加速该过程，同时减轻 Master 的负担，系统将元信息进行缓存，数据可根据业务特性缓存在本地内存或磁盘，也可缓存在远端的高速缓存系统上。另外，客户端还可以根据需要支持一些扩展特性，如将数据进行加密保证数据的安全性，将数据进行压缩后存储降低存储空间使用，或是在接口中封装一些访问统计行为，以支持系统对应用的行为进行监控和统计。

基于上述架构，分布式文件系统可以处理超大文件，并可运行在廉价的机器集群上。但是并不适合低延迟数据访问，而且无法高效地存储大量的小文件。

3）分布式文件系统发展过程

本地文件系统只能通过 I/O 总线访问主机磁盘上的数据。当局域网出现后，主机间通过网络互连起来。但是如果每台主机上都保存一份大家都需要的文件,既浪费存储资料,又不容易保持各份文件的一致性。于是提出文件共享的需求,即一台主机需要访问其他主机的磁盘,这直接导致分布式文件系统的诞生。最初的分布式文件系统应用发生在20世纪70年代,之后逐渐扩展到各个领域,并且随着网络技术的飞速发展,分布式文件系统在体系结构、系统规模、性能、可扩展性、可用性等方面经历了巨大的变化。

分布式文件系统的发展主要经历了以下四个阶段:

(1) 20世纪80年代,早期的分布式文件系统一般以提供标准接口的远程文件访问为目的,更多地关注访问的性能和数据的可靠性。早期的文件系统以网络文件系统(network file system,NFS)和andrew文件系统(andrew file system,AFS)最具代表性。

(2) 1990—1995年,面对广域网和大容量存储需求,出现了xFS、Tiger Shark并行文件系统及Frangipani等分布式文件系统。

(3) 1995—2000年,网络技术的发展推动了网络存储技术的改进,基于光纤通道的SAN、NAS得到了广泛应用,例如GFS和GPFS等。同时,数据容量、性能和共享的需求使得这一阶段的分布式文件系统的规模更大、结构更复杂。

(4) 2000年以后,随着SAN和NAS两种体系结构逐渐成熟,研究人员开始考虑如何将两种体系结构结合起来,以充分利用两者的优势。这一阶段的代表有IBM的Storage Tank,Cluster的Lustre,Panasas的PanFS,蓝鲸文件系统(blue whale file system,BWFS)等。在这个阶段,各种应用对存储系统也提出了更多的需求:① 大容量,数据量比以往任何时期更多,生成速度更快;② 高性能,数据访问需要更高的带宽;③ 高可用性,不仅要保证数据的高可用性,还要保证服务的高可用性;④ 可扩展性,应用在不断变化,系统规模也在不断变化,这就要求系统提供很好的扩展性,并在容量、性能、管理等方面都能适应应用的变化;⑤ 可管理性,随着数据量的飞速增长,存储的规模越来越庞大,存储系统本身也越来越复杂,这给系统的管理、运行带来了很高的维护成本;⑥ 按需服务,能够按照应用需求的不同提供不同的服务,如不同的应用、不同的客户端环境、不同的性能等。

2.3.3.2 分布式文件系统在能源行业中的应用

现代电力行业的发展已经迎来了历史上前所未有的考验与机遇。输配电、发电、信息化、数字化技术的进步与计算机在电力系统中的合理使用加快了电力行业的信息化建设,但同时也加剧了电力业务中数据资源的爆炸性增长。目前,电力业务中的数据已经完全达到了海量数据的范畴,传统的集中式存储系统与存储设计已经难以解决数据增长所带来的存储压力问题,更是难以满足业务处理响应时间的需求。分布式文件系统为海量数据的存储提供了新的方案。

电力业务中的分布式文件系统所处的网络环境更为稳健,系统来自外部攻击的可能性更小,不需要在系统结点上提供太多不必要的安全保障措施,从而极大地缓解了系统压力。然而,由于电力公司分布范围广泛,而且各个结点性能差距也比较大,数据存储在不同的结点上面,对系统提供的服务质量也会产生比较大的差异。另外,机器的宕机或者离线,都会造成数据丢失或者服务能力下降,因此分布式存储系统的首要目标就是保证数据的可靠性。在满足可靠性与基本功能的基础上,电力业务中的分布式文件系统还应该满足以下两个基本内容:

(1) 系统数据转发。由于国家电力公司各部门或者不同区域单位存在因为工作进展对比而进行的数据互传,所以需要分布式存储系统才能保证完成数据转发,从而满足用户需求。

(2) 系统定位存储。由于电力业务被划分为省/地/县三级机构,而且各级机构大多仅关心本单位所辖区域的数据信息,所以在电力业务的海量数据存储系统中,其不同区域内计量点在进行数据存储时,应该具备本地化或者近地化存储功能。

2.3.3.3 主流分布式文件系统

分布式文件系统的存储资源非本地直连而是通过网络连接,可划分为 NFS、AFS、cluster file system(集群文件系统)、parallel file system(并行文件系统)。其中,集群文件系统是由多个服务器结点组成的 DFS,例如 ISILON、LoongStore、Lustre、GlusterFS、GFS、HDFS。在并行文件系统中,所有客户端可以同时并发读写同一个文件,并且支持并行应用(如 MPI),其典型系统包括 GPFS、StorNext、BWFS、GFS、Panasas。

1) NFS

NFS 是个分布式的客户机/服务器文件系统。它的实质在于用户间计算机的共享,用户可以连接到共享计算机并像访问本地硬盘一样访问共享计算机上的文件。管理员可以建立远程系统上文件的访问,以至于用户感觉不到他们是在访问远程文件。NFS 是个到处可用和广泛实现的开放式系统,其结构如图 2-9 所示。

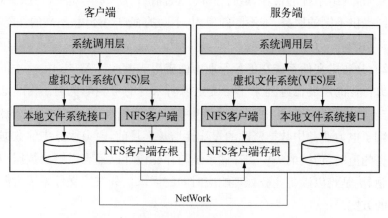

图 2-9 NFS 架构

拥有实际的物理磁盘并且通过 NFS 将这个磁盘共享的主机称为 NFS 文件服务器,通过 NFS 访问远程文件系统的主机称为 NFS 客户机。一台 NFS 客户机可以利用许多 NFS

服务器提供的服务。相反,一台 NFS 服务器可以与多台 NFS 客户机共享它的磁盘。一台共享了部分磁盘的 NFS 服务器也可以是另一台 NFS 服务器的客户机。

客户使用其本地操作系统提供的系统调用访问文件系统。但是,本地 UNIX 文件系统接口已被 VFS 的接口代替。VFS 接口上的操作或被传送到本地文件系统,或被传送到一个称为 NFS 客户的单独组件,该组件负责处理对存储在远程服务器上的文件的访问。在 NFS 中,所有客户/服务器通信都是通过 RPC 完成。NFS 客户通过服务器的 RPC 实现对 NFS 文件系统的操作。VFS 接口所提供的操作可以不同于 NFS 客户所提供的操作。VFS 的整体思路是隐藏不同文件系统之间的差异。

在服务器端,可以看到相似的组织方式。NFS 服务器负责处理输入的客户请求。RPC 存根对请求进行解编,NFS 服务器将它们转化成常规的 VFS 文件操作,随后这些操作被送到 VFS 层。VFS 的工作是负责实现真实文件所在的本地文件系统。

NFS 发展多年,简单而成熟,并且 Linux 直接在内核予以支持,使用方便。但是随着技术的发展和应用的需求,NFS 暴露出很多缺点:可扩展性差,难以应用于大量存储结点和客户端的集群式系统;文件服务器的定位对客户端非透明,维护困难;缓存管理机制采用定期刷新机制,可能会发生文件不一致性问题;不支持数据复制、负载均衡等分布式文件系统的高级特性,容易出现系统的性能瓶颈;NFS 服务器的更换会迫使系统暂停服务;对于异地服务的支持能力不强。综上所述,NFS 对于追求海量数据吞吐量、存在成千上万个客户端和存储结点的互联网应用已不再适用。

2) AFS

AFS 是美国卡内基梅隆大学开发的一种分布式文件系统,主要功能是管理分布在网络不同结点上的文件。它提供给用户的只是一个完全透明的、永远唯一的逻辑路径,AFS 的这种功能往往被用于用户的 home 目录,以使得用户的 home 目录唯一,而且避免了数据的不一致性。

AFS 基于客户端/服务器结构,服务器是一台机器或者是运行在一台机器上的进程,用来为其他的机器提供专门的服务。客户端是一台机器或在其工作过程中使用服务器提供服务的进程,客户端和服务器的功能区别并不总是局限性的。AFS 将网络中的机器分成文件服务器和客户端两种基本的类型,并向它们指派各式各样的任务。

(1) 单元(cell)。是 AFS 一个独立的维护站点,通常代表一个组织的计算资源。一个存储结点在同一时间内只能属于一个站点,而一个单元可以管理数个存储结点。

(2) 卷(volume)。是一个 AFS 目录的逻辑存储单元,可以把它理解为 AFS 的 cell 之下的一个文件目录。AFS 系统负责维护一个单元中存储的各个结点上的卷内容保持一致。

(3) 挂载点(mount point)。关联目录和卷的机制。

(4) 复制(replication)。隐藏在一个单元之后的卷可能在多个存储结点上维护着备份,但是对用户是不可见的。当一个存储结点出现故障时,另一个备份卷会接替工作。

(5) 缓存和回调(caching and callback)。AFS 依靠客户端的大量缓存来提高访问速度。当多个客户端缓存的文件被修改时,必须通过回调来通知其他客户端更新。

AFS 的技术成熟,具有较强的安全性,并且支持单一、共享的名字空间,同时良好的客户端缓存管理极大地提高了文件操作的速度。但是其也存在一些问题:① 消息模型,AFS 作为早期的分布式文件系统是基于消息传递(message-based)模型的,为典型的 C/S 模式,客户端需要经过文件服务器才能访问存储设备,维护文件共享语义的开销往往很大;② 性能方面,它使用本地文件系统来缓存最近被访问的文件块,却需要一些附加的极为耗时的操作,因此要访问一个 AFS 文件比访问一个本地文件多花一倍的时间;③ 吞吐能力不足,AFS 设计时考虑得更多的是数据的可靠性和文件系统的安全性,并没有为提高数据吞吐能力做优化,也没有良好地实现负载均衡;④ 容错性较差,由于采用有状态模型,因此在服务器崩溃、网络失效或者发生其他一些错误时,都可能产生意料不到的后果;⑤ 写操作慢,AFS 为读操作做优化,写操作却很复杂,读快写慢的文件系统不能提供好的读、写并发能力;⑥ 不能提供良好的异地服务能力,不能很好地控制热点信息的分布。

3) 集群文件系统

集群文件系统的典型代表为 HDFS(Hadoop distributed file system),它最初是作为 Apache Nutch 搜索引擎项目的基础架构而开发的,是 Apache Hadoop 核心项目的一部分。HDFS 被设计成适合运行在低廉硬件上的分布式文件系统,具有高度容错性,能提供高吞吐量的数据访问,非常适合大规模数据集上的应用。另外,HDFS 放宽了一部分 POSIX 约束,以实现流式读取文件系统数据的目的。HDFS 架构如图 2-10 所示。

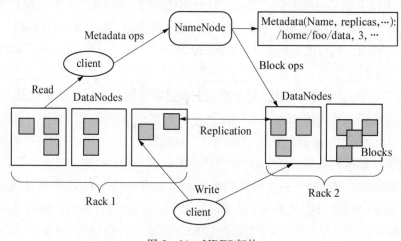

图 2-10 HDFS 架构

(1) NameNode。它是分布式文件系统中的管理者,是一个运行在单独机器上的软件,负责管理文件系统命名空间,维护系统内的所有文件和目录,但是只有表示 DataNode 和块文件映射的元数据经过 NameNode,而实际的 I/O 事务并不经过 NameNode,当外部结点发送请求要求创建文件时,NameNode 以块标识和该块第一个副本的 DataNode IP 地址作为响应,并同时通知其他将要接收该块副本的 DataNode。

(2) DataNode。DataNode 也是一个运行在单独机器上的软件,通常以机架的形式进行组织,并且机架通过一台交换机将所有系统连接起来,DataNode 主要用于响应来自 HDFS 结点的读写请求和 NameNode 对块的创建、删除和复制命令。

(3) 文件写入。从图 2-11 可知,HDFS 写文件过程为:客户端(client)调用 create()来创建文件;Distributed File System 用 RPC 调用元数据结点,在文件系统的命名空间中创建一个新的文件;元数据结点首先确定文件原来不存在,并且客户端有创建文件的权限,然后创建新文件;Distributed File System 向客户端返回一个 DFS Output Stream 对象用于写数据,同时,该对象中封装了一个 DFS Output Stream 对象,客户端通过 DFS Output Stream 对象管理 DataNode 和 NameNode 之间的通信;客户端开始写入数据,DFS Output Stream 将数据分成块,写入 Data queue;Data queue 由 Data Streamer 读取,并通知元数据结点分配数据结点,用来存储数据块(每块默认复制 3 块)。分配的数据结点放在一个 pipeline 里;Data Streamer 将数据块写入 pipeline 中的第一个数据结点,然后第一个数据结点将数据块发送给第二个数据结点,第二个数据结点将数据发送给第三个数据结点;DFS Output Stream 为发出去的数据块保存了 ack queue,等待 pipeline 中的数据结点告知数据已经写入成功;如果数据结点在写入的过程中失败,则关闭 pipeline;当客户端结束写入数据,则调用 stream 的 close 函数。

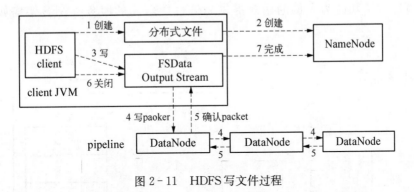

图 2-11 HDFS 写文件过程

(4) 文件读取。从图 2-12 可知,HDFS 读文件过程为:客户端用 File System 的 open()函数打开文件;Distributed File System 用 RPC 调用元数据结点,得到文件的数据块信息;对于每一个数据块,元数据结点返回保存数据块的数据结点的地址;Distributed File System 返回一个 FSData Input Stream 对象给客户端,并用于读取数据,同时,FSData Input Stream 封装 Distributed File System 对象用于管理 DataNode 和 NameNode 的 I/O;客户端调用 stream 的 read()函数开始读取数据;DFS Input Stream 连接保存此文件第一个数据块的最近的数据结点;Data 从数据结点读到客户端(client),当此数据块读取完毕时,DFS Input Stream 关闭和此数据结点的连接,然后连接此文件下一个数据块的最近的数据结点;当客户端读取完毕数据的时候,调用 FSData Input Stream 的 close 函数;在读取数据

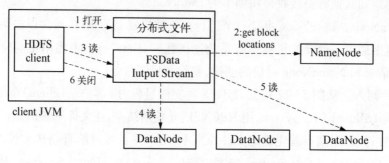

图 2-12 HDFS 读文件过程

的过程中,如果客户端在与数据结点通信过程中出现错误,则尝试连接包含此数据块的下一个数据结点;失败的数据结点将被记录,以后不再连接。

综上所述,HDFS 可以运行在廉价的商用机器集群上处理超大文件,并且能够流式地访问数据。但是其最大的缺点是不适合低延迟数据访问,无法高效存储大量小文件。

4) 并行文件系统

为对并行文件系统做进一步了解,在此对 GFS(Google file system)做详细介绍。GFS 是 Google 公司为了存储海量搜索数据而设计的一个可扩展的分布式文件系统,可用于大型的、分布式的、对大量数据进行访问的应用。同时它可运行于廉价的普通硬件上,并通过容错功能为大量的用户提供总体性能较高的服务。GFS 架构如图 2-13 所示。

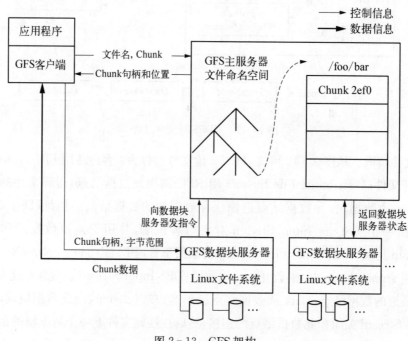

图 2-13 GFS 架构

在图 2-13 中,Client 是应用程序的访问接口;Master(主服务器)是管理节点,在逻辑上只有一个,保存系统的元数据,负责整个文件系统的管理;Chunk Server(数据库服务器)负责具体的存储工作,数据以文件的形式存储在 Chunk Server 上。在 Client 和 Master 之间只有控制流,没有数据流,此设计大大降低了 Master 的负载。另外,在 Client 与 Chunk Server 之间直接传输数据流,同时由于文件被分成多个 Chunk 进行分布式存储,因此 Client 可以同时并行访问多个 Chunk Server,从而提高系统的 I/O 并行度。

GFS 采用中心服务器模式可以方便地增加 Chunk Server,消除元数据的不一致性,快捷地进行负载均衡。同时 GFS 不进行数据缓存(没有系统 cache),因此不存在数据的大量重复读写,并且无须考虑 cache 中的数据与 Chunk Server 中的数据的一致性问题。但是,GFS 只能具有一个主服务器,系统的最大存储容量和正常工作时间受制于主服务器的容量和正常工作时间。同时,因为主服务器要将所有的元数据进行编制,几乎所有的动作和请求都经过主服务器,这对主服务器的性能提出了更高的要求。

2.3.4 数据的访问接口及查询语言

大数据系统的接口和查询语言取决于系统的存储模型。传统 MPP 数据库都是用关系模型,其查询语言为标准的 SQL。而图形数据库有自己的查询语言,可以实现子图匹配、路径查询等功能。分布式文件系统具有以下三种接口类型:

(1) POSIX VFS。按照 POSIX 标准实现的 VFS 接口,可以直接挂在本地文件系统上。语义丰富,采用私有协议实现,需要在客户端机器上安装软件。

(2) NFS/CIFS。采用标准的文件共享访问协议,具有非常好的互操作性,可以直接挂在本地文件系统上。语义微弱,性能有一定损耗,不需要在客户端机器上安装软件。

(3) REST API。面向对象存储接口,仅提供 CRUD 的编程接口。语义弱,需要在客户端机器上安装软件,并修改应用程序。目前在互联网领域中应用广泛。

针对 Hadoop 平台,HDFS 采用 MapReduce 编程接口作为其访问接口,而构建在 Hadoop 之上的数据系统则提供各自存储模型所对应的查询语言和访问接口。例如,HBase 提供 API,用于数据表进行 Key-Value 形式的查询和增删改。Hive 则提供称为 HiveQL 的查询语言,用于对关系表进行查询,HiveQL 与 SQL 极其相似,但是带有一些 SQL 未提供的功能。为了方便对 Hadoop 的使用,一系列的查询语言和附加访问接口被提出。Pig 是一种基于 MapReduce 的编程平台,它的访问语言 Pig Latin 是介于 SQL 和过程式程序设计语言之间的语言,结合了 SQL 语言的优势以及过程式程序设计的灵活性。Sqoop 是一种用于在关系数据库和 Hadoop 之间进行数据迁移的命令式语言。Mahout 则是构建在 Hadoop 之上的机器学习引擎,也拥有自己的一套访问接口。

2.4　能源大数据分析处理平台

2.4.1　能源行业中大数据技术的需求

以下将从电力大数据的应用前景以及电力大数据面临的挑战两个方面详细介绍电力行业对大数据分析处理技术的迫切需求。

2.4.1.1　能源大数据应用前景

电力系统将产生大量的数据,但是电力行业在进化的过程中面临的问题并不是简单的数据量的问题,而是整个行业面临重塑的机遇和挑战,即如何从海量的数据中识别可用的数据,评估潜在的价值,进而促进整个行业的转型发展。电力大数据分析处理平台可以为电力行业的发展带来巨大的推动作用,主要体现在以下几个方面:

(1) 社会和政府部门。电力行业作为国家基础性能源设施,为国民经济发展提供动力支撑,与社会发展和人民生活息息相关,是国民经济健康稳定持续快速发展的重要条件。社会和政府部门可以依据电力大数据的分析处理结果,对社会经济状况进行分析和预测,对相关政策的制定进行效果分析,对风电、光伏、储能设备技术进行性能分析。

(2) 面向电力用户服务。电力生产销售的实时性,使得电力行业不得不靠基础设施的过度建设来满足电力供应的冗余性和稳定性。这种过度建设带来的发展方式是机械的,也是不经济的。为了满足电力行业经济性的可持续发展理念,可以通过对电力大数据的分析处理在电力用户方面进行节能改进。对电力大数据的应用方面包括:用户能效分析、客户服务质量分析与优化、业扩报装等营销业务辅助分析、供电服务舆情监测预警分析等。

(3) 支持公司运营和发展。针对公司运营和发展,电力大数据的分析处理在以下方面可以起到关键性的指导作用:电力系统暂态稳定性分析和控制、基于电网设备在线监测数据的故障诊断与状态检修、短期/超短期负荷预测、配电网故障定位、防窃电管理、电网设备资产管理、储能技术应用、风电功率预测、城市电网规划等。

(4) 电力生产。基于电力大数据的分析处理结果,在发电环节,可以进一步深化推广风电和太阳能等新能源发电功率预测和运行智能控制技术,提升新能源接入和分布式储能的能力,促进大规模风电和光伏等可再生能源的科学合理利用,减少能量损失,优化发电侧运行效率,解决能源利用率低的问题;在输电环节,可以开展分析评估诊断与决策技术研究,实现输电侧态势评估的实时化和智能化,并可以结合外部数据,开展输电侧设施智能防灾研究,实现线路问题元器件的快速恢复,提高输电侧的自愈能力;在变电环节,可以提升变电站的智能化管理水平,通过全网、全区域实时信息共享和分析实现变电侧的实时控制和智能调节,实现变电设备信息和运行维护策略与电力调度的智慧互动;在配电环节,可以实现对用户负荷和用电情况的深入了解,提高对客户用电需求和负荷模式的认知水平,优化配网规划和供电计划,同时可以提高配网监测、保护和控制水平以及事故的响应程度,另外可以优化配网运行管理水平,提升供电可靠率;在用电环节,可以建立面向经营与管理的科学营销决策支持平台,实现市场运营、营销及客户服务、设备全寿命周期管理等各类主题的分析及预测,提高营销服务的综合分析预测能力,并同时实现客户用电管理优化、用能实时分析和预测等高级应用,提供用电增值服务;在调度环节,可以建设以数据驱动的智能调度体系,实现运行信息全景化、数据传输网络化、安全评估动态化、调度决策精细化、运行控制自动化、机网协调最优化,提升调度驾驭电网能力、资源优化配置能力、科学决策管理能力和灵活高效调控能力。

2.4.1.2　能源大数据面临的挑战

能源大数据往往含有噪声,具有动态异构性,是相互关联和不可信的。尽管含有噪声,但大数据往往比小样本数据更有价值,这是因为从频繁模式和相关性得到的一般统计量通常会克服个体的波动,会发现更多可靠的隐藏的模式和知识。另外,互相连接的电力大数据形成大型异构的智能电网,通过智能电网,冗余的信息可以用于弥补数据缺失所带来的损失,可用于交叉核对数据的不一致性,进一步验证数据间的可信关系,并发现数据中隐藏的关系和模型。数据挖掘需要集成的、经过清洗的、可信的、可高效访问的数据,需要描述性查询和挖掘界面,需要可扩展的挖掘算法以及大数据计算环境。与此同时,数据挖掘本身也可以用来提高数据质量和可信度,帮助理解数据的语义,提供智能的查询功能。只有有效地进行大数据分析,大数据的价值才能发挥出来。目前,能源大数据主要面临以下几个问题:

(1) 数据量的膨胀。随着数据生成的自动化以及数据生成速度的加快,数据分析需要处理的数据量急剧膨胀。一种处理能源大数据的方法是采样技术,通过采样将数据的规模变小,以便利用现有的技术手段进行数据管理和分析。但是采样技术最大的缺点是会造成信息的缺失,在能源行业中对于要求数据精准度的应用此方法并不适用,因此需要在明细数据上进行分析,随着数据量的急剧增加,如何对 TB 级的数据进行分析处理面临巨大挑战。

(2) 数据质量较低。数据质量、数据管控能力直接影响数据分析的准确性和实时性。目前,能源行业数据在可获取的颗粒程度,数据获取的及时性、完整性、一致性等方面均存在很大欠缺,数据源的唯一性、及时性和准确性亟须提升,行业中企业缺乏完整的数据管控策略、组织以及管控流程。

(3) 数据共享程度低。数据共享不畅,数据集成程度不够。大数据技术的本质是从关联复杂的数据中挖掘知识,提升数据价值,单一业务、类型的数据即使体量再大,缺乏共享集成,其价值就会大大降低。目前,能源行业缺乏行业层面的数据模型定义与主数据管理,各单位数据口径不一致。行业中存在较为严重的数据壁垒,业务链条间也尚未实现充分的数据共享,数据重复存储且不一致的现象较为突出。

(4) 数据深度分析需求增加。为了从数据中发现知识并加以利用进而指导能源行业的决策,必须对能源大数据进行深入分析,而不是仅仅生成简单的报表。这些复杂的分析必须依赖于复杂的分析模型,很难用 SQL 来进行表达,这种分析称为深度分析。在能源行业中,不仅需要通过数据了解当前已发生的事情,更需要利用数据对将要发生的事情进行预测,以便在行动上做出一些主动的准备。

(5) 自动化、可视化分析需求的出现。能源行业中数据量不断增加,为提高分析效率,分析过程需要按照完全自动化的方式进行。因此,要求计算机能够理解数据在结构上的差异和数据所要表达的语义,然后机械地进行分析。另外,在能源业务中,数据的展现不仅仅是报表的形式,其需要更加形象和生动可视化平台去支持能源行业的决策。自动化和可视化的强烈需求已成为能源行业一个亟待解决的问题。

2.4.2　虚拟环境下大数据分析处理平台

为了更深一步掌握能源行业的发展趋势,对能源数据的分析需求已由传统的常规分析转入深度分析。传统的分析处理平台已经无法满足能源大数据的需求,为突破平台的性能瓶颈,新的平台不断出现,并且基于虚拟环境的实现,不仅提升了平台的扩展性、容错性以及资源利用率,而且其维护成本也大大降低。

2.4.2.1　能源行业信息化系统分类

目前,能源行业业务应用主要包括集约化、大规划、大建设、大运营、大检修、大营销、调度中心、客服中心、运监中心等。为高效执行业务应用,能源行业基于大数据技术,不仅对原有能源信息化系统进行了改进,而且不断开发新的满足能源大数据需求的信息化系统。其信息化系统主要包括能量管理系统(EMS)、配电网管理系统(DMS)和电力系统调度自动化三个方面,并且可以进一步细化为以下系统:

(1) 监视控制与数据采集系统(SCADA)。SCADA 系统是以计算机为基础的分布式控制系统与电力自动化监控系统,可以对现场的运行设备进行监视和控制,以实现数据采集、设备控制、测量、参数调节以及各类信号报警等各项功能。SCADA 系统是电力系统自动化的实时数据源,为能量管理系统提供大量的实时数据。

(2) 自动发电控制(AGC)。利用调度监控计算机、通道、远方终端、执行(分配)装置、发电机组自动化装置等组成的闭环控制系统,监测、调整电力系统的频率,以控制发电机出力。自动发电控制着重解决电力系统在运行中的频率调节和负荷分配问题,以及与相邻电力系统间按计划进行功率交换。

系统电源的总输出功率与包括电力负荷在内的功率消耗相平衡时,供电频率保持恒定;当总输出功率与总功率消耗之间失去平衡时,频率就发生波动,严重时会出现频率崩溃。电力系统的负荷是不断变化的,这种变化有时会引起系统功率不平衡,导致频率波动。要保证电能的质量,就必须对电力系统频率进行监视和调整。当频率偏离额定值后,调节发电机的出力以使电力系统的有功功率达到新的平衡,从而使频率维持在允许范围之内。所以,自动发电控制是通过对供电频率的监测、调整实现的。

(3) 电力系统状态估计(state estimator)。根据电力系统的各种量测信息,估计出电力系统当前的运行状态。电力系统状态是大部分在线应用的高级软件的基础。如果电力系统状态估计结果不准确,后续的任何分析计算将不可能得到准确的结果。电力系统状态估计的基本任务包括:根据遥信结果,确定网络拓扑,即结点-支路的连接关系;根据遥测结果,估计系统的潮流分布,即结点电压、支路功率等,其结果符合电路定律。

(4) 调度员模拟培训系统(DTS)。DTS是一套计算机系统,它按被仿真的实际电力系统的数学模型,模拟各种调度操作和故障后的系统工况,并将这些信息送到电力系统控制中心的模型内,为调度员提供一个仿真的培训环境,以达到既不影响实际电力系统的运行又培训调度员的目的,培训了调度员在正常状态下的操作能力和事故状态下的快速反应能力,也可用作电网调度运行人员分析电网运行的工具。

(5) 配电自动化系统(DAS)。DAS是一种可以使配电企业在远方以实时方式监视、协调和操作配电设备的自动化系统。

(6) 地理信息系统(GIS)。GIS是一种特定的十分重要的空间信息系统。它是在计算机软硬件系统支持下,对整个或部分地球表层(包括大气层)空间中的有关地理分布数据进行采集、储存、管理、运算、分析、显示和描述的技术系统。

(7) 管理信息系统(MIS)。MIS是一个以人为主导,利用计算机硬件、软件、网络通信设备以及其他办公设备,进行信息的收集、传输、加工、储存、更新和维护,以企业战略竞优、提高效益和效率为目的,支持企业的高层决策、中层控制、基层运作的集成化的人机系统。

(8) 变电站综合自动化系统。变电站综合自动化系统是利用先进的计算机技术、现代电子技术、通信技术和信息处理技术等实现对变电站二次设备的功能进行重新组合、优化设计,对变电站全部设备的运行情况执行监视、测量、控制和协调的一种综合性的自动化系统。

基于对电力行业业务类型划分以及对电力行业信息化系统的详细分析,可将当前电力行业的应用类型划分为批处理、流处理、内存计算、图计算、查询分析等。

2.4.2.2 主流大数据分析处理平台

传统依赖大型机和小型机的并行计算系统不仅成本高,数据吞吐量也难以满足大数据要求,同时靠提升单机CPU性能、增加内存、扩展磁盘等实现性能提升的纵向扩展的方式也难以支撑平滑扩容。大数据规模巨大等特性使得传统的计算方法已经不能有效地支持大数据计算和处理,在求解大数据的问题时,需要重新审视和研究它的可计算性、计算复杂性和求解算法。大数据计算不能像小样本数据集那样依赖于全局数据的统计分析和迭代计算,需要突破传统计算对数据的独立同分布和采样的充分性的假设前提。因此在大数据时代,针对特定大数据应用类型的高效并行计算型模型不断出现,进而造成基于并行计算模型的大数据分析处理平台具有针对性和多样性。

　　大数据分析处理平台是支持大数据科学研究的基础系统。对于规模巨大、价值稀疏、结构复杂、变化迅速的大数据,其处理亦面临计算复杂度高、任务周期长、实时性要求高等难题。大数据及其处理的这些难点不仅对大数据分析处理平台的总体架构、计算框架、处理方法提出了新的挑战,更对大数据分析处理平台的运行效率及单位能耗提出了苛刻要求,要求平台必须具有高效能的特点。因此,大数据分析处理平台在进行总体架构设计、计算框架设计、处理方法设计和测试基准设计时,需要综合考虑多个方面,例如大数据的复杂性、可计算性与系统处理效率、能耗间的关系、实际负载情况及资源分散重复情况等,另外还要综合度量平台中如系统吞吐率、并行处理能力、作业计算精度、作业单位能耗等多种效能因素对平台性能的影响。基于大数据分析处理平台的针对性和多样性,可将平台进行分类,其分类结果和典型的平台如图 2-14 所示。

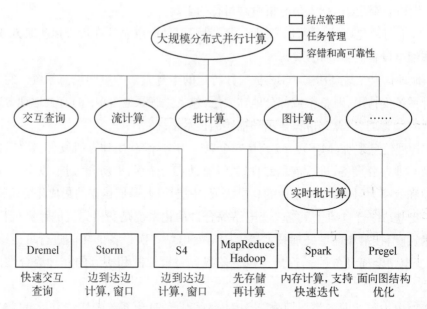

图 2-14　典型大数据分析处理平台

1) 批处理——Hadoop

　　Hadoop 是一个由 Apache 软件基金会所开发的分布式系统基础架构。用户可以在不了解分布式底层细节的情况下,开发分布式程序。充分利用集群的优点进行高速运算和存储。Hadoop 的框架核心由两部分组成,其最底部是 HDFS,它存储 Hadoop 集群中所有存储结点上的文件。HDFS 的上一层是 MapReduce 引擎,该引擎由 JobTrackers 和 TaskTrackers 组成。其中 HDFS 已经在上节中做出了详细描述,以下将对 MapReduce 模型和 Hadoop 运行原理进行介绍。

（1）MapReduce 模型。MapReduce 模型是由 Jeffrey Dean 和 Sanjay Ghemawat 于 2004 年提出的抽象模型，它将并行计算、容错、数据分布、负载均衡等复杂的细节隐藏在一个库里，使用者只需表述想要执行的简单运算。MapReduce 最初的设计方案是将模型运行在由低端计算机组成的大型集群上。集群中每台计算机包含一个工作结点（Worker）、一个较快的主内存和一个辅助存储器，其原理如图 2 - 15 所示。

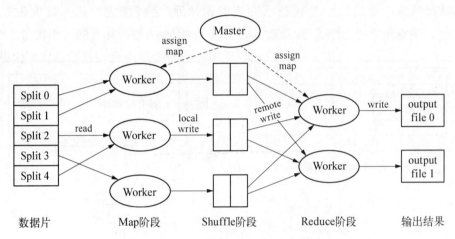

图 2 - 15　MapReduce 模型原理

由图 2 - 15 可知，工作结点用于数据的处理，主内存用于暂存工作结点的输出数据，辅助存储器组成了集群的全局共享存储器，用于存储全部的初始数据和工作结点的输出数据，并且计算机之间可以通过底层网络实现辅助存储器的同步远程互访。一个 MapReduce 作业由 Map 和 Reduce 两个阶段组成，每一个阶段包含数据输入、计算处理和数据输出三个步骤。其中每一个阶段的输出数据被当作下一个阶段的输入数据，而且只有当每一台计算机都将它的输出数据写入共享存储器并完成数据同步后，计算机才可以读取它前一个阶段写入共享存储器的数据进行数据互相访问。

（2）Hadoop 运行原理。如图 2 - 16 所示，Hadoop 的工作流由客户端、JobTracker、TaskTracker 和 HDFS 四个独立部分控制，其流程为以下几步：① 提交作业，当客户端提交一个新的 MapReduce 作业时，向 JobTracker 请求一个新的 Job ID，同时检查作业的输出说明和输入分片；② 复制资源，作业提交通过之后，运行作业所需的资源将被复制到一个以 Job ID 命名的目录下；③ 作业初始化，JobTracker 接收到作业后，将其存放到一个内部作业队列里，由作业调度器对其进行调度和初始化，当作业调度器调度某一作业时，首先为作业创建任务运行列表，然后从文件系统中获取已经计算好的输入分片信息，最后为每个分片创建一个 Map 任务；④ 任务分配，TaskTracker 利用循环定期向 JobTracker 发送"心跳"，"心跳"告知 JobTracker 其是否仍在运行，并且 TaskTracker 作为"心跳"的一部分，可指明其是否能够运行新的任务，JobTracker 在选择 Map 任务时，会优先考虑 TaskTracker 的网

络位置,并选取一个距离其输入分片文件最近的 TaskTracker;⑤ 执行任务,当
TaskTracker 接收到一个可执行的新任务时,它首先实现作业的 JAR 文件本地化,然后为
任务创建一个本地目录,把 JAR 文件中的内容解压到此文件夹下,最后新建一个
TaskRunner 实例来运行该任务;⑥ 更新进度和状态,TaskTracker 每隔 5 s 发送"心跳"到
JobTracker,将由 TaskTracker 运行的所有任务状态都发送到 JobTracker,JobTracker 将
这些更新合并起来,产生一个所有运行作业及其所含任务的状态全局视图;⑦ 完成作业,当
JobTracker 收到作业最后一个任务已完成的通知后,会将作业的状态设置为"成功",
JobTracker 清空作业的工作状态,并且指示 TaskTracker 也清空作业的工作状态。

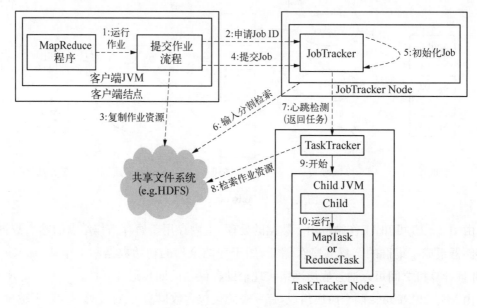

图 2-16 Hadoop 运行原理

2) 流处理——Storm

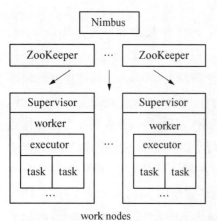

图 2-17 Storm 结构

Storm 是由 BackType 开发的一个分布式、容错的
实时计算系统,它为分布式实时计算提供了一组通用
原语,可被用于流处理之中进行消息的实时处理和数
据库信息更新。Storm 也可被用于连续计算,对数据
流做连续查询,在计算的同时将结果以流的形式输出
给用户。它还可被用于分布式 RPC,以并行的方式运
行昂贵的运算。Storm 结构如图 2-17 所示。

在介绍 Storm 结构之前,首先对 Storm 中的一些
术语进行说明。

(1) tuple:表示流中一个基本的处理单元,可以包
括多个 field,每个 field 表示一个属性。

（2）topology：一个拓扑是一个个计算结点组成的图，每个结点包括处理的逻辑，结点之间的连线表示数据流动的方向。

（3）spout：表示一个流的源头，产生 tuple。

（4）bolt：处理输入流并产生多个输出流，可以做简单的数据转换计算，复杂的流处理一般需要经过多个 bolt 进行处理。

（5）Nimbus：主控结点，负责在集群中发布代码，分配工作给机器，并且监听状态。

（6）Supervisor：工作结点，会监听分配给的工作，根据需要启动和关闭工作进程。

（7）worker：执行 topology 的工作进程，用于生成 task。

（8）task：每个 spout 和 bolt 都可以作为 task 在 Storm 中运行，一个 task 对应一个线程。

基于上述术语来对图 2-17 中 Storm 架构进行描述。Storm 集群由一个主结点和多个工作结点组成，两者的协调工作由 ZooKeeper 来完成。主结点运行了一个名为"Nimbus"的守护进程，用于分配代码、布置任务及检测故障。每个工作结点都运行了一个名为"Supervisor"的守护进程，用于监听工作、开始并终止工作进程。Nimbus 和 Supervisor 都支持无状态的快速失败，因为其所有状态都保存在 ZooKeeper 或本地磁盘中，因此在"杀死"Nimbus 和 Supervisors 进程时，它们也能在启动时从备份中恢复就像未被"杀死"一样，这使得 Storm 集群变得更加健壮。

另外，在 Storm 中，首先要设计一个拓扑 topology 用于实时计算的图状结构，然后，这个拓扑将会被提交给集群，由集群中的主控结点分发代码，将任务分配给工作结点进行执行。一个拓扑中包括 spout 和 bolt 两种角色，其中 spout 用于发送消息，负责将数据流以 tuple 元组的形式发送出去；bolt 负责转换这些数据流，在 bolt 中可以完成计算、过滤等操作，bolt 自身也可以随机将数据发送给其他 bolt。并且由 spout 发射出的 tuple 是不可变数组，对应着固定的键值对。

3）实时批处理（迭代处理）——Spark

Spark 是由加州大学伯克利分校 AMP 实验室开发的一个分布式数据快速分析项目。它的核心技术是弹性分布式数据集（resilient distributed datasets，RDD），提供了比 Hadoop 更加丰富的 MapReduce 模型，可以快速在内存中对数据集进行多次迭代，进而支持复杂的数据挖掘算法和图计算算法。

另外，Spark 使用 Scala 开发，并使用 Mesos 作为底层的调度框架，可以与 Hadoop 和 EC2 紧密集成，直接读取 HDFS 或 S3 的文件进行计算，并可以把结果写回到 HDFS 或 S3，是 Hadoop 和 Amazon 云计算生态圈的一部分。它同时对外提供了丰富的 Java，Python 等 API 扩展了其应用开发范围。Spark 框架如图 2-18 所示。

由图 2-18 可知，Spark 支持的分布式管理系统包括 HDFS、Amazon S3、Hypertable、Hbase 等；运行模式包括本地运行、独立运行、Mesos、YARN 等；它的抽象组成为弹性分布式数据集、并行操作和 MapReduce 计算模型；Spark 关联系统有 Shark、Spark Streaming 和

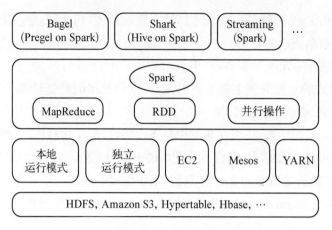

图 2-18　Spark 框架

Bagel 等。由于 MapReduce 模型已经在 Hadoop 平台中进行了详细描述,因此以下只对 Spark 的另外几个抽象组成 RDD 和并行操作进行介绍。

（1）RDD。RDD 是分布式内存的一个抽象概念,它提供了一种高度受限的共享内存模型。RDD 具备像 MapReduce 等数据流模型的容错特性,并且允许开发人员在大型集群上执行基于内存的计算。现有的数据流系统对迭代计算和交互式数据挖掘两种应用的处理效率相对较低,为了有效地实现容错,RDD 提供了一种高度受限的共享内存,即 RDD 是只读的,并且只能通过其他 RDD 上的批量操作来创建。同时,RDD 可以认为是 Spark 的一个对象,它本身运行于内存中,如读文件、对文件计算、结果集均可认为是一个 RDD。另外,不同的分片、数据之间的依赖、Key-Value 类型的 Map 数据也都可认为是 RDD。

RDD 是 Spark 的核心,也是整个 Spark 的架构基础。它的特性可以总结如下:它是不变的数据结构存储,支持跨集群的分布式数据结构,可以根据数据记录的 Key 对结构进行分区,并可提供粗粒度的操作,且操作支持分区,同时它将数据存储在内存中,提供了低延迟性。

（2）并行操作。Spark 上的并行操作主要包括:① Reduce,在驱动程序中,使用关联函数合并数据集的元素并产生一个输出结果;② Collect,将所有的数据集元素发送到驱动程序;③ Foreach,通过使用者提供的函数传输每一个元素。

4) 图计算(迭代处理)——Pregel

Pregel 一个可扩展的、具有容错功能的分布式计算框架,主要用于解决大规模图处理问题,它可以灵活地表示任意的图算法。Pregel 在概念上遵循 BSP 模型,BSP 的基本特点是采用"超步"(superstep)作为并行计算的基本单位,工作原理如图 2-19 所示。

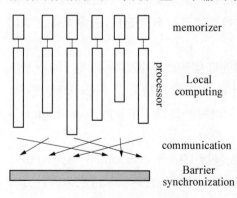

图 2-19　BSP 工作原理

BSP 模型将并行计算机抽象为三个独立的模块：① 本地计算，处理器利用局部数据进行计算；② 全局通信，处理器之间通信、传送数据；③ 路障同步，超步的结束并保证在下一个超步中数据到达目的处理器。另外，一个 BSP 计算程序由若干超步组成，每个超步具体分为三个部分：① 各处理器进行本地计算；② 各处理器向其他处理器提出远程内存读写请求，每个处理器发送或等待消息；③ 所有处理器进行路障同步，本次超步的数据通信仅当同步以后有效。

(1) Pregel 计算模型。Pregel 的计算模型如图 2 - 20 所示，它从概念层分析是 BSP 模型，其计算由一系列的迭代组成，每一次的迭代称为一个"超步"。在每一次的超步中，Pregel 都会调用每个顶点上用户自定义的函数，在概念上这个过程是并行的。用户自定义的函数定义了在一个顶点 V 以及一个超步中需要执行的操作，该函数可以读取上一个超步中发送给顶点 V 的消息，并将该消息发送给别的顶点，使得这些顶点可以在下一步超步中读取到数据，并修改顶点 V 的状态以及其出边。消息通常通过顶点的出边发送，但一个消息也可能被发送到任何标识为可知的顶点。

在图 2 - 20 中，每个结点有两种状态：活跃与不活跃，刚开始计算的时候，每个结点都处于活跃状态，随着计算的进行，某些结点完成计算任务转为不活跃状态，如果处于不活跃状态的结点接收到新的消息，则再次转为活跃，如果图中所有的结点都处于不活跃状态，则计算任务完成，Pregel 输出计算结果。

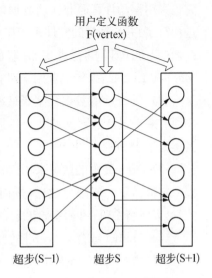

图 2 - 20　Pregel 计算模型

(2) Pregle 执行过程。一个 Pregel 程序的执行过程包含以下几个步骤：① 用户程序的多个副本开始在集群中机器上执行，其中一个副本充当 Master。Master 不被分配图的任意部分，它负责协调 worker 的活动；② Master 将图进行分区，然后将一个或多个 partition 分配给 worker。每一个 worker 会在内存中维护分配到其上的 graph partition 的状态，执行它的顶点上的用户定义的 Computer( )方法并管理来自或发给其他顶点的消息；③ Master 为每个 worker 分配用户输入的一部分。输入被看作一系列的记录，每个记录包含任意数量的顶点和边。在输入完成加载后，所有的顶点被标记为 active；④ 在一个超步中，Master 通知每一个 worker 去执行，只要存在 active 顶点 worker 一直执行，并为每一个 active 状态的顶点调用 Computer( )方法。它也会传送以前的超步发送的消息。当 worker 完成后，它会向 Master 做出响应，告诉 Master 在下一个超步中 active 顶点的数量；⑤ 计算结束后，Master 会通知所有的 worker 保存自己那部分的计算结果。

5) 快速交互查询(迭代处理)——Dremel

Dremel 是 Google 的"交互式"数据分析系统。它运行在上千台服务器上，能够对海量

数据执行"查询"操作,例如网页文档集、数字图书馆甚至是百万规模的垃圾信息等。其主要包括以下几个特点:

(1) Dremel 是一个大规模系统。Dremel 在一个 PB 级别的数据集上面,可以将任务缩短到秒级,无疑需要大量的并发。磁盘的顺序读速度在 100 MB/s 上下,因此在 1 s 内处理 1TB 数据,至少需要 1 万个磁盘的并发读取。虽然 Dremel 可以运行在上千台低廉机器上,但是机器越多,发生故障的概率越大,因此需要很好的容错方案以保证大规模集群的高效运行。

(2) Dremel 是 MapReduce 交互式查询能力不足的补充。Dremel 和 MapReduce 一样,它也采用移动计算而非移动数据的计算模式,因此在运算时需要将计算移动到数据上面,进而需要 GFS 这样的文件系统作为存储层。在设计之初,Dremel 并非 MapReduce 的替代品,它只是可以执行非常快速的分析,所以在使用的时候,常常用 Dremel 来处理 MapReduce 的结果集或者用来建立分析原型。

(3) Dremel 的数据模型是嵌套的。由于互联网数据常常是非关系型的,因此 Dremel 需要有一个灵活的数据模型支持非关系型数据应用。Dremel 采用了一个嵌套的数据模型,其类似于 JSON。

(4) Dremel 中的数据采用列式存储。Dremel 使用列式存储,Dremel 在分析的时候,可以只扫描需要的那部分数据,进而减少 CPU 和磁盘的访问量。同时,列式存储是压缩方式,可以综合 CPU 和磁盘,使其发挥最大的效能。

(5) Dremel 结合了 Web 搜索和并行 DBMS 技术。首先,Dremel 借鉴了 Web 搜索中的"查询树"概念,将一个相对巨大复杂的查询,分割成较小较简单的查询,能并发的在大量结点上运行。其次,与并行 DBMS 类似,Dremel 提供了一个 SQL - like 的接口,类似于 Hive 和 Pig。

2.4.3　大数据分析处理平台发展趋势

前面详细介绍了一些主流大数据分析处理平台,其中每一个平台的实现都基于一种特定的并行计算模型,例如,Hadoop、Spark 是基于 MapReduce 模型,Pregel 是基于 BSP 模型。当前的并行计算模型大多是针对特定类型的数据,并且随着数据规模和数据类型的增加以及对数据处理和分析需求的提高,不仅新的模型不断出现,而且原有并行计算模型在性能和表达性方面也在不断改进。除此之外,内存计算的兴起为并行计算模型的性能提高带来新的机遇,同时内存计算技术的出现也对基于传统计算机体系结构所设计的并行计算模型的适用性提出了挑战。随着并行计算模型的变化,大数据分析处理平台的发展趋势也发生了巨大的改变。

以电力行业为例,其业务类型的多样化催生了众多的信息化系统,但是众多的系统不仅增加开发者的工作量,也增加了维护费用。为了适应行业业务类型多样化的需求,大数据分析处理平台的应用范围将不断扩张。以下为典型的支持多种应用类型的大数据分析处理平台。

1）Hama

Hama 是一个建立在 Hadoop 平台上的分布式框架，其架构如图 2-21 所示。Hama 采用一种分层体系结构，主要由三个部分组成：提供许多原语的 Hama Core、一个交互式用户控制台 Hama Shell 和 Hama API。其中，Hama Core 也用于选取合适的并行计算模型，当前 Hama 支持 MapReduce、BSP 及 Dryad 三种并行计算模型，MapReduce 常用于矩阵计算，BSP 和 Dryad 常用于图计算，BSP 和 Dryad 的主要区别在于 BSP 更多地利用本地数据因而表现更为高效，而 Dryad 通过控制通信图从而提供非常灵活的计算。另外，为了以一种原子的方式操作分布式元数据事务控制，Hama 选用了 ZooKeeper 应用程序协调服务，并且 Hama 还提供了灵活的数据管理接口，默认的接口是位于 HDFS 之上的 HBase。

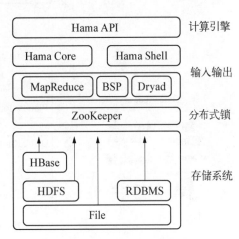

图 2-21　Hama 架构

综上所述，Hama 有以下优点：

（1）兼容性。由于 Hama 与已有的 Hadoop 接口兼容，因此 Hama 能充分利用 Hadoop 所有的功能以及它的相关包。

（2）可扩展性。由于 Hama 的兼容性，它可以在不做任何修改的情况下充分利用大规模分布式的互联网基础设施和服务，比如 Amazon 的 EC2 服务。

（3）灵活性。为了利用自身的灵活性以支持不同的计算模式，Hama 提供了简单的并行计算模型接口，任何遵循该接口的并行计算模型均可以插件的形式自由加入和删除。当前 Hama 提供了 MapReduce、BSP 和 Dryad 三种并行计算模型。

（4）适用性。Hama 提供的原语可以应用到需要矩阵计算和图计算的各种应用中。

2）Apache Flink

Apache Flink 是一个高效、分布式、基于 Java 实现的通用大数据分析处理平台，它具有分布式平台的高效性、灵活性和扩展性以及并行数据库查询的优化方案，可支持批量和基于流的数据分析，并且提供了基于 Java 和 Scala 的 API。Flink 架构如图 2-22 所示。

Flink 主要特征如下：

（1）快速。Flink 利用基于内存的数据流，并且在平台运行时，将迭代处理算法深度集成到了平台中，使得平台能够以极快的速度来处理数据密集型和迭代任务。

（2）可靠性和扩展性。Flink 包含自己的内存管理组件、序列化框架和类型推理引擎，因此当服务器内存被耗尽时，Flink 也能够很好地运行。

（3）表现力。利用 Java 或者 Scala 语言能够编写出类型安全和可视为核心的代码，并

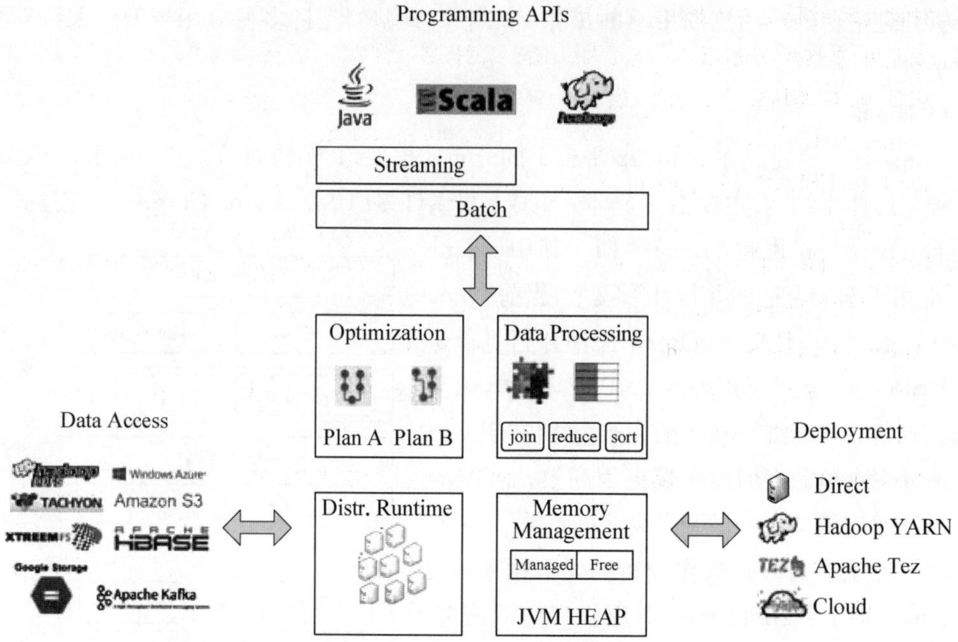

Programming APIs

图 2 - 22　Flink 架构

能够在集群上运行所写程序。开发者可在无须额外处理的情况下使用 Java 和 Scala 数据类型。

（4）易用性。在无须进行任何配置的情况下，Flink 内置的优化器能够以最高效的方式在各种环境中执行程序。此外，Flink 只需要三个命令就可以运行在 Hadoop 的新 MapReduce 框架 YARN 上。

（5）完全兼容 Hadoop。Flink 支持 Hadoop 所有的输入/输出格式和数据类型，使得开发者无须做任何修改就能够利用 Flink 运行历史遗留的 MapReduce 操作。

除了 Hama 和 Flink 平台，其他平台也在不断改进，新的平台也在不断出现，并且随着内存计算、SDN 等新技术的成熟，给大数据分析处理平台带来了新的挑战和机遇。

◇参◇考◇文◇献◇

［1］　工业和信息化部电信研究院. 大数据白皮书［R］. 2014.

［2］　中国电机工程学会电力信息化专委会. 中国电力大数据发展白皮书［R］. 2013.

［3］　中国计算机学会. 中国大数据技术与产业发展白皮书［R］. 2013.

［4］ 计世资讯. 中国电力行业信息化白皮书［R］. 2011.

［5］ 闫龙川,李雅西,李斌臣,等. 电力大数据面临的机遇与挑战［J］. Electric Power,2013,11(4)：1 - 4.

［6］ 张军,陈伟,李桂菊,等. 智能电网技术国际发展态势分析［J］. Silicon Vally,2010,19：38 - 68.

［7］ Corbett J, Dean J, Epstein M, et al. Spanner：Google's globally-distributed database［C］. In Proc. the 10th USENIX Symposium on Operating Systems Design and Implementation, October 2012：251 - 264.

［8］ Chang F, Dean J, Ghemawat S, et al. Bigtable：a distributed storage system for structured data［C］. ACM Transactions on Computer Systems, 2008, 26(2)：Article No. 4.

［9］ Agrawal D, Das S, Abbadi A. Big data and cloud computing：current state and future opportunities［C］. In Proc. the 14th International Conference on Extending Database Technology, March：2011：530 - 533.

［10］ Neubauer P. Graph databases, NOSQL and Neo4j［EB/OL］. http://www. infoq. com/articles/graph-nosql-neo4j/, 2010.

［11］ DeCandia G, Hastorun D, Jampani M, et al. Dynamo：Amazon's highly available key-value store［C］. In Proc. the 21st ACM SIGOPS Symposium on Operating Systems Principles, October 2007：205 - 220.

［12］ Shvachko K, Kuang H, Radia S, et al. The Hadoop distributed file system［C］. In：Proceedings of the 2010 IEEE 26th Symp. on Mass Storage Systems and Technologies (MSST), Washington, DC, USA, IEEE Computer Society.

［13］ GFS［EB/OL］. http：//www. gfschemicals. com.

［14］ Thusoo A, Sarma J, Jain N, et al. Hive：a warehousing solution over a map-reduce framework［C］. In Proc. the 35th International Conference on Very Large Data Bases, August 2009：1626 - 1629.

［15］ Olston C, Reed B, Srivastava U, et al. Pig Latin：a not-so-foreign language for data processing［C］. In：Proceedings of the ACM SIGMOD International Conference on Management of Data (SIGMOD), 2008：1099 - 1110.

［16］ White T. Hadoop：the definitive guide：the definitive guide［M］. O'Reilly Media, 2009.

［17］ Jeffrey Dean, Sanjay Ghemawat. MapReduce：simplified data processing on large clusters［J］. Communications of the ACM, 2008, 51(1)：107 - 113.

［18］ Brian Olsen, Mark McKenney. Storm system database：a big data approach to moving object databases［C］. The 4th International Conference on Computing for Geospatial Research and Application (COM. Geo), 2013：142 - 143.

［19］ Matei Zaharia, Mosharaf Chowdhury, Michael J Franklin, et al. Spark：cluster computing with working sets［C］. In 2nd USENIX workshop on Hot Topics in Cloud Computing, 2010：1 - 7.

［20］ Grzegorz Malewicz, Matthew H Austern, Aart J C Bik, et al. Pregel：a system for large-scale graph processing［C］. Proceedings of the 2010 ACM SIGMOD International Conference on Management of data,2010：135 - 146.

［21］ Melnik S, Gubarev A, Long J J, et al. Dremel：interactive analysis of web-scale datasets［J］. Communications of the ACM, 2011, 54(6)：114 - 123.

[22] Sangwon Seo, Edward J Yoon, Jaehong Kim. HAMA: an efficient matrix computation with the MapReduce framework [C]. Proceedings of the Second International Conference on Cloud Computing Technology and Science, 2010: 721 - 726.

[23] Apache Flink[EB/OL]. http: //flink. apache. org.

第3章

能源大数据应用——政府服务

能源大数据理念是将电力、石油、燃气等能源领域数据及人口、地理、气象等其他领域数据进行综合采集、处理、分析与应用的相关技术与思想。能源大数据对多行业领域的节能技术改造具有深远影响,同时对政府部门的决策也有重要的指导意义,如应用能源大数据进行能耗预警预测、分解节能目标等。本章以上海市为例,对能源大数据在政府服务方面的应用展开阐述。

3.1 上海市工业能效概况

3.1.1 上海市用能情况及特点

2011—2013年,上海市规模以上工业用能增速分别为-1.02%、-3.19%、2.35%,总增速-1.93%,年均增速-0.65%。2013年,上海市规模以上工业综合能耗为5 519.11万t标准煤,工业用能(全口径)占全市用能比重的54%,比"十一五"末下降2个百分点,对上海市持续、快速、协调、健康发展起到了积极作用;规模以上工业单位产值能耗为0.172 t标准煤/万元,同比下降1.91%,单位增加值能耗为0.815 t标准煤/万元,同比下降3.99%,为确保完成上海市"十二五"万元GDP能耗下降18%的节能目标做出重要贡献。2010—2013年上海市规模以上工业能耗见表3-1。

表3-1 2010—2013年上海市规模以上工业能耗

年 份	工业总产值 (亿元)	综合能耗 (万t标准煤)	产值能耗 (t标准煤/万元)
2010	30 114.41	5 558.06	0.185
2011	31 105.17	5 474.51	0.171
2012	31 517.29	5 357.94	0.170
2013	32 087.85	5 519.11	0.172

1) 上海市能源形势

(1) 能源对外依存度极高。上海没有一次能源生产,煤炭、油品、天然气等能源基本依靠外省市调入和国外进口(表3-2),能源对外依存度始终保持在97%以上。2009年上海无自产煤品,自产油品15.84万t(其中原油9.1万t),天然气4.03亿m³,电力0.7亿kW·h,分别占到可供本地区消费能源量的0、0.53%、12.02%和0.18%,能源对外依存度达到99%以上,外来电比重占到全市电力消费总量的33%以上。

表3-2 2009年上海市能源平衡情况(部分)

项 目	煤合计 (万t)	油品合计 (万t)	原油 (万t)	天然气 (亿 m³)	电力 (亿 kW·h)	其他能源 (万t标准煤)
可供本地区消费的能源量	5 307.92	2 990.29	1 937.18	33.52	380.86	17.79
1. 一次能源生产量		15.84	9.10	4.03	0.70	
2. 回收能		22.18		48.96	9.48	17.79
3. 外省(自治区、直辖市)调入量	6 714.32	3 346.20	173.69	23.63	389.81	
4. 进口量		2 338.73	1 767.24	5.86		
5. 境内轮船和飞机在境外的加油量		618.48				
6. 本省(自治区、直辖市)调出量(一)	−1 433.13	−3 098.80	−6.45		−19.13	
7. 出口量(一)		−112.61				
8. 境外轮船和飞机在境内的加油量(一)		−121.54				91.74
9. 库存增(一)、减(+)量	26.73	3.99	−6.40			

(2) 能源结构以化石能源为主。2009年上海能源消费总量中煤品比重42.6%,比2000年降低23.14%,绝对量4 418.58万t标准煤,比2000年增长802.12万t标准煤;油品比重41.67%,比2000年提高8.83%,绝对量4 320.09万t标准煤,比2000年增长2 514.06万t标准煤;天然气比重4.2%,比2000年提高3.6%,绝对量435.43万t标准煤,比2000年增长402.43万t标准煤;外来电比重11.29%,比2000年提高11.19%,绝对量1 170.48万t标准煤,比2000年增长1 164.98万t标准煤;可再生能源、外来核电水电等非化石能源占一次能源消费比重达到8.5%。目前,上海以煤炭为主的能源结构已逐步得到缓解,但化石能源占全市一次能源消费比重仍在80%以上,天然气及可再生能源比重较低。

(3) 新兴能源利用规模不断扩大。新能源方面,我国首座独立自主建设的大型海上风电示范项目——东海大桥10万kW海上风电场投产,全市风电装机达到20万kW左右,比"十五"末增长了10倍。实施《上海市开发利用太阳能行动计划》,建成国内第一个商业化运行的崇明前卫村 1 MW 级光伏发电工程,国内最大的光伏与建筑一体化发电项目——京沪高铁上海站 6.5 MW 光伏发电项目并网发电,全市光伏电站装机约 20 MW。大力推进可再生能源与建筑一体化应用,太阳能热水器集热面积达到 350 万 m²。建成老港垃圾填埋气一期发电项目,全市生物质发电装机容量达到 4.5 万 kW。分布式供能方面,2004 年上海在全国第一个出台鼓励分布式供能的扶持政策,2008 年又对该政策进行了修订,在设备补贴、医院等政府性投资项目中优先采用、电网支持接入等方面进一步加大支持力度。截至 2010 年底,全市已建成投运分布式供能项目 18 个,总计装机 12 MW;在建项目 11 个,总计装机 16.5 MW。

(4) 能源供需矛盾突出。电力供需方面,上海"十五"期间电力消费年均增长 10.5%,"十一五"年均增长 7.05%,电力增速明显降低,但电力供需和调峰矛盾仍然存在。2010 年上海最高电力负荷在 2 621.2 万 kW,最大电力峰谷差近 970 万 kW,2011 年最高电力负荷预计将达 2 800 万~2 850 万 kW。但目前上海发电最大可调出力为 1 900 万 kW,已落实的市外来电为 890 万 kW,最高电力供应能力为 2 790 万 kW,电力供需总体处于紧平衡、无备用状态,加上近年来整个华东电网在夏季总体处于缺电局面,夏季用电高峰将存在一定缺口。天然气供需方面,上海气源建设逐步完成,由五大气源(东海天然气、西气一线、洋山LNG、川气东送和西气二线)和五号沟 LNG 站构成"5+1"供应格局,形成 6 MPa、4 MPa、2.5 MPa 和 1.6 MPa 等多种压力级供气,建设主干管网近 140 km,输配系统末期总长约574 km。2010 年上海天然气供应量已达 45 亿 m³,是"十五"末的 2.4 倍,城市天然气化任务完成过半。但是,随着上海天然气供应呈现阶梯式跳跃增长,下游市场却难以同步发展。

2) 上海市主要单耗情况

(1) 主要产品单耗不断下降。"十一五"期间,供电煤耗、精品钢、整车、大型锻件、醋酸等主要产品单耗,以及航运周转量能耗、航空周转量能耗等主要交通运输单耗,均比"十五"时期有明显下降。其中,供电煤耗从 2005 年的 343 g 标准煤/(kW·h)下降到 316 g 标准煤/(kW·h),吨钢综合能耗从 2005 年的 687 kg 标准煤下降到 551.9 kg 标准煤(表 3-3);外三电厂达到 280 g/(kW·h)以下,赛科乙烯装置能耗在全球参评的 108 家装置中名列第二,达到国际领先水平。

表 3-3 上海主要产品单耗变化情况

产品单耗名称	2005 年	2010 年	"十一五"降幅(%)
吨钢综合能耗(kg 标准煤/t)	687	551.9	−19.7
供电煤耗[g 标准煤/(kW·h)]	343	316	−8.5
乙烯综合能耗(kg 标准煤/t)	1 012	854.3	−15.6
公路运输周转量单耗(kg 柴油/百吨公里)	4.4	3.3	−26.1

(2) 上海市各行业主要能源比重情况。2013 年上海市各行业主要能源比重见表3-4。

表3-4 2013年上海市各行业主要能源比重

代码	行　　业	消费总量(t标准煤)	油品(t)	油品占消费总量的比重(%)	电力(万kW·h)	电力占消费总量的比重(%)	燃气(万m³)	燃气占消费总量的比重(%)	煤炭(t)	煤炭占消费总量的比重(%)
大类	总计	134 752 331	36 985 158	39.0	7 190 931	16.1	3 185 635	8.0	61 717 082	34.0
07	石油和天然气开采业	4 048	64	2.3	507	37.6	187	60.1		
13	农副食品加工业	238 791	11 460	7.0	33 998	42.7	706	3.8	98 089	29.5
14	食品制造业	433 254	32 341	11.0	79 984	55.4	5 876	17.6	35 490	5.9
15	酒、饮料和精制茶制造业	140 914	7 355	7.6	24 209	51.5	1 802	16.6	31 826	16.1
16	烟草制品业	49 496	155	0.5	11 579	70.2	1 041	27.3		
17	纺织业	290 318	7 424	3.8	51 339	53.1	1 581	7.1	134 439	32.5
18	纺织服装、服饰业	172 478	15 668	13.4	31 135	54.2	323	2.4	65 908	26.7
19	皮革、毛皮、羽毛及其制品和制鞋业	52 799	4 393	12.2	12 548	71.3	111	2.7	4 337	6.0
20	木材加工和木、竹、藤、棕、草制品业	59 457	2 454	6.0	13 721	69.2	616	13.5	9 103	10.9
21	家具制造业	74 712	5 776	11.4	19 853	79.7	160	2.8	781	0.8
22	造纸和纸制品业	546 733	19 189	5.1	85 976	47.2	1 297	3.1	206 559	28.2
23	印刷和记录媒介复制业	160 493	8 290	7.7	42 389	79.2	967	7.7	8 319	3.7
24	文教、工美、体育和娱乐用品制造业	85 932	4 692	8.3	22 975	80.2	142	2.1	7 987	6.7
25	石油加工、炼焦和核燃料加工业	49 758 966	31 669 351	89.7	449 501	2.7	71 786	1.9	2 122 574	3.1
26	化学原料和化学制品制造业	15 592 970	4 550 036	43.6	950 400	18.3	101 083	7.3	4 518 438	23.9
27	医药制造业	381 126	15 018	5.8	74 773	58.9	2 198	7.4	66 756	12.6

（续表）

代码	行　　业	消费总量（t 标准煤）	油品（t）	油品占消费总量的比重（%）	电力（万 kW·h）	电力占消费总量的比重（%）	燃气（万 m³）	燃气占消费总量的比重（%）	煤炭（t）	煤炭占消费总量的比重（%）
28	化学纤维制造业	88 163	1 174	1.9	23 017	78.3			9 018	7.3
29	橡胶和塑料制品业	1 198 893	29 174	3.6	294 930	73.8	2 153	2.3	270 542	16.1
30	非金属矿物制品业	1 059 792	59 748	8.2	185 677	52.6	22 476	20.5	265 695	18.4
31	黑色金属冶炼和压延加工业	28 597 060	23 023	0.1	1 560 141	17.2	2 587 192	17.8	20 460 285	61.8
32	有色金属冶炼和压延加工业	466 921	20 465	6.4	100 272	64.4	7 746	21.6	45 908	7.3
33	金属制品业	733 118	40 109	8.2	183 764	75.2	5 911	10.0	51 354	5.3
34	通用设备制造业	787 203	58 314	10.9	220 105	83.9	2 343	3.8	7 927	0.9
35	专用设备制造业	453 241	25 230	8.2	110 455	73.1	3 351	9.1	48 207	9.3
36	汽车制造业	1 621 346	81 899	7.4	400 084	74.0	13 947	9.2	16 888	0.8
37	铁路、船舶、航空航天和其他运输设备制造业	402 502	59 116	21.3	94 115	70.1	1 121	3.6	3 963	0.7
38	电气机械和器材制造业	714 212	34 734	7.2	204 373	85.8	2 368	4.3	25 351	2.6
39	计算机、通信和其他电子设备制造业	1 808 150	19 517	1.6	563 924	93.6	4 489	3.2		
40	仪器仪表制造业	81 226	2 698	4.9	25 517	94.2	52	0.8	12	0.0
41	其他制造业	49 091	1 609	4.8	11 418	69.8	691	18.3	4 816	7.1
42	废弃资源综合利用业	41 798	2 859	10.1	3 611	25.9	8	0.2	2 773	4.7
43	金属制品、机械和设备修理业	69 922	8 076	16.8	18 376	78.8	202	3.8	553	0.6
44	电力、热力生产和供应业	27 942 381	159 676	0.8	1 203 775	12.6	318 089	8.4	33 157 785	77.8
45	燃气生产和供应业	368 826	2 798	1.1	7 776	6.3	23 621	78.3	35 399	7.4
46	水的生产和供应业	226 001	1 274	0.8	74 710	99.2				

3.1.2 能效提升主要措施

节能工作的核心任务就是提高能效。能效可分为经济能效、物理能效和综合能效三种。其中,经济能效通常指能源的成本效率,如万元 GDP 能耗、万元增加值能耗、产值能耗等;物理能效通常指减少提供同等能源服务的能源投入,如产品单耗等;综合能效通常指能源经过购入储存、加工转换、输送分配和终端使用四个环节后的综合利用率。

3.1.2.1 能效提升潜力分析

上海的能源经过购入储存、加工转换、输送分配和终端使用四个环节后的综合利用率在 40% 左右。其中,加工转换环节能源利用效率约 74%,能源损失占全市总能耗的 17%;输送分配环节能源利用效率约 97%,能源损失占全市总能耗的 3%;终端使用环节能源利用效率约 49.0%,能源损失占全市总能耗的 40.5%,其中第二产业能效约 59.0%,第三产业能效约 35.7%,居民用能效率约 41.9%。

目前,上海在各用能环节仍明显存在能效提升潜力:加工转换环节中炼油效率略低于全国平均水平,发电效率虽已处全国领先地位,但能源损失占到全市总能耗的 15%;输送分配环节中电网线损率为 6.05%,虽比全国平均水平低 0.67 个百分点,但仍明显落后于浙江、山东等地区;终端使用环节中还普遍存在锅炉、电机、空调、汽车等终端用能设备能源利用效率低,高载能行业系统资源整体利用效率低,建筑、交通、生活用能刚性增长等问题。

经初步测算,"十二五"期间,通过采取强有力的能效提升措施,可促进上海能源加工转换环节能效提升 0.4%,输送分配环节能效提升 0.2%,终端使用环节能效提升 6%(其中第二产业提升 3%,工业提升 5%,第三产业提升 5%,居民用能提升 2%),全市综合能源利用效率提升 5% 左右。

3.1.2.2 能效提升十大工程

为完成"十二五"节能目标,上海市经济和信息化委员会积极对接国家工业节能减排专项规划,聚焦重点行业、重点园区、重点企业、重点产品,组织开展"工业能效对标、重点用能单位能源审计、能效监控体系建设、节能技改专项、合同能源管理推广、节能产品惠民专项、清洁生产全覆盖、资源综合利用及再制造、能量系统优化、低碳工业园区示范"十大能效工程,以整体提高上海市工业经济能效、物理能效和综合能效,为确保完成上海市"十二五"万元 GDP 能耗下降 18% 的目标再做贡献。十大能效工程具体如下:

(1)工业能效对标。按照"领跑一批、提升一批、限制一批"的目标,重点推进"上对标杆、中对管理、下对限额"的三标体系建设。发挥"上标"引领示范作用,锁定产品(工序)单耗,实行产品单耗水平分层梯级管理;强化"中标"监督管理作用,制定 45 项节能技术和管理标准;突出"下标"淘汰限制作用,制定地方性产品单耗限额标准。

（2）重点用能单位能源审计。按照"分类管理、分步实施"的原则，分年度逐步推进工业重点用能单位（涉及能耗总量占全市规模以上工业能耗的 80% 以上）和电信行业能源审计工作；推进多家企业电能平衡工作，建成上海市用电设备管理信息平台；编制能效检测技术指南手册，重点培育数家能源检测机构。挖掘节能潜力 300 万 t 标准煤。

（3）能效监控体系建设。完善工业能效监控平台，深化能效指标评价、预测、预警功能，建立健全主要产品单耗指标监控体系；重点推进宝钢、华谊集团等企业建立能源管理中心，推进多家企业建立可视化监控系统试点，实施数家重点用能单位节能监察在线监控；联合各区县、工业集团全面落实年度重点用能单位能源利用状况报告及能源管理岗位备案制度。

（4）节能技改专项。组织推进锅炉应用蓄热、优化配风、烟气余热回收等节能技术改造，落实燃油、气锅炉实施技术改造，推进燃煤（重油）锅炉清洁能源替代 1 500 蒸吨；推广 1 000 万 kW 高效电动机和 76 万 kW 变频调速技术改造；落实 S7 系列及以下配电变压器淘汰替换。

（5）合同能源管理推广。以合同能源管理为核心机制，带动上海市节能诊断、规划设计、系统集成、工程总承包、运营维护等服务水平进一步提升。培育、发展专业节能服务机构和多家在国内有影响力的综合性节能服务机构，组织实施合同能源管理项目，节能服务产业产值年均增长 20% 以上，合同能源管理项目投资达 100 亿元以上。

（6）节能产品惠民专项。在全市公共机构全部淘汰低效照明产品；在全市继续推广紧凑型荧光灯，淘汰剩余白炽灯；推广应用调光控制及自然光利用等绿色照明技术，在公共建筑中利用高效 T5 灯代替低效 T8 灯。组织推广高效空调、紧凑型节能灯、T5 型荧光灯和 LED 等高效照明产品。

（7）清洁生产全覆盖。按照国家相关要求，进一步加大重点行业、重点园区、重点企业推进清洁生产的力度，实现 12 个重点行业企业清洁生产审核全覆盖。建设 5～10 个清洁生产示范园区，推广应用清洁生产示范项目和共性技术。

（8）资源综合利用及再制造。推进大宗固体废弃物深度利用，组织开发城市矿产，加强工业产品再制造，工业固体废弃物综合利用率达到 97% 以上。重点推进矿渣微粉、超高纯氧化铁磁性材料、电子废弃物、冶炼钢渣等固体废物综合利用，推进汽车零部件、打印机耗材、工程机械等产品再制造和再生油、再生铅循环利用。

（9）能量系统优化。加强钢铁行业热力系统合理匹配，中低温余热资源的梯级利用和综合利用；加强石化、化工行业装置工艺升级，提高产品和资源关联度，发展炼化一体化，完善化工原料、产品、资源循环利用链；采用高压变频技术、汽轮机通流改造等措施，改造 300 MW 及以上火电机组，进一步降低发电厂用电率，抓好电网线损精细化管理。

（10）低碳工业园区示范。建立工业地块、工业园区、进驻企业、总能耗约占上海市工业能耗 75% 的低碳工业园区指标评价体系，建设多个低碳示范工业园区。重点推广太阳能发电、集中供热、分布式供能、高效节能产品装备和系统节能技术，引导园区企业开展能源审计、碳审计、清洁生产审核和能源管理体系认证。

3.1.2.3 其他提升能效方法

以上海市经济和信息化委员会制定的《2015 年上海市工业和通信业节能与综合利用工作要点》为例,该文件指出,可以从以下几方面促进工业和通信业绿色、低碳、循环发展,提升城市生态文明水平。

1) 聚焦新模式新业态,加快发展节能环保"四新"经济

(1) 深化推广合同能源管理模式。各区县、集团公司要完善合同能源管理推广工作机制,结合本地区、本单位特点,制定资金支持办法。在前期重点用能单位能源审计、电能平衡等工作基础上,排摸出一批潜在节能项目,组织项目对接。充分利用合同能源管理绿色融资平台,做好企业服务。加大合同能源管理宣传力度,配合开展行业统计和管理工作。力争全年组织合同能源管理项目 200 项,实现节能 10 万 t 标准煤,节能服务业产值增长 20%左右。

(2) 试点推进环境污染第三方治理。上海市经济和信息化委员会将会同相关部门建立第三方治理行业企业和项目备案制度,组织实施第三方治理企业信用评价,开展项目对接、银企对接,培育规范第三方治理市场发展。各区县、工业集团要加强宣传"谁污染、谁付费"的治污新理念以及环境污染第三方治理模式,开展第三方治理行业发展状况统计,支持工业园区、电厂脱硫脱硝除尘、中小电镀企业废水处理等领域开展第三方治理试点。

(3) 加快推广分布式光伏应用。各区县、工业集团要针对产业园区、大型工业企业开展潜在分布式光伏项目资源调研,鼓励园区或企业因地制宜建设分布式光伏发电系统。各单位要依托上海市分布式光伏产业联盟,建立项目对接、融资服务、协调服务的工作机制,创新工作方法,研究探索抓手型"四新"经济领域的工作推进经验。

(4) 培育发展再制造产业体系。重点推进临港再制造产业示范园建设,鼓励临港产业园区再制造企业在自贸区注册。推进临港国家再制造检测重点实验室建设,建成检测、技术研发及产业化、人才培训、展示、信息等五大公共服务平台。开展工业再制造产品示范推广,开展国家再制造试点企业的评估验收,开展旧件逆向回收体系试点建设。支持国家机电产品再制造示范工程建设,扩大机电产品再制造试点范围。

(5) 加快推进资源综合利用产业发展。各区县、工业集团、工业开发区要以重点区域和重点企业为依托,推动资源综合利用产业集聚、技术示范、业态创新,将资源综合利用与示范应用、"四新"经济发展相结合,研究提出以大宗固废综合利用为重点的产业结构调整、布局优化和能级提升方案;试点开展固体废弃物资源化信息管理服务和交易平台建设,继续开展资源综合利用认定和监督抽查工作,配合做好资源综合利用产业的统计分析和信息发布。

2) 高起点谋划,开创节能与综合利用新局面

(1) 编制"十三五"节能与综合利用规划。在"十三五"前期研究的基础上,各区县、工业集团、通信业企业要加强调研力度,按照国家和上海市节能减排总体要求,围绕上海市工业节能形势、目标设定、重点任务、政策机制等方面,对"十三五"工业和通信业节能重大问题进行综合研究,梳理用能需求,合理确定"十三五"节能目标,安排重点节能工程,编制好本集团、本区域的"十三五"节能与综合利用规划。

(2) 编制"十三五"节能环保产业发展规划。各区县、工业集团要以促进绿色消费为导向,围绕科技创新中心建设和"四新"经济发展总体要求,研究梳理本区县、本集团节能环保领域的新产品、新技术、新装备,编制好节能环保产业发展规划。积极支持节能环保产品电子商务平台建设,扩展节能环保产品应用渠道。

(3) 深化节能目标责任考核。各区县、工业集团、通信业企业要根据"十二五"节能目标完成进度和年度节能指标任务要求,分解 2015 年度节能目标,抓好所属重点用能单位的能耗情况及能效指标监控工作。"十二五"目标完成进度滞后的区县和集团,要采取切实措施加大工作力度,确保完成目标任务。

3) 落实清洁空气行动计划要求,组织实施重点工程

(1) 持续推进锅炉清洁能源替代。各区县、工业集团要落实责任,分解年度燃煤(重油)锅炉清洁能源替代任务至各街道(镇)、各重点企业,确保完成燃煤(重油)锅炉清洁能源改造 1 964 台的目标任务。各区县推进办要建立月度进度统计分析制度,每月 25 日前将当月推进情况报市推进办,要鼓励专业化节能服务机构参与锅炉清洁能源替代工作,搭建用户和服务企业的对接平台。各集团公司要积极推动所属企业开展锅炉清洁能源替代工作,确保按照时间节点完成替代任务。

(2) 组织实施清洁生产技术改造计划。各区县、工业集团、工业开发区要加强对辖区内清洁生产工作的领导,组织落实《上海市重点行业清洁生产推行方案》,制定本区域(单位)重点行业清洁生产推行方案和清洁生产技术改造实施计划,积极推动钢铁、水泥、化工、石化、有色金属等重点行业开展清洁生产审核和技术改造,加大对企业实施清洁生产技术改造的支持力度。

(3) 启动产业园区循环化改造。各区县要按照国家关于推进园区循环化改造的工作要求,组织上海市国家级或市级产业园区开展循环化改造工作,至 2017 年,全部国家级园区、30%市级园区完成循环化改造。各单位要结合区域实际,选择开展如环境污染第三方集中治理、分布式光伏、能源分项计量系统等绿色产业园区创建的特色工作。

4) 创新管理机制,推进工业能效提升

(1) 强化节能管理制度。各区县、工业集团、通信业企业要进一步完善重点用能单位能源管理岗位和能源管理负责人备案工作,健全《能源利用状况》《温室气体排放报告》和《节能月报》报送制度,组织开展 10 000 t 以上工业重点用能单位的能源审计工作,开展重点用能单位产品能耗限额自查和能效对标工作,对已列入国家及上海市淘汰目录的落后生产工艺及用能设备应按相关目录要求立即淘汰或制定淘汰计划。市节能监察中心要加大监察力度,实现对重点用能单位的节能监察全覆盖,利用差别电价、惩罚性电价等机制,强化违法违规企业的惩处力度。

(2) 推进能源管理体系建设。推动 100 家年能耗 1 万 t 标准煤的重点用能单位开展能源管理体系建设,鼓励有条件的企业开展认证工作,建立工业领域万家企业能源管理体系建设评价标准,并开展相关培训。对接工信部"全国工业在线监测平台"与上海市"上海重点用能单位能耗在线监测系统",支持重点用能单位开展能源管理中心建设工作。

(3) 继续实施电机能效提升计划。各区县、工业集团要积极运用国家和上海市高效电机推广财政补贴政策,以新建项目和高能耗落后电机淘汰改造为抓手,落实电机系统能效提升计划,要加强落实能源评估和审查制度,在确保使用电机能效不低于三级能效标准的基础上,推广应用高效电机,要组织所属重点用电企业认真对照工信部《高耗能落后机电设备(产品)淘汰目录(第三批)》(2014 年第 16 号),在电能平衡测试工作基础上梳理高能耗落后淘汰电机,制定改造计划。

(4) 加强节能宣传培训力度。各区县、工业集团、通信业企业要加强节能宣传,认真组织开展 2015 年节能宣传周等系列主题宣传活动,制定本地区、本单位节能宣传周活动方案并落实相关经费,组织所属重点用能单位和工业园区相关人员参加节能培训,培育能源管理人员、节能减排义务监督员等人才,确保能源管理人员持证上岗,提升节能从业人员的能力和水平。

3.1.3　能源大数据应用于政府服务范围

"数据海量、信息缺乏"是相当多的企业在数据大集中之后面临的尴尬问题。目前,大多数事物型数据库仅实现了数据录入、查询和统计等较低层次的功能,无法发现数据中存在的有用信息,更无法进一步通过数据分析发现更高的价值。如果能够对这些数据进行分析,探寻其数据模式及特征,进而发现某个客户、群体或组织的兴趣和行为规律,专业人员就可以预测未来可能发生的变化趋势,从而应用于政府服务范围。

在电力行业,坚强智能电网的迅速发展使信息通信技术正以前所未有的广度、深度与电网生产、企业管理快速融合,信息通信系统已经成为智能电网的"中枢神经",支撑新一代电网生产和管理发展。随着后续智能电表的逐步普及,电网业务数据将从时效性层面进一步丰富和拓展。大数据的"量类时"特性,已在海量、实时的电网业务数据中进一步凸显,电力大数据分析迫在眉睫。

当前,电网业务数据大致分为三类:① 电力企业生产数据,如发电量、电压稳定性等方面的数据;② 电力企业运营数据,如交易电价、售电量、用电客户等方面的数据;③ 电力企业管理数据,如 ERP、一体化平台、协同办公等方面的数据。如能充分利用这些基于电网实际的数据,对其进行深入分析,便可以提供大量的高附加值服务。这些增值服务将有利于电网安全检测与控制(包括大灾难预警与处理、供电与电力调度决策支持和更准确的用电量预测),客户用电行为分析与客户细分,电力企业精细化运营管理等,实现更科学的需求侧管理。

3.2　能效对标

3.2.1　企业能效对标管理方法

1）能效对标活动的定义

对标工作一直是企业开展节能改造的重点和难点。它是指用能单位为提高能效水平，与国际国内同行业先进单位能效指标进行对比分析，确定标杆，通过管理和技术措施，在生产、技术、管理等方面不断缩小差距，达到标杆或更高能效水平的实践活动。

2）能效对标活动对用能单位的作用

开展能效对标活动，实施能效对标管理，不仅可以帮助用能单位学习和借鉴国内外先进的能源管理理念和经验，了解自身在同行业中的能效利用水平以及与先进企业之间的差距，促进建立健全内部节能良性循环机制，探索出一套适合本单位的能源管理方法、工作流程、指标体系和激励机制，而且可以持续推动能源管理水平的提升和能效指标的改进，不断提高节能经济效益。

3）能效对标活动对完成全市目标的作用

上海市"十二五"规划《纲要》提出，2015年单位生产总值综合能耗、单位生产总值二氧化碳排放量分别要比2010年降低18%和19%。实现这一约束性目标，难度相当大。"十二五"期间，上海市进入经济发展相对平稳时期，能源消耗与经济增长矛盾加大，节能空间逐渐缩小。能效对标活动将成为"十二五"上海市推动重点耗能企业节能降耗的主要措施之一，进一步提升用能单位的能效水平。为政府部门在淘汰高耗能劣势企业、优化产业结构、提高产业能级等方面以及在吸引投资和引进项目的过程中提供量化的参考依据和评价标准。

4）指导思想和目标

能效对标活动工作量大面广，具有跨领域、跨专业、跨部门、多学科交叉复合的特点，是一项系统工程。要充分利用并整合现有资源，逐步形成"政府引导推动、协会协调指导、企业主动运作、职工积极参与"的工作机制。本着"引、逼"相结合的原则，以创新驱动、转型发展为工作核心，通过深入开展能效对标活动，欲达到以下目标：

（1）工业领域特别是高耗能重点用能企业的主要产品单位能耗和重点工序能耗等指标较大幅度降低，部分企业能效水平达到国内外行业领先水平。

（2）机关办公建筑、星级饭店、大型商业建筑、市级医疗机构建筑等领域企业单位建筑面积能耗有所下降。

（3）交通运输企业单位运输周转量能耗有所下降。

（4）树立一批能效"标杆"单位，建立起基本覆盖主要耗能行业的能效指标数据库和最佳节能案例实践库。

5）职责分工

（1）成立上海市能效对标达标活动推进办公室（以下简称推进办），设在市发改委，负责组织、协调、监督、评估全市能效对标活动，并负责提出年度能效对标活动计划，同时负责提出专项奖励资金年度使用计划，报市发改委批准。

（2）市发改委负责能效对标活动专项奖励资金的计划下达工作。

（3）市经济信息化委、市建设交通委、市商务委、市机关事务局、市旅游局、市卫生局等节能主管部门负责提出年度能效对标活动计划并报送至推进办，并按照各自职责加强能效对标活动的组织领导，负责本领域能效对标活动的评审工作。

（4）市财政局按照专项资金管理的有关规定，审核拨付专项奖励资金。

（5）行业协会要配合推进办做好咨询服务、贯标培训、技术指导、经验推广等工作，推动全市能效对标活动广泛深入开展。

（6）市节能协会按照推进办评审通过的名单，下发能效对标活动奖励。

（7）节能监察机构可接受推进办委托，对参与能效对标活动的企业、机构进行专项监察。

6）对标单位实施步骤

（1）现状分析。对标单位成立能效对标活动领导小组，建立健全能效对标工作机制，对自身能源利用状况进行深入分析，掌握本企业各类能效指标客观、翔实的基本情况，明确在行业内的水平与差距。

（2）选定标杆。结合本单位能源审计报告及发展规划，确定需要通过能效对标活动提高的能效指标，选定标杆单位或者要达到的目标值，已经达到标准及指南提到的先进值的对标单位，须坚持国内外一流为导向，最终达到国内领先或国际先进水平（相关标准及指南见附录一）。

（3）制定方案。通过同行交流、协会指导，结合自身实际制定出切实可行的能效对标实施方案。实施方案须包括行业概况、能效指标水平、装备水平、提高空间、实施步骤等，工业企业按照《工业企业能效对标管理导则》撰写，非工单位可参照执行，具体细则由各领域节能主管部门制定。

（4）对标实践。对标单位按照实施方案有序开展工作，将改进措施和指标目标值分解落实到相关部门和个人，并定期召开会议分析对标方案执行情况，相关机构要积极配合并大力支持能效对标活动。

（5）成效自评估。对标单位一次能效对标活动周期一般要超过一年，指标统计期为全年（即1—12月）。企业要开展能效对标活动成效自评估，对指标完成情况进行总结，说明自身差距，提出下一步改进意见，并撰写能效对标自评估报告，上报至各领域节能主管部门。

（6）持续改进。对于确实完成能效对标目标的企业，要积极总结对标实践过程中行之有效的措施、手段和制度。并将成熟案例纳入企业能效指标数据库和企业最佳节能案例实践库，予以推广。鼓励企业在已取得成效的基础上制定下一阶段能效对标活动计划，调整标杆，将能效对标活动深入持续开展下去。

3.2.2 能效对标活动中标杆对象的选定方法

据了解，在实践中，有众多的企业在确定标杆对象时遇到较多难点，影响了企业对标活动的开展。本节根据一些企业实践，介绍在能效对标活动中如何根据企业实际情况选定标杆对象的一些具体方法。

1）将同类型优秀企业作为标杆企业，开展全方位对标（包括能效指标）

这方法适合产品单一的企业，而且企业把对标管理作为重要的战略管理方法，其典型的情况是发电厂。在开展对标活动时，一般以业内优秀发电厂作为标杆企业。标杆指标体系涵盖了企业生产、经营的全过程。其中生产管理类指标体系中许多指标为能效指标，如供电标准煤耗率、锅炉效率、汽机热耗率、给水泵耗电率、凝结水泵耗电率、循环水泵耗电率等。

水泥厂、玻璃厂、钢厂、合成氨厂、炼焦厂、水厂等企业开展对标管理时，在一定程度上与发电厂相似，可参考发电厂对标活动经验。中国华能集团公司编著的《发电厂对标管理》一书中有详细的方法介绍，企业可参考。

2）将能源单耗水平处于国内外先进水平的某企业产品作为标杆对象，以产品生产过程中与产品能源单耗相关的指标组成标杆指标体系

对生产多种产品的企业，较难找到类似的企业进行全面对标管理，一般可以产品为主线，寻找能源单耗水平处于国内外先进水平的某企业产品作为标杆对象，开展对标管理。

以产品为标杆对象，应注意对象的生产规模、生产工艺、生产装置、生产地点以及能源单耗计算口径中的差异。当产品能源单耗为可比能耗计算口径时，通常具有较强的可比性。

产品生产过程中与能耗相关的运行技术指标都可作为标杆指标。对生产流程较长的产品，可用产品单位产量工序能耗作为标杆指标体系，以便找到差距，进行改进。

由于市场竞争原因，以产品作为标杆对象时，最大的问题是相关信息收集困难。企业可通过双方互惠的方式进行双向的信息交流，也可通过行业协会等组织来收集信息，甚至可委托专业单位进行调查或直接购买专业单位编著的调查报告。

例如，上海某化工公司某主要产品能源单耗多年来一直高于设计值，而外地某化工公司的该产品能源单耗远优于上海该化工公司。由于两家公司长期进行技术合作，有较好的关系。外地的化工公司向上海该化工公司提供了产品能耗资料，上海的化工公司通过指标

——对照，查出差距，不断改进操作方法，一年后便使产品能源单耗达标，取得明显经济效益。

3) 将能效水平处于国内外先进水平的生产装置作为标杆对象，以装置的能效指标组成标杆指标体系

除产品作为标杆对象外，根据企业生产特点，也可以生产装置为线索，寻找能效处于先进水平的某企业同类型生产装置作为标杆对象，开展对标管理。例如，中石化多年来一直开展的达标活动，其实质也是一种对标活动。2006年，中石化有10大类226套炼油装置、15类97套化工装置开展了装置达标竞赛。通过深入开展达标活动，中石化集团公司34家炼化企业2006年的各项技术经济指标呈现不同程度改善。炼油板块综合商品率达到93.49%。综合能耗66.89 kg标准油/t，低于计划目标1.56 kg标准油/t，吨油完全费用174元/t，同比下降4.41元/t。化工板块乙烯装置损失率和燃动能耗同比均有所下降。

以装置为标杆对象，可比性强。装置与能耗相关的运行技术指标都可作为标杆指标，技术指标越细化，越容易发现差距，越利于改进。与产品一样，以竞争对手装置作为标杆对象时，最大的问题也是相关信息收集困难。

除上述提到的一些资料收集渠道外，关注互联网，有时也可得到对手的信息。例2007年6月10日ABB（中国）有限公司发布消息称："上海-全球领先的电力和自动化技术集团ABB与××有限公司签署了节能改造项目合作协议。根据该项协议。ABB将继续与××有限公司开展增效节能方面的合作，提供高效节能的ABB ACS800变频器产品，以实现对其高压煤浆泵的节能控制。据估算，该项目完成后预计年节电量将达到140万kW·h。相当于每年节约近600 t标准煤。"××有限公司的竞争对手可从该消息中获知竞争对手的煤气化装置的煤浆泵采用了变频控制。另外，前面提及的中石化的装置能耗水平，也是从互联网上收集的。

4) 以同一企业内部部门（班组、工段、车间等）为标杆对象，以内部最佳实践为对标基准，开展对标活动

这适用于同类设备较多的企业，如一些设备制造业、日用品生产企业等。其具体的方法是选择同类型设备，通过统计分析或测试，找出最佳实践，并据此制定企业内部设备能效标准，把标准传递给企业内的其他部门，从而收到立竿见影的效果。

以内部部门为标杆对象，最大优点在于内部标杆资料和信息易于取得，缺点是视野狭隘，不易找到最佳作业典范，无法有创新性的突破。

5) 以产品为标杆对象，进行内部对标

当企业生产产品种类较多，又较难收集到同行业产品能源单耗资料时，可采用内部对标的方法。即以产品本企业历史最好水平作为标杆指标，进行对标。这种对标方法对任一老企业均可适用。

在实践操作时，具体产品的标杆指标可根据现状灵活确定。对当前能耗处于历史较优水平的产品,可用历史最好水平作为标杆指标;对当前能耗处于历史较差水平的产品,可用历史平均先进水平作为标杆指标。在产品能源消耗结构未发生变化时,可以产品的单项能耗指标作为标杆指标,如产品单位产量电耗。在分析差距时,应请熟悉历史情况的管理人员和操作人员参加,找出生产现状中存在的问题,加以改进。

例如上海某化工集团,多年来开展降耗活动,整理了100多只产品400项能耗指标的历史最好水平和平均先进水平,并通过工艺查定,查找现状与设计的差距。以及与历史最好状态的差异,以物耗能耗总成本同比下降1‰的要求,进行赶超自我,取得明显效果。集团中部分企业的绝大多数产品能源单耗,通过内部对标,达到了历史最好水平。

6) 以通用耗能设备为标杆对象,开展对标活动

有些企业中,锅炉、加热炉、风机、水泵、空气压缩机、冷冻机等通用设备的能耗量占企业能耗总量相当高的比重。以通用耗能设备为标杆对象,开展对标活动对这类企业特别适合。开展通用耗能设备对标活动时,可采用国家有关设备节能监测指标作为对标指标体系。例如工业锅炉,根据 GB/T 15317—2009《燃煤工业锅炉节能监测》,监测指标有热效率、排烟温度、空气系数、炉渣含碳量、炉体外表面温度等。

在确定标杆值时,企业应根据设备实际运行状况进行确定。通常对运行状况不佳的设备,可采用国家有关设备节能监测指标的合格值。

应注意的是,监测合格指标是设备能效的最低标准。因此,对节能监测指标合格的设备,应以同类设备的先进能效指标为标杆值,开展对标活动。设备的先进能效指标可从一些专业协会得到。对一些大型企业集团,也可从内部企业中查找。

7) 节能管理流程对标

节能管理流程对标属一般性对标类型。一般性对标指将同行业或其他行业的企业节能管理流程作为对标对象,以节能目标作为对标指标,开展对标活动。

当然,选择的对标对象应是在节能管理中表现杰出卓越的企业。对标对象的节能管理经验可通过会议交流、参观学习等机会取得。

节能先进企业的管理方法亦可从国家一些相关标准中得到。如 GB/T 15587—2008《工业企业能源管理导则》中,凝聚了一大批节能先进企业的节能管理经验。根据企业具体情况,创造性地学习标准中的方法,可有效地提高企业节能管理经验。

若找不到合适的先进企业作为对标对象,不妨以《工业企业能源管理导则》的要求为标杆,也是一种捷径。

8) 采用节能对标工具,开展对标

对标管理是一种企业管理的方法和过程。为使更多企业熟练地掌握该方法和使过程更高效,一些节能咨询机构开始研究开发一些对标工具。目前对标工具的开发主要集中在水泥和钢铁工业。

这些对标工具,实际上是一套软件。软件中收集了国际范围内该产品生产的最佳实践(节能方面),设计了产品生产边界模型,提供企业能耗数据录入窗口,程序自动计算产品的能效指数(energy intensity index,EII),并根据 EII 给出提高产品能效的技术措施清单。

3.2.3　PDCA 管理方法在能效对标管理中的应用

1) PDCA 定义

PDCA 循环由美国统计学家戴明(W. E. Deming)博士提出来,它反映了质量管理活动的规律。P(plan)表示计划;D(do)表示执行;C(check)表示检查;A(action)表示处理。PDCA 循环是提高产品质量、改善企业经营管理的重要方法,是质量保证体系运转的基本方式。

PDCA 表明了质量管理活动的四个阶段,每个阶段又分为若干步骤。在计划阶段,要通过市场调查、用户访问等,摸清用户对产品质量的要求,确定质量政策、质量目标和质量计划等。它包括现状调查、原因分析、确定要因和制定计划四个步骤。在执行阶段,要实施上一阶段所规定的内容,如根据质量标准进行产品设计、试制、试验,其中包括计划执行前的人员培训。它只有一个步骤:执行计划。在检查阶段,主要是在计划执行过程中或执行之后,检查执行情况,看是否符合计划的预期结果。该阶段也只有一个步骤:效果检查。在处理阶段,主要是根据检查结果,采取相应的措施。巩固成绩,把成功的经验尽可能纳入标准,进行标准化,遗留问题则转入下一个 PDCA 循环去解决。它包括两个步骤:巩固措施和下一步的打算。

2) PDCA 循环四阶段各步骤

(1) PDCA 循环一定要按顺序进行,它靠组织的力量来推动,像车轮一样向前滚动,周而复始,不断循环。

(2) 企业每个科室、车间、工段、班组直至个人的工作,均有一个 PDCA 循环,这样一层一层地解决问题,而且大环套小环,一环扣一环,小环保大环,推动大循环。这里,大环与小环的关系,主要通过质量计划指标连接起来,上一级的管理循环是下一级管理循环的根据,下一级的管理循环又是上一级管理循环的组成部分和具体保证。通过各个小循环的不断转动,推动上一级循环,以使整个企业循环不停转动。通过各方面的循环,把企业各项工作有机地组织起来,纳入企业质量保证体系,实现总的预定质量目标。因此,PDCA 循环的转动,不是哪一个人的力量,而是组织的力量、集体的力量,是整个企业全体职工推动的结果。

(3) 每通过一次 PDCA 循环,都要进行总结,提出新目标,再进行第二次 PDCA 循环,使质量管理的车轮滚滚向前。PDCA 每循环一次,质量水平和管理水平均提高一步。

PDCA 循环不仅是质量管理活动规律的科学总结,是开展质量管理活动的科学程序,也是一种科学管理的工作方法。它同样可以在质量管理活动以外发挥重要效用。

3.3　产品单耗对标

3.3.1　产品单耗对标的说明

1）产品单耗对标作用

产品能效指标体系反映企业发展的质量、效益和技术含量。产品单耗对标工作一直是企业开展节能改造的重点和难点，在获得同行业的产品能效数据方面，企业往往无能为力，需要政府主管部门给予支持。本节所列产品单耗指标体系具有动态指导性，企业可通过其了解自身在同行业中的能效利用水平以及与先进企业之间的差距，为提高自身能效水平提供参考依据；政府部门可通过这套指标体系在淘汰高耗能劣势企业、优化产业结构、提高产业能级等方面以及吸引投资和引进项目的过程中获得量化的参考依据和评价标准。

2）数据说明

本节主要涵盖了石化、化工、钢铁、电力、建材等 14 个重点用能行业、60 个重点产品（占规模以上工业用能的 35％左右）的 117 个国际国内标杆值，45 项产品单耗行业平均水平及涵盖粗钢、建筑卫生陶瓷、水泥、铜管等 11 项重点用能产品的 107 项产品单耗限额值。

（1）计算对象和依据。本节主要针对上海市工业领域，按照工业行业与产品划分进行分类和指标计算。所涉及的行业终端消费能源包括燃料用能和原料用能，具体分为电力类、煤炭类（原煤、洗精煤、焦炭）、油品类（汽油、煤油、柴油等成品油）、燃气类（焦炉煤气、其他燃气）四类。

（2）数据来源。本节数据主要取自国家和地方能耗限额标准和清洁生产标准、上海市规模以上工业企业能源统计数据、相关企业的能源审计报告、能源利用状况报告、节能月报及有关参考文献。

（3）折标系数问题。本节所采用的电力折标系数如无特殊说明，均采用当量值，其他各能源品种的折标系数见附录二中所列标准中规定。

3）下一步打算

下一步上海将按照"领跑一批、提升一批、限制一批"的目标，重点推进"上对标杆、中对管理、下对限额"的三标体系建设。发挥"上标"引领示范作用，锁定重点产品（工序）单耗，实行产品单耗水平分层梯级管理，培育能效对标示范企业；强化"中标"监督管理作用，制定并执行一批节能技术和管理标准；突出"下标"淘汰限制作用，制定并执行一批地方产品单耗限额标准。

3.3.2 产品单耗标杆值

标杆值是指产品(工序)单耗指标的国际、国内行业先进值,工业主要行业产品单耗标杆值见表3-5,其中,加粗指标表示一级单耗指标,即产品单耗;未加粗指标为二级单耗指标,即单位产品实物量能耗或工序能耗。根据国务院《大气污染防治行动计划》要求,上海市新建高耗能项目单位产品(产值)能耗要达到国际先进水平。

表3-5 工业主要行业产品单耗标杆值

序号	行 业	指 标 名 称	对标指标单位	国内先进	国际先进
1		**乙烯综合能耗**	kg标准油/t	546.3	440
2		**高密度聚乙烯综合能耗**	kg标准油/t	64.3	64.3
3	石油加工、炼焦及核燃料加工业	**精对苯二甲酸综合能耗**	kg标准煤/t	108.8	108.8
4		精对苯二甲酸电耗	kW·h/t	151	100
5		**原油加工单位综合能耗**[注:电力折标准油的系数为0.26 kg标准油/(kW·h)]	kg标准油/t	58.31	58.31
6		**甲醇综合能耗**	kg标准煤/t	1 612	1 535.4
7		**聚氯乙烯综合能耗(乙烯法)**	kg标准煤/t	280	260
8		**碳(炭)黑综合能耗**	kg标准煤/t	1 464	1 464
9		**烧碱单位产品综合能耗(离子膜法≥30%)**	kg标准煤/t	300	300
10	化学原料及化学制品制造业	烧碱电解单元单位产品交流电耗(离子膜法≥30%)	kW·h/t	2 250	2 150
11		烧碱单位产品汽耗(离子膜法≥30%)	t/t	0.14	0.1
12		**醋酸综合能耗**	t标准煤/t	0.14	0.14
13		**MDI综合能耗(精馏工序)**	t标准煤/t	0.04	0.04
14		MDI电耗(精馏工序)	kW·h/t	30	30
15		**吨钢综合能耗**	kg标准煤/t	552.9	552.9
16		炼焦工序能耗	kg标准煤/t	105	75.25
17	黑色金属冶炼及压延加工业	烧结工序能耗	kg标准煤/t	39.04	39.04
18		高炉工序能耗	kg标准煤/t	378	378
19		转炉工序能耗	kg标准煤/t	−22.67	−22.67
20		电炉工序能耗(普钢)	kg标准煤/t	65	65

（续表）

序号	行　业	指 标 名 称	对标指标单位	国内先进	国际先进
21	黑色金属冶炼及压延加工业	电炉工序能耗（特钢）	kg 标准煤/t	93	93
22		热轧工序能耗	kg 标准煤/t	68.3	68.3
23		TRT 回收发电	kW·h/t	52	52
24		干法熄焦蒸汽回收	kg 标准煤/t	61	61
25		烧结蒸汽回收	kg 标准煤/t	4.6	5.2
26		转炉煤气回收	m³/t	100	100
27	非金属矿物制品业	日用陶瓷产品综合能耗	kg 标准煤/t	462	—
28		可比水泥综合能耗（4 000 t/d）	kg 标准煤/t	88	86
29		可比熟料综合能耗（4 000）	kg 标准煤/t	110	107
30		可比熟料综合电耗（4 000）	kW·h/t	56	55
31		可比水泥综合电耗（有熟料）（4 000）	kW·h/t	85	80
32		可比水泥综合电耗（仅粉磨）	kW·h/t	32	30
33		夹层玻璃单位电耗	万 kW·h/1 000 m²	1.973	1.82
34		钢化玻璃单位电耗	万 kW·h/1 000 m²	1.188	1.17
35	电力、热力的生产和供应业	1 000 MW 机组供电煤耗（超超临界）	g 标准煤/(kW·h)	280	280
36		900 MW 机组供电煤耗（超临界）	g 标准煤/(kW·h)	302	302
37		660 MW 机组供电煤耗（超超临界）	g 标准煤/(kW·h)	296	296
38		600 MW 机组供电煤耗（超临界）	g 标准煤/(kW·h)	302	302
39		600 MW 机组供电煤耗（亚临界）	g 标准煤/(kW·h)	314	314
40		300 MW 机组供电煤耗	g 标准煤/(kW·h)	315	315
41	有色冶炼及金属压延加工业	铜及铜合金管材综合能耗	kg 标准煤/t	260.7	240
42		纯铜管材综合能耗（挤压法）	kg 标准煤/t	134	127
43		简单黄铜管材综合能耗	kg 标准煤/t	339	280
44		青铜管材综合能耗	kg 标准煤/t	355	300

（续表）

序号	行　业	指　标　名　称	对标指标单位	国内先进	国际先进
45		大型锻钢件综合能耗	kg 标准煤/t	1 462	1 200
46	通用设备制造业	空调压缩机综合能耗(不包括铸造件工序能耗)	kg 标准煤/台套	1.73	1.68
47		柴油机综合能耗	kg 标准煤/台	73.8	65
48	通信设备、计算机及其他电子设备制造业	集成电路块电耗	kW·h/cm²	0.99	0.85
49	交通运输设备制造业	乘用车单耗	kg 标准煤/辆	140	140
50	饮料制造业	啤酒综合能耗	kg 标准煤/1 000 L	47	47
51	纺织业	机织棉印染布综合能耗	kg 标准煤/100 m	54	38
52		针织布综合能耗	kg 标准煤/t	1 623	1 098
53	农副食品加工业	食用油综合能耗(浸出制油)	kg 标准煤/t 料	54	43
54		新闻纸综合能耗	kg 标准煤/t	286	/
55		生活用纸综合能耗	kg 标准煤/t	400	/
56	造纸及纸制品业	箱板纸综合能耗	kg 标准煤/t	280	270
57		箱板纸电耗	kW·h/t	456	450
58		箱板纸汽耗	kg 标准煤/t	1 350	1 350
59	烟草制品业	卷烟综合能耗	kg 标准煤/万支	1.76	1.76
60		卷烟综合耗电	kW·h/万支	7.7	7.3

3.3.3　产品单耗行业平均水平

平均值是指主要工业产品单耗的行业平均水平。表 3-6 所列为 2013 年上海市产品单耗行业平均水平。

表 3-6　2013 年上海市产品单耗行业平均水平

序　号	指　标　名　称	指　标　单　位	数　值
1	卷烟综合能耗	kg 标准煤/万支	3.46
2	大型锻钢件	kg 标准煤/t	1 461.59
3	芯片制造	kW·h/8 in 圆片	292.86
4	造船综合单耗	t 标准煤/综合吨	0.02

（续表）

序　号	指 标 名 称	指 标 单 位	数　值
5	每吨涤纶综合能耗（短纤）	kg 标准煤/t	122.75
6	每吨涤纶用电量（短纤）	kW·h/t	276.62
7	每吨涤纶综合能耗（长丝）	kg 标准煤/t	195.55
8	每吨涤纶用电量（长丝）	kW·h/t	1 019.53
9	万米布混合数综合能耗	kg 标准煤/万米	2 450.55
10	万米布混合数生产用电量	kW·h/万米	4 622.16
11	万米印染布综合能耗	kg 标准煤/万米	4 932.56
12	机制纸及纸板综合能耗	kg 标准煤/t	298.49
13	机制纸及纸板耗电	kW·h/t	700.21
14	炼焦工序单位能耗	kg 标准煤/t	94.42
15	原油加工单位耗电	kW·h/t	58.63
16	原油加工单位综合能耗	kg 标准油/t	53.02
17	单位烧碱生产综合能耗（离子膜）	kg 标准煤/t	314.80
18	单位烧碱生产耗交流电（离子膜）	kW·h/t	2 234.22
19	单位乙烯生产综合能耗	kg 标准煤/t	885.03
20	单位乙烯生产耗电	kW·h/t	105.63
21	乘用车单耗	t 标准煤/辆	0.17
22	自来水售水耗电	kW·h/t	0.24
23	吨水泥熟料综合能耗	kg 标准煤/t	142.43
24	吨水泥熟料综合电耗	kW·h/t	71.80
25	吨水泥熟料烧成标准煤耗	kg 标准煤/t	132.93
26	吨水泥综合能耗	kg 标准煤/t	22.25
27	吨水泥综合电耗	kW·h/t	45.26
28	吨水泥标准煤耗	kg/t	28.32
29	吨钢综合能耗	kg 标准煤/t	584.07
30	吨钢耗电	kW·h/t	726.10
31	炼铁工序单位能耗	kg 标准煤/t	378.42
32	转炉炼钢综合工序单位能耗	kg 标准煤/t	−6.51
33	电炉炼钢综合工序单位能耗	kg 标准煤/t	98.20
34	电炉炼钢综合电力消耗	kW·h/t	509.18
35	轧钢工序单位能耗	kg 标准煤/t	68.96

（续表）

序 号	指 标 名 称	指 标 单 位	数 值
36	轧钢工序单位电力消耗	kW·h/t	161.37
37	吨钢耗新水	t/t	4.21
38	铜电解直流电单耗	kW·h/t	290.48
39	吨铜加工材消耗能源量	kg 标准煤/t	227.16
40	吨铜加工材消耗电量	kW·h/t	1 589.25
41	吨铝加工材消耗能源量	kg 标准煤/t	363.45
42	吨铝加工材消耗电量	kW·h/t	1 324.41
43	电厂火力发电标准煤耗	g 标准煤/(kW·h)	286.65
44	电厂火力供电标准煤耗	g 标准煤/(kW·h)	299.66
45	发电厂用电率	%	4.33

3.3.4 产品单耗限额值

本节能耗限额值取自国家及上海市发布的单位产品能耗限额标准的限定值。当国家标准和地方标准限额值存在差异时，取两者中的较严指标。表 3-7 所列为产品单耗限额值，其中加阴影的项目或数值为上海地方标准内容。

表 3-7 产品单耗限额值

序号	产品名称	指标名称	指 标 分 类	指标单位	限额值
1	粗 钢	烧结工序	烧结	kg 标准煤/t	55
2		高炉工序	高炉		435
3		转炉工序	转炉		—10
4		球团工序	球团		36
5	建筑卫生陶瓷	综合能耗	卫生陶瓷	kg 标准煤/t	800
6			吸水率 $E \leqslant 0.5\%$ 的陶瓷砖		340
7			吸水率 $0.5\% < E \leqslant 10\%$ 的陶瓷砖		300
8			吸水率 $E > 10\%$ 的陶瓷砖		320
9		综合电耗	卫生陶瓷	kW·h/t	1 000
10			吸水率 $E \leqslant 0.5\%$ 的陶瓷砖		400
11			吸水率 $0.5\% < E \leqslant 10\%$ 的陶瓷砖		360
12			吸水率 $E > 10\%$ 的陶瓷砖		360

（续表）

序号	产品名称	指标名称	指 标 分 类		指标单位	限额值
13			2 000 t/d 以下			110
14		可比水泥	水泥粉磨企业		kW·h/t	40
15		综合电耗	水泥配制企业			4.5
16			水泥	无外购熟料		88
17				外购熟料		36
18		可比熟料	2 000 t/d 以下		kg 标准煤/t	128
19	水　泥	综合煤耗	熟料			108
20		可比熟料	2 000 t/d 以下		kW·h/t	74
21		综合电耗	熟料			60
22		可比熟料	2 000 t/d 以下		kg 标准煤/t	137
23		综合能耗	熟料			115
24			2 000 t/d 以下			112
25		可比水泥	水泥	无外购熟料	kg 标准煤/t	93
26		综合能耗		外购熟料		7.9
27			熔铸工序能耗			75
28			热加工工序能耗			85
29		纯铜管	冷加工工序能耗		kg 标准煤/t	50
30			精整			15
31			退火			45
32			熔铸工序能耗			70
33			热加工工序能耗			80
34		简单	冷加工工序能耗		kg 标准煤/t	50
35	铜及铜合金	黄铜管	精整			15
36	管材		退火			45
37			熔铸工序能耗			90
38			热加工工序能耗			90
39		复杂	冷加工工序能耗		kg 标准煤/t	55
40		黄铜管	精整			15
41			退火			50
42		白铜管	熔铸工序能耗		kg 标准煤/t	120
43			热加工工序能耗			90

（续表）

序号	产品名称	指标名称	指 标 分 类	指标单位	限额值
44			冷加工工序能耗		55
45		白铜管	精整	kg 标准煤/t	15
46			退火		50
47			熔铸工序能耗		105
48	铜及铜合金管材		热加工工序能耗		75
49		青铜管	冷加工工序能耗	kg 标准煤/t	45
50			精整		10
51			退火		45
52		全部管材综合能耗		kg 标准煤/t	480
53			粗铜工艺（铜精矿-粗铜）		750
54		工艺能耗	阳极铜工艺（铜精矿-阳极铜）	kg 标准煤/t	800
55			电解工序（阳极铜-阴极铜）		210
56			铜冶炼工艺（铜精矿-阴极铜）		900
57			粗铜工艺（铜精矿-粗铜）		800
58			阳极铜工艺（铜精矿-阳极铜）		850
59	铜冶炼		电解工序（阳极铜-阴极铜）		220
60			铜冶炼工艺（铜精矿-阴极铜）		950
61		综合能耗	粗铜工艺（杂铜-粗铜）	kg 标准煤/t	340
62			阳极铜工艺（杂铜-阳极铜）		390
63			阳极铜工艺（粗铜-阳极铜）		300
64			铜精炼工艺（杂铜-阴极铜）		510
65			铜精炼工艺（粗铜-阴极铜）		420
66		基材工艺能耗	原料：圆铸锭		145
67			原料：电解铝液、重熔用铝锭等，熔炼炉喂给料	kg 标准煤/t	370
68		基材综合能耗	原料：圆铸锭		160
69	铝合金建筑型材		原料：电解铝液、重熔用铝锭等，熔炼炉喂给料	kg 标准煤/t	410
70			原料：基材		165
71		成品工艺能耗	原料：圆铸锭	kg 标准煤/t	310
72			原料：电解铝液、重熔用铝锭等，熔炼炉喂给料		540

（续表）

序号	产品名称	指标名称	指 标 分 类	指标单位	限额值
73	铝合金建筑型材	成品综合能耗	原料：基材	kg 标准煤/t	180
74			原料：圆铸锭		340
75			原料：电解铝液、重熔用铝锭等，熔炼炉喂给料		590
76	焦炭	焦炭单位产品综合能耗		kg 标准煤/t	153
77	烧碱	烧碱交流电耗	离子膜法液碱≥30.0	kW·h/t	2 450
78			离子膜法液碱≥32.0		
79			离子膜法液碱≥45.0		
80			离子膜法液碱≥50.0		
81			离子膜法固碱≥98.0		
82		烧碱综合能耗	离子膜法液碱≥30.0	kg 标准煤/t	450
83			离子膜法液碱≥32.0		470
84			离子膜法液碱≥45.0		560
85			离子膜法液碱≥50.0		580
86			离子膜法固碱≥98.0		900
87	燃煤发电（注：所列为基础值，实际限额值是基础值与各修正系数的乘积）	供电煤耗	超超临界 1 000 MW	g 标准煤/(kW·h)	288
88			超超临界 660 MW		300
89			超超临界 600 MW		297
90			超临界 900 MW		303
91			超临界 600 MW		305
92			超临界 300 MW		319
93			亚临界 600 MW		320
94			亚临界 300 MW		330
95	集成电路晶圆	单位产品综合能耗	产能利用率：100%	kW·h/cm²	1.2
96			产能利用率：90%		1.35
97			产能利用率：80%		1.5
98			产能利用率：70%		1.65
99			产能利用率：60%		1.8
100			产能利用率：50%		1.95
101			产能利用率：40%		2.1

（续表）

序号	产品名称	指标名称	指 标 分 类	指标单位	限额值
102			炉座公称容量：≤0.5 t		610
103			炉座公称容量：0.75 t		600
104	中频感应电炉熔炼铁水	炉座单耗	炉座公称容量：1 t	kW·h/t	590
105			炉座公称容量：1.5 t		570
106			炉座公称容量：3 t		560
107			炉座公称容量：>5 t		540

企业单位产品能耗（电耗）超过限额值一倍（含）以内的，比照限制类装置电价加价标准执行；单位产品能耗（电耗）超过限额值一倍以上的，比照淘汰类装置电价加价标准执行。

3.4 产值能效对标

3.4.1 产值能效对标的说明

1）定义及作用

产值能效是动态指导性的节能经济指标，对开展行业能效对标工作有较大的指导意义，同时为政府部门淘汰高耗能劣势企业、优化产业结构、提高产业能级、吸引投资和引进项目提供量化的参考依据和评价标准。

2）数据说明

本节以 GB/T 4754—2011《国民经济行业分类》为依据，整理汇总了 35 个大类行业、155 个中类行业的产值能效平均水平及主要能源比重。

（1）数据来源。本节数据主要取自上海市规模以上工业企业 2013 年能源统计数据，包括工业分行业现价产值、能源消费量（标准量）、主要能源消费实物量，以此计算万元工业产值能耗、产值水耗、主要能源消费比重等。表中所列综合能耗为能源消费总量扣除加工转换的二次能源量。

（2）计算对象和依据。本节主要针对上海市工业产业类型，按照工业行业与产品划分进行分类和指标计算，所涉及的行业终端消费能源包括燃料用能和原料用能，具体分为电力类、煤炭类（原煤、洗精煤、焦炭）、油品类（汽油、煤油、柴油等成品油）、燃气类（焦炉煤气、其他燃气）四类。

（3）其他说明。

① 能源结构列示说明。各行业主要能源比重，按照电力、煤炭、油品、燃气四类能源品种分类列示，并将实物量折算为标准煤后，计算出各类能源占能源消费总量的比重。

② 能源结构差异问题。某些行业由于原料用能源（如原料油、原料煤）占能源消费总量的比重较大，相比之下电力占能源消费总量的比重大幅度下降，但电力消费绝对量依然很大。

③ 现价/可比价问题。本节中所涉及的产值为现价，产值能耗下降比率均以现价为基础。由于市场价格和供求关系影响，使不同年份产值的现价可比性降低，为此可参照价格指数做同比比较。

3.4.2　分类能效

电力生产和供应、燃气生产和供应、热力生产和供应、自来水生产和供应、精炼石油产品制造、炼钢、炼焦、钢压延、铁合金冶炼等基本能源生产和工业原材料生产加工产业，虽然产值能耗较大，但处于产业链的上游，不宜以产值能效的标准来评判优劣。此外，将不同行业的产值能耗数据按照一定的顺序进行排列，在一定程度上能够反映不同行业耗能水平和产出水平的对比关系。

1）规模以上工业企业统计范围

35 个大类行业合计工业总产值 32 088.88 亿元，综合能源消费量为 5 519.11 万 t 标准煤，自来水消耗量为 4.24 亿 m^3，产值能耗平均为 0.172 t 标准煤/万元，产值水耗平均为 1.325 m^3/万元。

2）去除能源动力生产供应业统计范围

除自来水、燃气、电力、热力生产和供应业、石油加工业之外的行业，共有 31 个大类行业，合计工业总产值 28 989.04 亿元，综合能源消费量为 4 062.54 万 t 标准煤，自来水消耗量为 4.06 亿 m^3，产值能耗平均为 0.140 t 标准煤/万元，产值水耗平均为 1.401 m^3/万元。

3）去除能源动力生产供应和基本原材料生产行业统计范围

除自来水、燃气、电力、热力生产和供应业、石油加工业、黑色金属（主要是炼钢、炼焦和钢压延、铁合金冶炼）之外的行业，共有 30 个大类行业，合计工业总产值 27 433.56 亿元，综合能源消费量为 2 657.99 万 t 标准煤，自来水消耗量为 3.92 亿 m^3，产值能耗平均为 0.097 t 标准煤/万元，产值水耗平均为 1.430 m^3/万元。

其中，产值能耗在均值以上的行业为能效相对较低的行业；产值能耗在均值以下的行业为能效相对较高的行业。

具体分类能效详见表 3-8～表 3-11。

表 3 - 8　基本资源效益均值

分 类	三种分类标准	产值能耗 （t 标准煤/万元）	产值自来水 取水量（m³/万元）
情况 1	规模以上工业企业	0.172	1.325
情况 2	除石油、燃气、水、电之外	0.140	1.401
情况 3	除石油、燃气、水、电、黑色金属之外	0.097	1.430

表 3 - 9　工业产值分布状况

分 类	三种分类标准	工业总产值 （亿元）	产值能耗均值以上 行业产值比例（%）	产值能耗均值以下 行业产值比例（%）
情况 1	规模以上工业企业	32 088.88	20.8	79.2
情况 2	除石油、燃气、水、电之外	28 989.04	13.4	86.6
情况 3	除石油、燃气、水、电、黑色金属之外	27 433.56	9.2	90.8

表 3 - 10　工业能耗分布状况

分 类	三种分类标准	综合能耗总量 （万 t 标准煤）	产值能耗均值以上 行业能耗比例（%）	产值能耗均值以下 行业能耗比例（%）
情况 1	规模以上工业企业	5 519.11	84.5	15.5
情况 2	除石油、燃气、水、电之外	4 062.54	79.3	20.7
情况 3	除石油、燃气、水、电、黑色金属之外	2 657.99	68.8	31.2

表 3 - 11　工业用水（自来水）量分布状况

分 类	三种分类标准	自来水用量 （万 m³）	产值能耗均值以上 行业用水比例（%）	产值能耗均值以下 行业用水比例（%）
情况 1	规模以上工业企业	42 435.80	43.0	57.0
情况 2	除石油、燃气、水、电之外	40 618.20	41.2	58.8
情况 3	除石油、燃气、水、电、黑色金属之外	39 232.04	39.6	60.4

3.4.3　工业各行业产值能效

《上海产业结构调整负面清单及能效指南》（2014 版）公布了 2013 年上海市 35 个大类行业和 155 个中类行业的产值能效，从中选取部分行业具体数据，见表 3 - 12。

表 3-12 2013 年上海市各行业产值能效

代 码		行 业	综合能耗（t 标准煤）	工业总产值（万元）	产值能耗（t 标准煤/万元）	自来水用量（m³）	产值水耗（m³/万元）
大类	中类	总计	55 191 101	320 888 780	0.172	424 358 043	1.325
07		石油和天然气开采业	4 048	100 699	0.040	41 716	0.414
13		农副食品加工业	238 791	3 413 156	0.070	9 597 650	2.812
	131	谷物磨制	9 464	144 221	0.066	51 554	0.357
	⋮						
	139	其他农副食品加工	76 137	281 910	0.270	3 873 695	13.741
14		食品制造业	433 254	6 379 566	0.068	16 716 953	2.620
	141	焙烤食品制造	112 599	1 491 362	0.076	3 332 700	2.235
	⋮						
	149	其他食品制造	117 955	1 739 149	0.068	4 489 216	2.581
15		酒、饮料和精制茶制造业	140 914	1 131 021	0.125	9 802 745	8.667
	151	酒制造	60 985	318 658	0.191	3 683 548	11.560
	152	饮料制造	78 696	776 010	0.101	6 113 491	7.878
16		烟草制品业	49 496	8 619 458	0.006	1 116 078	0.129
	162	卷烟制造	49 496	8 619 458	0.006	1 116 078	0.129
17		纺织业	290 318	2 262 179	0.128	8 440 144	3.731
	171	棉纺织及印染精加工	134 212	459 754	0.292	3 574 754	7.775
	⋮						
	178	非家用纺织制成品制造	70 448	627 938	0.112	1 862 394	2.966
18		纺织服装、服饰业	172 478	5 079 688	0.034	9 302 151	1.831
	181	机织服装制造	90 673	3 150 077	0.029	6 207 486	1.971
	182	针织或钩针编织服装制造	72 182	1 692 006	0.043	2 652 408	1.568
	183	服饰制造	9 623	237 606	0.040	442 257	1.861
19		皮革、毛皮、羽毛及其制品和制鞋业	52 799	1 787 774	0.030	2 721 475	1.522
	192	皮革制品制造	26 620	1 243 023	0.021	1 209 908	0.973
	194	羽毛（绒）加工及制品制造	2 168	157 198	0.014	163 890	1.043
	195	制鞋业	16 813	313 748	0.054	903 573	2.880

(续表)

代 码		行　　业	综合能耗（t 标准煤）	工业总产值（万元）	产值能耗（t 标准煤/万元）	自来水用量（m³）	产值水耗（m³/万元）
20		木材加工和木、竹、藤、棕、草制品业	59 457	711 524	0.084	1 462 686	2.056
	201	木材加工	2 834	32 940	0.086	155 334	4.716
	202	人造板制造	29 488	161 809	0.182	421 553	2.605
	203	木制品制造	26 981	512 225	0.053	880 270	1.719
21		家具制造业	74 712	2 642 439	0.028	2 896 828	1.096
	211	木质家具制造	38 220	695 990	0.055	1 357 179	1.950
⋮							
	219	其他家具制造	8 226	363 820	0.023	412 949	1.135
22		造纸和纸制品业	546 733	2 840 435	0.192	7 911 802	2.785
	222	造纸	334 091	542 262	0.616	4 427 696	8.165
	223	纸制品制造	212 642	2 298 173	0.093	3 484 106	1.516
23		印刷和记录媒介复制业	160 493	1 885 172	0.085	3 132 200	1.661
	231	印刷	141 227	1 733 926	0.081	2 871 375	1.656
	232	装订及印刷相关服务	8 244	50 417	0.164	160 217	3.178
	233	记录媒介复制	11 023	100 830	0.109	100 608	0.998
24		文教、工美、体育和娱乐用品制造业	85 932	4 446 729	0.019	3 134 958	0.705
	241	文教办公用品制造	34 427	532 261	0.065	1 103 119	2.073
⋮							
	245	玩具制造	14 855	405 761	0.037	750 669	1.850
25		石油加工、炼焦和核燃料加工业	10 637 175	17 578 713	0.605	3 323 151	0.189
	251	精炼石油产品制造	10 637 175	17 578 713	0.605	3 323 151	0.189
26		化学原料和化学制品制造业	14 342 757	26 195 912	0.548	65 190 155	2.489
	261	基础化学原料制造	11 078 106	9 321 169	1.188	32 787 845	3.518
⋮							
	268	日用化学产品制造	113 899	3 114 665	0.037	3 938 867	1.265
27		医药制造业	381 126	5 961 192	0.064	15 786 025	2.648
	271	化学药品原药制造	98 787	915 163	0.108	3 867 204	4.226

（续表）

代　码	行　　业	综合能耗（t 标准煤）	工业总产值（万元）	产值能耗（t 标准煤/万元）	自来水用量(m³)	产值水耗(m³/万元)
⋮						
277	卫生材料及医药用品制造	33 568	287 165	0.117	932 784	3.248
28	化学纤维制造业	88 163	405 294	0.218	1 037 132	2.559
281	纤维素纤维原料及纤维制造	2 261	11 601	0.195	71 790	6.188
282	合成纤维制造	85 902	393 693	0.218	965 342	2.452
29	橡胶和塑料制品业	1 198 893	8 760 159	0.137	17 087 894	1.951
291	橡胶制品业	306 341	2 088 842	0.147	5 201 805	2.490
292	塑料制品业	892 553	6 671 317	0.134	11 886 089	1.782
30	非金属矿物制品业	1 059 792	5 423 721	0.195	14 827 096	2.734
301	水泥、石灰和石膏制造	173 376	295 778	0.586	301 792	1.020
⋮						
309	石墨及其他非金属矿物制品制造	41 349	414 264	0.100	437 410	1.056
31	黑色金属冶炼和压延加工业	14 045 467	15 554 814	0.903	13 861 583	0.891
313	黑色金属铸造	121 258	384 080	0.316	1 229 371	3.201
314	钢压延加工	13 526 970	14 295 410	0.946	8 231 450	0.576
32	有色金属冶炼和压延加工业	465 105	4 712 646	0.099	4 866 415	1.033
321	常用有色金属冶炼	36 986	601 792	0.061	535 602	0.890
⋮						
326	有色金属压延加工	306 801	2 967 690	0.103	3 099 372	1.044
33	金属制品业	733 118	9 420 699	0.078	20 608 157	2.188
331	结构性金属制品制造	106 120	1 881 614	0.056	3 086 472	1.640
⋮						
339	其他金属制品制造	216 675	2 290 056	0.095	5 451 447	2.380
34	通用设备制造业	787 203	24 594 101	0.032	25 911 224	1.054
341	锅炉及原动设备制造	100 386	3 719 373	0.027	2 280 827	0.613
⋮						
349	其他通用设备制造	16 689	479 386	0.035	422 857	0.882

(续表)

代 码		行 业	综合能耗 (t 标准煤)	工业 总产值 (万元)	产值能耗 (t 标准煤/ 万元)	自来水 用量(m³)	产值水耗 (m³/万元)
35		专用设备制造业	453 241	11 103 180	0.041	11 646 472	1.049
	351	采矿、冶金、建筑专用设备制造	183 636	3 188 620	0.058	2 776 343	0.871
⋮							
	359	环保、社会公共服务及其他专用设备制造	38 093	1 965 374	0.019	1 187 666	0.604
36		汽车制造业	1 621 346	48 840 781	0.033	36 655 622	0.751
	361	汽车整车制造	738 237	25 869 003	0.029	17 542 174	0.678
⋮							
	366	汽车零部件及配件制造	873 980	22 559 776	0.039	18 655 020	0.827
37		铁路、船舶、航空航天和其他运输设备制造业	402 502	7 068 638	0.057	14 903 359	2.108
	371	铁路运输设备制造	3 471	308 399	0.011	74 696	0.242
⋮							
	379	潜水救捞及其他未列明运输设备制造	2 244	36 251	0.062	36 377	1.003
38		电气机械和器材制造业	714 212	21 261 551	0.034	17 568 385	0.826
	381	电机制造	71 242	2 294 155	0.031	1 582 685	0.690
⋮							
	389	其他电气机械及器材制造	6 172	276 728	0.022	184 114	0.665
39		计算机、通信和其他电子设备制造业	1 808 150	54 443 404	0.033	62 421 836	1.147
	391	计算机制造	242 073	33 359 136	0.007	7 963 679	0.239
⋮							
	399	其他电子设备制造	30 974	1 010 046	0.031	679 487	0.673
40		仪器仪表制造业	81 226	3 195 552	0.025	2 273 686	0.712
	401	通用仪器仪表制造	38 216	2 103 788	0.018	1 052 186	0.500
⋮							
	409	其他仪器仪表制造	288	15 117	0.019	8 413	0.557
41		其他制造业	49 091	591 367	0.083	2 137 741	3.615
	411	日用杂品制造	34 079	313 455	0.109	1 881 394	6.002

（续表）

代 码	行 业	综合能耗 （t 标准煤）	工业 总产值 （万元）	产值能耗 （t 标准煤/ 万元）	自来水 用量（m³）	产值水耗 （m³/万元）
419	其他未列明制造业	14 684	273 239	0.054	250 487	0.917
42	废弃资源综合利用业	14 675	280 029	0.052	695 714	2.484
421	金属废料和碎屑加工处理	8 873	243 118	0.036	288 019	1.185
422	非金属废料和碎屑加工处理	5 802	36 911	0.157	407 695	11.045
43	金属制品、机械和设备修理业	69 922	777 517	0.090	2 426 081	3.120
432	通用设备修理	994	14 708	0.068	41 297	2.808
433	专用设备修理	337	13 971	0.024	6 500	0.465
434	铁路、船舶、航空航天等运输设备修理	67 619	693 696	0.097	2 257 982	3.255
439	其他机械和设备修理	971	55 142	0.018	120 302	2.182
44	电力、热力生产和供应业	3 619 480	11 433 741	0.317	12 578 948	1.100
441	电力生产	1 244 090	3 552 371	0.350	3 440 682	0.969
442	电力供应	2 304 436	7 728 078	0.298	2 574 766	0.333
443	热力生产和供应	70 953	153 292	0.463	6 563 500	42.817
45	燃气生产和供应业	83 031	1 456 881	0.057	2 273 981	1.561
450	燃气生产和供应	83 031	1 456 881	0.057	2 273 981	1.561
46	水的生产和供应业	226 001	529 052	0.427		
461	自来水生产和供应	209 099	487 352	0.429		
462	污水处理及其再生利用	16 902	41 699	0.405		

3.5 能耗预测预警

3.5.1 能耗预测预警背景及意义

1) 能耗预测背景

国务院关于印发"十二五"节能减排综合性工作方案的通知《"十二五"节能减排综合性

工作方案》(国发〔2011〕26 号)第五节"加强节能减排管理"第(十五)条指出：建立能源消费总量预测预警机制，跟踪监测各地区能源消费总量和高耗能行业用电量等指标，对能源消费总量增长过快的地区及时预警调控。

2) 国内外能源预测研究进展

1973 年能源危机后，人们开始认识到能源问题的重要性。世界各国对能源的现状和未来发展趋势普遍关注，产生了一系列用来研究中长期能源需求的模型和方法，主要有投入产出、MEDEE、LEAP、能源弹性系数、时间序列等。

投入产出模型是美国经济学家列昂捷夫首先提出的，研究国民经济各部门产品生产与消耗之间的数量关系，需要编制棋盘式的投入产出表，建立相应的线性代数方程，构成模拟国民经济结构和产品生产过程的经济数学模型。静态投入产出模型只分析本时期生产和消耗部门间平衡关系和最终产品的去向；而动态投入产出模型则较具体地分析积累和扩大再生产的关系。投入产出法常常与情景分析法、线性规划、动态规划等优化技术和计量经济学方法相结合。Harry C. Willting 等运用投入产出模型研究了荷兰 1969—1989 年的能源强度变化趋势。罗向龙等利用投入产出模型对某大型石化企业进行了生产结构系统分析，通过给定各产品的指标来预测各种原料和能源的需求量。

MEDEE 模型基于部门分析法，是法国 IEPE（Institute of Energy Policy and Economics）于 20 世纪 80 年代开发的能源技术经济模型。它建立在对一定时期内社会经济、人口、技术的一系列假设的基础上，通过对能源需求变化的仿真来预测各部门的能源需求。模型把能源系统划分为工业、交通运输、居民消费、服务业和农业五个部分，在世界上 100 多个国家和地区得到了应用。Bruno Lapillonne 等应用 MEDEE 模型预测了美国 1985—2000 年的能源需求。傅月泉等 1994 年应用 MEDEE 模型对江西省中长期能源需求进行预测，反复对情景变量的设置及经济发展、产业结构等宏观经济指标进行调整后，得出了比较可行的预测结果。

LEAP 模型结合了部门分析法和实物型投入产出法，是瑞典斯德哥尔摩环境研究所（Stockholm Environment Institute, SEI）开发的静态能源经济环境模型。需要收集各种技术数据、财务数据和环境排放数据，通过数学模型来预测各部门的能源需求、能源成本及对应的环境收益。Ranjan Kumar Bose 等应用 LEAP 模型和环境数据库分析了影响印度德里交通部门能源消费模式和排放标准的因素，并预测能源需求和交通工具的尾气排放量。迟春洁等于 2004 年根据未来 20 多年中国社会经济发展趋势，结合中国的发展现状，利用情景分析法设计了三种方案四种情景，通过 LEAP 模型计算得到了不同方案下各时期的能源需求量以及温室气体排放量。

能源弹性系数法建立在数理统计的基础之上，根据已经掌握的今后一段时期规划确定 GDP 年均增长率，选用历史阶段能源弹性系数的变化规律值，预测今后一段时期能源的需求量，计算简单，容易理解。它常见于政府部门的中长期能源预测。许多能源模型如 LEAP 模型中都用到了弹性系数法预测未来能源需求。刘彦民对"十五"期间及之后 10 年中石油供需状况采用弹性系数法进行了预测,对石油成品油的竞争能力进行了评价。陈军才利用能源弹性系数法、时间序列法和部门分析法等多种方法对广东省 2010 年的能源需求进行了预测。

时间序列模型包括确定性、随机性分析法。单纯确定性分析法预测精度不高,鲜有应用。随机性分析法又分平稳随机和非平稳随机两类。平稳随机过程的描述可建立多种形式的时序模型,如自回归(autoregressive, AR)模型、移动平均(moving average, MA)模型等。若随机过程是非平稳时间序列,需要将随机序列平稳化,再运用平稳随机时间序列的方法去实现。薛智韵等分析得出我国石油需求序列是有确定趋势的非平稳时间序列,选择最小二乘法分两步建立模型,并对模型预测精度和稳定性做了评价,应用模型对我国 2006—2020 年的石油需求进行了预测。当前,时间序列组合模型也得到了较多应用,即用确定性模型描述序列中确定性趋势的变动规律,用随机性模型来描述序列中随机变动的一般规律,往往能取得令人满意的效果。卢二坡利用确定性加随机性的时间序列组合模型对我国能源需求进行预测,并对模型预测精度和参数稳定性做了评价,并用该模型对我国 2004—2020 年的能源需求进行了预测。

鉴于能源系统的复杂非线性和不确定性,近年来众多学者开始研究能源系统的非线性系统特征和不确定性,引进非线性方法对能源需求进行预测。常用的方法有混沌时间序列方法、人工神经网络方法、遗传算法、灰色理论等,这些方法可以弥补线性方法在预测复杂能源需求时的不足。傅瑛等利用混沌时间序列模型对江苏能源消费量进行了预测,并把预测结果与指数平滑法做了对比,表明混沌时间序列方法得到的预测值同实际值上下波动、绝对偏差较小,比指数平滑法的误差要小。但他们是利用 1991—2003 年数据建立的模型再去预测 1991—2003 年的能源需求,没有看出混沌时间序列的未来预测能力。事实上,由于混沌时间序列假设研究对象是混沌系统,而混沌系统具有初始条件敏感特征,所以混沌时间序列方法长期预测被认为是不可能的。Halim Ceylan 利用遗传算法能源需求模型(genetic algorithm energy demand model, GAEDM)对土耳其未来 20~50 年能源需求进行预测。结果表明,GAEDM 预测结果精度较高,与政府能源与自然资源规划研究中心预测结果相比,预测误差最小。但是遗传算法本身的参数还缺乏定量的标准,采用的都是经验数值,而且不同的编码、不同的遗传技术都会影响遗传参数的选取,因而会影响算法的通用性。Albert W. L. Yao 利用改进的灰色预测方法,对高雄第一科技大学日用电量进行预测,平均预测误差只有 4.88%,比过去常用方法的预测精度提高了 1.2 个百分点。文中分析了灰色预测方法的长期预测能力并指出,基于灰色预测模型的智能预测方法精度的提高,对于高能耗单位节约运行成本具有重要的意义。Javeed Nizami S. S. 构建了两层前向反馈神经网络模型,利用天气、全球太阳辐射和人口数的历史数据,预测了沙特阿拉伯东部地区电力需求量,检验结果表明构建的模型预测精度较高,是有效的。Benjamin F. Hobbs 指出人工神经网络方法能够降低电力、天然气等能源日需求量的预测误差,平均绝对值相对误差比以前方法的平均误差降低了 1.9 个百分点。Yetis Sazi Murat 利用 BP 人工神经网络分析了 GNP、人口、车辆的年平均增长速度等社会经济因素对交通用能的影响。Coskun Hamzacebi 指出人工神经网络能够同时预测多个变量的未来值和构建数据之间非线性关系,利用此方法对土耳其 2020 年的电力需求量进行分部门预测,并把预测结果与官方预测结果进行了对比,发现其有很高的预测精度。张婷利用灰色神经网络组合模型对我国能源需求进行预测,验证了能源消费与经济增长之间的协整关系,利用 1978—2000 年的能源需求总量时间序列构建三个灰色微分方程,对 1978—2005 年的数据进行建模和检验,结果表明预测平均相对误差为 1.19%,比传统的灰色人工神经网络模型预测结果精确。

3.5.2 能耗预测预警方法

1) 预测模型

(1) 在预测全年或是全年初始月份(1—5 月)的能耗总量情况时,由于还未获取足够多的企业实际能耗总量样本数据,采用比值法来进行早期预测。如已知预测年某月的能耗总量数据,可计算该月能耗总量与前一年能耗总量的同比变化率,由同比变化率来继续推算后续月份的能耗总量。预测年某月的能耗总量实际值应使用最近一个月的数据。

(2) 在得到预测年份初始月份(1—5 月)的能耗总量情况后,可以依据这些数据来预测后续月份(6—12 月)的能耗总量。采用线性回归方法建立基于初始月份的能耗单体预测模型,同时,在得到每月实际能耗数据后,可将数据补充到模型中,不断优化预测模型,来继续预测后续月份。

2) 功能模块分类

(1) 数据采集模块。由相应的客户端软件采集单一企业的月份能耗总量数据,并进行整理汇总,保证采集数据的准确性。

(2) 计算分析模块。通过编程实现相关预测数学模型的自动计算和参数修正,并根据设定的阈值做出相应预警。

(3) 图形可视化模块。在平台上可以直观地看到所选对象全年能耗总量变化趋势图。对于区县、集团和行业可以看到相应月份能耗总量的对比图。

3) 如何利用大数据的思维方法来进行能耗预测预警

升级重点用能单位能效数据年报和月报的上报客户端数据采集模块。在与能效直接相关的企业综合能耗数据之外,设计并开发能够对应各行各业各种类型企业的分项能效数据采集功能,不仅在上传和存储的方式上,而且在企业产品单耗指标等数据源上用信息化的方式代替手工填写的方式。

开发重点用能单位综合能耗年报和月报的平衡表计算模块。根据分布式的思路,将烦琐并且对计算能力要求高的平衡表计算在客户端完成,要求作为计算结果的平衡表按照产品拆分清晰,同时计算出的能耗值是封闭的,没有无法归类或者缺漏的情况。

对能源利用状况报告和月报的平台进行升级。从上海地区工业领域的重点用能企业能耗数据的当前值和历史记录着手,从单个企业的角度以及企业集合的角度进行分析,预测企业、区县、集团、主要行业近期的能耗情况,针对其中能耗过高的情况进行预警。

3.6　节能目标分解考核

3.6.1　节能目标分解考核背景及意义

3.6.1.1　节能目标分解定义及分解范围

节能目标分解是指市级或区级节能主管部门根据"多因素、分类分解"的原则,综合考虑各对象、各区县、集团产业结构、节能潜力、能效水平等因素,分解制定年度或其他阶段节能目标。节能目标分解可以充分发挥考核导向性作用,是确保完成年度或其他阶段工业节能目标的重要保证和有效抓手,是落实政府节能减排工作部署的有效途径。

以上海市"十二五"期间为例,节能目标分解范围如下:

(1) 市属国有控股(集团)公司、中央在沪企业、化工区等 23 个集团。

(2) 除中央在沪企业和市属企业以外的所有企业属地纳入各区县,按条考核的 18 个区(县)。

(3) 对工业系统节能指标影响大,能耗总量达到一定规模,重点监控的"百家重点用能企业"。

(4) 移动、联通、电信、东方有线等电信行业 4 大公司。

3.6.1.2　指标类型

考核指标主要有约束性指标和控制性指标。约束性指标是在预期性基础上进一步明确并强化责任,必须确保实现的指标。控制性指标是具有指导性,需要通过配置资源和运用行政力量,力争达到的指标。"十二五"工业节能考核指标主要采用约束性指标;年度工业节能考核指标包括约束性指标和控制性指标。考核对象的节能指标见表 3-13。

表 3-13　考核对象的节能指标

对　象	约 束 性 指 标	控 制 性 指 标
区　县	万元产值能耗下降率	工业能耗总量
集　团	万元产值能耗下降率(能源加工转换和市政等特殊行业,如电力、水务等,以产品单耗为约束性指标)	能耗总量、主要产品单耗
百家企业	主要产品单耗	
电信行业	单位能耗	能耗总量

3.6.1.3 分解原则

1) 区县节能目标分解原则

(1) 产值能耗下降率。以"十二五"全市工业增加值能耗下降率为基准,以"十一五"万元产值能耗下降率、工业用能比重、工业能耗总量、工业产值能耗、功能定位为五项权重因子,通过加权计算得出指标调整幅度,分解区县可比产值能耗下降率目标。

(2) 工业能耗总量。以2010年区县工业能耗总量为基准,根据发展趋势和能源需求情况,每年下达工业能耗总量目标。

2) 集团节能目标分解原则

(1) 产值能耗下降率。以"十二五"全市工业增加值能耗下降率为基准,以"十一五"万元产值能耗下降率、能耗总量、节能潜力、产值能耗、主要产品单耗先进性为五项权重因子,通过加权计算得出指标调整幅度,分解集团"十二五"可比产值能耗下降率目标。

(2) 主要产品单耗。选取集团具有代表性且能耗占综合能耗达到一定比例的主要产品。根据上年度主要产品单耗水平和下年度预期生产情况,每年确定"十二五"产品单耗下降率目标。

(3) 能耗总量。以2010年集团能耗总量为基准,根据发展趋势和能源需求情况,每年下达能耗总量目标。

3) "百家企业"节能目标分解原则

节能指标为主要产品单耗。以2010年企业主要产品单耗为基准,考虑企业生产负荷、装备水平、行业类型、产品单耗下降率等因素,根据企业发展趋势,参考国际、国内行业先进水平,每年下达产品单耗下降率目标。

4) 电信行业节能目标分解原则

(1) 单位能耗。以2010年企业单位能耗为基准,选择单位信息流量能耗、单位业务总量能耗等单位能耗指标进行考核。根据上年度单位能耗水平和下年度预期生产情况,确定"十二五"单位能耗下降率目标。

(2) 能耗总量。以2010年企业能耗总量为基准,根据实际发展和能源需求情况,每年下达能耗总量目标。

3.6.2 节能目标分解考核方法

3.6.2.1 目标分解方法

每年上海市经济和信息化委员会针对区县及集团用能、节能的不同特点,制定不同的节能目标分解方案报告。本节以2010年为例,对节能目标分解考核做具体说明。

1) 区县"十二五"节能目标分解方法

区县节能目标分解是在确定可比产值能耗基准下降目标18%的前提下,综合考虑各区县不同情况,根据"十二五"工业节能工作"转型发展"的基本要求,分别确定指标影响因素的权重分布,设五个影响因素的权重分别为 15%(万元产值能耗下降率)、10%(工业用能比重)、30%(工业能耗总量)、40%(工业产值能耗)、5%(功能定位),并将每一影响因素根据定量或定性分析将每一区县指标调整因子分成五档、四档等,划分情况分别用$+A$、$+0.5A$、0、$-0.5A$、$-A$ 表示,然后计算各区县指标调整综合幅度因子,每单位因子下降1.5 个百分点,"负"表示指标在基准下降率的基础上可酌情考虑减少下降率目标,"正"表示指标在基准下降率的基础上应进一步加压,提高下降率目标,假设 18 个区县分别用 $B_1,\cdots,B_{18}$ 表示,各影响因素累计加权得分分别用 $A_1,\cdots,A_6$ 表示,那么 B_1 区县调整后指标为

$$18\%+1.5\%\times(A_1\times15\%+A_2\times10\%+A_3\times30\%+A_4\times40\%+A_5\times5\%)$$

(1)"十一五"万元产值能耗下降率。根据万元产值能耗"十一五"下降率完成进度,划分为五个层次。

(2)工业用能比重。根据区县工业用能比重排序,划分为五个层次。

(3)工业能耗总量。根据各区县工业能耗总量排序,划分为五个层次。

(4)工业产值能耗。根据各区县工业 2010 年工业产值(可比)能耗排序,划分为五个层次。

(5)功能定位。根据中心区县以及郊区工业导向等,划分为两个层次。

2) 集团节能目标分解方法

在确定可比万元产值能耗下降 18% 的基准前提下,综合考虑各区县不同情况,根据"十二五"工业节能工作"转型发展"的基本要求,分别确定指标影响因素的权重分布,设五个影响因素的权重分别为 20%(万元产值能耗下降率)、30%(能耗总量)、10%(节能潜力)、10%(产值能耗)、30%(主要产品单耗先进性),指标调整幅度基本方法参考区县可比产值能耗分解方法进行。

(1)"十一五"万元产值能耗下降率。根据万元产值能耗"十一五"下降率完成进度,划分为五个层次。

(2)能耗总量。根据各集团能耗总量排序,划分为五个层次。

(3)节能潜力。根据"十一五"期间节能力度,结合节能技改、合同能源管理实施情况,依据节能量占能耗总量比重,划分为五个层次。

(4)产值能耗。根据各集团 2010 年产值(可比)能耗排序,划分为五个层次。

(5)主要产品单耗先进性。按照产品单耗国际先进水平、国内先进水平、国内一般水平、国内落后水平等划分为四个层次。

3.6.2.2　具体考核内容

对各区(县)、集团 2010 年及"十一五"工业节能目标完成和节能措施落实情况进行全面考核,满分为 100 分。主要内容包括:

(1)节能目标(50 分)。2010 年度产值能耗下降目标(此目标作为否决性目标,20 分)、

2010 年度能源总量控制目标(10 分)、"十一五"万元产值能耗下降目标完成率(20 分)。

(2) 节能措施(50 分)。节能工作运行机制、节能目标分解落实、节能技术进步和节能技改实施、重点企业节能工作管理、节能专项工作开展、节能基础工作落实。

(3) 考核等级。超额完成(≥95 分)、完成(80～94 分)、基本完成(60～79 分)、未完成(<60 分或者否决性指标未完成)。

3.6.2.3 考核流程

(1) 节能目标完成情况核定。依据统计局数据,对各区(县)、工业控股(集团)公司、上海化工区 2010 年度及"十一五"节能目标完成情况做初步核定。

(2) 上报自查报告及相关证明材料。各区(县)、各控股(集团)公司、上海化工区根据附录一《2010 年度及"十一五"工业系统节能目标责任评价考核计分表》,在 5 月 10 日前上报书面自查报告及相关证明材料。自查报告主要包括:2010 年度及"十一五"节能目标完成情况、各项节能工作进展情况、面临的形势和存在的问题,以及自评打分表、相关证明材料。

(3) 审查自查报告。5 月 11—17 日对各单位上报的自查报告进行初步审查,对节能目标完成情况和节能工作进展情况进行评议,得出初步考评等级和分数。

(4) 现场考评。5 月 18—24 日,在初审自查报告的基础上,有针对性地选择重点单位进行详细全面的现场考评。

(5) 撰写考核评价报告。在审查自查报告和现场考评的基础上,撰写考核评价报告。考核评价报告包括:该单位 2010 年度及"十一五"节能目标完成情况和节能工作进展总体情况、考评等级和分数、综合评价考核结论、节能工作存在的问题和下一步建议。

(6) 专家评审。由市经信委会同市发改委、市国资委、市监察委、市统计局、市质监局、市节能监察中心、区(县)相关部门及专家对考核结果进行评审。

(7) 结果反馈并公示。

◇ 参 ◇ 考 ◇ 文 ◇ 献 ◇

[1] 陶然.上海能源预测模型及能源利用效率评价指标体系研究[D].上海:上海交通大学,2013.

[2] 上海市经济和信息化委员会,上海市统计局,上海市节能监察中心,等.上海产业结构调整负面清单及能效指南(2014 版)[DB/OL].http://www.sheitc.gov.cn/res_base/sheitc_gov_cn_www/upload/article/file/2014_216_18/ca5ehwjz3cky.pdf.

[3] 上海市节能监察中心.能效对标活动中标杆对象的选定[J].上海节能,2008(1):21 - 23.

第 **4** 章

能源大数据应用
——碳排放权交易

4.1　碳排放权交易市场的发展和现状

4.1.1　碳交易的起源与发展

气候变化正在对地球环境和人类造成广泛和深入的影响。联合国政府间气候变化专门委员会第五次评估报告认为,气候系统的变暖是毋庸置疑的,自 20 世纪 50 年代以来,观测到的许多变化在几十年乃至上千年时间里都是前所未有的。大气和海洋已变暖,积雪和冰量已减少,海平面已上升,温室气体浓度已增加。数据表明,过去三个十年的地表已连续偏暖于 1850 年以来的任何一个十年,全球范围内的冰川几乎都在继续退缩,1901—2010 年地球海平面已上升了 19 cm,地球上温室气体的排放量已达到 80 万年来的最高水平,而引起这些变化的原因极有可能是人为活动导致大气中温室气体大量增加。(数据来自《联合国政府间气候变化专门委员会第五次评估报告》)

随着全球变暖趋势的增强和影响的逐步扩大,国际社会逐渐认识到合作应对气候变化的重要性。正是在这种背景下,碳排放交易(以下简称碳交易)作为一种控制温室气体排放的市场化工具,逐渐发展成熟,在世界上被越来越多的国家所采用。目前被要求减排的温室气体主要包括:二氧化碳(CO_2)、甲烷(CH_4)、氧化亚氮(N_2O)、氢氟碳化物(HFCs)、全氟化碳(PFCs)、六氟化硫(SF_6)和三氟化氮(NF_3)。其中,二氧化碳为最大宗,所以这种交易以吨二氧化碳当量(tCO_2e)为计算单位,所以通称为"碳交易"。碳排放权交易的概念来源于排污权交易,后者指的是在一定区域内,在污染物排放总量不超过允许排放量的前提下,内部各污染源之间通过货币交换的方式相互调剂排污量,从而达到减少排污量、保护环境的目的。在这种机制下,排放温室气体的行为被赋予了价值,即排放温室气体的权利,从而可以对其估值和买卖。在碳交易市场中,参与者可以通过购进温室气体减排量的方式,用于抵消自身多排放的温室气体,或出售自身的温室气体排放配额获得收益。这就意味着参与者需要在自我减排和从市场上购进减排量的成本间取舍,从而实现整个市场上减排成本的最低化。

碳交易机制的运作过程如图 4-1 所示,在此假设该市场是一个完全竞争市场。图 a 显示的是碳交易市场上,经过公开交易,形成了一个较稳定的价格,设为 P_0,可以把它理解为所有参与者平均减排一单位的二氧化碳需要投入的成本。图 b 显示的是一个企业的减排成本曲线,即随着节能潜力的不断挖掘,到后期每减排一单位的二氧化碳,需要投入的成本越来越大。可以看出,当企业的减排成本处于 AB 区间时,企业更愿意自己采取减排措施;

当企业的减排成本高于市场上的价格 P_0 时,企业更愿意从市场上购买配额。在碳交易市场的调配下,减排成本低的企业会更积极地进行减排,并把多余的配额出售;而减排成本高的企业可以通过购买配额,减少用于减排的开支,从而实现整个市场参与者的减排成本最低化。

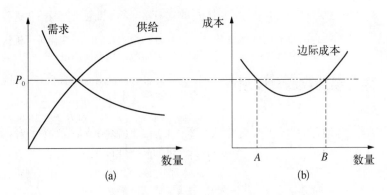

图 4-1　碳交易机制的运作机理

碳排放权交易的发展伴随着人类对生存环境关怀的增加和多方利益的博弈。从经济学角度看,温室气体排放问题具有显著的外部性和公地效应。这是因为,空气在全球范围内流动,它是自然存在的,为全球人类共享,是一种典型的公共物品。人们不同程度地从排放温室气体的活动中获得收益(如工厂在生产的过程中同时排放了二氧化碳),但没有人愿意主动承担治理温室效应所需要的成本。因为即使他们不采取措施,仍能继续排放温室气体并将由此产生的影响分摊给其他人;反之,如果他们采取措施,成本将非常巨大,而且由此产生的效益将被更多不采取措施的人分享。

碳交易市场经历了从起初的小范围的自愿减排,逐步发展到全国性、全球性、强制性和自愿性市场并存的过程。1989 年,首例针对碳捕集与封存(carbon capture and storage,CCS)技术的自愿投资开启了自愿碳交易的先河。1989—2002 年,自愿碳市场曾经是独一无二的碳市场类型。2003—2006 年,强制碳市场成为各领域碳交易的主角,而自愿减排市场的关注度下降。2006 年后,国际社会认识到自愿碳市场的重要性,对其关注度重新上升。目前,全球自愿减排市场和强制减排市场并存,但以后者影响力和交易量更大,故本节仅以全球强制减排市场的发展为主线介绍碳交易市场的发展。表 4-1 展示了全球强制性碳交易市场形成和发展的历程。

表 4-1　碳交易发展进程大事表

时　　间	事　　件	概　　要
1827 年	温室效应理论提出	法国科学家让·傅里叶首次提出了温室效应理论
1873 年	国际气象组织(WMO)成立	标志国际气候合作进入制度化阶段

时　　间	事　　件	概　　要
1979 年 2 月	第一届世界气候大会	标志着国际科学界在达成全球变暖问题的科学共识方面迈出了重要的一步
1985 年 10 月	维拉赫会议召开	标志着全球气候变化问题政治化进程的开端
1988 年	联合国政府间气候变化专门委员会（IPCC）成立	是联合国最主要的气候变化科研机构，标志着气候变化问题向政治化方向演进
1992 年 6 月	《联合国气候变化框架公约》签订	是国际社会在应对全球气候变化问题上进行国际合作的一个基本框架
1997 年 12 月	《联合国气候变化框架公约》第 3 次缔约方大会	通过《京都议定书》，对发达国家的温室气体排放规定了具有法律约束意义的减限排目标；确立了三个实现减排的灵活机制
2005 年 2 月 16 日	《京都议定书》正式生效	标志着议定书所规定的各种机制正式启动，国际社会在温室气体排放方面开始有法可依。本议定书于 2012 年 12 月 31 日失效
2012 年 11 月	《联合国气候变化框架公约》第 18 次缔约方大会	通过《多哈决议》，决定将 2013—2020 年设置为《京都议定书》第二承诺期

在表 4-1 中，签订于 1997 年 12 月 11 日的《京都议定书》对碳交易的发展起到了里程碑式的作用。《京都议定书》由一个总述、二十八条条款和两个附件组成，其中，附件一列出了本协议的缔约国中的发达国家及各国家的减排目标。本议定书的生效，使减排成为签署本议定书的发达国家的法定义务，并确立了三个实现减排的灵活机制：联合履约、排放贸易和清洁发展机制。各机制的定义如下：

（1）联合履约（joint implementation，JI）。附件一所列任一缔约方可以向任何其他此类缔约方转让或从它们获得由任何经济部门旨在减少温室气体的各种源的人为排放或增强各种汇的人为清除的项目所产生的减少排放单位。（《京都议定书》第六条）

（2）排放贸易（emissions trade，ET）。《联合国气候变化框架公约》缔约方会议应就排放贸易，特别是其核查、报告和责任确定相关的原则、方式、规则和指南。为履行其依第三条规定的承诺的目的，附件 B 所列缔约方可以参与排放贸易。（《京都议定书》第十七条）

（3）清洁发展机制（clean development mechanism，CDM）。清洁发展机制的目的是协助未列入附件一的缔约方实现可持续发展和有益于《联合国气候变化框架公约》的最终目标，并协助附件一所列缔约方实现遵守第三条规定的其量化的限制和减少排放的承诺。（《京都议定书》第十二条）

这三种机制之间的区别和联系如图 4-2 所示。由该图可以看出，基于《京都议定书》建立的碳排放贸易体系以附件一中的发达国家为参与主体，以排放配额为主要交易对象。非附件一中的发达国家仅可以通过清洁发展机制将减排信用（CERs）出售给发达国家缔约方，协助其实现《京都议定书》中的减排目标。

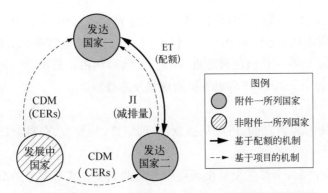

图 4-2 《京都议定书》确立的三种机制之间的关系示意

4.1.2 全球碳交易市场

1) 分布和规模

相对于一些常见的市场来说,碳排放权交易市场是一个比较新的事物,也为很多人所不知,但自建立以来,碳交易市场呈现出蓬勃的发展态势,在参与者数量、市场规模、交易产品、运行机制等方面都有了长足的进步。

在参与者方面,世界上第一个碳排放交易体系建立于 2002 年,为英国排放交易体系(UK-ETS)。到 2014 年,已有 39 个国家和 23 个地区(其温室气体排放量接近全球的四分之一)已采用或计划采用碳定价工具,其中包括碳排放交易机制和碳税。

在市场规模方面,如图 4-3 所示,在 2005—2011 年的 6 年间,碳交易的成交量增长了

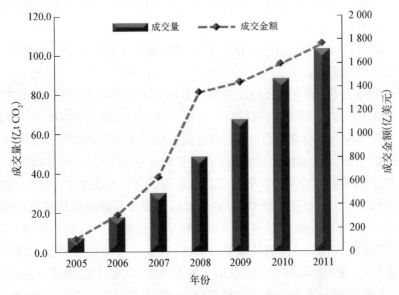

图 4-3　2005—2011 年全球碳交易市场成交量和成交金额(数据来源:整理于历年世界银行发布的《碳市场交易发展现状与未来发展趋势》)

14 倍,成交金额增长了 16 倍。2013 年,全世界碳排放交易总额约为 300 亿美元。其中,欧盟为全球第一大碳市场,交易量为 20.39 亿 t CO_2e;中国为全球第二大碳市场,交易量为 11.5 亿 t CO_2e。这些碳定价机制覆盖近 60 亿 t CO_2e,约占全球温室气体年度排放总量的 12%。(世界银行报告,《2014 年碳定价机制现状及趋势》)

2) 分类

在碳交易市场的分类方面,可以从强制性、地域性、行业性、交易对象等方面对其进行不同的分类。

从交易对象角度看,全球碳交易市场可以分为两大类:基于配额的市场和基于项目的市场。基于配额的市场以总量控制为目标,以碳排放配额为交易标的,形成了"总量控制与贸易系统(cap-and-trade)"。基于项目的市场则以具体项目产生的减排量为交易标的。这部分市场将项目实施后与未实施状况下进行对比,对由于项目实施产生的减排量进行核证,经过核证后的减排量可以在市场上交易,由减排成本高或无法完成减排目标的企业购入,通过抵消完成后者的减排目标。

从强制性角度看,全球碳交易市场可以分为以下几类:第一类市场为"强制加入,强制履约",这类市场以基于《京都议定书》建立的强制减排体系为主流。这类市场基于法律、政策或协议,强制性地纳入碳交易市场参与对象,给这些对象指定减排目标,若这些参与者未能完成减排目标则要承担相应的法律责任。第二类市场为"自愿加入,强制履约",这类市场参与者主要是出于社会责任、组织机构形象等因素的考虑,自愿加入碳交易市场。第三类市场为"自愿加入,自愿履约",这些市场主要以核证后的减排量为交易对象,以基于《京都议定书》下的清洁发展机制产生的自愿减排量为主流,同时很多非政府组织从环境保护与气候变化的角度出发,也开发了很多自愿减排碳交易产品。

从地域性角度看,全球碳交易市场有些是全国性的,如韩国、新西兰等国的碳交易系统;有些是区域性的,如区域温室气体减排行动(Regional Greenhouse Gas Initiative, RGGI)、魁北克省碳排放交易系统;而欧盟碳排放交易系统则已成为一个跨国性的碳交易大系统,包括 31 个国家或地区。

从行业性角度看,目前大部分碳交易系统都覆盖了多个行业,但也存在针对单一行业的碳交易系统,如区域温室气体减排行动。在覆盖多个行业的碳交易系统中,以工业或电力行业居多。这是因为工业或电力行业的碳排放量比较大,碳排放数据基础比较好。

表 4-2 进一步展示了目前全球已成立的主要碳交易市场。从中可以看出,目前全球碳交易市场正处于发展期,自 2008 年后,每年均有新的碳交易市场建立,并且一些发展中国家也开始建立本国的碳交易系统。此外,一些地区级的碳交易系统也比较有特色,如区域温室气体减排行动、东京碳排放交易体系和加利福尼亚总量控制与贸易系统。在强制性方面,现在全球的碳交易市场以强制性市场为主流,自愿性市场是强制性市场的有益补充。在纳入行业方面,各地的碳交易市场都以工业为主,尤其是能耗高、数据基础好的电力行业纳入得较多,建筑、交通行业在一些碳交易市场中也有涉及,而航空、废弃物、农业和森林在个别市场上有所涉及。

表 4 - 2 世界主要碳交易市场特点对比

序号	名 称	成立时间	地域性		强制性		覆盖行业							
			全国/跨国	区域	强制	自愿	工业	电力	建筑	交通	航空	废弃物	农业	森林
1	欧盟碳排放交易体系(EU-ETS)	2005	●		●		▲	▲			▲			
2	艾伯塔省温室气体减少计划(Alberta SGER)	2007		●	—	▲	▲							▲
3	新西兰碳排放交易体系(NZ-ETS)	2008	●		●		▲					▲		
4	瑞士碳排放交易体系(Swiss-ETS)	2008	●		●		▲	▲						
5	区域温室气体减排行动(RGGI)	2009		●	●			▲						
6	东京都总量控制与贸易系统(Tokyo-CaT)	2010		●	●		▲	▲	▲					
7	东京碳排放交易体系(Kyoto-ETS)	2011		●	●		▲			▲				
8	埼玉县碳排放交易体系(Saitama-ETS)	2011		●	●		▲	▲						
9	加利福尼亚总量控制与贸易系统(California-CaT)	2012		●	●		▲	▲		▲				
10	澳大利亚碳排放交易体系(Australia-CPM)	2012	●		●		▲	▲		▲		▲		
11	魁北克省碳排放交易体系(Québec-CaT)	2013		●	●		▲	▲						
12	哈萨克斯坦碳排放交易体系(Kazakhstan-ETS)	2013	●		—	▲	▲					▲		
13	中国七试点省市(seven Pilot-ETS)	2013/2014	●		●		▲	▲						
14	韩国碳排放交易体系(Korea-ETS)	2015	●		●		▲	▲						

注：数据截至 2015 年 1 月，其中"—"表示无详细说明（数据整理自世界银行报告《2014 年碳定价机制现状及趋势》）。

3) 欧盟碳排放交易体系

欧盟碳排放交易体系(European Union Emissions Trading Scheme,EU-ETS)是目前碳排放市场中规模最大、市场最为成熟,也是最为成功的排放交易机制。到 2015 年,该体系已运行了整整十年。如今,这一系统已涵盖 31 个欧洲国家的 11 000 家发电厂、工厂以及绝大多数的航空公司,覆盖欧洲约 45% 的温室气体排放量。

EU-ETS 成立于 2005 年 1 月 1 日,但其筹建可以追溯到 1998 年。1998 年 6 月,欧盟部分成员国根据《京都议定书》中 8% 的减排承诺目标,签署了一个费用分摊协议,同月,欧盟委员会在一份报告中提出应该在 2005 年前建立欧盟内部的交易体系。经过数年的讨论,2003 年 10 月 13 日,2003/87/EC 排放交易法令正式生效,规定 EU-ETS 从 2005 年 1 月起开始交易。随着 EU-ETS 在 2005 年 1 月 1 日正式开始运行和《京都议定书》于 2005 年 2 月 16 日正式生效,标志着全球碳排放交易市场正式形成。

EU-ETS 的发展经历了三个阶段。第一阶段为 2005 年 1 月 1 日—2007 年 12 月 31 日,可称为试验阶段,这一阶段的主要任务是为碳交易市场的运行积累经验;第二阶段为 2008 年 1 月 1 日—2012 年 12 月 31 日,可称为减排承诺期,这一时间段也与《京都议定书》规定的发达国家履行减排义务的时期相同,这一阶段的主要任务是在上一阶段市场运行的经验上,完善相关机制,帮助参与国完成议定书中的减排任务;第三阶段为 2013 年 1 月 1 日—2020 年 12 月 31 日,可称为计划调整期,这一阶段的主要任务是基于前两个阶段积累的经验和发现的问题,进一步完善市场,逐步建立欧盟统一的碳排放交易体系和排放标准。

在第一阶段,参与的国家共 24 个。覆盖的部门主要为重点排放行业的大型企业。由于处于试验阶段,控制排放的气体种类仅为二氧化碳。具体覆盖的行业只包括能源产业、内燃机功率在 20 MW 以上的企业、石油冶炼业、钢铁行业、水泥行业、玻璃行业、陶瓷以及造纸业等,总共覆盖大约 11 500 家企业,二氧化碳排放量占欧盟总量的 50%。在该阶段,配额的分配采取的是历史分配法,即根据控排对象的历史排放水平免费发放。此时,欧盟虽然设计了排放交易体系的结构,但各成员国的排放总量和分配给本国各控排对象的配额数量是由各成员国自己决定的,各国需提交一份国家分配方案(national allocation plan, NAP)给欧盟委员会,由委员会对所有 NAP 进行评估,以决定其是否符合 EU-ETS 法令规定的标准。

在第二阶段,参与的国家共 29 个,减排目标是在 2005 年的排放水平上各国平均减排 6.5%。其覆盖的范围和控制排放的气体种类方面,这一阶段各成员国可以单方面地将控制排放气体种类扩大到其他部门或涵盖更多温室气体种类,但要经过欧盟委员会的批准。具体覆盖的行业为在第一阶段的基础上,新增了玻璃、矿棉、石膏、近海石油和天然气、石油化工、炭黑和综合钢厂等行业,总体可分为能源产业、钢铁制造与加工处理业、矿产工业和其他产业这四大类。在该阶段,90% 的配额是免费的,最多可拍卖 10% 的排放许可;电力行业不能免费得到全部配额。

在第三阶段,欧盟计划在 2020 年之前,达到在 1990 年基础上减排 20％的目标。取消 NAP,以统一的排放总量限制代替。排放上限的设置参照第二阶段发放配额数量的年平均值,然后每年递减 1.74％。在控制排放的温室气体方面,在前两个阶段都以二氧化碳为主的基础上,增加氧化亚氮和四氟化碳两种气体。在覆盖行业方面,欧盟正考虑逐步将航空、石油化工、制氨和铝业也纳入碳排放交易体系中,体系总体覆盖欧盟 60％的温室气体排放量。此外,在配额分配方面,将逐步实现所有的配额都通过拍卖取得。

但是,EU-ETS 的发展也不是一帆风顺的,2008 年,由于经济危机的影响,该体系遭到了重挫。由于经济低迷,大批企业减产导致对排放需求减少,同时,企业还在出售用不完的排放许可权,又增加了配额供应,给碳价施加进一步下行压力。碳价(排放许可权的市场价格)从 2008 年每吨 20 多欧元的高位一路跌至 2013 年每吨 5 欧元,不仅无法带动新能源的发展,甚至还拉动了煤炭的销量,使整个欧洲的减排系统走到了崩溃的边缘。2014 年 12 月,欧盟委员会称,该系统已累计结余碳配额超过 21 亿 t,高于一年的供应量。对此,欧盟也在反思,如何优化配额分配机制,采用市场手段,使碳排放交易市场重新恢复活力。推迟发放新的碳排放配额,以及增加配额拍卖的比例。

总的来说,作为世界上最早成立的碳交易市场之一,EU-ETS 从机制设计、管理方法、产业培育、阶段性发展方案等方面都为世界碳交易市场提供了宝贵的经验。该体系的发展经验成为诸多类似市场的参考,对世界碳交易市场的发展影响极大。

4) 东京都总量控制与贸易系统

东京都总量控制与贸易系统(Tokyo-CaT)是亚洲首个碳交易体系。在世界上多个碳交易市场中,它有着自己的特色:作为全世界首个城市总量限制交易计划,并且是世界首个削减对象涵盖商务楼排放的碳交易体系,它为全球城市开展温室气体减排,建设低碳城市起到了良好的示范作用。

Tokyo-CaT 于 2010 年开始实施,但其筹建可以追溯到 2002 年。在 2002 年,东京政府实施了一个名为"创造一个温室气体交易市场"的项目,并且开始讨论建立碳交易市场的可能性。经过大量的调研和讨论,2008 年 7 月,《东京都环境安全条例》修订稿完成,并规定 2010 年 4 月 1 日开始正式实行包含所有大型排放对象的碳交易系统。

Tokyo-CaT 纳入了超过 1 300 家年总用能量超过 150 万 L 标准油的大型组织或机构。其基础排放量为 2002—2007 年间任意连续三年的平均排放量。配额分配方法是历史排放法,一次性发放 5 年的配额。Tokyo-CaT 的实施分为两个承诺期,其中,第一承诺期积累下的配额量也可以存至第二承诺期使用。

第一承诺期为 2010—2014 年,时长 5 年,这一阶段给参与者的减排任务相对较轻。Tokyo-CaT 将参与者分为两类:建筑和工厂,对不同类型的对象,减排目标不同。对于建筑,除了暖通系统是由区域供冷供热厂提供的建筑,减排目标为 6％以外,剩余建筑的减排目标都为 8％。对于工厂,减排目标都为 6％。

第二承诺期为 2015—2019 年,时长 5 年,这一阶段给参与者的减排任务相对第一阶段更高。Tokyo-CaT 对所有纳入者设定的减排目标都为 17%。

此外，对于未纳入 Tokyo-CaT 管制对象的中小企业，以及东京范围以外的企业，也可将实施减排项目后的减排量通过认证后，拿到市场上进行交易和抵消。但是来自东京范围以外不能超过被减排量的 1/3。这样，既扩大了参与者的范围和市场的影响力，也对现有市场的配额扩大了来源，对于稳定配额价格、帮助大企业完成减排任务起到了有益的作用。

Tokyo-CaT 的建设，对减少城市温室气体排放起到了积极作用。根据东京政府的报告，为了减少其碳排放量，东京被纳入碳交易的企业采用了大量的措施，其中最主要的措施是改善空调和照明系统。此外，因地震重建的建筑受到碳交易实施的影响，能源管理系统水平明显提高。在 Tokyo-CaT 实施后的第一年，碳排放量与基准年相比减少了 216 万 t，减少幅度达 23%；第二年（2011 年 4 月—2012 年 3 月），碳排放量同比下降 3%。

回顾 Tokyo-CaT 的发展，其成功的经验有几个亮点：① 充足的数据资源和调研，在正式实施 Tokyo-CaT 前，从 2002 年起东京政府就强制性要求当地的大排放企业报告其碳排放，并且建立了一套监测、报告、核查机制，这为碳交易的顺利实施打下了数据基础；② 灵活性，Tokyo-CaT 为参与者提供了一定程度的灵活性，例如在选择基准年方面，可以在 2002—2007 年中任意选择连续的三年，并且考虑了地震等未预料到的自然灾害带来的影响；③ 稳定性，Tokyo-CaT 有一个完整的运行框架和一个长期的减排目标，这样就降低了未来的不确定性给该市场带来的不利影响。

总而言之，Tokyo-CaT 是进行城市温室气体排放控制的一次成功实践。尤其是 Tokyo-CaT 在建筑减排方面的探索，在全球应对气候变化问题越来越重视和碳交易市场深入发展的背景下，为建设绿色低碳城市提供了一个有效的工具。

4.1.3　中国碳交易市场

作为负责任的最大发展中国家和碳排放大国，中国重视承担自身在控制温室气体排放方面的责任。中国于 1998 年 5 月签署了《京都议定书》，并于 2002 年 8 月正式核准了该议定书。在《京都议定书》中规定了国际碳排放权交易市场的三种运行机制，中国仅能参与清洁发展机制（CDM），自 2009 年后，中国注册成功的 CDM 项目数、项目产生的预期年减排量、获联合国执行理事会（EB）签发的核证减排量（CERs）已多年居世界首位。

2009 年中国政府做出到 2020 年单位 GDP 的碳排放比 2005 年下降 40%~45% 的承诺，此后的几年间中国基于减少碳排放量的碳排放权交易提上日程。2012 年中国正式启动碳排放交易，在"两省五市"设立碳排放试点，力争在"十二五"期间建立国内碳排放交易市场。2013 年后七个试点省市相关碳排放交易所陆续敲锣开始交易，拉开了中国碳交易市场的序幕。

2014 年 11 月 12 日,中美双方在北京发布应对气候变化的联合声明,中方提出 2030 年左右中国碳排放有望达到峰值,并将于 2030 年将非化石能源在一次能源中的比重提升到 20%。同年 12 月 9 日,中国政府代表在出席利马《联合国气候变化框架公约》第 20 次缔约方会议(COP20)时表示,2016—2020 年中国将把每年的二氧化碳排放量控制在 100 亿 t 以下。这些承诺体现了中国在应对气候变化方面的积极态度和自我加压。

中国建立碳交易市场可以分为两个阶段:第一个阶段是试点阶段,这一阶段全国有七个试点,各试点的管理办法、配额分配方法、流程、价格等方面既有共性也有个性,为建设中国碳交易市场在不同方面进行了有益的探索;第二个阶段是全国性碳交易市场阶段。第一个阶段为第二个阶段的成功运行积累了宝贵经验。

在第一个阶段中,国家出台了总体性的支持文件,各试点结合国外经验,结合本地实际,建立了各自独立的区域性碳交易市场,其中的重要事件见表 4-3。

表 4-3　2011—2014 年中国碳交易市场重要事件

序号	时　间	事　件	意　义
1	2011 年 10 月 29 日	《关于开展碳排放权交易试点工作的通知》发布	确定了中国碳交易的七个试点
2	2013 年 6 月 18 日	深圳碳交易市场开市	中国首个成立的碳交易市场
3	2013 年 10 月 15 日	首批行业企业温室气体排放核算与报告指南及核查指南发布	温室气体排放核算与报告方法出台
4	2013 年 11 月 26 日	上海碳交易市场开市	上海市碳交易市场成立
5	2013 年 11 月 28 日	北京碳交易市场开市	北京市碳交易市场成立
6	2013 年 12 月 19 日	广东碳交易市场开市	广东碳交易市场成立
7	2013 年 12 月 26 日	天津碳交易市场开市	天津市碳交易市场成立
8	2014 年 4 月 2 日	湖北碳交易市场开市	湖北碳交易市场成立
9	2014 年 6 月 19 日	重庆碳交易市场开市	中国七个碳交易试点全部成立
10	2014 年 6—7 月	深圳、上海、北京、广东、天津五试点履约	考验了这五个碳交易试点的机制
11	2014 年 11 月 25 日	首批 CCER 减排量签发	抵消机制开始形成
12	2014 年 12 月 12 日	《碳排放权交易管理暂行办法》发布	为建立全国统一碳市场打下基础

在第二个阶段,根据国家发改委的有关规划(《关于推动建立全国碳排放权交易市场的基本情况和工作思路》,国家发改委气候司在《中国经贸导刊》2015 年第 1 期发表),全国性碳交易市场的发展将分为以下三个步骤:

(1) 准备阶段(2014—2015 年)。总体目标是完成碳排放权交易市场基础建设工作,具备启动交易的条件。其中,2014 年的主要任务是报请国务院发布《全国碳排放总量控制制度和分解落实机制实施方案》,国家发改委出台部门规章《碳排放权交易管理暂行办法》并建成国家碳交易注册登记系统,具备运行条件。2015 年的主要任务是与国务院法制办衔接,争取尽早出台国务院行政法规,同时由主管部门出台其他相关的配套细则和技术标准,以及所有行业企业温室气体核算方法和标准,研究确定全国碳排放权交易配额总量及配额分配方法和标准,完善注册登记系统,为启动交易做好准备。

(2) 运行完善阶段(2016—2020 年)。其中,2016—2017 年为试运行阶段,主要任务是根据出台的各项政策法规,逐步将 31 个省区市及新疆生产建设兵团纳入全国碳排放权交易范围,做好配额的初始分配,启动市场运行。2017—2020 年的主要任务是全面实施碳排放权交易体系,调整和完善交易制度,实现市场稳定运行。

(3) 稳定深化阶段(2020 年以后)。主要任务是增加交易产品,发展多元化交易模式,逐步形成运行稳定、健康活跃的交易市场。同时进一步提升市场容量和活跃程度,探索与国际上其他碳市场进行连接的可行性。

1) 国内七试点省市碳排放交易成交情况

截至 2014 年 12 月底,七个试点省市均已在当地交易所(或交易中心)敲锣碳交易。其中,北京、天津、深圳、上海和广东五个试点的运行已经超过一年,湖北和重庆的运行也超过了半年。7 省市累计成交量 14 800 747 t CO_2e,累计成交金额 53 747.78 万元。各地碳排放交易均价如图 4-4 所示。

总体上看,年初各地的碳价相差较大,到下半年时逐渐接近,在年底时大部分分布在20~40 元。其中,深圳、广东、北京的价格波动较大。

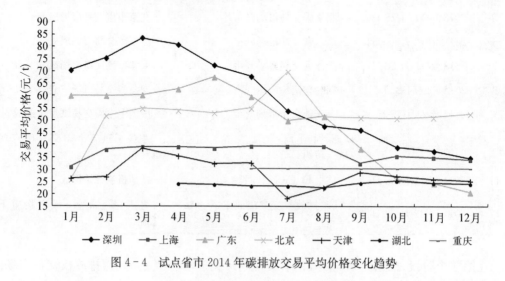

图 4-4　试点省市 2014 年碳排放交易平均价格变化趋势

截至 2014 年 12 月 31 日,七个试点的成交量和成交金额分别如图 4-5 和图 4-6 所示。其中,湖北以成交量 7 001 171 t、成交金额 1.67 亿元,后来居上,居于七个试点的首位。

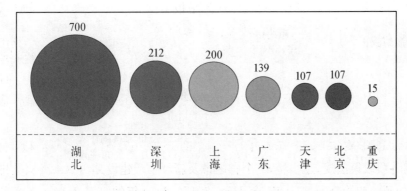

图 4-5 试点省市 2014 年累计成交量(单位: 万 t CO_2e)

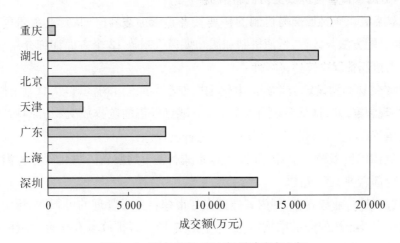

图 4-6 试点省市 2014 年累计成交金额

2) 国内七试点省市碳排放交易首年履约情况

2014 年,深圳、上海、北京、广东和天津五个试点迎来了首个履约期。这五个试点都成功完成了首年履约,最终履约率都达到 96% 以上。其中,上海是首个准时完成履约任务的试点,履约率达到 100%。表 4-4 展示了这五个试点履约的详细情况。

表 4-4 中国碳排放权交易试点 2013 年度碳排放履约结果

试点	履约截止日期	履约率 (履约/总数)	履约情况公布	处罚情况
上海	6 月 30 日	100% (191/191)	6 月 30 日公布履约率	无
深圳	6 月 30 日(责令补交期限到 7 月 10 日)	99.4% (631/635)	7 月 3 日公布履约企业(631家)和未履约企业(4 家)名单	4 家企业在责令补交期内全部补交
广东	7 月 15 日	98.9% (182/184)	7 月 15 日公布履约率,8 月 6日公布未履约企业(2 家)名单	未履约的 2 家企业被处罚

（续表）

试点	履约截止日期	履约率 （履约/总数）	履约情况公布	处罚情况
天津	7 月 25 日	96.5% （110/114）	7 月 28 日公布履约率，8 月 15 日公布履约企业（110 家）和未履约企业（4 家）名单	无
北京	6 月 15 日（责令补交期限到 6 月 27 日）	97.1% （403/415）	6 月 19 日公布未履约企业名单（257 家），9 月初公布主动履约率	未履约的 12 家企业被处罚

3）国内七试点省市碳排放交易机制情况

国内七试点省市碳排放交易机制的特点见表 4-5。表 4-5 从行业覆盖范围、企业纳入标准、配额分配方法与核算、抵消机制和激励惩罚机制等 12 个方面详细介绍了国内其他试点省市交易机制情况。

在碳排放交易类型设定上，为与国际碳排放交易主流市场接轨，从总量上限制温室气体减排，以实现国家的减排承诺，当前国内其他试点省市的碳排放交易机制均选择总量控制交易模式运行。

在温室气体的覆盖种类上，除重庆外其他试点省市均覆盖二氧化碳一种温室气体，重庆市覆盖了全部六种温室气体。

在碳排放交易行业选择上，国内其他试点省市综合考虑管理的可行性、行业的竞争性、环境的有效性以及当地的经济结构特点等因素，选择对碳排放量有显著贡献的行业，均将电力、石油、化工等工业行业的碳排放大户纳入管辖，其中深圳、北京、天津还将建筑、商业等非工业行业纳入管辖，此外北京、深圳将事业单位和国家机关也都纳入了试点。而在纳入试点企业的准入"门槛"上，大部分试点省市均以二氧化碳排放量作为标准，湖北省则以综合能源消费量作为标准，此外广东和深圳要求还未纳入碳排放交易的部分企业实行碳排放报告制度。

在碳排放交易配额机制设计上，国内其他试点省市基于参与企业的积极性和尽快推动交易体系的开展，主要以配额免费发放为主，天津、深圳、广东设置了一定比例的有偿配额发放，并每年发放年度配额。

免费配额核算方面，国内其他试点省市对电力、热力这样有较完善的基准体系行业采用基准法，而其他大部分行业采用历史排放法，并考虑先期减排因素，避免对前期已采取减排措施企业的"变相惩罚"。北京和天津在这两种方法的基础上，进一步设置了控排系数，增强了减排力度。

在交易平台及交易规则制定上，目前国内其他试点省市均成立了用于碳排放交易的交易所或交易中心，广东、深圳实行会员管理制度，北京、天津实行交易参与人制度，参与交易的对象主要是试点企业（或控排企业）、经批准的组织机构，其中广东、深圳、天津、重庆和北

表 4-5 试点省市碳排放交易机制特点

项 目	北 京	上 海	天 津	深 圳	广 东	湖 北	重 庆
交易类型				总量控制交易			
温室气体覆盖种类	CO_2	CO_2	CO_2	CO_2	CO_2	CO_2	全部六种温室气体
行业覆盖范围	钢铁、化工、电力、热力、石化、油气开采、大型建筑等	电力、钢铁、化工、建材、造纸、橡胶、化纤、航空、港口、商业、金融等	钢铁、化工、电力、热力、石化、油气开采、民用建筑等	电力、水务、建筑和制造业等	电力、水泥、钢铁、化工、石化、纺织、造纸等	钢铁、化工、水泥、汽车制造、电力、有色金属、玻璃、造纸等	电力、冶金、化工建材等工业行业
企业纳入标准	CO_2排放总量1万t及以上	工业行业CO_2排放量2万t及以上,非工业行业CO_2排放量1万t及以上	工业及民用建筑CO_2排放量2万t及以上	年碳排放总量5 000 t以上的企业单位;建筑面积20 000 m²以上的大型公共建筑和10 000 m²以上的国家机关办公建筑;自愿加入并经主管部门批准纳入碳排放控制或管理的企事业单位;主管部门指定的其他企事业单位或建筑	工业行业CO_2排放量1万t,非工业CO_2排放量5 000 t	年综合能源消费量6万t标准煤	CO_2排放总量2万t及以上
配额分配方法	每年度免费发放配额,政府预留少部分拍卖	一次性免费向企业发放2013—2015年碳排放权配额	免费为主,有偿为辅	有偿和无偿相结合;预留配额总量2%为新入者配额	有偿和无偿相结合;预留新入者配额	免费分配,政府预留不超过10%的配额	免费分配
配额总量(t)	—	1.6亿	1.6亿	0.3亿	3.88亿	3.24亿	1.25亿

(续表)

项 目	北 京	上 海	天 津	深 圳	广 东	湖 北	重 庆
免费配额核定方法	历史排放法和基准法	历史排放法和基准法	历史排放法和基准法	基准法	历史排放法和基准法	历史排放法和标杆法相结合	历史排放法
交易平台	北京环境交易所	上海环境能源交易所	天津排放权交易所	深圳排放权交易所	广州碳排放权交易所	湖北碳排放权交易中心	重庆碳排放权交易中心
交易方式	公开交易、协议转让及经批准的其他形式	挂牌交易和协议转让	网络现货、协议和拍卖交易等	电子拍卖、定价点选、大宗交易、协议转让等	挂牌竞价、点选、单项竞价、协议转让等	电子竞价、网络撮合	公开竞价、协议转让等
抵消机制	CCER≤5%及本地减排信用	CCER≤5%	CCER≤10%	CCER≤10%	CCER≤10%	CCER≤10%	CCER≤8%的规定项目
激励政策	专项财资金、金融、技术等方面支持	政策、财政、金融融资等方面支持	金融融资、循环经济、节能减排相关扶持政策	支持优先申报节能减排资助项目、金融融资	优先申报相关资金项目和相关专项资金扶持	优先申报相关项目和获得财政支持和金融支持	金融融资、财政补助支持
未履行配额清缴的惩罚机制	未按时履约将处以市场均价3~5倍罚款	责令履行配额清缴义务，并处以5万元以上10万元以下罚款	取消相关扶持政策	不足部分从下一年度扣除，并处以3倍均价罚款	下一年度配额中扣除未足额配缴部分2倍配额，并处5万元罚款	未缴纳差额1~3倍均价罚，不超过15万元，下一年度配额双倍扣除	3倍均价罚款，不能参加相关评优及财政补助等

注："—"表示相关方案未做详细说明。

京五个省市将个人也纳入交易中,体现了交易制度的灵活性,并考虑了今后与证券市场、期货市场和国际碳交易市场的良好对接。此外试点省市对交易品种、交易方式、风险控制、清割结算等内容进行了说明,其中风险控制中规定了对一些异常情况的处理,避免对碳交易市场的破坏性冲击。

在碳价格的控制上,国内其他试点省市对这一部分进行了详细说明。其中北京、深圳、天津充分发挥政府的宏观政策保证碳交易市场的稳定运行,深圳通过市场调节储备配额、配额价格保护机制、市场稳定调节资金来避免市场的剧烈震荡,而天津在交易市场价格出现较大波动时将会以拍卖或固定价格出售配额以稳定市场。此外,试点省市允许配额跨年度使用以及碳信用额抵消制度均可在一定程度上缓冲市场的冲击,其中北京还规定了除CCER以外的减排项目抵消机制。

在执行机制的制定上,执行机制的完善是有效执行的前提。参考国际碳排放交易体系,一般碳排放交易机制包括监测、报告与核证机制(即 MRV 机制)以及激励和惩罚制度。目前除各试点省市均已印发温室气体排放核算与报告或者相关的文件,根据行业的差异及特点,文件规定了不同行业的核算方法,保证了碳排放数据的准确性和透明性,从而有效地支撑体系的运行。

4.2 碳排放交易市场机制

目前,中国七个试点的碳排放交易市场的结构和流程在总体上都是相似的。即以强制性减排市场为主体,同时接纳一定比例的中国自愿减排认证量作为抵消机制。七个试点的不同之处主要体现在时间节点、纳入主体范围、配额分配方法等具体问题。因此,本节以上海市碳交易市场为例,介绍中国碳交易试点的运行情况。

4.2.1 交易流程

4.2.1.1 强制性减排市场

强制性碳交易的流程,总体上可分为七个环节:碳盘查、配额分配、新增项目配额分配、上报监测计划、碳排放额审定、配额清缴、配额交易。各环节的时间节点和主要工作如图 4 - 7 所示(本图以上海市的碳交易流程为例进行介绍,其他试点可能有差别)。

1) 碳盘查

碳盘查环节是碳交易进行的基础。在这一环节中,需要对当地碳排放量较大的拟纳入碳交易体系的机构进行调查,调查内容包括企业往年的碳排放量、碳排放来源、影响碳排放量的因素、企业的能源计量数据等。以此了解该企业的碳排放规模、影响因素、能源结构、

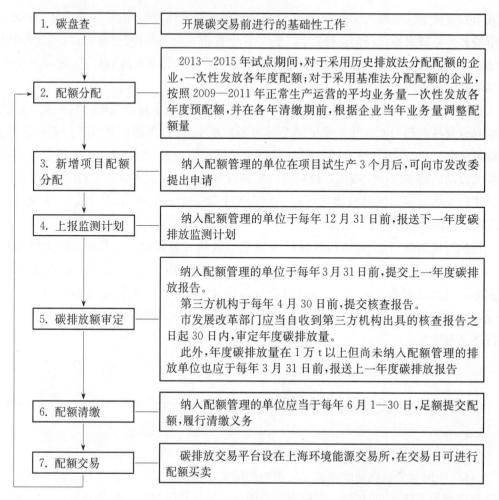

图 4-7 上海市碳交易流程

波动性等因素,进而形成对当地的碳排放总量、能源结构、不同行业的能源计量基础等因素的总体性认识。从而为制定相关政策,分配企业碳排放配额,核查企业的碳排放量提供依据。

2) 配额分配

配额分配基于公布的配额方法和碳盘查阶段获得的企业排放和生产数据,给企业分配未来一段时间的碳排放限额。目前配额分配的方法主要有三种:历史排放法、基准法和拍卖法。其中,历史排放法和基准法用于免费发放配额,而拍卖法是有偿发放配额的方法。历史排放法指的是基于企业前期的碳排放水平,给企业确定未来一段时间的碳排放配额;基准法是根据行业的碳排放效率,制定对每单位的产量或活动分配的配额量的标准,进而根据企业的实际生产活动确定应获得的配额。拍卖法指的是以拍卖的形式有偿发放限额。拍卖的配额有数量限制,有时会有拍卖底价。目前全球的碳交易市场中,在有偿发放配额方面,既有采用有偿与无偿结合的方式发放配额,也有采用全部有偿的形式发放配额。

三种方法各有利弊:历史排放法方法简单、对数据要求低、容易被企业接受,但灵活性较差,对于生产波动比较大的企业或是未投产的项目,该方法并不适用,此外,对先期减排行动较多的企业来说,会出现"鞭打快牛"的不足;基准法可以激励企业向行业先进标杆看齐、灵活性较强、对于先期减排行动较多的企业来说比较公平,但也存在对数据的要求高、排放效率不容易确定的困难。拍卖法可以凸显碳排放权的价值,使企业重视减排工作,还可以增加政府收入,用以转移支付,但也给企业增加了负担,当试点企业面对试点外企业的竞争时也存在不公平性。

参考 EU-ETS 的经验,欧盟碳交易系统在配额分配方面,经历了一个从无偿逐步过渡到有偿,逐渐完善的过程。在 EU-ETS 中,前两个阶段的配额分配比较宽松,这是因为这两个阶段采用的是"自下而上"的分配方式,即各国制定自己的国家分配方案,由欧盟委员会批准,这也就意味着各国的分配方法可以是不同的。但考虑到本国的利益,欧盟各国往往发放的配额都比较宽裕,加上 2008 年后经济的衰退,造成了碳配额严重过剩。因此,在第三阶段碳排放配额由欧盟委员会决定,并且拍卖比例大大提高。根据 EU-ETS 指令(EC 2003),第一阶段以拍卖形式发放的配额比例应不超过 5%,第二阶段这一比例应不超过 10%。在第三阶段,自 2013 年起将有不低于 30% 的配额通过拍卖方式分配,电力行业需要通过拍卖获取全部配额,且逐步提高拍卖配额比例,到 2020 年将达到 70%。

3) 新增项目配额分配

新增项目配额分配环节是针对历史排放法分配的企业。由于企业在碳交易后新投入生产的项目,使得企业的生产规模与碳盘查时发生了改变,历史排放法并不能对此进行自动调整,故对这部分新增产能补发配额。目前,七个试点对新增项目的配额分配办法各不相同。

在核算方法上,北京、天津、上海、深圳使用基准法,广东使用基准法或能耗法进行分配,湖北则是对超出波动范围(20% 的波动幅度或 20 万 t 的波动量)的排放额予以补发或回收。

在配额来源上,广东预留了 0.38 亿 t 配额,深圳和湖北为新入者分别预留了 2% 和 15% 的配额,上海为新项目设定了年综合能耗达到 2 000 t 标准煤的申请门槛,湖北对企业当年碳排放量与年初初始配额差额超过 20% 或 20 万 t 的企业,重新核定配额。

4) 上报监测计划

监测计划指每个报告期开始前,排放主体要向主管部门提交下一报告期内有关排放源、监测计量方法、数据获取、质量保证措施、相关责任人等内容。碳排放监测计划是控排企业报告碳排放信息、核查机构开展核查活动的重要依据。这为推动试点企业明确相关责任人,落实责任部门,配备相应人员,加强本企业碳排放相关的监测、计量、统计体系建设,支持建立温室气体排放统计监测体系起到了重要作用。目前我国七个试点机制中都设有监测制度。

5) 碳排放额审定

在碳排放额审定环节,排放主体要向主管部门提交本报告期内自己的碳排放报告。同时,独立的第三方核查机构需对企业提交的碳排放报告进行核查,向主管部门提交核查报告。主管部门根据第三方机构出具的核查报告,结合企业的碳排放报告,审定企业年度碳排放量,并将审定结果通知企业。

在如何计算碳排放额方面,国家发改委应对气候变化司发布了《省级温室气体清单编制指南(试行)》,各试点据此编制了本省市的温室气体排放核算与报告指南。在《省级温室气体清单编制指南(试行)》中,温室气体的排放过程被分为五类:能源活动、工业生产过程、农业、土地利用变化和林业以及废弃物处理。各类过程包含的活动见表4-6。

表4-6 《省级温室气体清单编制指南(试行)》中包含的活动及气体种类

大 类	小 类	涉及温室气体种类
能源活动	化石燃料燃烧	二氧化碳、甲烷和氧化亚氮
	生物质燃料燃烧	甲烷和氧化亚氮
	煤炭开采和矿后活动	甲烷
	石油和天然气开采	甲烷
工业生产过程	水泥生产过程	二氧化碳
	石灰生产过程	二氧化碳
	钢铁生产过程	二氧化碳
	电石生产过程	二氧化碳
	己二酸生产过程	氧化亚氮
	硝酸生产过程	氧化亚氮
	一氯二氟甲烷生产过程	三氟甲烷
	铝生产过程	全氟化碳
	镁生产过程	六氟化硫
	电力设备生产过程	六氟化硫
	半导体生产过程	氢氟碳化物、全氟化碳和六氟化硫
	氢氟烃生产过程	氢氟碳化物
农 业	稻田	甲烷
	农用地	氧化亚氮
	动物肠道发酵	甲烷
	动物粪便管理	甲烷和氧化亚氮
土地利用变化和林业	温室气体的排放	二氧化碳
	温室气体的吸收	二氧化碳
废弃物处理	城市固体废弃物	甲烷
	生活污水和工业废水处理	甲烷、二氧化碳和氧化亚氮
	固体废弃物焚烧	二氧化碳

在目前我国七个碳交易试点中,核算的温室气体排放大部分来自工业,剩下的来自第三产业,涉及的活动主要可以归入能源活动和工业生产过程两个大类。计算方法是物质消费量乘以排放因子。在实际计算过程中,一般把排放主体的排放量分为直接排放和间接排放分别计算。直接排放指的是由工厂本身活动直接产生的温室气体排放,包括燃料燃烧排放、生产过程排放以及散逸排放。间接排放指因使用外购的电力或热力所导致的温室气体排放,这部分温室气体的实际排放者是外部的电力或热力企业。

6) 配额清缴

在配额清缴环节,纳入配额管理的单位应当及时依据经主管部门审定的上一年度碳排放量,通过登记系统,足额提交配额,履行清缴义务。这些清缴的配额,将在登记系统内注销。

在配额清缴方面,七个试点中,北京对控排企业在履约方面的约束力是最强的。以2014年北京碳交易市场的首次履约的过程为例,北京试点的履约时间为6月15日之前。2014年6月18日,北京市发改委发布了《责令重点排放单位限期开展二氧化碳排放履约工作的通知》,其中包含了一份257家未履约企业的名单,并责令企业在限期10个工作日内完成履约,在此期间可免于处罚。对于未在6月27日前完成履约的重点排放单位,发改委依据《北京市碳排放权交易行政处罚自由裁量权参照执行标准(试行)》,将根据企业排放超出配额不同比例的情况给予3~5倍处罚。最终,未履约的12家企业被处罚。

此外,上海市的经验也值得借鉴,上海市碳排放交易试点工作领导小组办公室与上海市征信管理办公室、上海市公共信用信息服务中心合作,搭建了上海市公共信用信息服务平台,这标志着上海市建立起了碳排放信用管理体系。上海市纳入碳排放配额管理的单位、碳排放核查第三方机构以及各交易参与方在开展碳排放监测、报告、核查、清缴及交易过程中的违法违规行为及其他失信记录,将被载入该平台。该平台的设立,通过公开信用信息,可以充分发挥"失信惩戒机制",借助社会的监督,提高碳交易过程涉及的相关单位的诚信意识,推动碳交易市场持续健康发展。上海的惩罚措施相对其他试点居中,但2014年履约率达到了100%,其中信用体系起到了一定的作用。在国家的《碳排放权交易管理暂行办法》也借鉴了这一设计。

7) 配额交易

在配额交易环节,纳入配额管理的单位以及符合规定的其他组织和个人,都可以参与配额交易活动。配额交易通过公开竞价、协议转让等多种方式进行。公开竞价的实现有几种方式,如卖方挂牌,买方价高者得;卖方采用限价指令,买方价高者得;限定交易价格,买方先报先得等。协议转让指的是对于配额量比较大的交易,买卖双方在线下达成一致后,通过线上交易系统完成交易。通过配额交易,纳入配额管理的单位可以将自己多余的配额出售,以获得节能减排带来的收益;或是购入配额以弥补自身排放温室气体超额的部分。此外,还有部分组织和个人,自身并不是纳入配额管理的单位,他们加入本市场是为了低买高卖,从中获取差价,他们的存在对盘活市场、稳定碳排放配额的价值有积极的意义。

此外,在碳交易市场中还有一个重要的机制——抵消机制。抵消机制指的是纳入配额管理的单位可以将一定比例的国家核证自愿减排量(CCER)用于配额清缴。目前七个试点都允许使用国家核证自愿减排量作为抵消信用,但在抵消比例上有所不同,并且有的还限制了项目的类型和发生地。例如,北京出台了《北京市碳排放权抵消管理办法(试行)》,并规定重点排放单位用于抵消的经审定的碳减排量不高于其当年核发碳排放配额量的 5%。京外项目产生的核证自愿减排量不得超过其当年核发配额量的 2.5%。优先使用河北省、天津市等与北京市签署应对气候变化、生态建设、大气污染治理等相关合作协议地区的核证自愿减排量;上海市对国家核证自愿减排量的清缴限制为使用比例最高不得超过该年度通过分配取得的配额量的 5%,且应为 2013 年 1 月 1 日后实际产生的减排量。

4.2.1.2 自愿性减排市场

中国核证自愿减排机制的计量单位是"核证自愿减排量"(CCER)。核证自愿减排量指的是采用经国家主管部门备案的方法学,由经国家主管部门备案的审定机构审定和备案的项目产生的减排量,单位为 tCO_2e。在各地限制的比例范围内,一单位符合条件的 CCER 可抵消等量的二氧化碳排放量。

目前我国对温室气体自愿减排交易采用备案管理的方法,国家发改委作为温室气体自愿减排交易的国家主管部门,依据《温室气体自愿减排交易管理暂行办法》对有关交易活动进行管理,并建立国家自愿减排交易登记簿,登记经备案的自愿减排项目和减排量。

温室气体自愿减排交易的流程,总体上可分为七个环节:项目设计、项目审定、项目备案、项目监测、项目核查与核证、减排量备案以及交易。各环节的时间节点和主要工作如图 4-8

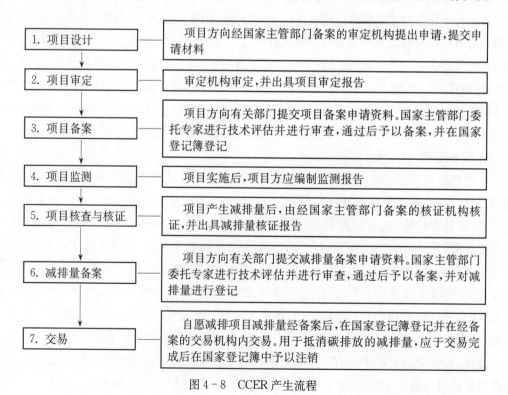

图 4-8 CCER 产生流程

所示。自愿减排项目减排量经备案后,在国家登记簿登记并在经备案的交易机构内交易,目前全国有 7 家交易所可以进行 CCER 的交易。

1) 项目设计

在开发 CCER 项目前需要先对该项目进行评估,判断是否符合开发成 CCER 项目的条件,主要考虑两个因素: ① 是否符合国家主管部门备案的 CCER 方法学的适用条件;② 是否满足额外性论证的要求。其中,方法学是指用于确定项目基准线、论证额外性、计算减排量、制定监测计划等的方法指南。额外性是指项目活动所带来的减排量相对于基准线是额外的,即减排量是由项目实施带来的。

CCER 项目开发的起点是项目设计文件。项目设计文件是申请 CCER 项目的必要依据,是体现项目合格性并进一步计算与核证减排量的重要参考。项目设计文件的编写需要依据国家发改委网站上给出的最新格式和填写指南。项目设计文件可以由项目业主自行撰写,也可由咨询机构协助项目业主完成。

2) 项目审定

申请备案的自愿减排项目在申请前应由经国家主管部门备案的审定机构审定,并出具项目审定报告。目前经备案的审定和核证机构有四批共 9 家。项目审定报告主要包括: 项目审定程序和步骤、项目基准线确定和减排量计算的准确性、项目的额外性、监测计划的合理性、项目审定的主要结论。

3) 项目备案

审定完成后,国资委管理的中央企业中直接涉及温室气体减排的企业,直接向国家发改委申请自愿减排项目备案;未被列入名单的企业需通过项目所在省、自治区、直辖市发展改革部门提交自愿减排项目备案申请,由后者就备案申请材料的完整性和真实性提出意见后转报国家主管部门。

申请自愿减排项目备案须提交以下材料: 项目备案申请函和申请表,项目概况说明,企业营业执照,项目可研报告审批文件,项目核准文件或项目备案文件,项目环评审批文件,项目节能评估和审查意见,项目开工时间证明文件,采用经国家主管部门备案的方法学编制的项目设计文件,项目审定报告。

国家主管部门接到项目备案申请材料后,首先会委托专家进行评估,评估时间不超过 30 个工作日;然后主管部门对备案申请进行审查,审查时间不超过 30 个工作日(不含专家评估时间)。

4) 项目监测

监测报告是记录减排项目数据管理、质量保证和控制程序的重要依据,是项目活动产生的减排量在事后可报告、可核证的重要保证。国家发改委已于 2014 年 4 月 16 日在信息平台公布了 CCER 项目监测报告(MR)模板(第 1.0 版)。监测报告可由项目业主编制,或由项目业主委托的咨询机构编制。

5）项目核查与核证

经备案的自愿减排项目产生减排量后,作为项目业主的企业在向国家主管部门申请减排量备案前,应由经国家主管部门备案的核证机构核证,并出具减排量核证报告。减排量核证报告主要包括:减排量核证的程序和步骤,监测计划的执行情况,减排量核证的主要结论。同时,对年减排量 6 万 t 以上的项目进行过审定的机构,不得再对同一项目的减排量进行核证。

6）减排量备案

项目业主的企业在向国家主管部门申请减排量备案须提交的材料包括:减排量备案申请函,监测报告,减排量核证报告。国家主管部门接到减排量备案申请材料后,委托专家进行技术评估,评估时间不超过 30 个工作日。国家主管部门依据专家评估意见对减排量备案申请进行审查,并于接到备案申请之日起 30 个工作日内(不含专家评估时间)对符合条件的减排量予以备案。

7）交易

自愿减排项目减排量经备案后,在国家登记簿登记。在每个备案完成后的 10 个工作日内,国家主管部门通过公布相关信息和提供国家登记簿查询,引导参与自愿减排交易的相关各方,对具有公信力的自愿减排量进行交易,并在经备案的交易机构内交易。用于抵消碳排放的减排量,应于交易完成后在国家登记簿中予以注销。

4.2.2　市场结构

1）碳金融市场概述

金融是经济的血液。碳交易机制资源配置作用的实现,离不开资金的支持和运作,碳交易市场中交易行为也伴随着资金的流动。根据《全球新能源发展报告 2014》,2013 年,全球碳市场交易总额约为 549.8 亿美元。目前对碳金融没有一个统一的概念。从广义上讲,围绕碳交易流程,包括强制性碳交易市场和自愿性减排碳交易市场在内的相关金融活动,都可以称为碳金融。

自《京都议定书》生效以来,随着各地碳交易市场的兴起以及规范性法律法规文件的出台,碳排放权的价值逐渐被接受和确定,并且大部分在各地的能源环境交易所进行交易,这就使碳排放权有了成为金融产品的基础。碳金融市场可分为碳现货交易和碳金融衍生品交易两大市场。其中,碳现货交易市场指的是交易双方对排放权交易的标的、数量、价格等达成一致,进行即时买卖和交割的市场,它是碳金融的基础市场。碳金融衍生品交易市场是在碳现货交易市场的基础之上派生出来的,具有规避风险和价格发现的作用。根据产品形态,碳金融衍生品交易市场可以包括碳远期、碳期货、碳期权、碳互换等产品,其中以碳期货最为普遍。

碳远期指的是交易双方约定在未来某一特定时间、以某一特定价格、买卖某一特定数量和质量碳资产的交易形式。在这种交易方式中,合同是根据双方的要求量身定做的非标准合约,一般是场外交易,流动性较差,且有较大的违约风险。目前核证减排项目一般是通过这种方式进行交易。即这类项目启动之前,交易双方就签订合同,规定项目未来产生的减排量的交易价格、数量以及交付时间。

碳期货同样指的是交易双方约定在未来某一特定时间、以某一特定价格、买卖某一特定数量和质量碳资产的交易形式。与碳远期不同的是,它是在碳交易所中进行的,使用的是标准化合同,当天结算,流动性较强。此外,期货还有套期保值的作用,买卖双方可以通过使用碳期货工具,锁定未来收益。对于出售者来说,为了保证其要实行的减排项目产生的减排量能获得一定的收益,防止正式出售时碳价下跌带来损失,可采用卖期保值的方式来降低风险,即在期货市场以卖主的身份售出数量相等的期货,这样,当未来现货市场价格下跌时,卖方可以从期货市场得到补偿。对于买方来说,他所面临的风险是如果现在购入核证减排量,未来需要使用时,现货市场价格下跌,为此买方也可同样地采用买期保值方式来降低风险。

碳期权是在碳期货市场上进一步衍生出的碳金融工具。期权又称选择权,在买方向卖方支付一定的资金后,在未来的某个时间段,就可以享有以事先规定的价格、向卖方购买或出售特定数量和质量的碳资产的权利。这种权利是单向的,即买方可以选择使用期权行使权,也可以放弃,其最大的风险在于已经支付的权利金;而卖方在买方履行权利时,具有依期权合约事先规定的价格卖出标的物的义务,其风险较高,必须缴纳保证金作为履约担保,亏损随市场价格的波动而波动,最大收益是买方的权利金。

碳互换指的是两个或两个以上的当事人,按照约定条件,在未来的特定时间,交换一定数量的不同性质的碳资产或债务。在一些碳交易市场中,设有抵消机制,以欧盟碳交易市场为例,根据《京都议定书》的规定,它允许成员在一定限度内通过清洁发展机制或联合履约实现减排任务。也就是说,排放实体可以在一定限度内使用欧盟以外的减排信用,包括核证减排量(CERs)或减排单位(ERUs),抵消时,一单位的减排信用可以当作一单位的碳排放配额使用。这样,在不同的市场之间,由于价格差异,就产生了获利空间。

目前,在欧盟和美国等较为成熟的碳交易市场上,已经逐渐建立起成熟的碳交易市场和配套的碳金融服务体系。以欧美碳交易市场为例,欧盟碳交易市场有众多机构投资者参与,摩根士丹利、高盛、美国银行、法国兴业银行与富通银行等著名的金融机构也已增设碳交易基金。欧洲和美国的管理办法是建立企业电子账户,如果企业在期限内没有用完当年配额,则可以出售套利,反之则出资购买,类似银行的记账方式,在企业或者国家之间自由转移。欧洲气候交易所在2005年推出了与碳配额挂钩的期货,随后推出期权交易,丰富了金融衍生品种类。从最初的中介机构赚取手续费的形式,变成了直接投资。2006年美国投资银行摩根士丹利宣布投资30亿美元于碳市场;2007年3月,参股美国迈阿密的碳减排工程开发商,间接涉足了清洁发展机制的减排项目;8月成立碳银行,为企业减排提供咨询以及融资服务。其他机构如世界银行、国际金融公司(IFC)等也开发了碳金融的项目,但是由于很多碳交易制度包括欧盟标准设定太低,而世界银行、国际金融公司对项目的社会性要求较高,导致最终投资项目只有前期预备投资项目数量的一半,难以维持回报,因此这类多边金融机构已经从投资转为中介平台的角色。

从国际碳交易市场来看,国际碳交易市场最早出现的就是碳现货交易,碳期货市场是在碳现货市场的基础之上派生出来的。我国的碳金融市场正处于发展阶段,在碳交易试点的首年运行中,在现货市场的发展中积累了一定的经验。例如,出现了企业在履约期扎堆购买配额,碳价明显上升的现象,这说明有些参与企业在碳资产管理方面有待提升。在碳期货方面,在《国家应对气候变化规划(2014—2020 年)》中提出,要在重点发展好碳交易现货市场的基础上,研究有序开展碳金融产品创新。目前已经有试点在进行有关碳期货的研究。

2) 碳金融市场的相关主体

基于本书的写作目的,根据参与者的性质和目的,将碳金融市场的相关主体分为三类:管理类机构、金融类机构和生产类机构。这三类机构在碳交易市场中的角色、目标和保有的信息各不相同。三类机构之间的关系如图 4 - 9 所示。

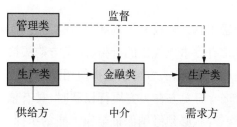

图 4 - 9　三类机构之间的关系

管理类机构指的是碳交易市场的行政管理部门。这类主体不以从该市场中营利为目的,其目标是维护碳交易市场的正常运行,并发挥碳交易机制在减少温室气体排放方面的积极作用。以上海市为例,这类主体包括上海市政府(成立了上海市碳排放交易工作领导小组)、上海市发展和改革委员会(主管部门)、上海市节能监察中心(委托执法部门)、上海环境能源交易所(上海市碳交易平台)、上海市信息中心(管理登记簿)。

金融类机构指的是从事金融服务业有关的金融中介机构。这类主体以从该市场中营利为目的,或是为了提高其在金融业务方面总体的竞争力。对于整个碳交易市场来说,金融类机构的参与,大大充实了资金来源,盘活了碳资产,有助于发现碳价、项目融资、风险管理、增强流动性。这类机构包括:商业银行、碳基金、证券公司、保险公司、碳资产管理公司、碳经纪商、碳信用评级机构等。

目前,七个试点中均已允许投资机构入场。以上海市为例,2014 年底,基于《上海环境能源交易所碳排放交易机构投资者适当性制度实施办法(试行)》,上海环境能源交易所开始接纳投资机构入市。截至 2014 年底,上海环境能源交易所已经引入二十多家机构投资者入市,因此,目前上海市碳交易市场中,金融类机构中除了结算银行外,还包括了证券公司、节能减碳行业机构等机构。

生产类机构指的是纳入碳配额管理的企业,它们是温室气体的实际排放者,也是控制温室气体排放的对象。这类机构在本市场中的主要目标是综合考虑包括碳排放在内的总成本,以获取企业总利润的最大化。这是因为企业减少温室气体排放也要付出一定的成本,因此,企业需要在减少温室气体排放的收益与投入之间进行衡量。如果企业减少温室气体排放的投入大大超过了从碳排放量减少带来的收益,那么企业很可能会更倾向于到市场上购买配额。那么,从整个市场的角度看,就实现了资金流向减排成本低的企业,用市场这一"看不见的手",推动了资源在减少温室气体排放方面的优化分配。

3) 各主体间的信息流

以上海市碳交易体系为例,图 4-10 展示了在上海市碳排放交易过程中涉及的主体及过程中产生的主要信息来源和流向。由图中可以看出,企业的能源消费情况是碳交易最基础的信息来源,这些信息流向政府、核查机构和交易所,在这些机构中,这些基础的碳排放相关信息与其他来源的数据交互,尤其是在交易环节,产生了大量的实时性数据。通过大数据技术,可以挖掘数据背后的价值,从而对向政府决策提供辅助,提高相关单位的业务水平,以及进一步发挥碳交易机制的节能减排作用起到积极的作用。

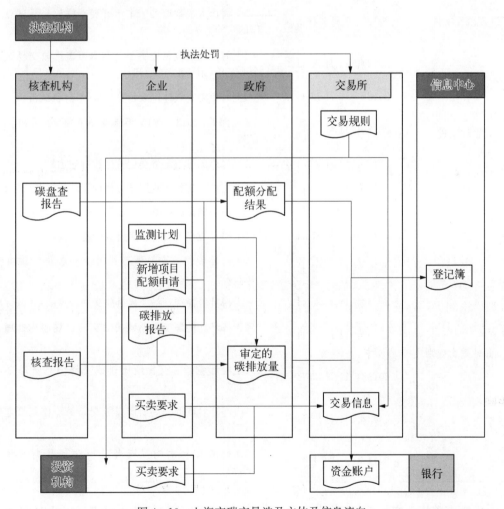

图 4-10 上海市碳交易涉及主体及信息流向

4.2.3　相关机制

　　碳排放权交易市场的成功运行,离不开一系列政策法规框架的支撑。本节以上海市碳交易市场为例,对中国碳交易市场的相关机制进行简单介绍。自国家 2011 年底发布文件确定上海为中国碳交易试点之一,上海市政府迅速开展了有关筹备工作,2012 年后陆续出台了多个与碳排放权交易相关的法律法规文件,逐步建立上海市开展碳排放交易的框架和法律依据。截至 2015 年 3 月 31 日,上海市碳交易市场的主要机制见表 4-7。

表 4-7　上海市碳交易市场的主要机制

类　　别	出　台　时　间	名　　称
政府规章	2013 年 11 月 18 日	《上海市碳排放管理试行办法》
规范性文件	2012 年 7 月 3 日	《上海市人民政府关于本市开展碳排放交易试点工作的实施意见》
管理文件	2012 年 11 月 29 日	《上海市发展改革委关于公布本市碳排放交易试点企业名单(第一批)的通知》
	2012 年 12 月 11 日	《上海市温室气体排放核算与报告指南(试行)》
	2013 年 11 月 2 日	《上海市 2013—2015 年碳排放配额分配和管理方案》
	2013 年 11 月 22 日	《上海市碳排放配额登记管理暂行规定》
	2014 年 1 月 10 日	《上海市碳排放核查第三方机构管理暂行办法》
	2014 年 3 月 12 日	《上海市碳排放核查工作规则(试行)》
其他重要规则	2013 年 11 月 25 日	《上海环境能源交易所碳排放交易规则》
	2013 年 11 月 25 日	《上海环境能源交易所碳排放交易会员管理办法(试行)》
	2013 年 11 月 25 日	《上海环境能源交易所碳排放交易结算细则(试行)》
	2013 年 11 月 25 日	《上海环境能源交易所碳排放交易违规违约处理办法(试行)》
	2013 年 11 月 25 日	《上海环境能源交易所碳排放交易信息管理办法(试行)》
	2013 年 11 月 25 日	《上海环境能源交易所碳排放交易风险控制管理办法(试行)》
	2014 年 9 月 3 日	《碳排放交易机构投资者适当性制度实施办法(试行)》

　　上海市碳排放交易机制概要见表 4-8。其中由于上海已经步入城市后工业时期,经济

结构中非工业行业占据相当的比例,从能源消费结构看,查取相关资料得知在"十二五"末上海市非工业用能将会占到约 47%,并且这一数据将会在"十三五"期间突破 50%,因此在覆盖行业方面,上海市充分考虑自身经济情况,在纳入的 197 家第一批试点企业中还包括约 60 家非工业行业企业,具体覆盖电力、钢铁、化工、建材、造纸、橡胶、化纤等工业行业以及航空、港口、商业、金融等非工业行业,并规定了以碳排放量为基准的企业纳入标准。

表 4-8 上海市碳排放交易机制概要

管理部门	主管部门	市发展改革部门
	协同部门	市经济信息化、建设交通、商务、交通港口、旅游、金融、统计、质量技监、财政、国资等部门
覆盖行业		电力、钢铁、化工、建材、造纸、橡胶、化纤等工业行业,航空、港口、商业、金融等非工业行业
企业纳入标准	非工业行业	2010—2011 年中任何一年二氧化碳排放量 1 万 t 及以上
	工业行业	2010—2011 年中任何一年二氧化碳排放量 2 万 t 及以上
配额分配	分配方法	历史排放法、基准法
	分配方式	总量控制,一次性免费向企业发放 2013—2015 年碳排放权配额
交易方式		挂牌交易,协议转让
交易平台		上海环境能源交易所
交易对象		年度碳排放配额(SHEA)
交易会员	综合类会员	自营业务和代理业务
	自营类会员	自营业务
惩罚与激励机制	激励机制	主要在金融、财政和政策等方面支持
	惩罚机制	分别针对企业、交易所、第三方机构及行政单位制定了处罚措施
抵消机制比例(CCER)		用于配额清缴时不得超过年度配额的 5%

在配额分配方面,上海市借鉴欧盟碳排放交易体系的经验,采取"总量控制-交易"模式,并一次性免费发放 2013—2015 年碳排放配额,其中 2013 年碳排放配额总量约为 1.6 亿 t。政府并未预留一定比例的配额,也没有设置一定的拍卖比例,这种方式充分考虑了企业参与碳减排的积极性。

在分配方法中,根据试点行业的不同特点和碳排放管理的现有基础,上海市采取历史排放法和基准法:除电力行业外的工业、商场、宾馆、商务办公等建筑采用历史排放法,电力、航空、港口、机场等行业采用基准法,为避免"祖父规则"导致的市场不公平,这两种方法均考虑了先期减排配额。在配额的继承上,企业当年未使用完的配额均可留到下一年度使用,可否跨期使用未做详细说明。

在碳排放交易方面,交易品种是基于年度的碳排放配额(SHEA),交易平台为上海环境能源交易所。交易所实行会员管理制度,会员分为自营类会员和综合类会员,其中自营类会员可进行自营业务,综合类会员除进行自营业务外,还可代理进行业务办理。交易方式主要有挂牌交易和协议转让。在碳排放交易方面,除了上面的规定外,还具体规定了结算制度、风险控制制度、交易异常情况处理等方面的内容。

4.3　大数据在碳排放交易市场的具体应用

4.3.1　碳排放交易数据的价值

碳交易已经逐渐成为节能减排的一项重要手段。对政府来说,碳交易机制是市场化节能减排的重要工具;对用能企业来说,碳资产的价值逐渐受到重视;对其他相关的单位来说,碳交易业务是提高服务质量、挖掘新市场的潜力点。但是,目前碳交易相关数据的保存和管理方式大多是以一种孤立的、非结构化的、比较粗放的形式存在。表 4-9 展示了碳排放交易相关机构拥有的碳排放交易相关数据,运用大数据技术,可以有效地挖掘碳交易数据的价值。

表 4-9　碳排放交易相关机构拥有的碳排放交易相关数据

大　类	单　位	拥有的碳排放交易相关数据
生产企业	工业企业	产量、能源消费(包括各种能源的消费量)
政　府	政　府	当地的经济总量(包括能源结构、各行业的产值和能源消费情况、产业结构调整目标等),各企业的碳排放数据(包括碳盘查、监测计划、碳排放报告、核查报告等),各企业的能源消费情况(包括各种能源的消费量、产值等)
金融机构	碳排放权交易所	碳交易的行情(包括交易量、交易价格、近期价格走向),各交易者的信息(包括性质、行业、规模等)
	银行、证券交易所等	各客户的碳交易结算账户信息(包括账户余额、结算量、结算时间等),各客户的其他银行账户信息(包括账户基本信息、存贷款状况等)
其他机构	核查机构	企业的碳排放数据(包括各种能源的消费情况),企业的碳排放重点设备
	碳交易托管机构	客户的碳排放数据,客户的碳资产管理目标
	CCER 出售方	CCER 项目的相关信息(包括项目类型、地域、产生时间、产生量等)
	节能服务供应商	各种节能技术的有关信息(包括适用范围、节能效果)

1）对监管部门

大数据分析与管理技术的不断发展，为政府提高监管水平提供了新的工具。目前，政府在碳交易方面的数据，主要是碳交易各环节中的关键性数据。实际上，由于政府的管理地位，可以从企业、能源公司、碳排放权交易所等多个信息源获得数据。这些信息可以从实时监控、阶段性分析汇总和行政稽查辅助三个方面为政府提供服务，图4-11详细展示了碳排放大数据在政府监管部门的应用。

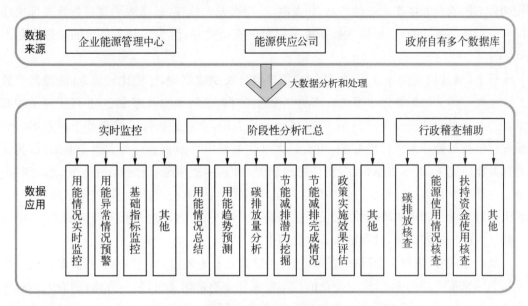

图4-11　碳排放大数据在政府监管部门的应用

（1）在实时监控方面，政府可随时了解当地的能源消费、温室气体排放等基础指标的变动情况，实现实时监测和预警的作用。

（2）在阶段性分析汇总方面，通过对这些数据的综合分析，可以得出该段时间内用能量、能源结构等情况，进而挖掘出宏观经济运行、节能减排状况、政策实施情况、未来经济走向预测等多方面的信息，从而为科学决策提供数据基础。例如，针对性地制定补贴政策，或者对节能减排企业制定一定的鼓励和限制目录。

（3）在行政稽查辅助方面，通过与企业的能源管理中心、能源公司、相关政府部门的信息沟通，第一手的数据可以有效减少欺诈，并且多个来源的数据可以互相对比印证，作为稽查的辅助判断，从而提高对违法违规行为的处理效率。

未来，随着全国性碳排放权交易的建立和进一步发展，涉及主体的数量、类型、行业、范围上会有一个井喷式的发展，涉及的业务将会进一步扩大，监管的工作量和工作深度也会进一步上升。做好碳排放数据的挖掘工作，有助于政府提高风险识别和预警能力，为碳排放权市场的顺利发展保驾护航；有助于政府提高管理效率，以更市场化的手段进行能源结构调整和产业调整；有助于政府实现从单项工作、单个市场到多项工作、多个领域的全方位、立体式监管。

2) 对企业

对碳排放主体来说,其碳排放量目前都是由其碳排放活动折算出来的,即由其能源消费数据和产生过程排放的原始数据得来的,对绝大多数企业来说,其碳排放数据仅由能源消费数据折算所得。因此,碳排放数据和能源消费数据是密不可分的。但是,碳排放数据和能源消费数据并不是简单的线性关系,因为其与能源结构以及活动种类有关。例如,使用两种不同的能源生产同一种产品,如发电,使用煤或天然气,其能源消费量折算成标准煤的概念可能是相同的,但折算成碳排放量很可能有所差异,因为煤和天然气的碳强度是不同的。

目前,对比较大的企业来说,其能源管理经过长期的建设,已经比较规范,能源消费数据也比较完整。能源管理水平比较高的企业已经有自己的能源管理中心,并且实现了能源消费三级计量和动态监测。但是,在碳排放数据方面,企业的碳排放管理处于参差不齐的阶段。碳排放管理做得比较好的,主要是大型企业或出口型企业。对大型企业来说,其管理体系比较完善,资本雄厚,社会责任感也较强,对其用能情况有比较详细的记录,有些企业会主动公布其碳排放报告。以中国远洋运输集团为例,其自己制作了碳排放计算器。但绝大多数企业管理还比较粗放,仅仅是根据碳交易的要求,被动地进行各环节的工作,进行一年一度的核算和交易,没有纳入日常管理中。

从长远来看,重视企业碳排放管理能力的建设具有重要意义:一方面,控制温室气体排放将是国家重要的一项工作,对企业的控排要求也会越来越完善;另一方面,随着人们对气候变化问题的关注,低碳化生产已经成为提升企业形象、提高产品竞争力的重要措施。以碳标签制度为例,所谓碳标签,指的是把商品在生产过程中所排放的温室气体排放量在产品标签上用量化的指数标示出来,以标签的形式告知消费者产品的碳信息。也就是说,利用在商品上加注碳足迹标签的方式引导购买者和消费者选择更低碳排放的商品,从而达到减少温室气体排放、缓解气候变化的目的。目前,包括美国、英国、法国、日本在内的多个发达国家已经实施该制度。而碳标签很可能从公益性的标志变成商品的国际通行证。一旦这些国家做出强制技术要求,碳标签以及由此征收碳关税极有可能成为新的贸易壁垒。此外,各国的碳标签现在主要针对一些终端消费品,作为产业链上游原材料供应商的中国企业,则可能要求提供碳足迹数据。对于企业,可以在企业能源管理中心增加一个碳排放动态管理的功能。将其与企业的能源利用数据进行关联。甚至对各个重点用能设备或工艺过程的碳排放量进行动态监控。从而为挖掘企业节能减排潜力点,提高碳资产管理水平,树立良好的企业形象打下基础。图 4-12 详细展示了碳排放大数据在企业中的应用。

3) 对金融机构

在碳交易市场中,伴随着大笔的资金流动,碳交易金融衍生品的创新,更是给金融机构创造了新的市场。这些机构包括银行、基金以及证券公司等多种机构,甚至私人投资者也

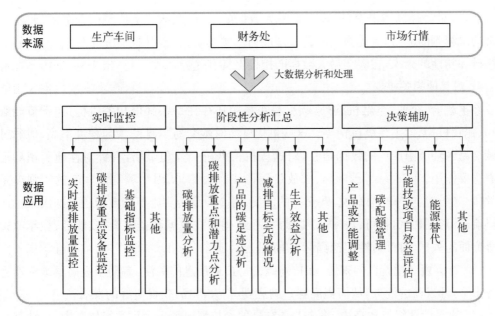

图 4-12　碳排放大数据在企业中的应用

参与其中。金融机构的参与使得碳市场的容量扩大,流动性加强,价格更加透明;而一个发展中的朝阳市场反过来又吸引更多的企业、金融机构,且形式也更加多样化。从国外经验来看,金融机构对碳交易的介入深度是随着碳交易市场的发展而逐步增加的。

(1)在最初的阶段,金融机构中的银行只是从事交割清算业务,一些金融机构提供企业碳交易的中介业务,收取中介费,还有一些基金看好碳交易的前景而直接投资碳排放配额。例如,欧盟排碳配额从 2004 年 12 月的不到 9 欧元上扬至 2006 年 4 月的最高 32 欧元,虽然中间也经历了较大的震荡,但是 16 个月里 250% 的增长幅度也让基金尝到了甜头。

(2)随着碳交易市场的进一步完善,碳金融衍生品开始出现,为金融机构带来了更多的投资机会,例如,2006 年 10 月,巴克莱资本率先推出了标准化的场外交易核证减排期货合同。2007 年,荷兰银行与德国德累斯顿银行都推出了追踪欧盟排碳配额期货的零售产品。

(3)同时,碳资产的价值逐渐被接受,一些优秀的减排项目成为对冲基金、私募基金追逐的热点。投资者往往以私募股权的方式在早期便介入各种减排项目,甘冒高风险的代价期待高额回报。投资银行还以更加直接的方式参与碳市场。例如,2006 年 10 月,摩根士丹利宣布投资 30 亿美元于碳市场;2007 年 3 月,参股美国迈阿密的碳减排工程开发商,间接涉足了清洁发展机制的减排项目;8 月成立碳银行,为企业减排提供咨询以及融资服务。

除了经济收益以外,加强碳金融数据的分析,也有助于银行提高现有的服务水平。因为碳排放交易的参与主体都拥有银行账户,特别是其中的大企业用户,是银行的重要客户。银行已经有比较好的数据基础和技术基础,重视碳交易大数据,将其与银行现有数据交叉融合,有助于提高银行的服务质量。例如,可以通过完善现有的客户评级系统,进一步发展碳贷款业务等。

总之,对金融机构来说,做好碳交易大数据的挖掘,意味着更广阔的业务发展空间,更精准的决策判断能力,更优秀的经营管理能力。尤其是银行,其拥有充足的资金、良好的数据基础和初期的介入,在碳交易大数据的挖掘上具有优势。

4) 对其他相关机构

除了政府、企业、金融机构外,碳交易市场中还存在一些其他相关机构,包括节能服务公司、托管机构、信用评级机构等。这些机构可能对碳交易本身的参与程度不高,但通过挖掘碳交易各环节中产生的数据信息,对这些机构分析企业和市场,有针对性地营销和运作有着重要作用。

(1) 对节能服务机构来说,碳交易的发展,对企业是否实施节能改造项目的决策也产生了影响。节能服务机构可以根据行业属性、企业碳排放数据和企业设备、能耗、往年改造项目等方面的数据,有针对性地挖掘潜在客户。

(2) 对碳资产托管机构来说,保持对碳交易市场信息的关注,有助于提高其碳资产管理服务水平,开发新的业务,从而提高客户满意度,扩大市场,获得更好的发展。

(3) 对企业评级机构来说,将企业碳交易的参与情况纳入信用评级体系中,有助于完善评价体系,更全面地评价企业信用。例如,2008 年 6 月 25 日,全球首家独立的碳减排信用评级机构"碳评级机构"(Carbon Rating Agency)在伦敦证券交易所正式启动。该机构为参加清洁发展机制(CDM)、联合履约(JI)和自愿市场的企业和项目提供详细的信用评级服务,内容主要涉及项目框架、实施环境、参与方和项目自身情况。

(4) 此外,通过购买温室气体减排量的方式,实现项目的"碳中和",也是企业或机构在活动中重视自身的社会责任感,提升企业形象的重要手段。对这些企业来说,了解认证减排量的市场信息,有助于降低运营成本。

总而言之,随着碳交易市场的发展和成熟,它对相关机构的业务范围和流程必将产生一定的影响,并催生一些新产业。在中国,碳交易市场仍处于起步阶段,这也意味着大量的机会。使用大数据对碳交易数据进行分析,有助于有关机构在这一机遇中获得更多的优势。

4.3.2 碳排放交易数据的使用现状

1) 碳排放和交易信息的获取和披露

目前,国内外涉及碳排放信息的机构主要包括以下方面:

(1) 交易门户,国家间碳交易机制的信息披露,包括国家间清洁发展机制、联合履约以及国内市场,如美国的两大碳交易市场加州 AB32 和 RGGI 等,这些门户都有自己的研究部门提供每一个交易的价格和数量,一般公司名称作为商业信息被隐去,但是单笔交易有据可查。

(2) 第二手的碳交易行业综合信息可能来自行业协会,如国际排放交易协会

(International Emission Trading Association，IETA)、美国石油学会(American Petroleum Institute)、美国天然气协会(American Natural Gas Association)等都有关于碳排放和履约款项的数据；另外美国的新能源减税额交易(Renewable Energy Credits)依托美国电网电力公司的一些交易追踪平台。

（3）政府部门的碳排放模型，美国 EPA 和 EIA 均有自己的碳排放模型板块，以及对所有发电场的规定报告的数据备份，并根据自己的信息做预测。

2）碳资产的评估和管理

对企业和投资机构来说，碳排放权市场的建设在强调企业节能减排责任的同时，也给企业进行节能减排项目融资提供了新的渠道。随着市场的逐步完善，碳资产的流动和交易也愈发透明，对金融机构来说，开展碳金融业务的条件也逐渐成熟。国内目前已有机构开始探索这方面的业务，以下介绍了其中的两个典型例子。

2014 年 9 月 16 日，由兴业银行发起、兴业信托作为受托机构的国内首单绿色金融信贷资产支持证券——"兴元 2014 年第二期绿色金融信贷资产支持证券"在全国银行间债券市场成功招标。该单信贷资产支持证券借款方由 38 户借款人合计 48 笔公司贷款资产组成，均为从兴业银行正常类贷款中严格筛选出来的优质贷款，且全部为该行认定的绿色金融类贷款。其基础资产池全为兴业银行绿色金融类贷款，由来自 16 家分行的公司贷款组成，基础资产均匀分布于电力、热力生产和供应业及生态保护和环境治理业等 16 个行业，地域分散度及行业分散度较高。发行金额 34.94 亿元，分为优先 A 档、优先 B 档资产支持证券和次级档资产支持证券。该项目所带来的环境效益也十分可观，据测算，可实现境内每年节约标准煤 36 万 t，年减排二氧化碳 106 万 t，年节水 394 万 t，相当于 11 万 hm^2 森林每年所吸收的二氧化碳总量。

2014 年 12 月 11 日，国内首单 CCER 质押贷款协议签订，上海宝碳新能源环保科技有限公司（以下简称上海宝碳）以其 CCER 资产资源做抵押，向上海银行贷款 500 万元，所得贷款将用于 CCER 开发。在双方商定合作的过程中，上海银行考虑到 CCER 是由国家发改委签发的，具有国家公信力和市场价值，而上海宝碳拥有众多的 CCER 资产资源，特别是在首批签发的 10 个项目中有数个属于上海宝碳，故上海银行用前一年国内七个试点市场碳配额价格的加权平均价作为基准价，以 7 折的质押率向上海宝碳发放了 500 万元贷款。

3）信用评价体系

目前，在国内的几个试点中，有试点将碳排放配额的缴纳情况纳入企业信用系统中，并且已经取得了比较好的效果。在国家出台的全国性碳排放权管理办法中，也指出要建立信用体系。可以预见，随着国家和社会对碳排放权交易机制的重视，控排企业的碳排放信用情况将会更加受到重视，对企业的约束力将会越来越强。例如，《天津市碳排放权交易管理暂行办法》中第二十九条和第三十条中规定："市发改委会同相关部门建立纳入企业和第三方核查机构信用档案，委托第三方机构定期进行信用评级，将评定结果向财政、税务、金融、质监等有关部门通报，并向社会公布。""本市鼓励银行及其他金融机构同等条件下优先为信用评级较高的纳入企业提供融资服务,并适时推出以配额作为质押标的的融资方式。"《武汉市低碳城市试点工作实施方案》中提出,要"建立节能减碳的监督管理机制,推进市发改委与中国人民银行达成协议,将企业低碳发展情况作为企业信用评级标准之一纳入企业信用评级档案。"同时,环境信用评价的工作也在探索开展。2014 年 2 月,环境保护部会同国家发改委、人民银行、银监会联合发布了《企业环境信用评价办法(试行)》,指导各地开展企业环境信用评价,督促企业履行环保法定义务和社会责任,约束和惩戒企业环境失信行为。该办法明确了企业环境信用评价工作的职责分工,应当纳入的企业范围,评价的等级、方法、指标和程序以及激励惩戒的具体措施。它将企业环境信用等级分为环保诚信企业、环保良好企业、环保警示企业、环保不良企业四个等级,依次以"绿牌""蓝牌""黄牌""红牌"标示。

此外,对一个国家而言,重视履行其在控制温室气体减排中的义务,有利于在国际政治中取得主动。全球各地许多政治家、商界领袖和智库组织都指出气候变化将导致越来越高的风险和成本,这些认识进一步增强了市场对碳排放评价需要的考量。可以预见,今后更多的评级机构将会考虑碳排放因素。气候变化的经济影响日益凸显,碳排放状况是衡量气候变暖的重要指标,不排除评级机构未来将其纳入主权信用评级的可能。一旦出现将国家碳排放状况与主权信用评级挂钩的情况,国际气候制度的发展将可能受到深刻影响。

4.3.3　碳排放交易大数据发展的建议

目前我国碳排放交易还处于发展阶段,这既是碳排放交易大数据发展的难度之一,也是碳排放交易大数据发展的契机。在发展碳排放大数据方面,一方面是完善碳排放交易市场机制的要求,另一方面也是走向大数据时代的要求。参考国外的发展经验,给出发展碳排放交易大数据的几个建议,具体如下:

1) 法律法规方面

相关的法律法规支撑是碳交易市场能长久有效运行下去的根本保证。我国近期公布了多项节能减排方面的目标,如到 2020 年单位国内生产总值二氧化碳排放比 2005 年下降 40%～45%,非化石能源占一次能源消费比重达到 15% 左右。在 2014 年末公布的《中美气候变化联合声明》中也提到,2030 年左右我国碳排放有望达到峰值,并于 2030 年将非化石能源在一次能源中的比重提升到 20%。但是,虽然现行法律法规文件中有关于气候变化的条款,如 2007 年发布的《中国应对气候变化国家方案》、2014 年出台的《国家应对气候变化规划》,但仍缺乏专门性的法律制度。这方面,国外的经验值得我国借鉴,本节以欧盟和美国为例介绍国外碳排放方面的立法情况。

欧盟碳排放交易体系(EU-ETS)中,形成了主要由三项欧盟指令、两项计划及三项欧盟委员会规章组成的法律体系。

(1) 欧盟指令。包括欧盟 2003/87/EC 号指令(Directive 2003/87/EC),该指令旨在建

立一个欧盟范围内的碳排放权交易体系,即 EU – ETS;欧盟 2004/101/EC 号指令 (Directive 2004/101/EC),该指令的主要内容为依据《京都议定书》的相关规定对原有 EU – ETS 进行修正;欧盟 2008/101/EC 号指令(Directive 2008/101/EC),该指令旨在将航空活动纳入 EU – ETS。

(2) 计划。包括用于欧盟内部各国碳排放权分配的国家间碳排放权分配方案及用于确定总量计划及二氧化碳排放情况的监控与报告计划。

(3) 欧盟委员会制定的规章。包括三个规章,其主要内容为指令实施的相关细则。

此外,为了保证企业的履约,欧盟对碳排放交易制定了极为严格的惩罚制度,以确保减排制度的顺利实施。成员国的排放实体,如果在每年的履约年度截止日期之前,未能按照其上年度所排放的温室气体量而提交足够的排放配额,则将被处以超额排放的罚款。2005 年 1 月 1 日—2007 年 12 月 31 日,超额排放的罚款是每吨二氧化碳排放当量 40 欧元,应当说第一阶段的处罚较轻;从第二阶段开始,罚款增加至每吨 100 欧元。同时为了避免出现以罚代缴的后果,欧盟碳排放权交易机制明确规定,排放实体缴纳罚款并不能豁免其在下一年度提交同等数量超额排放配额的义务,即在下一年,企业获得的排放配额中还将扣除相应的超标排放数量。

美国目前因为尚未形成全国性的碳市场,所以政策法规以各州和各区域的 EPA 或者州长办公室制定的法规为主。交易的有效性和仲裁以各州(主要是加州和 RGGI)交易中介为主。2015 年 8 月出台的美国 EPA 制定的清洁电力计划(Clean Power Plan),是迄今为止第一个覆盖全国的电力市场二氧化碳排放规定。而这个法案赋予美国各州自主决定权,如何设计、监督和管理各州自己或者区域内的碳交易政策,并设计如何进行资金的使用,是一种由下至上的设计思路。在碳交易之前,美国最大的二氧化硫全国交易项目(Acid Rain Program)是由 EPA 负责法律法规制定,各州 EPA 负责监管和审查,是环境自然资源权益交换在制度上较为完整和成功的一个项目。

2) 尽快形成定价机制

中国参与比较多的国际性碳交易市场为清洁发展机制市场,这也是《京都议定书》确立的三种机制中国唯一能参与的一种。2009 年后,中国是世界上最大的 CDM 项目供应方和核证减排量(CERs)供应方。作为 CDM 项目供应方,中国在参与的过程中积累了不少经验,也发现了中国在参与国际性碳交易市场中需要加强的方面,其中之一就是缺少定价权。这就导致了在 CDM 这个产业链中,中国处于劣势,像其他的劳动密集型产业一样,只能进行初级产品加工,获得加工费,而巨额利润则由发达国家获得。由于不具备 CDM 定价权,中国处于国际碳市场及碳价值链的低端位置。

中国在 CDM 机制中缺少定价权是有历史原因的。最初,我国企业参与 CER 交易,一部分是通过经纪商从中撮合中国的项目开发者和海外的投资者,而另一种主要的途径则是由一些国际大投行充当中间买家,收购中国市场上的项目,然后打包到国际市场上寻找交易对手方。而国际买家在中国收购初级 CERs,最初价格只有 4~5 欧元/t,而欧洲市场上的交易价格在 8～10 欧元/t,拿到欧美交易所包装成 2008—2012 年 12 月交货的 CERs 期货合约,价格则为 15～17 欧元/t。2009 年,国家发改委为 CER 制定了最低交易价格 8 欧元/t,试图打破中国 CER 贱卖的困局。同时,国际买家与中国企业签订购买合同时,只需支付较低的开发成本。CER 一旦颁发或项目一经注册,国际买家就可以通过中介或双边渠道找到下家,或者在交易所这样的二级市场加价出售。买家与中国企业签订合同并不需要有很强的资金实力,也不需要有保证购买定量 CER 的足额账面资金。事实上,不少买家也没有足够的资金实力。中国以较低的价格出售了减排项目所产生的认证减排量,却承担着较高的风险。

目前,中国尚未形成全国碳市场并和国外对接定价机制,没有碳资产的定价权,也就没有太多办法对碳资产进行主动的金融产品的包装和衍生品的开发,因此失去了非常大的市场盈利空间。然而在中国的低碳化经济有万亿美元的缺口,2016 年中国即将建立全国碳市场,碳市场的资本量可以达到百亿甚至千亿级别,并且中国正在建设自己的减排认证机制(CCER)。这对中国的金融市场以及绿色产业是一个非常大的机遇,也是中国在国际上争取碳资产定价权的一个机遇。对从事碳金融的机构来说,① 碳金融的监管体系尚未形成,市场上也尚未有能够提供风险管理的机构和工具,因此保证有效的交易和定价,避免价格的操控,提高信息透明将是挑战;② 政府的碳政策设计,包括配额的拍卖、拍卖资金的应用、碳税等政策工具,都对碳价有非常大的影响,碳定价的不确定性给成本和收益的预测增加了非常大的不确定性,因此能否与政策紧密贴合并准确对碳价进行估计是一个难题;③ 成熟的人才队伍也是紧缺的,开展碳金融相关业务,对专业性人才队伍有非常高的要求,既需要熟悉减排需求的具体认证标准和程序,又要对风险评级有较成熟的经验。

3) 加强对配额办法、分配机制的研究

配额办法、分配机制的方法学是碳交易市场的基础机制之一。加强对配额办法、分配机制的研究,可以防止多余的碳排放限额分配,尽量减少主观因素的影响,促进市场的"公平、公正、公开",有利于市场的顺利运行。从宏观上来看,如果配额过松,企业会缺乏采取减排行为的动力,碳价也会大幅下跌,这一点在欧盟碳排放交易体系中曾有所体现;配额过紧,则会给企业带来过大压力,造成企业的抵触,有价无市的市场也无法正常运行。针对不同的行业,是使用历史排放法还是基准法,基准值如何确定,如何使分配的配额处在企业能"跳一跳,够得到",并且符合行业的排放特点,都是需要研究的问题。

相比历史排放法而言,基准法对数据质量要求非常高,制定过程复杂。基准法要求企业之间的产品碳强度具有可比性,而产品具有异质性,同一个行业中的产品也具有相当复杂的分类。因此,如何划分产品需要大量的数据和经验的支持。尤其是化工行业、汽车制造业、有色金属行业等,产品种类繁多,不同产品之间碳强度的可比性弱,制定产品基准线非常复杂。

此外,基准法的制定和分配要求企业能把生产不同产品产生的碳排放区分开,如 EU-ETS 第三阶段就根据产品类型定义了"子设施",而大部分企业都没有办法将生产过程中不同产品的能耗和排放区分开来,难以满足基准法的数据要求,培育企业建立一套详细的碳计量体系需要一定的时间。因此,EU‐ETS也是在经历了前两个阶段的准备之后,才在第三阶段推行基准线方法,但在第二阶段中,已经鼓励成员国在电力行业、新设施上采用基准线方法。

同时,随着全国性碳交易市场的展开,根据全国碳交易管理办法,配额分配计划是由地方进行的。这样,如何结合本地情况,制定科学合理的配额办法,与当地政府的整个政策方针相配合,尤其是尚未开展碳交易的省市需要考虑的问题。而全国性碳交易市场建成后,能更有效地避免"碳泄露"的发生,即通过跨地生产转移而造成的间接碳排放,并且提高碳资产的价值。从长远看,可以促进减排资源全国性的流动,从而实现整个国家减排成本的降低,并且为中国未来在国际上碳交易市场及气候政治上争取主动提供助力。

另外,碳排放有偿分配方式也是国际碳交易市场上比较好的机制。即企业不能获得或只能部分免费发放的配额,而只能通过竞价购买的方式获得。这样可以促进企业内部的审核评估,并督促企业提前进行生产成本核算以及预算估计。这种机制可以最大限度发挥碳金融市场机制,增加交易数量,并让碳金融期货等产品有更多的市场空间。同时,竞价购买也会将碳价纳入企业内部的经济战略决策中,迫使企业提前进行生产改造。

4) 创新碳金融市场,加强市场流动性

金融衍生品可以帮助企业减少由于未来碳价的不确定性带来的风险,达到套期保值的作用。对碳减排项目实施方来说,其未来的收益得到了保证;对购买方来说,其未来的配额购买支出得到了确定。对金融机构来说,带来了更多的投资机会和更大的业务市场。有助于增强碳金融市场的活跃度和流动性。随着市场的扩大和碳资产流动性的增强,企业进行节能减排改造的方式增多,成本下降,进一步提高了企业的积极性,出现"以奖代补"的可能性。

对各类拥有大量碳足迹的企业和公司来说,碳交易和碳金融是将企业重新打混、洗牌、大浪淘沙的过程,评估气候风险,将环境气候碳排放的数据整合进公司企业的投资策略和经济战略中是一大挑战,但同时也是那些能够有前瞻性、领先于绿色可持续发展企业的相当大的竞争优势。对金融机构来说,碳金融将是把中国和世界金融市场联系起来的机遇。中国是世界上提供碳核准量最多的国家,也将是碳资产最多的国家,如何创造这一大资金池的有效管理、投资、产品开发和第三方服务,将会培养出一批成熟有能力的金融资产管理公司、能源服务公司、能源合同管理公司等。对政府和各地方公共服务部门来说,大批高成本的清洁能源项目(例如分布式光伏、电动汽车、海上风电等)将得到更加多元化的融资渠道,特别是中小型企业将有更多非银行借款,从第三方能源服务和担保机构到风险投资与私募都将是融资的手段。

在这一过程中保证企业的参与,加大宣传力度,尤其是国有企业,转换思维,从履约思维到盘活市场进行主动融资的思维转化是非常重要的。各参与方的积极参与,才能保证碳资产的资源稀缺,提高碳价,将碳转化成有价值的商品。在美国,清洁电力计划的制定从传统的总量限制政策转成了碳排放率竞争补贴的政策,就是为了让企业或者电力公司摆脱传统的"政治义务"思维,转成主动的交易和找寻市场信号,通过达到高于所有企业平均排放效率标准,来获得资金奖励。这样一级市场和二级市场都会有更多积极的企业参与活动,交易量增加后,整个碳交易市场才有资金的流动性,才能有有效的金融活动和经济社会效益产出。

5）加快推进碳抵消机制的建设

碳抵消机制中,规模最大的要数基于《京都议定书》建立起来的清洁发展机制,其主要内容是指发达国家通过提供资金和技术的方式,与发展中国家开展项目级的合作。一方面,对发达国家而言,给予其一些履约的灵活性,使其得以较低成本履行义务;另一方面,对发展中国家而言,能够利用减排成本低的优势从发达国家获得资金和技术,促进其可持续发展;对世界而言,可以使全球在实现共同减排目标的前提下,减少总的减排成本。截至2015年4月30日,已签发的核证减排量为15.5亿tCERs。其中,世界上签发的CDM项目,核证减排量较多的国家有中国、印度、韩国和巴西,这四个国家的CDM项目签发量达到全球的87%,其中中国的核证减排量占到了59%。

我国2012年6月公布《温室气体自愿减排交易管理暂行办法》,2013年国家发改委备案并公布了5家自愿减排交易机构、两批3家审定与核证机构、上线自愿减排交易信息平台并公示一批自愿减排审定项目。国内首批注册的自愿减排项目产生于2014年初。据中国自愿减排交易信息平台显示,截至2015年4月,共有13家审定与核证机构通过认证、累计公示CCER备案项目138项、公示CCER审定项目601项。其中审定的项目中第一类(采用经国家主管部门备案的方法学开发的自愿减排项目)和第三类(获得国家发改委批准作为清洁发展机制项目且在联合国清洁发展机制执行理事会注册前就已经产生减排量的项目)的项目数约占总数的87%;项目类型上,新能源与可再生能源类项目约占总数的73%。

碳抵消机制是强制减排机制的有益补充,可以扩大碳交易机制的社会影响力,并且为强制性减排体系提供更多的碳配额来源,为稳定碳价、发挥市场对节能资源的调配起积极作用。目前,中国核证自愿减排量的流程已经走通,北京已经做出了扩大本地的碳抵消机制接受项目类型,对第一来源做了进一步的规定。为了促进碳抵消机制的发展,发挥市场对低碳技术和项目的支持作用,进一步探索碳抵消机制的方法学、流程、监管体系、开发流程,具有重要意义。

6）重视碳交易大数据的基础设施建设

平台的建设和数据的收集,是一项长期的工程。目前,我国的碳交易市场尚处于建设中,这对于碳交易大数据的建设也是一个机遇,早期的介入可以减少阻力和成本,降低执行难度。这就要求政府能加大宣传和推进力度,促进相关机构充分挖掘和发挥碳交易大数据的价值。

对政府部门来说,重视收集更多关于碳交易的数据,促进各部门间的信息共享,使用大数据技术挖掘数据间的联系,可以为政府的科学决策提供有益的参考;为了促进相关机构的碳交易大数据基础设施建设,可以考虑通过提供资金奖励、建设试点、将其列入考核内容等方式。

对企业来说,重视碳交易在未来的发展趋势,在建设企业能源管理中心的过程中,加入碳排放数据的管理功能。跟踪碳交易市场的动态,利用多种金融手段,提高碳资产的管理水平,降低企业的经营成本,有助于提高企业形象和产品竞争力,为企业在未来的竞争中占得先机。

对金融机构来说,将碳交易大数据与机构原有的数据和平台融合,丰富机构的数据库和数据来源,有助于企业提高服务质量,挖掘新的业务,在中国的碳交易这一新兴市场中取得领先。这些机构包括资金提供机构(基础设施投资基金、商业银行等以及股权投资公司),二级市场交易中介机构(如交易所、交易商、资产管理公司、保险公司等提供融资渠道多元化服务)等。

对其他机构来说,项目咨询机构(提出 CCER 申报、排放审核的中介、技术咨询公司),碳资产管理公司(包括一些大型公司下设的碳资产管理公司、节能服务公司),信用评级机构等,重视碳交易市场的动态和数据挖掘,风险管理,也对提高其业务水平和前瞻性具有重要作用。

◇参◇考◇文◇献◇

[1] 全球节能环保网. 碳交易将成为世界最大宗商品[DB/OL]. http://www. gesep. com/news/show_30_338193. html,2013.

[2] 闫青. 全球气候议程进化表[J]. 中国减灾,2010,3:20-21.

[3] 世界银行网站. 报告显示,碳定价制度的应用日益广泛[DB/OL]. http://www. shihang. org/zh/news/feature/2014/05/28/state-trends-report-tracks-global-growth-carbon-pricing,2014.

[4] 仇勇懿,孙江宁. 日本低碳城市的政策与实践——以东京碳排放限额和交易计划为例[C]. 国际绿色建筑与建筑节能大会,2011:1-5.

[5] 北京中创碳投科技有限公司,中国环境交易机构合作联盟. 中国碳市场 2014 年度报告[R]. 2015.

[6] 杨强. CCER 项目开发流程及周期介绍[DB/OL]. http://mp. weixin. qq. com/s?_biz=MjM5NjgzMjQ2NA==&mid=200374651&idx=1&sn=4cf81f6bca85e5f0b9a8a7eaa8b15ff4&scene=5♯rd,2014.

[7] 黄岱. 碳金融理论与实践[DB/OL]. http://www. docin. com/p-254783477. html,2010.

[8] 温泉. 中国企业碳披露启动[DB/OL]. http://www. lwgcw. com,2013.

[9] 胡泉. 低碳产品认证制度将出台[N]. 中国房地产报,2012-11-08(C03).

［10］　中国投资咨询网. 与"碳排放"相关的信用评级和信息披露介绍［DB/OL］. http：//www. ocn. com. cn/hongguan/201412/meitan091641. shtml,2014.

［11］　尹锋. 争夺碳交易定价权［DB/OL］. http：//finance. sina. com. cn/world/gjjj/20091213/ 12467096019. shtml.

［12］　赫海青. 欧美碳排放权交易法律制度研究［D］. 青岛：中国海洋大学,2012.

第 5 章

能源大数据应用
——企业能源管理中心

5.1　能源管理中心产生的背景及意义

工业是我国国民经济的主导,同时也是能源消耗大户,特别是以钢铁、石油等为代表的传统重工业,对于能源的需求量相当庞大。以宝山钢铁股份有限公司为例,2013 年的能源消耗总量达到了 1 094.869 3 万 t 标准煤(等价值)。

从 18 世纪蒸汽机发明,工业革命开始以来,化石燃料得到了越来越充分以及广泛的利用,与此同时也产生了各种污染以及温室效应等。当然,现今的工业技术已经在废弃污染物处理方面有了长足的进步,但从源头上控制并减少能源使用,仍然是最简单、最有效的方式。

此外,我国虽然能源储备丰富,但人均能源拥有量极低,煤炭、天然气,尤其是石油等一次能源储量十分有限,一次能源利用效率仍然有待提高。每年,节能工作都被作为政府工作的一个重点。根据 2012 年的数据,上海市的用能总量为 1.02 亿 t 标准煤,能源利用效率在 42% 左右,离国际上 49% 的先进水平仍有一定的差距。在如此大的用能基数上,能源利用效率每提高百分之一,都会对节能工作产生重要影响,传统重工业企业首当其冲。

加强企业能源计量管理,开展企业节能降耗行动,提高能源利用率是减少资源消耗、保护环境的最有效途径,也是我国走新型工业化道路的重要内容,这对于提高企业经济效益,缓解社会经济发展面临的能源和环境约束,完成“十二五”规划目标有着十分重要的意义。在此基础上,便产生了能源管理中心。

能源管理中心,顾名思义,是企业对能源的采购、调配以及使用做统一规划以及管理的部门。为了能使企业更好地完成资源调配、组织生产、部门结算、成本核算,需要建立一套有效的自动化能源数据获取系统,对能源供应进行监测,以便企业实时掌握能源状况,为实现能源自动化调控打下坚实的数据基础,同时方便企业的计量和成本核算工作。

能源数据具有标准化、专业化、科学化、时效性强的特点,采集难度较高。同时,考虑到能源数据对于企业决策的重要意义,以及能源本身具备危险性的特点,需要对企业建立的能源数据获取系统提出更高的要求。因此,企业能源管理系统(EMS)必须满足专业性强、实时性好、可进行远程资料交换、可用性强的需求。

企业能源管理系统能够完善企业能源使用各方面的信息,掌握实时的情况,同时具有宏观性,有利于企业及时进行能源调度。此外,能源管理中心能够很大程度上降低人力资源成本,使用系统实时控制代替传统的人力监控。能源管理系统还能做到防微杜渐,及时发现能源系统的异常和故障,防止因小失大。

综上所述,建设能源管理中心对提高能源系统运行和管理的水平,减少能源消耗,提高功能质量,强化和完善能源考核和评价体系,提高劳动生产率,改善环境质量都具有良好的作用和效果。

5.2 钢铁行业能源管理中心

5.2.1 钢铁行业能源管理中心概况

钢铁行业是国民经济重要基础产业。据统计,2013年我国粗钢产量7.8亿t,年能源消耗量约6.1亿t标准煤,约占全国能耗总量的16%。"十一五"以来,国家高度重视钢铁行业的绿色发展,随着烧结余热回收利用、干熄焦(coke dry quenching,CDQ)、高炉煤气余压透平发电(TRT)等先进节能技术普及率逐年提高,钢铁行业节能降耗取得了显著效果。与2005年相比,2013年钢铁行业重点统计企业平均吨钢综合能耗592 kg标准煤/t,下降14.7%,烧结、焦化、炼铁工序能耗分别下降了18.2%、28.4%、10.7%,转炉冶炼工序能耗达到−7 kg标准煤/t,实现"负能"炼钢。但受节能技术装备水平、企业用能管理水平等因素影响,我国钢铁行业能效水平与先进国家相比仍有一定差距,特别是利用自动化、信息化技术促进节能减排方面仍有很大的提升空间。2009年以来,工业和信息化部在钢铁行业年生产规模300万t以上的大型企业试点建设了91家企业能源管理中心,实际运行结果显示,企业能源利用效率平均提升3%左右。

能源管理中心最早起源于日本新日铁,其后在韩国、巴西等国家的钢铁企业得到推广。

钢铁企业能源管理中心建设主要包括三个方面:① 能源管控模式,对传统能源系统管理模式进行优化再造,推动条块分割式的能源监控调度向集中监控调度转变,推动分散能源管理向集中一贯制的扁平化能源管理转变;② 信息系统,构建具有完整能源监控、管理、分析和优化功能的管控一体化计算机系统;③ 总体环境,包括企业与能源相关的设备、生产、运行、管理等。

具体建设内容与要求如下:

(1)能源管理中心计算机及网络。服务器、中央网络交换机等关键设备应采用冗余配置;实时数据库服务器、历史数据库服务器、关系数据库服务器等数据存储设备可配置磁盘阵列;中央交换机应采用千兆交换机。

(2)现场工业网络。独立设置现场工业网络,专网专用。推荐采用环网加上星形设计,环网交换机应配置UPS电源,满足1 h应急供电。

(3)对时系统。安装对时系统以同步所有设备时间,装置精度和同步精度应小于20 ms,应支持接收卫星定位信号。

（4）软件平台。监控平台（SCADA）、实时数据库、历史数据库、关系数据库、操作系统软件应采用通用产品；应用软件应满足二次开发要求。

（5）主控大厅。应合理设置各专业工位，显示系统应显示动力、电力、水、环保等信息，满足日常调度及事故处理的需要。机房的供电系统、消防系统、综合布线、通信系统等均应满足生产运行及安全的相关要求。

（6）视频系统。对重要站点设备的关键部位（如煤气柜，大型变压器，重要的水位、排污点等）加装视频监控设备，在管控中心进行监视。

（7）计量仪表设置。计量仪表应符合《用能单位能源计量器具配备和管理通则》要求，并对气体计量进行必要的温度、压力、密度补正。

（8）重点能源动力站所。现场和能源管理中心应分别设置操作权限；现场工控网络和能源中心网络实现物理隔离。

（9）工艺信号采集。应通过 I/O 方式或 PLC/DCS 系统通信方式，采集能源发生、使用设备的运行状态参数等指标。

（10）数据及信息安全要求。应采取相应的安全措施保障数据及信息安全要求，包括网络安全、服务器安全、数据安全、软件安全、制度安全等。

（11）现场设备运行要求。现场自动化系统应满足远程监控或无人值守要求，主要动力设施运行稳定可靠并满足安全保护和自动化水平要求；根据远程监控或无人值守的站所有关设备的机械、电气和控制特征，选择信息采集点，确保信息完整性；现场自动化系统或电气仪表设备应具备向能源管理中心系统传输各类信息和数据的能力，并保证数据传输的可靠性。

（12）能源管理中心运行管理。能源管理中心的建设、运行和管理应上升到企业的决策层高度；建成后企业应建立符合 GB/T 23331—2012《能源管理体系要求》的能源管理制度和管理机构，配备能源管理人员，制定能源管理办法，完善相应的配套措施，保证能源管理中心的正常运行与维护。

我国最早的能源管理系统始建于宝山钢铁总厂，技术与管理全部引自日本新日铁，通过宝山钢铁几十年的发展，已完全形成自己的管理模式与运行机制，近年，随着国内钢铁企业逐渐认识到建设能源管理中心的重要性，马钢、湘潭钢铁、新余钢铁、宁钢等钢铁企业也陆续建成能源管理系统。

（1）宝钢能源管理组织机构。宝钢能源环保部隶属于宝钢集团公司环资委员会和股份公司能环委员会，实行部长负责制，职能处室分别由能环管理室、环保技术室、能源技术室、设备管理室、能源项目组、环资管理室、办公室七个职能处室组成，共同掌管能源管控中心、热力分厂、制氧分厂等共计 11 个部门及分厂，统筹安排全宝钢内部的能源调配、环保管理工作。

（2）宝钢能源管控中心。宝钢能源管控中心是全盘吸收日本先进的能源管理思想与理念，逐步结合宝钢自身特点而形成的。其最大限度地对宝钢内部的能源进行了汇总、统筹，将宝钢内部的能源使用、利用、调配等达到了最大优化。在能源管控中心,能源管理人员对"三大系统"——水系统、供配电系统和动力系统进行了全面掌控,从而使"三大系统"发挥出最大潜力,将能源利用最大化,此"三大系统"同处一室,但互不干扰。

(3)宝钢能源部管控职能。运行监控系统实行无人值守为主、巡检为辅。能源中心运行实体分为:能源调度系统、巡检作业区和设备管理点检作业区。支撑能源生产运行的职能处室是能源技术室和设备管理室。设备管理室是对能源中心直接管辖的能源设备特别是专用的大型控制设备进行专业管理。能源技术室主要是对水、电、风、气的集中管理,这两个处室由专业工程师负责。

(4)宝钢能源部技术职能。由能源技术室执行技术职能,主要管辖重大的技术问题、改造方案的确定、系统运行过程中比较大的预案选择和制定、计划的方案制定、日常系统运营的调度支撑、生产组织调整等。在宝钢整个生产过程中,以能源服从生产为主线,紧急情况实行生产必须服从能源调配。能源技术室负责处理紧急情况,并不定期进行应急演练,充分考虑各种状况,避免出现能源断流、能源过量现象。

能源系统显示宝钢各个系统既相互独立又相辅相成。能源系统是由许多管网、配件、设施等组成的,是一个不可分割的整体,在各个用户、系统进行检修或抢修过程中,特别是停机过程中,均由能源中心相关人员进行跟踪处理,直至检修完毕。

(5)总体规划。分步实施。建设能源中心是对非新建企业内部进行重新规划的良好契机,因大多数企业在建设之初对细节等没有统一规划,未实行标准化管理。要实现 EMS 的功能,就要进行更新改造,同时存在改造与生产的矛盾,以及资金一次投入与改造量的矛盾。就需要按照先进的 EMS 的经验,选择标杆企业,结合企业实际进行总体规划、分步实施。

(6)转变观念。解放思想。EMS 严格地说应该是生产能源管控中心,对于企业是新生事物。要求管理理念要现代化,变革组织机构,实现扁平化、集中一贯制的管理制度。提拔选拔专业人员、技术人员、管理人员是建设 EMS 过程中的关键问题。人员合理配置的同时,部门职能也要明晰、准确。通过管理人员及技术人员不断进行内、外部的沟通和学习,实现一职多能。建立优秀的专业团队,吸纳具有较高专业水准的技术人员不仅是企业的需要,也是搞好能源监控、实行能源管理的根本。

管理者尤其是高层管理者观念的转变是建设好 EMS 的关键要素,也是利益再分配的关键控制源头。建设好能源中心还要树立部门利益服从公司利益、个人利益服从全局利益的观念,上下一心才是建设好 EMS 的根本。

建立 EMS 是体制上、流程上的变革,管理理念与水平的提升,涉及全方位管理,应站在全局观摩以获得最终的成功。需要一个由主要领导支持与鼓励的模式,并形成多部门通力协作的良好氛围。

(7)建立强大的能源数据库。强大、准确的能源数据库是支持 EMS 的数据根本,使建立的能源管理模型更贴近生产实际,实现智能化、自动化、科学化,利于在线分析与离线分析。建立能源、生产等报表分析需求，使能源统计分析计算机化，减少统计人员工作量，提高报表的准确性、实时性，利于管理者更好地监控生产过程中能源数量消耗，从而将本企业与其他企业进行横、纵向对比，提高自身的能源利用率，也是提高自身管理的最佳捷径。

（8）建立完善的薪酬绩效管理体系。EMS 的建成势必造成人员的减少、责任的加重，如何合理地进行薪酬分配是管理的基石，是提高人员积极性的魅力法宝。因此就势建立一套适应管理需要的薪酬绩效管理体系，以带动全员的生产、技术积极性，从而在管理上提高生产率，为企业发展打下坚实的管理基础。

（9）实行招投标管理。EMS 建设资金量大，设备采购量大、型号各异，参与的供应商较多，技术质量的控制、资金量的控制以及系统软件与各系统的兼容与衔接至关重要。需要建立完善的招投标管理，充分发挥专业技术人员的力量，制定符合能源建设技术要求的技术文件，是控制质量的关键。同时实行"招标比价原则"，即同等质量比价格，同等价格比服务，同等服务比业绩。形成一整套完善的招投标文件、流程控制系统，是成功的关键之一。

总之，选准先进企业做标杆，是建设 EMS 的基础。高层管理者观念的转变、组织机构的再造、全局观念的树立是建设 EMS 的关键。建立健全管理制度与扁平化管理、集中一贯制的实行，切实保证培训效果、提高人员整体素质，各专业各部门良好的协作是建设 EMS 的保障。实行科学合理的招投标，施工监理制是控制建设质量、设备采购质量、资金合理使用的重要控制手段之一。优先建好能源管理控制与生产指挥管控，逐步实现环境保护控制、设备管理控制，达到"四调合一"的最高管理境界。

5.2.2　主要监控技术和监控能源品种

钢铁行业使用的能源品种主要有一般烟煤、洗精煤、焦炭、天然气、柴油、热力、电力等。由于钢铁行业能耗量巨大，节能工作的地位也显得极为突出。在无能源监控平台的情况下，一般会存在以下问题：

（1）现场数据传输的实时性不强，无法看到企业内部能量的实时变化，这样也就无法根据现场的生产情况及时调整能量的应用。

（2）能量数据的采集使用人工方式进行，虽然能够在一定程度了解全公司整体的用能信息，但由于采样点较少，易造成统计误差，同时也不易及时统计全单位能量消耗情况。

（3）目前所采用巡视方式采集数据和检查设备，不易及时了解现场设备的运转状态，即使某台设备出现故障，也很难确切知道到底是什么时间出现了故障，这为改善工作带来一定的困难。

（4）进行实时能量数据的采集，可以有效地分配现场生产，充分利用电力供应的峰谷时间,合理有效地使用能量。

目前,主要的监控技术还是搭建可视化平台。通过企业网把所有服务器上的数据进行互相的连接通信,然后传输到网络上任意的能耗管理点上,再通过节能可视化软件系统反映到计算机中。

5.2.2.1 网络系统构架

节能可视化平台系统是针对企业的煤、煤气、焦炭、天然气、柴油、热力、电力等能耗量进行实时测量,并把这些测量数据通过节能数据收集服务器(Eco Web Server)上传到企业网,通过企业网把实时的能耗数据显示在任何一个网络结点上,同时配合可视化综合管理软件,使得能耗可以被随时监视。

企业节能可视化平台信息层网络主要由位于各个区域的 PLC 总站和位于技术中心机房的主服务器构成,各个总站通过企业原有的以太网网络与主服务器进行互联。系统一般分为以下五层:

(1)现场计测层。由现场仪表组成,包括多功能电能测量仪、热电偶及相应模块、流量计等。

(2)现场控制层。由分站可编程控制系统组成,负责采集、转换、上传能耗数据。

(3)本地信息层。由高速光纤网络构成,通过 CC‑Link IE 现场总线或企业以太网将现场数据传输至总站的高性能 PLC 可编程控制系统。

(4)总站控制层。由高性能 PLC 可编程控制系统和节能数据收集服务器组成,负责整合总站下各分站的现场计测数据,并在节能数据收集服务器中做安全备份,同时通过控制层中的 MES 接口向主服务器发送能耗数据。

(5)远程信息层。由主服务器和高速光纤网络传输系统(企业以太网)组成,负责企业能耗数据的存储、备份和历史追溯,是可视化节能系统的核心部分。

5.2.2.2 节能可视化软件

节能可视化软件系统分为服务器和客户端两个部分,主要功能是:数据采集功能、计算功能、显示功能、传送功能、监测功能、报表输出功能及系统配置功能。在服务器端,主要负责数据采集功能、计算功能、监测功能、报表输出功能、传送功能、预测报警功能和系统配置功能。在客户端,主要负责显示功能、文件下载功能、打印功能和维护功能等。

1)实时用能信息监视

(1)能耗监测按照用能区域和用能设备分为若干页面模块,可自由选择进入查看实时数据。

(2)进入某个用能区域或用能设备后,在区域画面上实时显示该区域耗能设备的相关数值并定期刷新一次。

(3)可选择同时在画面中显示多个用能点的用能情况,作为比较。

（4）对于某些无法自动获取数据的区域，提供手动输入数据功能，并录入可视化系统中。

2）历史用能信息查询

（1）历史用能数据画面按照用能区域和用能设备划分，可点击进入。

（2）画面与实时显示数据类似，但增加历史曲线比较，可模拟曲线及柱状图。

（3）可比较同一用能点不同小时的用能数据以及不同用能点同一时间的用能数据。

（4）查询包括电压、电流、电能、功率、压力、汽量、水量、煤量、用电率、报警在内的各种历史数据。

3）用能数据日报表、月报表

每天指定时间，可以通过可视化系统中的按钮生成日报表，根据日报数据每月最后一日生成月报表。

4）预警和报警功能

可设置用能点的预警门限和报警门限，达到预警门限后，系统会发送预警信号 E-mail 给相关管理者，提醒用户进行检查；达到报警门限后，系统会发送报警 E-mail 给管理者，再次提醒用户进行检查（图 5-1）。

预警、报警事件会保存在历史数据中，可查看和打印报警事件具体的年、月、日、时、分。

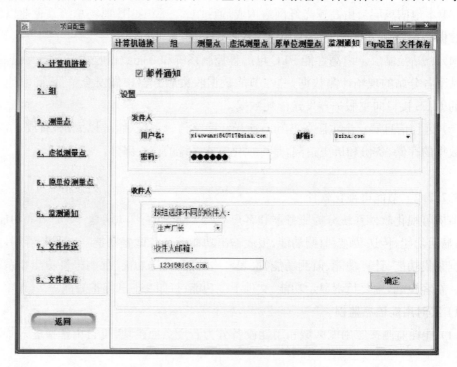

图 5-1　预警和报警功能

5）现场控制设备

在可视化节能平台建立的基础上，上层平台可以对现场能源利用情况进行掌控，并通过原单位管理等一系列能源管理体系进行全厂能耗的综合利用,并有效实现管理节能。

根据有效的节能管理体系,现场除需要实现对能源的考核,还需实现在全厂范围进行人员的考核,以实现事先设定的节能目标。现场控制设备能实现以下功能:

(1) 现场实时用能情况的显示。在上层平台掌握用能情况的基础上,该功能还可以使现场工作人员及时掌握整个生产过程的用能状况,并根据当前能耗及时调整生产,从源头实现有效节能。

(2) 生产管理系统。

① 工艺流程状态控制:根据不同的操作权限,赋予现场操作人员相应的权限,在现场实时掌握工艺流程的进行状况,并结合能量控制及时调整。

② 加工量的实时控制:在现场实现产品加工量的实时显示,同时,允许现场操作人员输入当班的预计加工量,同时由自动化系统统计现场实际加工量,在以上数据的基础上,操作人员可以预先根据预计加工量估算单位产品的能耗,并与实际单位产品能耗进行比较,以便及时对生产进行调整和改善,并由现场提供有效节能的依据。

③ 产品合格率的实时控制:通过布置在现场的现场控制设备,操作人员可以根据预先设定的产品参数与实际生产产品的参数进行及时比对,以便及时了解产品合格状况,并及时做出调整,同时,也有助于当班人员及时了解有效的能源消耗情况(合格产品所消耗的能源)。

(3) 产品能源的综合考核。该功能可以实现现场操作人员根据相应的权限录入个人当班情况的信息,如产品的规格、加工量、加工时间,操作人员的当班时间及现场异常情况等,管理层和现场人员均可根据以上信息了解现场生产的状况,并对产品的生产进行综合评估。

同时,对于非批量生产的零件,也可以根据当班人员录入的产品规格(如尺寸、形状、重量、原材料等)、加工时间和加工状态(如炉温、炉压)等一系列信息,对其进行综合考核,为计算原单位能耗提供有力依据。

(4) 生产计划的综合规划。现场控制设备可以通过数据库系统在现场显示由生产计划部门制定的生产计划,这使得现场操作人员可以根据权限随时了解当前的生产任务,并在当班结束时向系统录入实际的生产情况,以便于生产计划部门进行生产计划的综合规划,同时,动能公司也可以根据生产计划的综合规划实时分析能源的需求,以便及时调整能源的生产和供给。

(5) 异常情况的报警和反应。现场控制设备可以根据生产计划和对电力、煤气、氧气等能源消耗的监测判断现场生产的异常状况,对其做出报警,并及时将该状况向管理层反映。

(6) 现场生产和管理层的无缝沟通。现场控制设备可以通过分布于生产现场的各种工业网络接口(CC-Link、CC-Link IE、以太网等)和实施数据库系统,实现与管理层的无缝沟通,使管理层可以实时了解生产现场的生产情况,包括产品的加工量、产品的加工工艺、生产部门的生产计划以及现场能源的实际使用情况。

现场控制设备的配置使得管理层可以通过现代化的通信手段,实时不间断了解现场的生产计划和实际生产情况,以便及时对生产做出调整,同时,也能够及时掌握生产的异常情况,并实施应急措施。

5.2.3　钢铁行业能源管理中心主要功能介绍

以系统应用架构图或功能结构图为基础,系统介绍钢铁行业能源管理中心在实时数据采集、安全监控、性能分析及优化、运行考核、能源综合管理、能效对标等主要功能方面的介绍。

能源管理中心建成后应实现在线能源动力系统运行管理、基础能源管理、专业系统管理等功能。

1) 在线能源动力系统运行管理功能

(1) 能源信息管理,实现能源数据的采集与基本处理、能源系统的监控与调整、能源信息的归档和管理、能源地理信息管理、能源多媒体管理等功能。

(2) 能源系统故障管理,实现能源系统事件及记录、工艺与设备故障的报警与分析、供配电、供水、供热、供燃气等专业安全管理功能。

(3) 综合平衡管理,实现电力负荷预测及负荷管理、燃气负荷预测及平衡管理、多介质综合平衡及调度等功能。

2) 基础能源管理功能

(1) 能源计划与实绩管理,实现按照企业生产计划及历史数据编制能源供需计划,指导能源系统按照供需计划组织生产,向主生产线提供所需能源;对各能源介质实际发生量、使用量、放散量等数据进行采集、抽取和整理,取得能源生产运行的实际数据,用于反映各种能源介质生产、分配和使用情况,并对相关能源消耗指标进行管理和分析。

(2) 能源分析管理,能够利用数据分析技术,对历史能源数据进行分析,并根据公司生产与设备运行安排,实现能源供需、能耗实绩与计划的比较分析、能源技术经济指标分析等,用以指导企业能源管理工作,提高公司能源管理水平和能效,包括能源供需计划分析、能源供需实绩分析、吨钢综合能耗分析、对标分析等。

(3) 能源质量管理,能够对水、煤气等能源介质的质量指标进行监测管理,编制各类能源质量报表,同时对各类指标进行跟踪监控和趋势分析,避免质量事故。

(4) 能源运行支持管理,以能源调度日常运行管理的数字化为目标,通过对涉及运行安全、经济运行等事务的管理,提升运行管理和安全水平,实现供能的稳定和安全。

3) 专业系统管理功能

(1) 故障及应急联动管理,实现由异常、故障或其他条件触发的预案处理、应急联动及基于组态技术的预案生成和管理。

(2) 一体化安全管理,在监控及管理系统中设计并实现能够满足集中安全管理的专业安全管理模式,包括授权、接入管理等。

（3）专业电力系统应用功能,根据不同企业的需求,专门为供配电系统设计有关电力专业的应用子系统,包括潮流计算、短路计算等功能。

5.3 石化行业能源管理中心

5.3.1 石化行业能源管理中心概况

1) 石化行业建设能源管理中心的必要性

石油和化工行业是国民经济的基础产业和支柱产业。据统计,2013年我国石油和化工行业能耗量超过5亿t标准煤,仅次于钢铁行业,约占全国能耗总量的13%。"十一五"以来,石油和化工行业大力推进节能降耗工作,取得了显著效果。与2005年相比,主要单位产品综合能耗普遍下降,2013年原油加工、乙烯、合成氨、电石、30%离子膜烧碱和纯碱的单位产品生产综合能耗分别累计下降了32.3%、16.1%、15.2%、12.9%、30.5%和31.3%,行业万元工业增加值能耗下降46.9%。但受技术水平、工艺装备和管理水平等因素影响,目前行业平均能效水平与先进国家相比还有一定差距,特别是利用智能化、信息化等"两化融合"手段促进节能降耗方面还有很大改进空间。2009年以来,石油和化工行业组织开展了一批能源管理中心建设示范项目,以"两化"深度融合手段推动行业节能降耗,实践证明,通过能源管理中心建设,企业综合能耗降幅可达2%以上,提升了企业能源利用效率和管理水平。为在石油和化工行业进一步推广能源管理中心,在总结示范基础上,制定石油和化工行业企业能源管理中心建设实施方案。

2) 基本要求

考虑到石油和化工行业企业类型多、基础条件差异大,为保证实施效果,企业应满足以下基本要求:

（1）主要生产工艺及设施应符合国家产业政策。

（2）炼油、乙烯、化肥、甲醇企业年综合能源消费量不低于30万t标准煤;氯碱、电石、纯碱、涂料、无机盐、橡胶企业年综合能源消费量不低于20万t标准煤;其他化工企业和化学工业园区年综合能源消费量不低于50万t标准煤。

（3）企业应具备一定的自动化和信息化条件,或经适应性改造后能满足企业能源管理中心建设要求。

（4）企业应具备完善的财务监管制度,并确保在能源管理中心项目实施过程中对资金使用进行有效监管。

5.3.2　石化行业能源管理中心主要功能介绍

5.3.2.1　通用建设内容

1）能源计量体系

按照 GB/T 24851—2010《建筑材料行业能源计量器具配备和管理要求》要求配备企业能源计量仪表,企业一级（集团）、二级（分厂）、三级（车间）能源计量仪表配备率基本达到 100%,有条件的企业配备四级（重要耗能装置或设备）能源计量仪表,并将不具备数据采集接口的机械表更换为智能仪表。完善能源计量体系,保证其具有完整性、冗余性、可靠性和可集成性。实现主要能源介质（煤、电、蒸汽、水、燃料气、氮气等）的准确计量,对能源生产和消耗量的统计应细化到分厂和车间,实现对车间或班组考核的能源精细化管理。

2）能源数据采集网络

根据能源管理中心的功能需求,开展能源计量仪表（含新增、改造及已有仪表）现场数据采集系统的适应性接入改造,基于已有自动化系统（DCS、PLC 及电力综保系统等）,完善现场数据采集网络和工业主干网络,在满足安全性和隔离性技术要求下,实现能源计量数据、能源系统操作和质量数据、关键生产数据统一采集到能源管理中心。

3）能源管理中心基础平台

能源管控调度指挥中心应包括控制室工程、机房工程、弱电智能化工程、大屏幕工程、视频及通信工程等基础系统。

4）能源集中监控平台

基于实时数据库和监控图组态系统,建设能源综合监控系统,实现对各级（集团、分厂、车间、重要耗能设备）多种能源介质（煤、电、蒸汽、水、燃料气、氮气等）产、存、耗全过程的实时监控,掌握其历史和实时趋势。实时记录能源系统事件,实时掌握能源使用消耗情况,实现对各类产能、供能和用能过程及设备的实时监控、异常报警和分析管理。对重点耗能设备（变压器、锅炉、加热炉、汽机、风机、空压机、泵等）进行能效实时计算与监控,实时监控与优化设备的能源利用率,设备运行与生产负荷之间的匹配度。通过综合监控系统,建设集团、分厂、车间、重要耗能设备四级能源监控系统。

5）能源闭环管理平台

基于综合集成平台和能源管理系统,建设集团、分厂、车间和班组四级能源管理体系,实现从能源计划、实绩、调度、运行到统计分析、考核的全方位闭环管理,逐级追溯至班组,实现精细化管理。能源管理系统应包括能源计划与实绩管理、能源调度运行管理（调度日志、异常监察、停服役、运行方式变更、事故、应急预案管理等）、能源统计分析（同比、环比、对标、成本、关联分析等）、能源考核管理、能源计量结算管理、能源计量器具管理、能源质量管理、能源报表管理等功能模块。

6）能源平衡与优化调度平台

建立能源介质产耗预测模型，准确掌握主要能源介质（电、蒸汽、燃料气等）未来产耗平衡变化趋势，为事前调度提供预测数据；建立能源介质管网（蒸汽、燃料气管网等）模拟模型，提高对管网的监控力度，及时掌握调度指令对管网的影响程度，及时提供优化的管网调度方案，准确掌握管网内部细节信息，有效评估管网设计合理性；以能源成本最低和放散最少为目标，基于能源介质产耗预测数据和管网模拟结果，建立多能源介质协同优化调度模型，在线、实时提供准确的能源系统优化调度方案。

7）高耗能装置或设备的节能优化控制系统

基于多变量预测控制和先进控制技术，实现锅炉、精馏塔等高耗能设备的优化控制，提高设备运行平稳性和工艺参数控制精度，降低能耗。根据企业能源管理需求，对重点耗能单元、设备和相关生产工艺进行必要的节能技术改造。

5.3.2.2　专项建设内容

1）炼油和乙烯企业专项建设内容

建设炼油和乙烯装置能源产耗预测与优化调度系统。针对炼化企业关键能源介质，如瓦斯、蒸汽、电和冷媒等，建立产耗预测模型、管网模拟模型和优化调度模型，并开发预测和优化调度系统，在保证生产和能源系统安全稳定运行的前提下，实现事前优化调度。建设重点耗能单元、设备节能优化控制系统。采用多变量预测控制技术，针对加热炉、裂解炉、压缩机组、分馏系统和精馏塔等建设节能优化控制系统，提高单元、设备和系统运行的平稳性和工艺参数控制精度，实现节能增效。

2）化肥和甲醇企业专项建设内容

建设电力与蒸汽系统优化调度系统。对有自备电厂的化肥和甲醇企业，建设热电联产多机组电力、蒸汽负荷动态优化调度模型，实现多台锅炉和机组发电产汽负荷与下游用电用汽设备的优化匹配，提高锅炉和机组整体能源利用效率，降低锅炉煤耗。建设多台耗能设备负荷优化分配系统。建立多台气化炉、换热器、循环水泵等的能效实时计算模型和负荷分配模型，实现多台气化炉、换热器、循环水泵等负荷的优化，提高多台耗能设备的整体效率，使其能源消耗与生产负荷相匹配，降低能源消耗。建设重点耗能工序能耗评估系统。根据企业具体生产工艺流程，重点针对气化（转化）、CO 变换、脱硫、脱碳、合成、萃取、分离、干燥等耗能工序进行能耗评估和分析，实时掌握各工序能源平衡和能效变化趋势。建设重点耗能单元、设备节能优化控制系统。在能源管理中心平台的支撑下，采用多变量预测控制技术，对锅炉、气化炉、转化炉、合成塔和精馏塔等建设节能优化控制系统，提高这些单元、设备和系统运行的平稳性和工艺参数控制精度，实现节能增效。

3）氯碱和电石企业专项建设内容

建设电力与蒸汽系统优化调度系统。对有自备电厂的氯碱和电石企业，建设热电联产多机组电力、蒸汽负荷动态优化调度模型,实现多台锅炉和机组发电产汽负荷与下游用电用汽设备的优化匹配,提高锅炉和机组整体能源利用效率,降低锅炉煤耗。建设多台耗能设备负荷优化分配系统。建立多台电解槽、电石炉、换热器、循环水泵等的能效实时计算模型和负荷分配模型,实现多台电解槽、电石炉、换热器、循环水泵等负荷的优化,提高多台耗能设备的整体效率,使其能源消耗与生产负荷相匹配,降低能源消耗。建设重点耗能单元、设备节能优化控制系统。采用多变量预测控制技术,对锅炉、电石炉、电解槽、精馏塔等建设节能优化控制系统,提高这些单元、设备和系统运行的平稳性和工艺参数控制精度,取得节能增效效果。建设和优化电石炉、电解槽电气控制系统、电极压放控制系统。针对电石炉、电解槽电力消耗特点,结合企业运行情况,对电石炉、电解槽电气控制进行优化。采用无功补偿控制技术减少电炉和电解槽电耗。

4) 纯碱企业专项建设内容

建设电力与蒸汽系统优化调度系统。对有自备电厂的纯碱企业,建设热电联产多机组电力、蒸汽负荷动态优化调度模型,实现多台锅炉和机组发电产汽负荷与下游用电用汽设备的优化匹配,提高锅炉和机组整体能源利用效率,降低锅炉煤耗。建设多台耗能设备负荷优化分配系统。建立多台炉窑、压缩机、换热器、循环水泵等的能效实时计算模型和负荷分配模型,实现多台炉窑、压缩机、换热器、循环水泵等负荷的优化,提高多台耗能设备的整体效率,使其能源消耗与生产负荷相匹配,降低能源消耗。建设重点耗能单元、设备节能优化控制系统。采用多变量预测控制技术,氨碱企业重点针对石灰窑、重碱煅烧炉、蒸氨塔、CO_2 压缩机,联碱企业重点针对重碱煅烧炉、CO_2 压缩机、结晶器、冰机、淡液蒸馏塔,建设节能优化控制系统,提高这些单元、设备和系统运行的平稳性和工艺参数控制精度,实现节能增效。建设重点耗能工序能耗评估系统。氨碱企业重点针对石灰、盐水、碳化、过滤、蒸吸、煅烧和压缩工序,联碱企业重点针对结晶、吸氨、碳化、过滤、煅烧、压缩和蒸馏工序,完善各工序的能源测量仪表网络,进行各工序能耗评估和分析,实时掌握各工序能源平衡和能效变化趋势。

5.3.2.3　建设要求

石油和化工企业能源管理中心相关软硬件建设应达到以下要求:

1) 能源管理中心计算机及网络建设

服务器、中央网络交换机等关键设备应采用冗余配置;数据存储设备如实时数据库服务器、关系数据库服务器可配置磁盘阵列;中央交换机应采用千兆交换机。现场工业网络应独立设置,专网专用。可采用环网加上星形设计;环网交换机应配置 UPS 电源,UPS 电源应满足 1 h 应急供电。

2) 软件平台

监控平台(SCADA)、实时数据库、关系数据库、操作系统软件应采用通用产品;应用软件功能应满足二次开发要求。

3）主控大厅

应合理设置各专业工位,显示系统应显示动力、电力、水、环保等信息,满足日常调度及事故处理的需要。机房的供电系统、消防系统、综合布线、通信系统等均应满足生产运行以及安全的相关要求。

4）计量仪表的设置

计量应符合《用能单位能源计量器具配备和管理通则》要求,应对气体计量进行必要的温度、压力、密度补正。

5）重点能源动力站所

应设置操作场所的权限,用于区分现场和能源管理中心的操作;现场工控网络和能源管理中心网络进行物理隔离。

6）工艺信号采集

工艺信号应包括能源发生、使用设备的运行状态参数等,可通过 I/O 方式、PLC/DCS系统通信方式采集。

7）数据及信息安全

应包含网络安全、服务器安全、数据安全、软件安全、制度安全等相关内容,应采取相应的安全措施达到安全要求。

8）现场设备运行

现场自动化系统应满足远程监控或无人值守要求,主要动力设施运行稳定可靠并满足安全保护和自动化水平要求;根据远程监控或无人值守的站所有关设备的机械、电气和控制特征,选择信息采集点,确保信息完整性;现场自动化系统或电气仪表设备应具备向能源管理中心系统传输各类信息和数据的能力,并保证数据传输可靠性。

9）能源管理中心的运行管理

能源管理中心的建设、运行和管理应上升到企业的决策层高度,能源管理中心应具有完善的管理、运行、人员培训制度。

5.4 金属加工行业能源管理中心

5.4.1 金属加工行业能源管理中心概况

1）有色金属企业建设能源管理中心的必要性

有色金属行业是国民经济重要基础产业,也是节能减排的重点领域。2012 年我国十种有色金属产量达到 3 697 万 t,年能源消耗量约 1.6 亿 t 标准煤,约占全国能源消耗总量的4.3%。"十二五"以来,有色金属行业通过淘汰落后产能和技术改造,节能降耗工作效果显著,单位产品能耗持续下降,万元工业增加值能耗从 2010 年的 1.74 t 标准煤/万元降低到 2012 年的 1.56 t 标准煤/万元,下降 10.1%。但与国际先进水平相比,我国有色金属行业整体能效水平还有一定差距,特别是利用智能化、信息化等"两化融合"手段提高企业能源管理水平、促进节能降耗方面还有很大提升空间。实践证明,能源管理中心的建设提高了有色金属企业能源管理水平和能源利用效率,取得了良好的示范效应,积累了宝贵的经验。为了进一步加强有色金属行业能源管理中心建设,制定了有色金属行业能源管理中心建设实施方案,明确行业能源管理中心建设的基本要求、建设内容、验收标准等事项,旨在推动能源管理中心在有色金属行业的推广普及。

2) 基本要求

考虑到有色金属行业企业类型多,信息化、自动化水平差异大,为保证本方案实施效果,参与企业应满足以下条件:

(1) 主要生产工艺及设施应符合国家产业政策。

(2) 氧化铝企业年综合能源消费量不低于 60 万 t 标准煤;电解铝企业年综合能源消费量不低于 50 万 t 标准煤;铜冶炼企业、铅锌冶炼企业年综合能源消费量不低于 10 万 t 标准煤;其他有色金属企业年综合能源消费量不低于 5 万 t 标准煤。

(3) 企业具备一定的自动化和信息化条件,或经适应性改造后能满足能源管理中心建设要求。

(4) 企业具备完善的财务监管制度,并确保在能源管理中心项目实施过程中对资金使用进行有效监管。

5.4.2　金属行业能源管理中心主要功能介绍

5.4.2.1　建设内容和预期功能

1) 通用建设内容

(1) 能源计量系统。对重点用能设备加装或改造能源计量器具,完善企业一级、二级、三级能源计量仪表,计量器具配备率和准确度等级达到《用能单位能源计量器具配备和管理通则》的要求。

(2) 能源数据采集网络。按照企业能源管理中心建设需求,开展能源计量仪表(含原有、新增及改造仪表)现场数据采集系统适应性接入改造;基于已有自动化系统(DCS、PLC 及电力综保系统等),完善现场数据采集网络和工业主干网络。

(3) 能源管理调度中心。建设能源调度指挥中心的基础设施平台,主要包括控制室工程、机房工程、弱电智能化工程、视频及通信工程等。

(4) 能源综合监控系统。基于实时数据库和监控图组态系统,建设能源综合监控系统,主要包括过程监控系统软硬件平台、调度中心监控软件、在线调度工具等。

(5) 基础能源管理系统。基于数据采集和综合监控系统,建设基础能源管理系统,主要包括以下功能模块：能源计划与实绩管理、能效分析与评价、能源生产运行管理、能源质量管理、能耗定额管理、能源计量器具管理、能源报表管理等。

（6）能源预测与优化调度系统。基于生产计划数据与能源供需历史数据，运用先进能源预测模型技术，实现主要能源介质的短周期与长周期预测；基于能源供需预测结果，建立能源优化调度模型，实时提供主要能源介质的优化调度方案。

（7）关键用能设备节能优化控制系统。基于多变量预测控制和先进控制技术，实现锅炉、熔炼炉、吹炼炉、精炼炉、焙烧炉、电解槽等关键用能设备的优化控制。

（8）配套管理体系。企业能源管理中心配套管理模式和机制建设是相对于硬件设施建设的软件建设，其关键是在明确企业能源管理中心定位基础上，把硬件设施建设和配套能源管理体制建设有机结合起来，做到同步规划、同步建设，使企业能源管理中心发挥出最佳效果。应设立能源管理岗位，聘任能源管理负责人，并加强对能源管理负责人的节能培训。

2）专项建设内容

（1）电解铝企业专项建设内容。

① 铝电解节能专家系统。该系统通过实时采集铝电解过程中电解工序、出铝工序、换极工序、母线提升工序等生产环节的工艺操作参数与能耗数据，构建适用的数据多维模型，挖掘生产工艺参数（生产负荷、氟化铝加料量、氧化铝浓度等）与能耗之间的关系及潜在规律，形成专家知识库，对电解槽焙烧启动与正常生产进行指导，优化不同工况下的操作参数，实现电解槽稳定高效生产，提高整个电解过程的电流效率。

② 铝电解槽槽况多维分析模型。通过在线采集或离线输入的方式，获取影响电解槽电流效率的相关参数（包括槽电压、电解温度、铝水平、电解质水平、分子比、氧化铝浓度、出铝量、氟化铝加料量等），应用主因素/多因素分析技术与数据挖掘技术，从多个角度、全方位分析和预报电解槽槽况，从而预防和消除异常槽况，减少额外能源消耗，实现电解槽高效节能运行。

（2）氧化铝企业专项建设内容。

① 原料磨精益控制系统。在氧化铝生产过程中，原料磨先进控制适用于烧结法和拜耳法工艺，通过采集和优化各项参数，尽可能地提升研磨效率、保证原矿浆的密度。系统主要通过监控原料磨的功率、进料量、矿石品质、研磨粒度大小以及出料口料浆密度等参数，计算原料磨实时效率，操纵变量入磨矿速度和入磨的溶液量，从而优化磨机进料比例，减少石灰用量等指标，增加 $CaCO_3$ 的利用效率。

② 溶出先进控制系统。在氧化铝生产过程中，烧结法与拜耳法的溶出工艺存在差异。以最常见的拜耳法工艺为例，系统主要通过监控和采集苛性比（α_k）、溶出温度、溶出率、溶出槽碱含量等指标数据，利用先进控制器根据软仪表模型实时预测计算出的 α_k 数值来调整原矿浆的进料速率，同时通过化验结果不断在线修正软仪表模型，调整溶出系统原料浆流量、母液流量和蒸汽流量，保持系统处于最佳苛性比值和溶出温度，实现最佳耗能效率。

③ 分解先进控制系统。以分解工段的主要环节之一蒸发为例，蒸发先进控制适用于烧

结法和拜耳法氧化铝生产工艺。在蒸汽流量自动控制基础上,主要监控多组蒸发器的温度,分析原液流量和蒸汽流量,实现蒸发器的温度优化控制,优化恢复碱混合系统的流量控制、母液碱浓度控制等指标,实现各项能源的最优利用。

④ 母液循环优化控制系统。氧化铝生产流程中,各个环节添加的水量最终都进入母液,母液的储量很大。在日常生产中,各个工段都是根据控制需要添加水和碱液,发现母液量不平衡时,由调度人员协调各个生产环节来平衡母液。母液循环优化控制的目的是在一定范围内协调各个工段对母液的贡献,优化器根据母液存量和苛性比协调其底层的各个工段,优化整个大循环中母液的存量和苛性比。

⑤ 焙烧先进控制系统。焙烧工序的能源控制系统适用于所有氧化铝生产工艺。通过监控和采集焙烧炉的烟气氧含量及焙烧温度,调整燃料流量、进风量、氢氧化铝进料量等指标,提高燃烧效率,在保证氢氧化铝焙烧质量前提下降低焙烧炉能耗。

(3) 铜、铅冶炼企业专项建设内容。

① 铜、铅冶炼过程氧气优化调度系统。该系统针对铜冶炼过程中制氧、储氧、供氧与用氧特点,实现基于生产计划、检修计划的氧气供需智能预测,以氧气放散量最小或整个氧气系统经济效益最大为目标实现氧气优化调度。

② 铜、铅熔炼过程节能优化控制系统。该系统针对铜、铅熔炼过程中闪速炉(或艾萨炉、底吹炉、侧吹炉)、余热锅炉、供配料系统的生产与能源利用特点,实现生产与能源在线优化控制与管控一体化。

(4) 锌冶炼企业专项建设内容。

① 焙烧节能优化控制系统。该系统针对锌精矿焙烧过程的生产与能源利用特点,采集关键工艺参数与能源数据,建立整个焙烧过程的优化控制模型;通过模型应用,实现锌精矿质量、给料量、焙烧炉温度、鼓风量、压力及余热锅炉的优化控制,保证整个焙烧过程节能高效。

② 锌电解节能优化控制系统。该系统基于实时采集的锌电解过程工艺与操作参数,构建适用的锌电解节能优化控制模型,实时优化关键操作参数,提高锌电解过程电流效率。

3) 预期功能

(1) 通过建设完善的能源计量系统,实现能耗数据的数字化读取及传输,使能源计量体系具有完整性、冗余性、可靠性和可集成性,解决现场能源计量数据的客观性和准确性问题,实现主要能源介质(固体燃料、电、蒸汽、水、燃料气、氮气、氧气等)的准确计量,满足企业能源管理中心的运行要求。

(2) 在满足安全性和隔离性技术要求的条件下,通过完善能源数据采集网络,实现能源计量数据、能源系统操作和质量数据、关键生产数据、用能装置和设备运转参数集中采集到能源管理中心。

(3) 能源综合监控系统主要实现对企业各级(分厂、车间、重要耗能设备)各种能源介质生产、存储、消耗、回收全过程的实时监控,掌握其历史和实时趋势,实时记录能源系统事件,动态掌握能源使用消耗情况,实现对各类产能、供能和用能过程及设备的实时监视、远程控制、异常报警和分析管理,确保能源系统稳定运行。

(4) 通过建设关键用能设备的节能优化控制系统,提高关键用能设备的运行平稳性,实时优化关键工艺参数,提高能源利用效率。

5.4.2.2　建设要求

1) 数据采集

(1) 数据采集要满足能源的外购、生产、输配、消耗等环节的计量要求,同时要满足设备或工艺装置运行监视以及能源平衡调度和预测的要求。

(2) 能源数据的采集和存储要独立,信息采集点数量要与管理模式相适应。

(3) 对一级、二级能源计量需要设置独立的数据采集站;三级、四级能源计量数据可设置独立的数据采集站,也可以从现有系统(如控制系统、MES)中通信获取。

2) 现场运行设备

(1) 建立以远程监控为基础的集中管控模式,提升系统的实时调控能力及处理异常的能力,从而有效发挥优化调整的节能潜力。

(2) 现场自动化系统须具备远程监控的条件,主要动力设施(如变电站开关、调节阀门、电控设备等)运行稳定可靠,达到基本的安全条件及自动化水平。

(3) 现场自动化系统或电气、仪表设备具备较为完善的向能源管控信息系统传输各类信号的能力,性能良好。

(4) 实现远程监控的现场站向能源管控信息系统传送的信息可靠稳定,应按照现场装置的实际情况,确保信息完整性,并按照有关设备的机械、电气和控制特征,选择采集的信息点。

(5) 充分考虑远程监控站点和设备的特点,确保将涉及设备和系统安全的监测点传输到信息系统,如电气设备的温度信息、旋转设备的振动信息、燃气场所的 CO 浓度信息、火警信息、水位信息等。

3) 能源管理中心大厅建设

(1) 大厅应配置来自不同变电站的两路独立电源;控制中心机房和控制室的 UPS 应满足连续供电 2 h 的能力。

(2) 配置至少两套独立的交换机(如一套行政电话、一套指令电话)。

(3) 控制中心应采用综合布线系统,确保各类线缆的合理安排和布置。

(4) 控制中心应设置防雷和屏蔽接地系统。

4) 软硬件环境

(1) 采用主流厂商的高质量硬件产品,尤其是服务器、网络交换机、PLC 等。

(2) 控制网络必须采用工业级交换机。

(3) 监控软件应采用 SCADA 软件,不宜采用 DCS 软件。

5) 数据及信息安全

(1) 与企业 ERP、MES 等其他信息化系统连接或 Web 发布时,必须通过防火墙进行数据及信息安全隔离。

（2）与现场的工控网络或 SCADA、DCS、PCS、PLC 等工业控制系统连接时，应采取设置防火墙、单向隔离、协议过滤或工业协议转换网关等措施加以保护。

（3）对无线组网应采取严格的身份认证、安全监测等防护措施。

（4）建立控制服务器设备安全配置和审计制度，严格账户管理、口令管理。

（5）对关系数据库数据进行定期备份。

（6）对实时数据库、关系数据库数据采取访问权限控制等措施加以保护。

（7）制定信息安全应急预案，明确应急处置流程和临机处置权限。

（8）严格控制移动存储介质的使用，对接入网络中的计算机要采取 MAC 地址绑定等安全措施。

5.5　电力行业能源管理中心

5.5.1　电力行业能源管理中心概况

当前，我国电力企业因煤炭价格上涨呈现出行业性经营下滑，此时抓好企业技术管理与生产精细化管理不但关乎电力企业持续健康发展，也是能耗大户履行节能减排社会责任的体现。

如何强化电力企业的精确化管理？建立电力企业能源管理中心系统是最佳解决方案。建立电力企业能源管理中心系统，可以为企业找到一个成熟、有效、便捷的能源整体管理解决方案，建立一套先进、可靠、安全的能源系统运行、操作和管理平台，从而提高能源系统的运行、管理效率，并实现安全稳定、经济平衡、优质环保的基本目标。

建立电力企业能源管理中心是一项全面系统的能源管理提升工程，主要包括现场数据采集系统建设、现场控制系统改造、信息管理系统建设三部分。

（1）现场数据采集系统建设。完善现场数据采集系统，但注意要针对不同能源介质和计量方式，采用不同方式建设数据采集系统。

（2）现场控制系统改造。对能源输送、生产和应用等控制系统进行改造，用以适合能源管理中心能源介质和生产过程的调控。现场控制系统建设主要包括两方面，一是能源介质（水、气、电等）输送控制系统的改造，用于适应自动化控制；二是能源生产控制系统改造，用于实现动态管理和实时监测。

（3）信息管理系统建设。这部分是能源管理中心的核心，通过基础软件、控制系统、基础硬件、现场视频监控和能源管理中心大厅，实现企业能源管理的集中控制。企业能源管理中心系统采用的建设基础技术包括系统集成和应用集成技术、现代计算机和网络技术、数据库和实时数据库技术、数据分析和预测技术等。

除以上三部分工程外,专业调度环节亦是能源管理中心建设的重要内容。根据生产工艺要求,能源管理中心需另设流量、压力、温度、电力、动力等专业调度台,完成主要数据监视,技术分析,日报、月报、年报统计报表输出等功能。专业调度中心建设要在"摸得清""管得住""降得下"三方面下功夫。

(1) 摸清能源消耗状态。完善的能源信息采集、存储、管理和利用系统,便于获得第一手资料,实时掌握系统运行情况。通过数据分析处理,可以掌握设备的能耗指标,并根据历史数据了解企业的生产设备状态,同时,参照相关数据库资料,了解与相关先进指标的差距。

(2) 管住能耗指标。通过企业的生产参数和能耗参数监测,实时监控生产过程的正常化,并根据实际工况的偏离程度实施在线纠正与控制,保障设备的高效运行。此外,调度中心能够及时发现能源系统故障,加快故障处理速度,使能源系统更安全;加快能源系统的故障和异常处理,提高对全厂能源事故的反应能力。

(3) 提出节能减排措施。通过能源设备管理、运行管理、停复役管理等自动化和无纸化,有效实施客观的、以数据为依据的能源消耗评价体系,减少能源管理的成本,提高能源管理的效率,及时了解真实的能耗情况,并提出节能降耗的技术和管理措施,向能源管理要效益。

5.5.2 电力行业能源管理中心主要功能介绍

电力能源管理中心系统由配电系统运行监控、需量管理、负荷分析与预测、成本分析、电能质量监测、变压器最低损耗运行管理、设备最佳运行优化控制、企业生产运行方式仿真优化调度等部分组成。

配电系统运行监控系统可以将配电站内所有用电回路的瞬时电量(三相电流、三相电压、有功功率、无功功率、有功电能、无功电能、功率因数、频率等)、各回路断路器的运行状态、各回路的故障情况等通过各种带有通信接口的采集控制模块实时传送给监控系统的中央管理计算机,由中央管理计算机建立实时状态数据库,通过专用电力组态软件进行系统运行状态屏幕显示和数据分析计算,并可以自动生成负荷曲线图、电量/时间棒图、参数/时间列表、历史记录列表,还可以实现负荷超限报警、事故跳闸报警、三相不平衡报警、操作历史记录、计算峰谷电量、打印各种报表等。

管理人员可根据变配电系统的运行情况进行负荷分析、合理调度、远控合分闸、躲峰填谷和故障的及时处理,实现对变配电系统的现代化运行管理。

5.5.2.1 显示功能

显示变配电站一次系统图,并在一次系统图上显示各开关的分、合状态;显示各主要配电回路的三相电流、三相电压、有功功率、无功功率、有功电能、无功电能、频率、功率因数以及开关的分、合状态和事故报警类别。

显示各用电回路的电流、电压、电能以及开关的分、合状态和事故报警类别等；显示上述各电量参数的曲线图。

显示变压器的运行状态以及高温、超高温报警；显示其他工艺设备的运行状态及故障情况。

5.5.2.2 报警功能

1）状态报警

当变配电系统的各开关出现过载跳闸、短路故障跳闸等事故跳闸时（要求断路器带有能区分过载报警及短路瞬动的辅助触点），计算机能够通过多媒体音箱发出声音报警并自动记录时间、站号、回路开关名称、事故类别。

2）超限报警

当变配电系统的各电量参数出现超过额定值或其他工艺设备超限运行时，计算机能够通过多媒体音箱发出声音报警并自动记录时间、站号、回路名称。

3）三相不平衡系数报警

当变配电系统的三相电流或三相电压值出现不平衡时（可自定义范围），计算机能够通过多媒体音箱发出声音报警并自动记录时间、站号、回路名称。

4）控制功能

在值班室中央管理机处，可以通过鼠标器控制各种高、低压开关（带有电动操作机构）的合闸和分闸。

当变配电系统的电气开关之间具有电气闭锁时，根据电气闭锁关系不能操作的开关，在中央管理计算机处鼠标也不能下达操作命令；在中央管理计算机处鼠标下达操作命令时具有密码识别功能，只有操作人员输入正确密码时才可下达操作命令。

5）遥视功能

对于一个变配电站，除上述开关柜、变压器和环境参数需要计算机集中监控以外，有时根据需要，可以安装一些摄像设备，通过图像传输，在总值班室对变配电站的现场进行遥视。

6）统计和打印功能

统计和打印所监控的所有电流值、电压值、功率值、频率值、功率因数值以及这些参数一天24 h变化曲线。

统计和打印各断路器运行状态变化时间及故障报警时间和类别；统计和打印各断路器的操作时间及操作人员代码。

统计和打印有功电能、无功电能的一天24 h内单位小时用电量及电量棒图，同时具有峰谷计费功能。

7）历史记录

值班室的计算机软件能将所监测并统计的各种电量参数、各断路器或开关点的状态变化时间、报警故障类别保存一个月甚至一年，以便对整个变配电系统的运行情况进行分析。

8）自检功能

系统具有完善的自诊断功能。当系统发生故障时，诊断功能将提供详细的故障信息，以便及时排除故障。

5.5.2.3 需量管理

1）调节工厂负荷需量

需量管理的主要功能是调节工厂的负荷需量。本系统可以跟踪能源消耗，并在每个设定的时段里为每个大型用电设备（如电炉）和企业电力网测算能源需求计划，该计划的计算基于实际的能源消耗以及最大需量的平均值。从一段新的设定时段开始，系统启动计算到本时段结束时工厂将消耗多少能源。通过对能源消耗的调节，系统逐步校准在设定时段内的最大需量限定在计划的"需量上限"和"需量下限"范围内。

在每个时段进程中，系统经过一个可设定的时间间隔（如 5 s）就测算一个新的计划。如果工厂的计划在"需量上限"之上，系统知道必须采取纠正措施，但不是立即卸掉一个用电设备的负荷，系统首先检查如果第一个用电设备的负荷卸下会出现什么样的结果，如果结果低于"需量下限"，系统不会卸下该设备的负荷。防止负荷被反复投切，通过算法来优化能源的利用。

当系统知道一次卸载即将到来，它根据限负荷计划（拉路顺序）开始选择一条线路用于估算何时下个用电设备的负荷将被卸载。这样的时间预计被通知显示在变电站和相关车间里。随着车间的操作人员越来越熟悉新的需量管理系统，操作人员将使用这种预计来改善调度负荷以及进一步改进能源利用率。

2）时段管理

需量管理系统的另一个重要功能就是时段管理。系统可自动根据预定时段分类进行时段管理，分类包括"高峰""腰峰""平段""低谷"等。系统用户可以进入时段管理画面给每天的时间段进行分类。此外，需量管理系统的设计非常灵活，它可以处理固定和动态改变的时间段。

5.5.2.4 负荷分析与预测

在变配电运行监控系统的基础上，可以实现详细的负荷分析，从而可以加强科学管理，做到"削峰填谷"，提高符合率，改善负荷曲线，以保证电网安全、经济运行。

1）查询功能

能够通过查询方式来获取多种地理视图和不同程度的视图范围的电力负荷数据。

2) 负荷分析

可进行用电量分析统计,可按供电区域、变电站、线路分析统计;用户可以制作能源消耗图,确定负载功率因数,鉴别高峰需量时间段设备运作能耗,确定设备最佳运作时间段。可选择时间段按日、周、月、年分析负载情况,实时观察设备负载情况。

3) 负荷预测

快速统计指定范围、指定时间段的平均负荷或最高负荷,也可以计算配电网上任意一个节点以下的负荷水平,并且按负荷的增长率进行负荷预测。提供年、月、日、时段负荷预测。

5.5.2.5 成本分析与分配

在变配电运行监控系统的基础上,可以实现精确的成本分析和分配。每个采样数据点数据会被分配到一个或多个费用计算模板,可以按设备、按时段、按电价进行组合式统计分析,并由系统自动生成分析报告。系统还可以将车间操作和产量(由用户输入)与能源成本关联起来,通过提供精确的内部计算方法,来确定真正的生产成本和分配。

系统用户可根据此报告验证供电局账单、分析电力账单,比较在不同收费单价情况下的费用,并依此调节能源分配,以实现能源的最优利用。

5.5.2.6 电能质量分析

在变配电运行监控系统的基础上,可以实现电能质量分析。对电压偏移、瞬时功率降低、反相和谐波等电力信息进行告示、记录、预测趋势。

1) 电能质量报表

可对电压、频率、功率等多种参数进行监测。

2) 波形图

可提供当前电压波形,谐波等电力波形。

3) 电能质量异常事件报表

可对电能质量异常时间按日、周、月、年分类统计分析、对比。

5.5.2.7 变压器最低损耗运行管理

(1)电力能源管理中心系统依据数据采集系统采集的变压器一次和二次电压 V、电流 I、有功功率 P、无功功率 Q、总功率 S、频率 f、电流谐波 THDi、电压谐波 THDv、功率因数 $\cos\varphi$、三相功率不平衡等电量参数,建立实时动态数据库。

(2)电力能源管理中心系统通过建立的一次侧和二次侧的电量实时动态数据库计算给出变压器及其二次侧产生的有功损耗 ΔP、无功损耗 ΔQ、谐波增量 ΔTHD、三相功率不平衡增量、频率偏移增量 Δf 等影响变压器经济运行的电量,用该数据除以瞬时总功率,建立单位负荷的损耗数据库,在建立单位损耗数据库的基础上给出变压器及其二次侧产生的单位

负荷有功损耗 $\Delta P/S$、单位负荷无功损耗 $\Delta Q/S$、单位负荷谐波增量 $\Delta DHT/S$、单位负荷三相功率不平衡增量、单位负荷频率偏移增量 $\Delta f/S$ 等电量在变压器经济运行状态时的最小值,并将变压器运行电参数的瞬时值和单位负荷最小值进行比较,给出差值,差值超出一定范围后输出控制信号或报警信号。

同时用该数据除以瞬时有功功率,建立单位有功电量的损耗数据库,在建立单位电量损耗数据库的基础上给出变压器及其二次侧产生的单位有功电量有功损耗 $\Delta P/P$、单位有功电量无功损耗 $\Delta Q/P$、单位有功电量谐波增量 $\Delta DHT/P$、单位有功电量三相功率不平衡增量、单位有功电量频率偏移增量 $\Delta f/P$ 等电量在变压器经济运行状态时的最小值,并将变压器运行电参数的瞬时值和单位有功电量最小值进行比较,给出差值,差值超出一定范围后输出控制信号或报警信号,使变压器的运行操作满足无限趋近于优化经济运行参数。

(3) 电力能源管理中心系统同时采用趋势分析,准确判断下一个 15 min 可能出现的负荷峰值发出预警信号和控制信号,在不影响生产的情况下,降低负荷峰值,实现需量实时在线显示和控制。

5.5.2.8　设备最佳运行优化

大型耗电设备,如电弧炉,其操作对单耗的影响较大,控制这些设备运行在单耗最小的曲线上,降低单耗,能节省能源。电力能源管理中心系统提供的设备最佳运行优化就是控制设备运行在最佳运行曲线状态,使设备的效率最高。

1) 设备最佳运行曲线的自学习和设定

通常,设备最佳运行曲线不一定是一条,在不同的条件下,会有一组最佳运行曲线。如电弧炉在装料不同时,曲线也会有些变化。因此,获取设备在不同条件下的最佳运行曲线是电力能源管理中心系统的首要任务。

电力能源管理中心系统为每台需要控制的设备安装电能数据采集模块和接收设备运行状态的传感器。当电力能源管理中心系统进入自学习状态时,能按设定的时间间隔为这些设备记录采集的各种数据,输入一些运行条件,电力能源管理中心系统能自动绘出设备的运行曲线,在经过多次自学习运行后,能自动找出单耗最低的曲线,这个曲线还可以人工修改调整。最后设定这台设备的最佳运行曲线。在不同的条件下,进行自学习运行后,可设定这台设备在不同条件下的最佳运行曲线。

2) 运行伺服控制系统

电力能源管理中心系统控制设备按最佳运行曲线运行是通过伺服系统来实现的,伺服系统通过采集和反馈的各种数据,输出控制量驱动设备调控系统,调整设备运行状态,使设备在设定的时间内按指定的曲线运行。

5.5.2.9　企业生产运行方式仿真优化调度

企业生产的调度受很多因素的影响,如生产计划、工艺流程、资源配置、劳动者的技能和效率等。电力能源管理中心系统的企业生产运行方式仿真优化调度是在保证生产计划、工艺流程的情况下，按电力能源费用最低化方案进行优化调度。企业将最大限度地利用低价电力，并提出需量管理计划，由电力能源管理系统的需量管理功能控制最大需量。企业按这种方案进行优化调度的直接经济效益和社会效益是十分明显的，这也是合理使用电力能源的最高境界。

1) 设备运行仿真器

为了仿真企业的生产过程，首先要对企业各耗电部门和大型耗电设备的运行曲线进行仿真。电力能源管理系统可根据系统历史数据按最大值、平均值、最小值生成不同的仿真器，以便仿真通常情况和极端情况的设备运行。如果有必要，可生成在不同的生产计划下的仿真器。

2) 输入工艺流程的运行要求

通常某些设备和生产部门由于工艺流程的要求，在运行上有不同要求。如，某些设备必须连续运行，某些设备在开始运行后的一段时间内不能停止。某些设备和另一些设备必须同时运行或同时停止等。

3) 设置企业电能计量点和电价

企业可能存在不同性质的用电，电力公司需分开计量，并执行不同的电价（如动力和照明）。设置企业电能计量点和电价是按电力能源费用最低化方案进行优化的需要，也是电力能源管理系统成本分析的依据。

4) 生成调度计划

选择好仿真器，系统即可为用户生成按电力能源费用最低化方案优化的调度计划表和下列报表：① 生产调度计划表；② 需量管理计划表；③ 仿真运行日负荷曲线；④ 仿真运行成本分析表；⑤ 仿真运行用电量、电费预测表。

根据需要，可以局部调整生产调度计划表，生成多个调度计划，系统可为用户生成调度计划比较表。最后，由用户决定执行的生产调度计划，需量管理计划表也被同时执行（详见需量管理）。

◇ **参** ◇ **考** ◇ **文** ◇ **献** ◇

王志蕴，陈丰，潘玉桐，等. 钢铁企业能源管理中心的建设[J]. 资源节约与环保，2010(3)：62 - 63.

第6章

能源大数据应用
——钢铁行业

6.1 钢铁行业工艺介绍

钢铁行业是工业中高耗能行业之一,在为国民经济发展做出重大贡献的同时,也给环境带来了巨大的压力,同时也面临着较大的节能减排压力。钢铁生产企业一般采用长流程生产系统,其生产工艺主要由炼铁系统、炼钢系统和轧钢系统组成,某钢铁生产企业的工艺流程如图6-1所示。

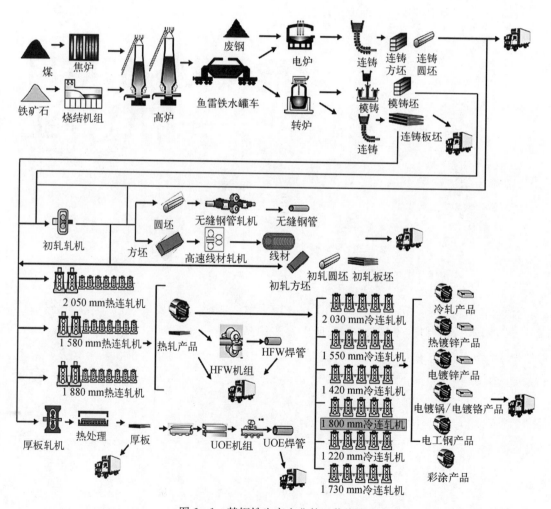

图6-1 某钢铁生产企业的工艺流程

6.1.1 炼铁系统

炼铁系统包括三大工序,分别为炼焦工序、烧结工序和高炉炼铁工序。

炼焦是指炼焦煤在隔绝空气条件下加热到1 000℃左右(高温干馏),通过热分解和结焦产生焦炭、焦炉煤气和其他炼焦化学产品的工艺过程。炼焦生产在焦化厂炼焦车间进行,炼焦车间一般由一座或几座焦炉及其辅助设施组成,焦炉的装煤、推焦、熄焦和筛焦组成了焦炉操作的全过程,每个炉组都配备有装煤车、推焦机、拦焦机、熄焦车和电机车,一侧还应设有焦台和筛焦站。开发的炼焦新工艺还有:配入部分型煤炼焦的配型煤工艺、用捣固法装煤的煤捣固工艺、煤预热工艺等。

炼焦的产品为焦炭、焦炉煤气及其他炼焦化学产品。焦炭含碳量高、气孔率高、强度(特别是高温强度)大,是高炉炼铁的重要燃料和还原剂,也是整个高炉料柱的支撑剂和疏松剂。炼焦副产的焦炉煤气发热值高,是平炉和加热炉的优良气体燃料,在钢铁联合企业中是重要的能源组分。炼焦化学产品是重要的化工原料,如煤焦油,其组成极为复杂,多数情况下是由煤焦油工业专门进行分离、提纯后加以利用。因此,炼焦生产是现代钢铁工业的一个重要环节,其工艺流程如图6-2所示。

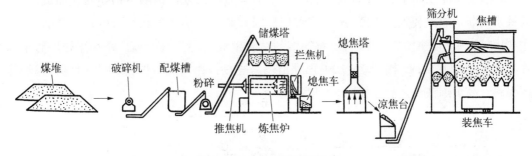

图6-2 炼焦工艺流程示意

在高炉炼铁工序之前需要有烧结工序。因高炉冶炼时,料柱要能够透气,否则会悬料。料柱的透气性和炉料的空隙度有关,所以要求炉料要有一定的粒度和强度。如果矿粉入炉,则高炉的透气性变差,会使高炉的冶炼无法正常进行。为了解决此问题,一般将矿粉做成烧结或球团。同时高炉要想获得合格生铁,必须除去炉料中的杂质,这就需要造渣,需要一定的渣碱度和成分,而烧结可以满足之。质量不是太好的含铁料也可以用来做烧结,从而做到变废为宝。烧结工序是将各种粉状含铁原料配入适量的燃料和熔剂,加入适量的水,经混合和造球后在烧结设备上使物料发生一系列物理化学变化,将矿粉颗粒黏结成块的过程。烧结矿从烧结台车上卸下,经破碎、冷却、制粒、筛分,分出成品烧结矿、返矿和铺底料,成品烧结矿为高炉工序的原料进入高炉炼铁环节。典型的烧结工序如图6-3所示。

高炉炼铁工序是钢铁生产中的重要环节。这种方法是由古代竖炉炼铁发展、改进而来的。尽管世界各国研究发展了很多新的炼铁法,但高炉炼铁技术经济指标良好,工艺简单,

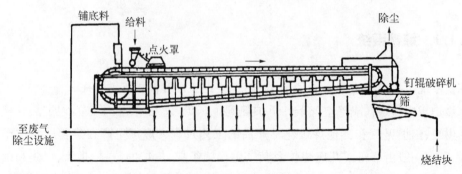

图 6-3 烧结工艺流程示意

生产量大,劳动生产率高,能耗低,这种方法生产的铁仍占世界铁总产量的 95% 以上。

高炉一般用钢板作炉壳,壳内砌耐火砖内衬。高炉本体自上而下分为炉喉、炉身、炉腰、炉腹、炉缸五部分。高炉炼铁工艺是将含铁原料(烧结矿、球团矿或铁矿)、燃料(焦炭、煤粉等)及其他辅助原料(石灰石、白云石、锰矿等)按一定比例自高炉炉顶装入高炉,并由热风炉在高炉下部沿炉周的风口向高炉内鼓入热风助焦炭燃烧(有的高炉也喷吹煤粉、重油、天然气等辅助燃料),在高温下焦炭中的碳与鼓入空气中的氧燃烧生成一氧化碳和氢气。原料、燃料随着炉内熔炼等过程的进行而下降,和上升的煤气相遇,先后发生传热、还原、熔化、脱碳作用而生成生铁,铁矿石原料中的杂质与加入炉内的熔剂相结合而成渣,炉底铁水间断地放出装入铁水罐,送往炼钢厂。同时产生高炉煤气和炉渣两种副产品,炉渣主要由矿石中不还原的杂质和石灰石等熔剂结合生成,自渣口排出后,经水淬处理后全部作为水泥生产原料;产生的煤气从炉顶导出,经除尘后,作为热风炉、加热炉、焦炉、锅炉等的燃料。高炉炼铁工艺流程如图 6-4 所示。

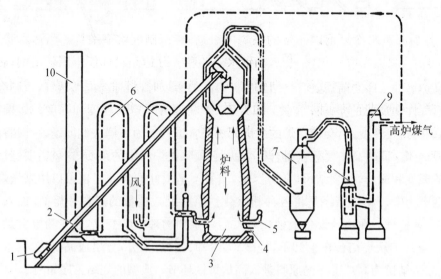

图 6-4 高炉炼铁工艺流程示意

1—料车;2—上料斜桥;3—高炉;4—铁、渣口;5—风口;6—热风炉;7—重力除尘器;8—文丘里管;9—洗涤塔;10—烟囱

6.1.2 炼钢系统

炼钢系统是钢铁行业系统中最重要的系统,一般分为转炉炼钢和电炉炼钢两个工序,平炉炼钢已逐步被淘汰。转炉炼钢与电炉炼钢的主要区别为采用的原料不同,转炉炼钢往往与高炉进行配合,原料主要为高炉的产品生铁铁水,而电炉炼钢主要是基于废钢材进行炼钢。

转炉炼钢是以铁水、废钢、铁合金为主要原料,不借助外加能源,靠铁液本身的物理热和铁液组分间化学反应产生热量而在转炉中完成炼钢过程。转炉炉体可转动,炉体用钢板制成,呈圆筒形,内衬耐火材料,吹炼时靠化学反应热加热,不需外加热源,主要用于生产碳钢、合金钢及铜和镍的冶炼。转炉按炉衬的耐火材料性质,分为碱性(用镁砂或白云石为内衬)和酸性(用硅质材料为内衬)转炉;按气体吹入炉内的部位,分为底吹、顶吹和侧吹转炉;按吹炼采用的气体,分为空气转炉和氧气转炉。碱性氧气顶吹和顶底复吹转炉由于其生产速度快、产量大、单炉产量高、成本低、投资少,是目前使用最普遍的炼钢设备。转炉炼钢主要是以液态生铁为原料的炼钢方法。其主要特点是:靠转炉内液态生铁的物理热和生铁内各组分(如碳、锰、硅、磷等)与送入炉内的氧进行化学反应所产生的热量,使金属达到出钢要求的成分和温度。炉料主要为铁水和造渣料(如石灰、石英、萤石等),为调整温度,可加入废钢及少量的冷生铁块和矿石等。在转炉炼钢过程中,铁水中的碳在高温下和吹入的氧生成一氧化碳和少量二氧化碳的混合气体,即转炉煤气。转炉煤气的发生量在一个冶炼过程中并不均衡,且成分也有变化,通常将转炉多次冶炼过程回收的煤气经降温、除尘,输入储气柜,混匀后再输送给用户。

传统的转炉炼钢过程是将高炉来的铁水经混铁炉混匀后兑入转炉,并按一定比例装入废钢,然后降下水冷氧枪以一定的供氧、枪位和造渣制度吹氧冶炼。当达到吹炼终点时,提枪倒炉,测温和取样化验成分,如钢水温度和成分达到目标值范围就出钢;否则,降下氧枪进行再吹。在出钢过程中,向钢包中加入脱氧剂和铁合金进行脱氧、合金化。然后,钢水送模铸场或连铸车间铸锭。随着用户对钢材性能和质量的要求越来越高,钢材的应用范围越来越广,同时钢铁生产企业也对提高产品产量和质量、扩大品种、节约能源和降低成本越来越重视。在这种情况下,转炉生产工艺流程发生了很大变化。铁水预处理、复吹转炉、炉外精炼、连铸技术的发展,打破了传统的转炉炼钢模式。已由单纯用转炉冶炼发展为铁水预处理—复吹转炉吹炼—炉外精炼—连铸这一新的工艺流程。这一流程以设备大型化、现代化和连续化为特点,氧气转炉已由原来的主导地位变为新流程中的一个环节,主要承担钢水脱碳和升温的任务。图 6-5 所示为氧气顶吹转炉的工作原理。

电炉炼钢是指以电为能源的炼钢过程。电炉种类有电弧炉、感应电炉、电渣炉、电子束炉、自耗电弧炉等。而通常所说的电炉一般是碱性电弧炉。电炉炼钢的原理主要是利用电

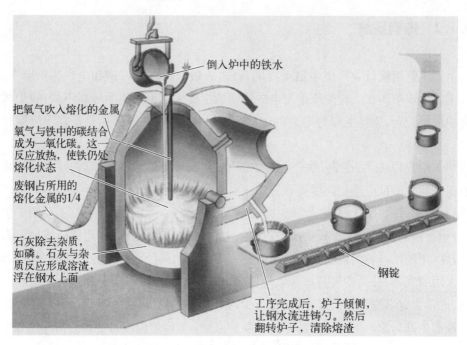

把氧气吹入熔化的金属

氧气与铁中的碳结合成为一氧化碳。这一反应放热，使铁仍处熔化状态

废钢占所用的熔化金属的1/4

石灰除去杂质，如磷。石灰与杂质反应形成溶渣，浮在钢水上面

倒入炉中的铁水

钢锭

工序完成后，炉子倾侧，让钢水流进铸勺。然后翻转炉子，清除熔渣

图 6-5　氧气顶吹转炉流程示意

弧热，在电弧作用区，温度高达 4 000℃。冶炼过程一般分为熔化期、氧化期和还原期，在炉内不仅能造成氧化气氛，还能造成还原气氛，因此脱磷、脱硫的效率很高。电炉多用来生产优质碳素结构钢、工具钢和合金钢。这类钢质量优良、性能均匀，在相同含碳量时，电炉钢的强度和塑性优于平炉钢。电炉用相近钢种废钢为主要原料，也有用海绵铁代替部分废钢。通过加入铁合金来调整化学成分、合金元素含量。

　　以废钢为原料的电炉炼钢，相比高炉转炉法基建投资少，同时由于直接还原的发展，为电炉提供金属化球团代替大部分废钢，因此极大推动了电炉炼钢。世界上现有较大型的电炉约 1 400 座，电炉正在向大型、超高功率以及电子计算机自动控制等方面发展，最大电炉容量为 400 t。相比传统的长流程炼钢工艺(高炉-转炉)而言，电炉炼钢为短流程炼钢，投资减少二分之一以上，生产成本降低，劳动生产率高，同时对于整个钢铁行业，废钢产量不断增加，电炉短流程的发展促进环保消化废钢，发达国家一般把发展紧凑型电炉短流程作为重点。图 6-6 所示为电炉炼钢过程示意。

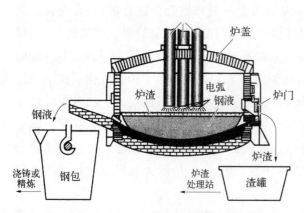

炉盖

炉渣

电弧

钢液

炉门

钢液

炉渣

浇铸或精炼　钢包

炉渣处理站

渣罐

图 6-6　电炉炼钢流程示意

6.1.3 轧钢系统

在旋转的轧辊间改变钢锭、钢坯形状的压力加工过程称为轧钢。轧钢的目的与其他压力加工一样,一方面是为了得到需要的形状,如钢板、带钢、线材以及各种型钢等;另一方面是为了改善钢的内部质量,常见的汽车板、桥梁钢、锅炉钢、管线钢、螺纹钢、钢筋、电工硅钢、镀锌板、镀锡板,包括火车车轮都是通过轧钢工艺加工出来的。

轧钢方法按轧制温度不同可分为热轧与冷轧;按轧制时轧件与轧辊的相对运动关系不同可分为纵轧、横轧和斜轧;按轧制产品的成型特点还可分为一般轧制和特殊轧制,周期轧制、旋压轧制、弯曲成型等都属于特殊轧制方法。此外,由于轧制产品种类繁多、规格不一,有些产品是经过多次轧制才生产出来的,所以轧钢生产通常分为半成品生产和成品生产两类。

一般而言,轧钢工序分为热轧工序和冷轧工序两种。热轧是相对于冷轧而言的,冷轧是在再结晶温度以下进行的轧制,热轧则是在再结晶温度以上进行的轧制。

热轧是以板坯(主要为连铸坯)为原料,经加热后由粗轧机组及精轧机组制成带钢。从精轧最后一架轧机出来的热钢带通过层流冷却至设定温度,由卷取机卷成钢带卷,冷却后的钢带卷,根据用户的不同需求,经过不同的精整作业线(平整、校直、横切或纵切、检验、称重、包装及标志等)加工成钢板、平整卷及纵切钢带产品。简单而言,一块钢坯在加热后经过几道轧制,再切边,校正成为钢板,则称为热轧。从炼钢厂出来的钢坯仅仅是半成品,必须到轧钢厂进行轧制以后,才能成为合格的产品。炼钢厂送过来的连铸坯,首先是进入加热炉,然后经过初轧机反复轧制之后,进入精轧机。轧钢属于金属压力加工,简单来讲轧钢板就像压面条,经过擀面杖的多次挤压与推进,面就越擀越薄。在热轧生产线上,轧坯加热变软,被辊道送入轧机,最后轧成用户要求的尺寸。轧钢是连续的不间断的作业,钢带在辊道上运行速度快,设备自动化程度高,效率也高。热轧成品分为钢卷和锭式板两种,经热轧后的钢板厚度一般在几毫米,如果用户要求钢板更薄的话,还要经过冷轧。

冷轧是用热轧钢卷为原料,经酸洗去除氧化皮后进行冷连轧,其成品为轧硬卷。简单来说,冷轧是在热轧板卷的基础上加工轧制出来的,一般的加工过程是热轧—酸洗—冷轧。由于连续冷变形引起的冷作硬化使轧硬卷的强度、硬度上升,韧塑指标下降,因此冲压性能将恶化,只能用于简单变形的零件。轧硬卷可作为热镀锌厂的原料,因为热镀锌机组均设置有退火线。轧硬卷重一般在 $6\sim13.5$ t,钢卷在常温下,对热轧酸洗卷进行连续轧制。因为没有经过退火处理,其产品硬度很高(大于 90 HRB),机械加工性能极差,只能进行简单的有方向性的小于 $90°$ 的折弯加工(垂直于卷取方向)。

除主要的热轧工序和冷轧工序之外,还有如生产厚钢板的厚板工序、生产钢管的钢管工序和生产线材的高线工序等,在此不一一介绍。

6.2 主要供能或耗能工质系统情况

钢铁企业往往采用典型的长流程生产系统,以某长流程钢铁生产企业为例介绍其主要供能及耗能工质系统情况。

6.2.1 能源及耗能工质供应系统

能源及耗能工质供应系统由原料配煤中心、供配电系统、燃气系统、热力系统、制氧系统和水处理系统组成,共有煤、柴油、汽油、冶金焦、电力、鼓风、蒸汽、氧气、氮气、氩气、氢气、高炉煤气(BFG)、焦炉煤气(COG)、转炉煤气(LDG)、工业水、串接水、过滤水、软化水、纯水和生活水等20多种主要能源及耗能工质。

供配电系统由一期供配电系统和三期供配电系统两个相对独立的供电系统组成。它们担负着把企业自备电厂的四台大型火力发电机组(一台在建)、一台燃气-蒸汽联合循环发电机组以及其他部门的余能发电机组发出的电力输往企业各生产厂,把多余的电力输往外部电网,并在必要时从电网受入部分电力的任务。

燃气系统由高炉煤气、焦炉煤气和转炉煤气三种煤气的净化、输送、储存、加压、混合和应用系统组成。由能源中心进行集中监控、操作、调整,为稳定、安全、优化地进行燃气供需平衡调整创造了条件。

热力系统由低压锅炉、CDQ发电机组(每台发电机组对应四台CDQ余热锅炉)、热电联产机组、多套余热回收装置以及高炉鼓风机组成,还包括五台鼓风机组成的高炉鼓风站。另外,电厂有一台火电机组和一套燃气-蒸汽联合循环发电机组可向系统提供低压蒸汽。蒸汽系统根据压力等级分为中压蒸汽和低压蒸汽两个系统。中压蒸汽系统的主要用户为化工厂和炼钢厂;低压蒸汽系统除供各生产厂生产使用外,同时也供给厂区生活用汽。

制氧系统生产高纯度的氧气、氮气、氩气,供炼钢、炼铁等生产厂使用。其中氧气主要用于炼钢转炉吹氧及高炉富氧,氮气作为全厂安全保护性气体使用,氩气主要用于炼钢转炉复吹及炉外精炼。同时还设置了液氧、液氮、液氩储罐。在制氧设备故障时,可以迅速启动,以维持系统的安全。

水处理系统,从长江水源取水后,送入第一、第二中央水处理场和生活水站,经过加药混凝、沉淀、过滤、离子交换等处理工艺,分别被制成工业水、过滤水、软化水、纯水和生活水,经过加压送往各自的管网。各用户点根据用水需求取用。各工艺单元产生的废水,一部分经过含油废水处理系统处理制成串接水后回用,另一部分废水经单元处理满足环保要求后排放。

6.2.2 主要消费的能源及耗能工质种类

该钢铁企业主要消费的能源及耗能工质种类有:

(1)外购能源及耗能工质,包括洗精煤、喷吹煤、动力煤、柴油、汽油、软沥青、电力、天然气、焦炭。

(2)转换产生的耗能工质,包括冶金焦、电力、鼓风、低压蒸汽、中压蒸汽、工业水(过滤水、纯水、软水)、高压氧气、低压氧气、氮气、氩气、氢气。

(3)工艺过程余热余能利用产出能源及耗能工质,包括高炉煤气、转炉煤气、焦炉煤气、电力(TRT、CDQ、余热发电等)、蒸汽。

6.2.3 能源结构及流向

该钢铁企业的能源结构及流向如图 6-7 所示。

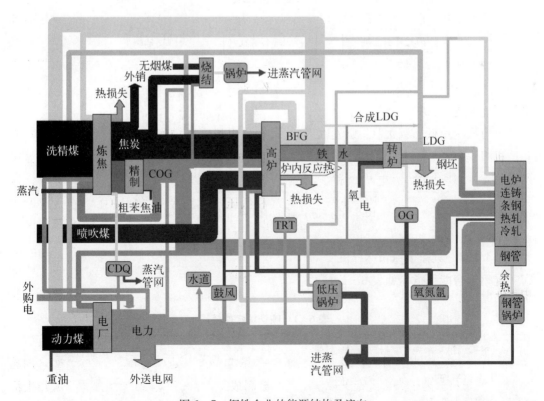

图 6-7 钢铁企业的能源结构及流向

6.3 钢铁行业产品及工序能效对标

6.3.1 吨钢能效对标

6.3.1.1 关键指标框架

吨钢综合能耗指标是反映钢铁企业能源利用水平的重要依据,是指报告期内每生产1 t 合格钢企业的能源消费量。

影响吨钢综合能耗的关键指标有炼焦工序能耗、烧结工序能耗、高炉工序能耗、转炉工序能耗、电炉工序能耗、热轧工序能耗、TRT 回收发电、干熄焦蒸汽回收、烧结蒸汽回收、转炉煤气回收等。吨钢综合能耗对标指标体系框架如图6-8所示。

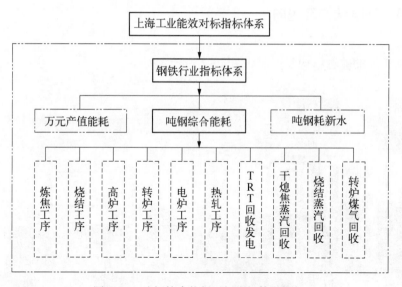

图6-8 吨钢综合能耗对标指标体系框架

6.3.1.2 对标指标和标杆值

吨钢综合能耗指标见表6-1。

表6-1 吨钢综合能耗

指标名称	指标值(kg 标准煤/t)	典型企业/地区	指标说明
上海市平均	735	—	
上海市先进	670	宝 钢	

（续表）

指标名称	指标值(kg 标准煤/t)	典型企业/地区	指标说明
国内先进	624	江苏沙钢	
国际先进	587	德国 TKS	
限　额	750	—	上海市参考值

6.3.1.3　术语和定义

（1）综合耗能量。报告期内企业从原料进厂开始至成品/半成品出厂的生产全过程中所消耗的能源（包括一次能源、二次能源和耗能工质），扣除外供回收余能后折算成标准煤，是直接生产系统（工序）与间接生产系统（辅助、附属、损失）耗能量之和。

（2）吨钢综合能耗。综合耗能量与同期内产出的该种钢合格品总量的比值。

6.3.1.4　统计范围和计算方法

指标统计范围包括直接生产耗能量、间接生产耗能量和企业余能回收外供量，如图 6-9 所示。具体计算按下述规定的方法进行。

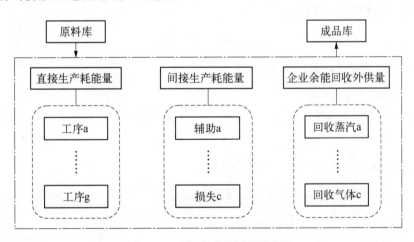

图 6-9　吨钢综合能耗统计范围

1) 钢产量计算

（1）钢产量计算以吨为单位。

（2）钢产量以本企业检验合格的模铸钢锭、连铸钢坯、液态钢（铸钢水）产量计算，记为 M。

2) 直接生产耗能量

（1）直接生产耗能量包括：① 烧结工序耗能量 E_1；② 焦化工序耗能量 E_2；③ 炼铁工序耗能量 E_3；④ 石灰工序耗能量 E_4；⑤ 炼钢工序耗能量 E_5；⑥ 轧钢工序耗能量 E_6；⑦ 热处理工序耗能量 E_7。

(2) 直接生产耗能量按下式计算

$$E_Z = \sum_{s=1}^{n} E_s \qquad (6-1)$$

式中，E_Z 为报告期内企业直接生产耗能量，t 标准煤；E_s 为报告期内企业第 s 道直接生产工序的耗能量，t 标准煤；n 为报告期内该产品直接生产工序数。

3) 间接(辅助、附属、损失)耗能量

(1) 间接(辅助、附属、损失)耗能量(在以上各生产工序中已计入的辅助、附属、损失耗能量除外)包括：① 辅助生产系统耗能量，供配电、供排水、机修、采暖、空调、原料及产品化验、计量、运输、照明、环保设施、仓储等辅助生产系统实际消耗各种能源实物量分别折算标准煤后的总和，记为 E_1'；② 附属生产系统耗能量，厂区内职能科室(生产管理和调度指挥系统)、食堂、医务室、浴室、厕所、休息室等附属生产系统实际消耗电、煤、气、水等各种能源实物量分别折算为标准煤后的总和，记为 E_2'；③ 损失耗能量，各种能源及耗能工质在企业内部进行储存、转换及分配供应中的损失量，如库损、变损、线损、各类管网损失等损失能耗实物量分别折算为标准煤后的总和(注：吨钢综合能耗中企业亏损应包括一级计量的损失量)，记为 E_3'。

(2) 间接耗能量按下式计算

$$E_J = E_1' + E_2' + E_3' \qquad (6-2)$$

式中，E_J 为间接生产耗能量，t 标准煤。

4) 企业余能回收外供量

(1) 企业余能回收外供量包括：① 回收蒸汽外供量折算成标准煤量 E_1''；② 发电外供量折算成标准煤量 E_2''；③ 回收高炉煤气、焦炉煤气、转炉煤气外供量折算成标准煤量 E_3''。

(2) 企业余能回收外供量按下式计算

$$E_h = E_1'' + E_2'' + E_3'' \qquad (6-3)$$

式中，E_h 为企业余能回收外供量，t 标准煤。

5) 吨钢综合能耗

(1) 综合耗能量按下式计算

$$E = E_Z + E_J - E_h \qquad (6-4)$$

式中，E 为综合耗能量，t 标准煤。

(2) 吨钢综合能耗按下式计算

$$e = \frac{E}{M} \times 1\,000 \qquad (6-5)$$

式中，e 为吨钢综合能耗，kg 标准煤/t。

6.3.2 钢铁生产工序能效对标

钢铁生产工序主要包括炼焦工序、烧结工序、高炉工序、转炉工序、电炉工序、热轧工序,下面按各工序介绍其能效对标情况。

6.3.2.1 炼焦工序能耗

炼焦工序能耗指标是反映钢铁企业焦化工序能源利用水平的重要依据,是指报告期内炼焦工序中每生产1 t合格焦炭的综合能源消费量。

影响炼焦工序能耗的关键指标有原、燃料条件,设备规模,技术条件等。炼焦工序能耗对标指标体系框架如图6-10所示。

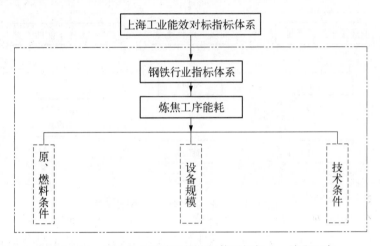

图6-10 钢铁行业能效对标指标体系框架——炼焦工序

1)对标指标和标杆值

炼焦工序能耗指标见表6-2。

表6-2 炼焦工序能耗

指标名称	指标值(kg标准煤/t)	典型企业/地区	指标说明
上海市平均*	111.49	—	
上海市先进	89.02	宝 钢	
国内先进	76.75	新冶钢	
国际先进	75.25	德国TKS	
限 额	100	—	上海市参考值

* 主要涉及的企业有宝钢集团、上海市焦化厂等,两厂炼焦工序综合能源消费量分别为552.04万t标准煤和139.37万t标准煤;其中宝钢炼焦工序能耗较低为89.02 kg标准煤/t,上海市焦化厂炼焦工序能耗为327.23 kg标准煤/t,平均炼焦工序能耗为111.49 kg标准煤/t。由于上海市焦化厂的炼焦工序与钢铁企业的炼焦工序存在一定差别(焦化厂炼焦工序存在副产品的生产等),所以此处炼焦工序能耗限额建议针对钢铁企业适用。

2) 焦化工序耗能量

报告期内企业焦炭生产从原料进入工序到成品焦炭出工序生产全过程所消耗的能源（包括一次能源、二次能源和耗能工质），扣除回收外供能源后折算成标准煤，是直接生产系统（工序）与间接生产系统（辅助、附属、损失）耗能量之和。

3) 焦化工序能耗

焦化工序能耗指焦化工序耗能量与同期内产出的焦炭合格品总量的比值。

4) 统计范围和计算方法

（1）能耗数据统计范围。指标统计范围包括直接生产耗能量、间接生产耗能量和焦炉工序余能回收量，如图 6-11 所示。具体计算按下述规定的方法进行。

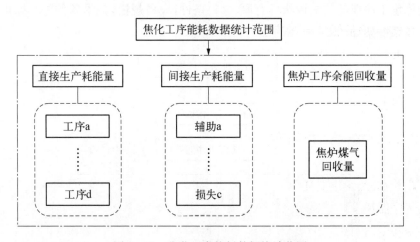

图 6-11　焦化工序能耗数据统计范围

（2）焦化产品产量计算：① 焦炭产量计算单位为吨；② 焦化产量以本企业检验合格焦炭产量计算，记为 M。

（3）焦化工序直接生产耗能量，主要包括：① 备煤车间（不包括洗煤）耗能量 E_1；② 炼焦车间耗能量 E_2；③ 回收车间耗能量 E_3；④ 熄焦耗能量 E_4。

焦化工序直接生产耗能量按下式计算

$$E_Z = \sum_{s=1}^{n} E_s \qquad (6-6)$$

式中，E_Z 为报告期内焦化工序直接生产耗能量，t 标准煤；E_s 为报告期内焦化第 s 道直接生产工序的耗能量，t 标准煤；n 为报告期直接生产工序数。

（4）焦化工序间接生产耗能量，主要包括：① 辅助生产系统耗能量，包括煤气清洗、机修、采暖、空调、化验、计量、运输、照明、环保设施、仓储等耗能量，记为 E_1'；② 附属生产系统耗能量，包括焦化工序生产管理和调度指挥系统、食堂、医务室、浴室、厕所等实际消耗电、煤、气、水等各种能源实物量分别折算为标准煤后的总和，记为 E_2'；③ 损失耗能量，包括各种能源及耗能工质在焦化工序生产界区内的损失量,如库损、变损、线损、各类管网损失等实物量分别折算为标准煤后的总和,记为 E_3'。

焦化工序间接生产耗能量按下式计算

$$E_J = E_1' + E_2' + E_3' \qquad (6-7)$$

式中,E_J 为焦化工序间接生产耗能量,t 标准煤。

(5) 焦化工序余能回收量。焦炉煤气回收量折算成标准煤量 E_h。

(6) 焦化工序耗能量。焦化工序耗能量按下式计算

$$E = E_Z + E_J - E_h \qquad (6-8)$$

式中,E 为焦化工序耗能量,t 标准煤。

(7) 焦化工序能耗。焦化工序能耗按下式计算

$$e = \frac{E}{M} \times 1\ 000 \qquad (6-9)$$

式中,e 为焦化工序能耗,kg 标准煤/t。

6.3.2.2 烧结工序能耗

烧结工序能耗指标是反映钢铁企业烧结工序能源利用水平的重要依据,是指报告期内烧结工序中每生产 1 t 合格烧结矿的综合能源消费量。

影响烧结工序能耗的关键指标有原、燃料条件,设备规模,技术条件等。烧结工序能耗对标指标体系框架如图 6-12 所示。

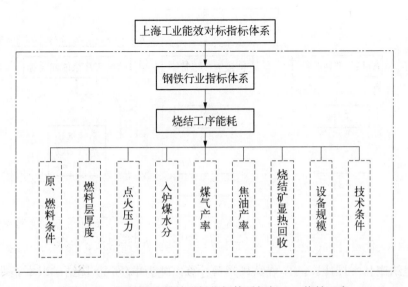

图 6-12 钢铁行业能效对标指标体系框架——烧结工序

1）对标指标和标杆值

烧结工序能耗指标见表6-3。

表6-3 烧结工序能耗

指标名称	指标值（kg标准煤/t）	典型企业/地区	指标说明
上海市平均	69	—	
上海市先进	60.5	宝 钢	
国内先进	39.04	新 余	
国际先进	39.04	新 余	
限 额	70	—	上海市参考值

2）烧结工序耗能量

报告期内烧结矿从熔剂、燃料破碎至成品烧结矿经过带式输送机进入炼铁区域为止生产全过程所消耗的能源（包括一次能源、二次能源和耗能工质），扣除回收外供能源后折算成标准煤，是直接生产系统（工序）与间接生产系统（辅助、附属、损失）的耗能量之和。原料场的耗能以及烧结大、中修耗能量均不计入烧结工序耗能量。

3）烧结工序能耗

烧结工序能耗指烧结工序耗能量与同期内产出的该工序产品合格品产量的比值。

4）统计范围和计算方法

（1）能耗数据统计范围。指标统计范围包括直接生产耗能量、间接生产耗能量和烧结工序余能回收量，如图6-13所示。具体计算按下述规定的方法进行。

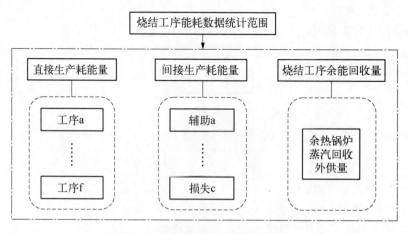

图6-13 烧结工序能耗数据统计范围

（2）烧结产品产量计算：① 烧结矿产量计算以吨为单位；② 烧结矿以本企业检验合格品产量计算，记为 M。

（3）烧结工序直接生产耗能量，主要包括：① 熔剂、燃料破碎耗能量 E_1；② 原料、燃料造球耗能量 E_2；③ 烧结耗能量 E_3；④ 热矿破碎耗能量 E_4；⑤ 烧结矿冷却耗能量 E_5；⑥ 成品筛分、成品烧结矿带式输送机进入炼铁区域耗能量 E_6。

烧结工序直接生产耗能量按下式计算

$$E_Z = \sum_{s=1}^{n} E_s \qquad (6-10)$$

式中，E_Z 为报告期内烧结工序直接生产耗能量，t 标准煤；E_s 为报告期内烧结第 s 道直接生产工序的耗能量，t 标准煤；n 为报告期内直接生产工序数。

（4）烧结工序间接生产耗能量，主要包括：① 辅助生产系统耗能量，包括煤气清洗、机修、采暖、空调、化验、计量、运输、照明、环保设施、仓储等耗能量，记为 E_1'；② 附属生产系统耗能量，包括烧结工序生产管理和调度指挥系统、食堂、医务室、浴室、厕所等实际消耗电、煤、气、水等各种能源实物量分别折算为标准煤后的总和，记为 E_2'；③ 损失耗能量，包括各种能源及耗能工质在烧结工序生产界区内的损失量，如库损、变损、线损、各类管网损失等实物量分别折算为标准煤后的总和，记为 E_3'。

烧结工序间接生产耗能量按下式计算

$$E_J = E_1' + E_2' + E_3' \qquad (6-11)$$

式中，E_J 为烧结工序间接生产耗能量，t 标准煤。

（5）烧结工序余能回收量。余热锅炉蒸汽回收外供量折算成标准煤量 E_h。

（6）烧结工序耗能量。烧结工序耗能量按下式计算

$$E = E_Z + E_J - E_h \qquad (6-12)$$

式中，E 为烧结工序耗能量，t 标准煤。

（7）烧结工序能耗。烧结工序能耗按下式计算

$$e = \frac{E}{M} \times 1\,000 \qquad (6-13)$$

式中，e 为烧结工序能耗，kg 标准煤/t。

6.3.2.3　高炉工序能耗

高炉工序能耗指标是反映钢铁企业高炉炼铁工序能源利用水平的重要依据，是指报告期内高炉工序中每生产 1 t 合格铁水的综合能源消费量。

影响高炉工序能耗的关键指标有入炉矿品位、焦炭和煤粉质量、装备规模、高炉鼓风温度、高炉鼓风湿度、富氧率、生铁含硅量、炉顶压力等。高炉工序能耗对标指标体系框架如图 6-14 所示。

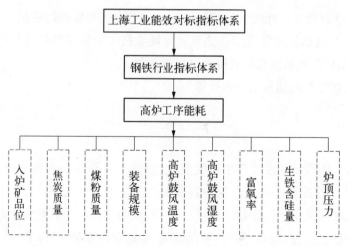

图 6-14　钢铁行业能效对标指标体系框架——高炉工序

1）对标指标和标杆值

高炉工序能耗指标见表 6-4。

表 6-4　高炉工序能耗

指标名称	指标值(kg 标准煤/t)	典型企业/地区	指标说明
上海市平均	406	—	
上海市先进	390	宝　钢	
国内先进	363.85	太　钢	
国际先进	363.85	太　钢	
限　额	410	—	上海市参考值

注：参考能源审计报告及中国钢铁企业网。

2）高炉工序耗能量

报告期内企业高炉炼铁从原、燃料进入工序至产品(铁水)出工序的生产全过程所消耗的能源(包括一次能源、二次能源和耗能工质)，扣除回收外供能源后折算成标准煤，是直接生产系统(工序)与间接生产系统(辅助、附属、损失)耗能量之和。

3）高炉工序能耗

高炉工序能耗指高炉工序耗能量与同期内产出的该工序产品合格品总量的比值。

4）统计范围和计算方法

(1) 能耗数据统计范围。指标统计范围包括直接生产耗能量、间接生产耗能量和高炉工序余能回收量，如图 6-15 所示。具体计算按下述规定的方法进行。

(2) 炼铁产品产量计算：① 炼铁产量计算以吨为单位；② 铁水量以本企业检验合格铁水产量计算，记为 M。

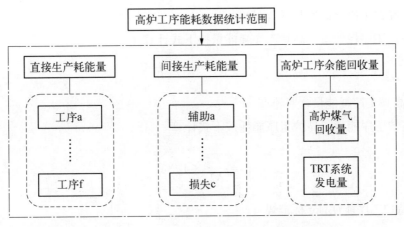

图 6-15 高炉工序能耗数据统计范围

（3）高炉工序直接生产耗能量，主要包括：① 原、燃料供给耗能量 E_1；② 高炉本体耗能量 E_2；③ 鼓风耗能量 E_3；④ 热风炉耗能量 E_4；⑤ 喷吹燃料耗能量 E_5；⑥ 渣铁处理耗能量 E_6。

高炉工序直接生产耗能量按下式计算

$$E_Z = \sum_{s=1}^{n} E_s \qquad (6-14)$$

式中，E_Z 为报告期内高炉工序直接生产耗能量，t 标准煤；E_s 为报告期内高炉工序第 s 道直接生产工序的耗能量，t 标准煤；n 为报告期内该产品生产工序数。

（4）高炉工序间接生产耗能量，主要包括：① 辅助生产系统耗能量，包括煤气清洗、碾泥、冷却、车间烤包、煤气放散、TRT 系统自耗能、炼铁厂或车间所管辖的机修、采暖、空调、原料及产品化验、计量、照明、运输、环保设施、仓储等所消耗的各种耗能量总和，记为 E_1'；② 附属生产系统耗能量，包括高炉工序生产管理和调度指挥系统、食堂、医务室、浴室、厕所、休息室等实际消耗电、煤、气、水等各种能源实物量分别折算为标准煤后的总和，记为 E_2'；③ 损失耗能量，包括各种能源及耗能工质在高炉工序生产中高炉工序界区内的损失量，如库损、变损、线损、各类管网损失等实物量分别折算为标准煤后的总和，记为 E_3'。

高炉工序间接生产耗能量按下式计算

$$E_J = E_1' + E_2' + E_3' \qquad (6-15)$$

式中，E_J 为高炉工序间接生产耗能量，t 标准煤。

（5）高炉工序余能回收量，主要包括：① 高炉煤气回收量折算成标准煤量 E_1''；② TRT 系统发电量折算成标准煤量 E_2''。

高炉工序余能回收量按下式计算

$$E_h = E_1'' + E_2'' \qquad (6-16)$$

式中，E_h 为高炉工序余能回收量，t 标准煤。

（6）高炉工序耗能量。高炉工序耗能量按下式计算

$$E = E_Z + E_J - E_h \tag{6-17}$$

式中，E 为高炉工序耗能量，t 标准煤。

（7）高炉工序能耗。高炉工序能耗按下式计算

$$e = \frac{E}{M} \times 1\,000 \tag{6-18}$$

式中，e 为高炉工序能耗，kg 标准煤/t。

6.3.2.4 转炉工序能耗

转炉工序能耗指标是反映钢铁企业焦化工序能源利用水平的重要依据，是指报告期内转炉工序中每生产 1 t 合格转炉钢坯的综合能源消费量。

影响转炉工序能耗的关键指标有铁水质量、设备规模、铁钢比等。转炉工序能耗对标指标体系框架如图 6-16 所示。

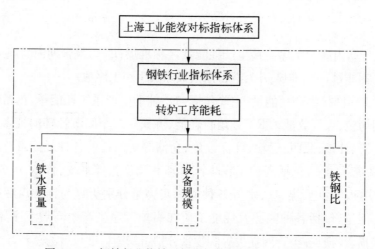

图 6-16 钢铁行业能效对标指标体系框架——转炉工序

1）对标指标和标杆值

转炉工序能耗指标见表 6-5。

表 6-5 转炉工序能耗

指标名称	指标值(kg 标准煤/t)	典型企业/地区	指标说明
上海市平均*	−1.9	—	
上海市先进	−8.2	宝钢(二炼钢)	

（续表）

指标名称	指标值（kg 标准煤/t）	典型企业/地区	指标说明
国内先进	−13.65	太　钢	
国际先进	−13.65	太　钢	
限　额	−1	—	上海市参考值

　　* 转炉工序能耗较低主要是由于宝钢集团中下属的企业工序能耗水平不一致。如，2006 年宝钢一炼钢转炉工序能耗为 −2.6 kg 标准煤/t，二炼钢为 −8.2 kg 标准煤/t；浦东钢铁有限公司 2005 年转炉工序能耗为 −3.84 kg 标准煤/t；不锈钢分公司 2005 年的转炉工序能耗达 11.54 kg 标准煤/t，主要是余热利用率较低，仅为 40% 左右。建议加快减少各分公司的转炉工序能耗差别，提升转炉煤气及蒸汽的回收水平。

2）转炉工序耗能量

　　报告期内转炉炼钢从铁水进入工序至钢坯（钢锭）生产全过程消耗的能源（包括一次能源、二次能源和耗能工质），扣除回收外供能源后折算成标准煤，是直接生产系统（工序）与间接生产系统（辅助、附属、损失）耗能量之和。

3）转炉工序能耗

　　转炉工序能耗指转炉炼钢工序耗能量与同期内产出的该工序产品合格品总量的比值。

4）统计范围和计算方法

　　（1）能耗数据统计范围。指标统计范围包括直接生产耗能量、间接生产耗能量和转炉工序余能回收量，如图 6-17 所示。具体计算按下述规定的方法进行。

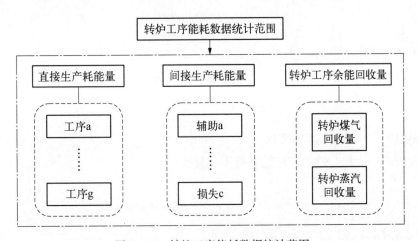

图 6-17　转炉工序能耗数据统计范围

　　（2）转炉产品产量计算：① 转炉钢坯（钢锭）产品产量计算以吨为单位；② 转炉钢坯（钢锭）以本企业检验合格品产量计算，记为 M。

　　（3）转炉工序直接生产耗能量，主要包括：① 铁水预处理（包括铁水脱 S、P、Si 等）耗能量 E_1；② 转炉炼钢耗能量 E_2；③ 炉外精炼、炉外处理等耗能量 E_3；④ 连铸耗能量 E_4；⑤ 精整耗能量 E_5；⑥ 产品出厂耗能量 E_6。

　　转炉工序直接生产耗能量按下式计算

$$E_Z = \sum_{s=1}^{n} E_s \qquad (6-19)$$

式中,E_Z 为报告期内转炉工序直接生产耗能量,t 标准煤;E_s 为报告期内转炉工序第 s 道直接生产工序的耗能量,t 标准煤;n 为报告期内直接生产工序数。

(4) 转炉工序间接生产耗能量,主要包括:① 辅助生产系统耗能量,包括烤包(钢包、中间包)、冷却系统(泵站)、煤气清洗、机修、采暖、空调、原料及产品化验、计量、照明、运输、环保设施、仓储等实际消耗各种耗能量的总和,记为 E_1';② 附属生产系统耗能量,包括转炉炼钢工序生产管理和调度指挥系统、食堂、医务室、浴室、厕所、休息室等实际消耗的电、气、煤、水等各种能源实物量分别折算为标准煤后的总和,记为 E_2';③ 损失耗能量,包括各种能源及耗能工质在转炉炼钢工序生产界区内的损失量,如库损、变损、线损、各类管网损失等实物量分别折算为标准煤后的总和,记为 E_3'。

转炉工序间接生产耗能量按下式计算

$$E_J = E_1' + E_2' + E_3' \qquad (6-20)$$

式中,E_J 为转炉工序间接生产耗能量,t 标准煤。

(5) 转炉工序余能回收量,主要包括:① 转炉煤气回收外供量折算成标准煤量 E_1'';② 蒸汽回收系统回收蒸汽外供量折算成标准煤量 E_2''。

转炉工序余能回收量按下式计算

$$E_h = E_1'' + E_2'' \qquad (6-21)$$

式中,E_h 为转炉工序余能回收量,t 标准煤。

(6) 转炉工序耗能量。转炉工序耗能量按下式计算

$$E = E_Z + E_J - E_h \qquad (6-22)$$

式中,E 为转炉工序耗能量,t 标准煤。

(7) 转炉工序能耗。转炉工序能耗按下式计算

$$e = \frac{E}{M} \times 1\,000 \qquad (6-23)$$

式中,e 为转炉工序能耗,kg 标准煤/t。

6.3.2.5　电炉工序能耗

电炉工序能耗指标是反映钢铁企业电炉工序能源利用水平的重要依据,是指报告期内电炉工序中每生产 1 t 合格电炉钢坯的综合能源消费量。

影响电炉工序能耗的关键指标有原、燃料条件,电流种类,炉门和炉盖的开启次数等。电炉工序能耗对标指标体系框架如图 6-18 所示。

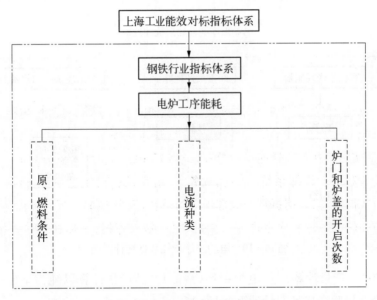

图 6-18　钢铁行业能效对标指标体系框架——电炉工序

1）对标指标和标杆值

电炉工序能耗指标见表 6-6。

表 6-6　电炉工序能耗

指标名称	指标值（kg 标准煤/t）	典型企业/地区	指标说明
上海市平均	234.22	—	
上海市先进	177.32	宝　钢	
国内先进	139.5	江苏沙钢	
国际先进	139.5	江苏沙钢	
限　额	250	—	上海市参考值

2）电炉工序耗能量

报告期内炼钢生产从原料进入工序至钢坯（钢锭）生产全过程消耗的能源（包括一次能源、二次能源和耗能工质），扣除回收外供能源折算成标准煤，是直接生产系统（工序）与间接生产系统（辅助、附属、损失）耗能量之和。

3）电炉工序能耗

电炉工序能耗指电炉炼钢工序耗能量与同期内产出的该工序产品合格品总量的比值。

4）统计范围和计算方法

（1）能耗数据统计范围。指标统计范围包括直接生产耗能量、间接生产耗能量和电炉工序余能回收量，如图 6-19 所示。具体计算按下述规定的方法进行。

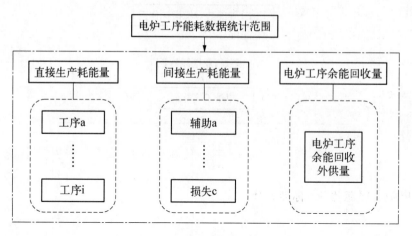

图 6 - 19 电炉工序能耗数据统计范围

(2) 转炉产品产量计算：① 电炉钢坯（钢锭）产品产量计算以吨为单位；② 电炉钢坯（钢锭）以本企业检验合格品产量计算，记为 M。

(3) 电炉工序直接生产耗能量，主要包括：① 废钢预热和处理的耗能量 E_1；② 原材料的烘烤、干燥（包括石灰的二次烘烤、耐火材料和粉状材料的干燥、铁合金的烘烤等）耗能量 E_2；③ 铁水预处理（包括铁水脱 S、P、Si 等）耗能量 E_3；④ 电炉冶炼耗能量 E_4；⑤ 钢包烘烤耗能量 E_5；⑥ 炉外精炼、炉外处理等耗能量 E_6；⑦ 连铸耗能量 E_7；⑧ 精整耗能量 E_8；⑨ 产品出厂耗能量 E_9。

电炉工序直接生产耗能量按下式计算

$$E_Z = \sum_{s=1}^{n} E_s \tag{6 - 24}$$

式中，E_Z 为报告期内电炉工序直接生产耗能量，t 标准煤；E_s 为报告期内电炉工序第 s 道直接生产工序的耗能量，t 标准煤；n 为报告期内直接生产工序数。

(4) 电炉工序间接生产耗能量，主要包括：① 辅助生产系统耗能量，包括冷却系统（泵站）、炉渣处理、机修、采暖、空调、原料及产品化验、计量、照明、运输、环保设施、仓储等实际消耗各种耗能量的总和，记为 E_1'；② 附属生产系统耗能量，包括电炉炼钢工序生产管理和调度指挥系统、食堂、医务室、浴室、厕所、休息室等实际消耗电、气、煤、水等各种能源实物量分别折算为标准煤后的总和，记为 E_2'；③ 损失耗能量，包括各种能源及耗能工质在电炉炼钢工序生产中的损失量，如库损、变损、线损、各类管网损失等实物量分别折算为标准煤后的总和，记为 E_3'。

电炉工序间接生产耗能量按下式计算

$$E_J = E_1' + E_2' + E_3' \tag{6 - 25}$$

式中，E_J 为电炉工序间接生产耗能量，t 标准煤。

（5）电炉工序余能回收量。电炉炼钢工序余能回收外供量折算成标准煤量，记为 E_h。

（6）电炉工序耗能量。电炉工序耗能量按下式计算

$$E = E_Z + E_J - E_h \qquad (6-26)$$

式中，E 为电炉工序耗能量，t 标准煤。

（7）电炉工序能耗。电炉工序能耗按下式计算

$$e = \frac{E}{M} \times 1\,000 \qquad (6-27)$$

式中，e 为电炉工序能耗，kg 标准煤/t。

6.3.2.6 热轧工序能耗

热轧工序能耗指标是反映钢铁企业热轧工序能源利用水平的重要依据，是指报告期内热轧工序中每生产 1 t 热轧带钢的综合能源消费量。

影响热轧工序能耗的关键指标有原、燃料条件，热装热送率及热装温度等。热轧工序能耗对标指标体系框架如图 6 - 20 所示。

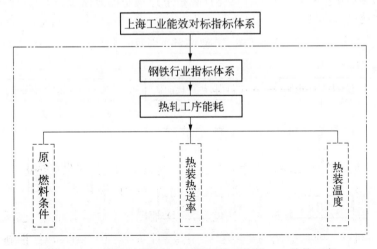

图 6 - 20　钢铁行业能效对标指标体系框架——热轧工序

1）对标指标和标杆值

热轧工序能耗指标见表 6 - 7。

表 6 - 7　热轧工序能耗

指标名称	指标值（kg 标准煤/t）	典型企业/地区	指标说明
上海市平均	99.52	—	
上海市先进	78.7	宝　钢	

（续表）

指标名称	指标值（kg 标准煤/t）	典型企业/地区	指标说明
国内先进	78.7	宝　钢	
国际先进	73.83	韩国光阳	
限　额	100	—	上海市参考值

2）热轧工序耗能量

报告期内企业热轧带钢从钢坯进入工序到带钢出工序生产全过程所消耗的耗能源（包括一次能源、二次能源和耗能工质），扣除回收外供能源后折算成标准煤，是直接生产系统（工序）与间接生产系统（辅助、附属、损失）耗能量之和。

3）热轧工序能耗

热轧工序能耗指热轧带钢工序耗能量与同期内产出的该工序产品合格品总量的比值。

4）统计范围和计算方法

（1）能耗数据统计范围。指标统计范围包括直接生产耗能量、间接生产耗能量和热轧工序余能回收量，如图 6‑21 所示。具体计算按下述规定的方法进行。

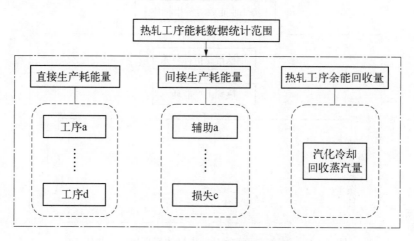

图 6‑21　热轧工序能耗数据统计范围

（2）热轧产品产量计算：① 热轧带钢产量计算以吨为单位；② 热轧带钢以本企业检验合格品产量计算，记为 M。

（3）热轧工序直接生产耗能量，主要包括：① 钢坯准备排料耗能量 E_1；② 加热炉加热耗能量 E_2；③ 轧制耗能量 E_3；④ 冷却包装耗能量 E_4。

热轧工序直接生产耗能量按下式计算

$$E_Z = \sum_{s=1}^{n} E_s \tag{6-28}$$

式中，E_Z 为报告期内热轧工序直接生产耗能量，t 标准煤；E_s 为报告期内热轧工序第 s 道直接生产工序的耗能量，t 标准煤；n 为报告期内直接生产工序数。

（4）热轧工序间接生产耗能量，主要包括：① 热轧带钢工序辅助生产系统耗能量，包括供配电、供排水、机修、采暖、空调、钢坯及产品化验、计量、运输、照明、环保设施、仓储等实际消耗各种能源实物量分别折算标准煤后的总和，记为 E_1'；② 附属生产系统耗能量，包括热轧带钢工序生产管理和调度指挥系统、食堂、医务室、浴室、厕所、休息室等所消耗的各种能源实物量折算成标准煤的总和，记为 E_2'；③ 损失耗能量，包括各种能源及耗能工质在热轧带钢工序生产界区内的损失量，如库损、变损、线损、各类管网损失等实物量分别折算为标准煤后的总和，记为 E_3'。

热轧工序间接生产耗能量按下式计算

$$E_J = E_1' + E_2' + E_3' \tag{6-29}$$

式中，E_J 为热轧工序间接生产耗能量，t 标准煤。

（5）热轧工序余能回收量。汽化冷却回收蒸汽量折算成标准煤量，记为 E_h。

（6）电炉工序耗能量。热轧工序耗能量按下式计算

$$E = E_Z + E_J - E_h \tag{6-30}$$

式中，E 为热轧工序耗能量，t 标准煤。

（7）热轧工序能耗。热轧工序能耗按下式计算

$$e = \frac{E}{M} \times 1\,000 \tag{6-31}$$

式中，e 为热轧工序能耗，kg 标准煤/t。

6.3.3　钢铁行业资源综合回收利用能效对标

钢铁行业资源综合回收利用主要有 TRT 回收发电、干熄焦蒸汽回收、烧结蒸汽回收、转炉煤气回收等技术，现对这几类技术概念、统计范围、计算边界等进行简单介绍。

6.3.3.1　TRT 回收发电

TRT 回收发电指标是反映钢铁企业高炉工序中余压发电水平的重要依据，是指报告期内高炉工序每生产 1 t 合格生铁，高炉炉顶余压发电装置的发电量。

影响 TRT 回收发电指标的关键指标有炉顶压力、设备规模等。TRT 回收发电对标指标体系框架如图 6-22 所示。

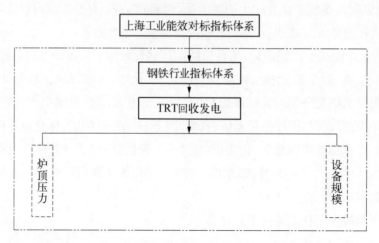

图 6-22　钢铁行业能效对标指标体系框架——TRT 回收发电

1) 对标指标和标杆值

TRT 回收发电量指标见表 6-8。

表 6-8　TRT 回收发电量

指标名称	指标值(kW·h/t)	典型企业/地区	指标说明
上海市平均	34.3	—	
上海市先进	34.3	宝　钢	
国内先进	34.3	宝　钢	
国际先进	39.6	韩国光阳	
限　额	≥30	—	上海市参考值

2) 统计范围和计算方法

(1) TRT 回收发电数据统计范围。统计范围为高炉工序中炉顶余压发电量。

(2) 计算单位：① 余压发电量单位为 kW·h；② 合格生铁产量记为 M。

(3) 计算方法。

$$TRT\ 回收发电 = 高炉余压发电量 / 合格生铁产量$$

6.3.3.2　干熄焦蒸汽回收

干熄焦蒸汽回收指标反映钢铁企业干熄炉中的蒸汽回收/发电装置回收能源的水平，是指报告期内干熄炉中 1 t 红焦量使得蒸汽回收/发电装置回收的能源量。

影响干熄焦蒸汽回收量的关键指标有干熄焦装置自身耗能量和干熄焦发电量等。干熄焦蒸汽回收能耗对标指标体系框架如图 6-23 所示。

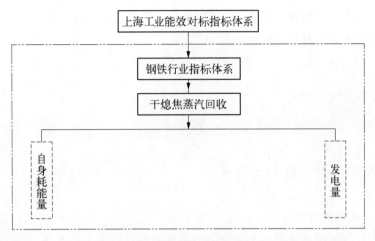

图 6-23　钢铁行业能效对标指标体系框架——干熄焦蒸汽回收

1）对标指标和标杆值

干熄焦蒸汽回收能指标见表 6-9。

表 6-9　干熄焦蒸汽回收能

指标名称	指标值（kg 标准煤/t）	典型企业/地区	指标说明
上海市平均	69.0	—	
上海市先进	69.0	宝　钢	
国内先进	69.0	宝　钢	
国际先进	69.0	宝　钢	
限　额	≥50	—	上海市参考值

2）干熄焦蒸汽回收量

干熄焦蒸汽回收量是指干熄炉中与炽热红焦换热产生蒸汽量用于发电或者直接并入蒸汽管网中所折合的标准量。

3）统计范围和计算方法

（1）数据统计范围。统计范围为干熄炉中利用干熄焦技术回收的蒸汽量。

（2）计算单位：① 干熄焦净回收蒸汽量折算为标准煤，记为 E；② 红焦产量，记为 M。

（3）计算方法。

干熄焦自身能源消耗量包括：① 低压蒸汽折标准煤 E_1；② 干熄焦自身耗电量 E_2；③ 氮气、蒸汽、纯水等折合能耗量 E_3。

干熄焦自身能源消耗量为

$$E_Z = E_1 + E_2 + E_3$$

干熄焦发电量：回收红焦显热发电量折标准煤量 E_h。

干熄焦回收蒸汽量折算标准煤量：回收红焦显热发电量扣除干熄焦自身能源消耗量即为干熄焦回收蒸汽量折算标准煤量，即

$$E = E_h - E_Z$$

（4）干熄焦蒸汽回收能。

$$e = \frac{E}{M} \times 1\,000$$

式中，e 为干熄焦蒸汽回收能，kg 标准煤/t。

6.3.3.3 烧结蒸汽回收

烧结蒸汽回收指标反映钢铁企业烧结炉中的蒸汽回收发电量水平，是指报告期内烧结炉中 1 t 合格烧结矿产量蒸汽回收发电装置回收的能源折标准煤量。

影响烧结蒸汽回收量的关键指标有自身耗能量和烧结蒸汽回收发电量等。烧结蒸汽回收能耗对标指标体系框架如图 6-24 所示。

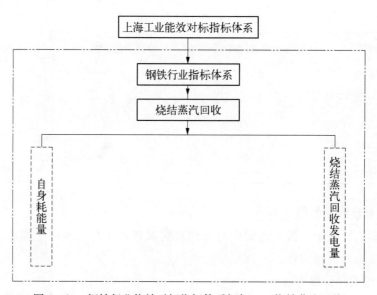

图 6-24 钢铁行业能效对标指标体系框架——烧结蒸汽回收

1）对标指标和标杆值

烧结蒸汽回收能指标见表 6-10。

表 6-10 烧结蒸汽回收能

指标名称	指标值(kg 标准煤/t)	典型企业/地区	指标说明
上海市平均	2.4	—	
上海市先进	2.4	宝 钢	

（续表）

指标名称	指标值（kg 标准煤/t）	典型企业/地区	指标说明
国内先进	2.4	宝 钢	
国际先进	5.2	韩国光阳	
限 额	≥2	—	上海市参考值

2) 烧结蒸汽回收量

烧结蒸汽回收量是指烧结炉中与热烧结矿换热产生蒸汽量用于发电所折合的标准量。

3) 统计范围和计算方法

（1）数据统计范围。统计范围为烧结炉中与热烧结矿换热产生的蒸汽量。

（2）计算单位：① 烧结蒸汽回收净发电量折算为标准煤，记为 E；② 烧结矿产量，记为 M。

（3）计算方法。① 烧结蒸汽回收发电设备自身能源消耗量 E_z；② 热烧结矿蒸汽回收发电量折标准煤量 E_h；③ 热烧结矿蒸汽回收发电量折标准煤量扣除烧结蒸汽回收发电设备自身能源消耗量为

$$E = E_h - E_z$$

（4）烧结蒸汽回收能。

$$e = \frac{E}{M} \times 1\,000$$

式中，e 为烧结焦蒸汽回收能，kg 标准煤/t。

6.3.3.4 转炉煤气回收

转炉煤气回收指标反映钢铁企业转炉中的煤气回收量，是指报告期内转炉中 1 t 转炉钢使得煤气回收装置回收的煤气量。转炉煤气回收对标指标体系框架如图 6-25 所示。

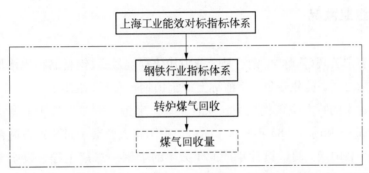

图 6-25 钢铁行业能效对标指标体系框架——转炉煤气回收

1）对标指标和标杆值

转炉煤气回收能指标见表 6 - 11。

表 6 - 11 转炉煤气回收能

指标名称	指标值(m³/t)	典型企业/地区	指标说明
上海市平均	68.38	—	
上海市先进	96.3	宝 钢	
国内先进	96.3	宝 钢	
国际先进	96.3	韩国光阳	
限 额	≥50	—	上海市参考值

2）转炉煤气回收量

转炉煤气回收量是指转炉工序中回收的二次能源转炉煤气。

3）统计范围和计算方法

（1）数据统计范围。统计范围为转炉工序中回收的二次能源转炉煤气。

（2）计算单位：① 转炉工序中回收的二次能源转炉煤气,记为 N；② 转炉钢产量,记为 M。

（3）转炉煤气回收能。

$$e = \frac{N}{M}$$

式中,e 为转炉煤气回收能,m³/t。

6.4 基于大数据的节能技术改造案例

6.4.1 企业概况

宝钢集团有限公司(简称"宝钢")是全球现代化程度最高、钢材品种规格最齐全的特大型钢铁联合企业之一。宝钢(1993 年前称上海宝山钢铁总厂)始建于 1978 年 12 月 23 日,是由国家投资建设的特大型现代化钢铁联合企业。宝钢工程主厂位于上海市北翼长江沿岸,占地面积 18.98 km²。1985 年 9 月 15 日,新中国首次整套引进年产万吨钢的宝钢一期工程顺利投产。1991 年 6 月,设计年产 671 万 t 的宝钢一二期工程建设全部完成。2000 年,由企业自筹资金建设的三期工程全部完成,宝钢跻身世界千万吨级特大型现代化钢铁企业行列。

宝钢集团核心企业——宝钢股份生产高技术含量、高附加值的钢铁产品,其产品包括碳钢、不锈钢和特殊钢三大系列,用途覆盖汽车、家电、石油化工、机械制造、电力、造船、建筑装潢、金属制品、航空航天、核电、电子仪表等领域。2010年,宝钢集团钢产量达4 450万t,在全球钢铁企业排名第三。2012年以489.16亿美元的营业总收入,名列美国《财富》杂志世界强企业第197位。

宝钢注重环境保护,追求可持续发展。1998年在钢铁行业首家通过ISO 14001环境管理体系认证,2005年被评为"国家环境友好企业",2008年被评为"中国绿色公司年度标杆企业"。2010年,宝钢出台《2010—2015年发展规划纲要》,明确提出以环境经营为抓手,以能力建设为核心,至2015年形成产能规模6 600万t以上,实现销售收入4 400亿元。

6.4.2 案例一——铁前系统节能技术改造案例

传统长流程钢铁企业的铁前工序主要包括烧结工序、炼焦工序和高炉炼铁工序,铁前三个工序通常占长流程钢铁企业能耗75%以上,是长流程钢铁企业节能降耗的关键。

6.4.2.1 烧结余热回收及发电

将烧结生产工序中产生的废气显热加以回收再利用称为烧结余热利用,它主要利用的是烧结烟气显热和烧结矿产品显热两大部分,其中烧结烟气高温段排出的废气温度可达250～450℃,烧结机尾部卸出的热烧结矿平均温度为600～800℃,温度分布如图6-26所示。余热利用有以下两种方式:

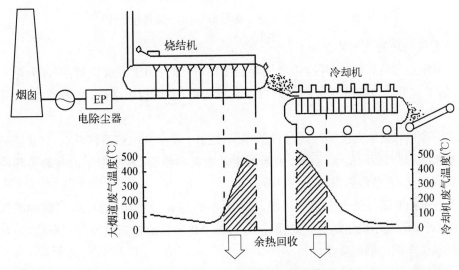

图6-26 烧结生产工序烟气余热回收示意

第一种是利用余热来助燃、预热、干燥、供热、供暖等，即热利用。

第二种是通过余热锅炉产生蒸汽供生产使用或发电，即动力利用。烧结烟气余热发电技术平均每吨烧结矿可发电 25 kW·h（含烧结机余热回收），折合吨钢综合能耗可降低约 8 kg 标准煤。

6.4.2.2 烧结废气循环

将一部分烧结热废气再次引入烧结工艺过程是烧结废气循环的特点，其流程如图 6-27 所示。

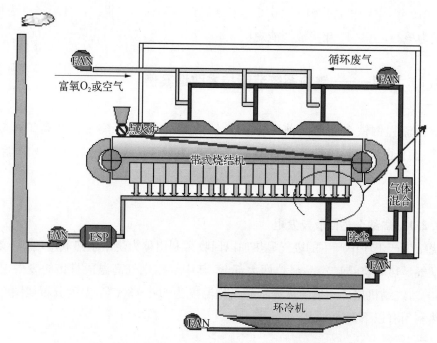

图 6-27 烧结机废气余热循环利用低碳排放路线

烧结废气循环的技术特点如下：

（1）采用烟道高温烟气、环冷机废气混合循环，一部分用于点火助燃，一部分循环进行热风烧结，使得低质烧结废气余热得到合理有效利用，余热利用率高，显著节能，可降低工序能耗 5% 以上。

（2）环冷机热废气直接循环通过料层，而不是用于产生蒸汽或蒸汽发电，这样就减少了能源转换次数，尽可能降低了能源转换过程中的损耗和浪费，若应用于没有装备环冷机余热锅炉的烧结机，其节能效果将更为显著。

（3）通过抽取部分热废气循环利用，显著减少烧结排放的废气总量，可减少废气总量 20% 以上，可显著减小烧结烟气脱硫、脱硝等末端净化装置的投资规模和运行成本，可显著减轻烧结机头电除尘器的负荷。

（4）废气循环可显著减少烟气中有机污染物的排放。

6.4.2.3 干熄焦余热回收与发电

在炼焦过程中,红焦冷却有湿熄焦和干熄焦两种熄焦工艺。湿熄焦是传统的采用水熄灭炽热红焦的工艺,干熄焦是采用循环氮气与红焦进行热交换达到熄焦的目的,交换后的热氮气进入锅炉产生蒸汽回收热量(工艺原理图见图 6-28)。传统的湿熄焦技术不能回收红焦热能,还会导致大气环境和土壤的污染,而干熄焦技术可以避免湿熄焦的上述弊端。

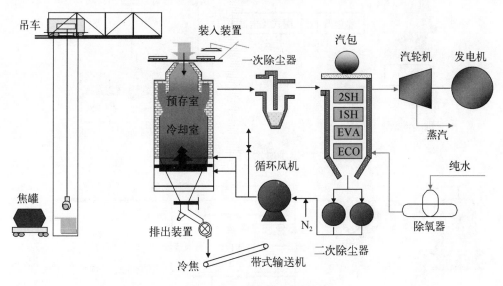

图 6-28 干熄焦工艺原理

初步估算,干熄焦的直接节能效果是:① 回收中高压蒸汽 0.5~0.6 t/t 焦;② 节约熄焦用水 0.4~0.45 m³/t 焦;③ 净回收约 40 kg 标准煤/t 焦。

6.4.3 案例二——炼铁节能技术改造案例

高炉均配有炉顶余压透平装置(TRT),其工作原理:充分利用高炉炉顶煤气压力,经余压透平装置后,驱动发电机发电,经 TRT 后煤气压力下降,进入低压管网,4 000 m³ 以上高炉全年 TRT 发电总量可超过 1 亿 kW·h。该装置发电成本很低,是典型的高效节能环保装置。

高炉炉顶煤气压力不同则 TRT 发电量也不同,采用湿式 TRT(即煤气除尘系统采用湿法工艺)每吨生铁可发电 30~54 kW·h。采用干法除尘,可提高约 30% 的发电量。煤气温度每提高 10℃,发电透平机出力可提高 3%。高炉鼓风能耗占炼铁工序能耗 10%~15%,采用 TRT 装置可回收高炉鼓风机能量的 30% 左右,降低炼铁工序能耗 11~18 kg 标准煤/t。湿式、干式 TRT 工艺流程分别如图 6-29 和图 6-30 所示。

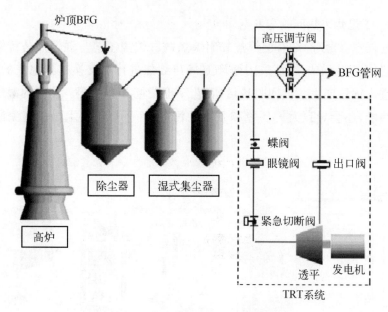

图 6-29　高炉湿式 TRT 工艺流程示意

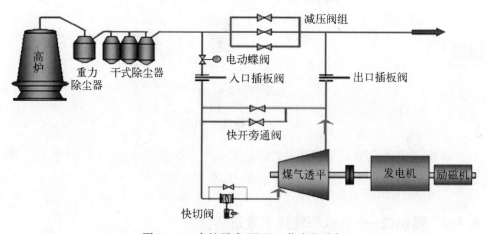

图 6-30　高炉干式 TRT 工艺流程示意

6.4.4　案例三——炼钢节能技术改造案例

6.4.4.1　转炉煤气回收及余热回收蒸汽

炼钢转炉在生产过程中会产生大量的烟气,且含有较高的一氧化碳,具有回收利用的价值(热值在 7 500～8 374 kJ/m³),被称为转炉煤气(LDG)。通过回收转炉煤气并从转炉煤气的发生、输配、使用各个环节持续进行一系列合理优化,可以最大限度地利用转炉煤气,目前转炉煤气回收率达到 100 Nm³/t 左右。

转炉煤气的回收方法有两种:湿式回收法(也称 OG 法)和干式回收法(也称 LT 法)。两种方法的区别在于转炉煤气除尘系统的不同具体工艺流程。相比于湿法除尘,干法系统

节水 60%～80%，节电 60%，整个系统可实现污水零排放，多回收转炉煤气 15～30 m³/t
钢，干法烟尘排放浓度不高于 10 mg/m³，净化后的煤气含尘量平均约 5 mg/Nm³。

炼钢转炉在吹炼期内产生大量高温烟气（即转炉煤气），烟气温度在 1 400～1 600℃，烟气
进入转炉烟道，烟气热量被炉口上方设置的烟道汽化冷却系统吸收，产生蒸汽。蒸汽经蓄热器
后，平稳向外界供应。蒸汽蓄热器的设置有效解决了转炉间歇性生产与连续性供汽的矛盾。
也有的钢铁企业在蓄热器后装置发电系统，利用回收的蒸汽发电供生产使用。图 6-31 所示
为转炉余热蒸汽余热发电工艺流程。转炉蒸汽回收系统的蒸汽发生量可达 80 kg/t 钢。

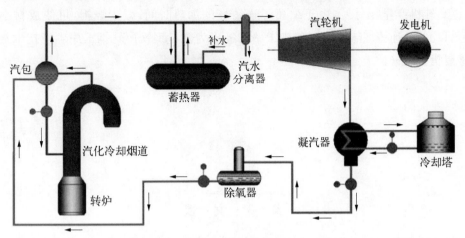

图 6-31　转炉余热蒸汽余热发电工艺流程

6.4.4.2　电炉烟气余热回收

电炉烟气余热基本以蒸汽形式回收，回收装置主要有两种：热管和余热锅炉。由于烟
道式余热锅炉占用位置庞大，设备制造成本较高，并因炼钢废气粉尘的磨损，造成换热管泄
漏；而热管技术具有热管换热系数高、设备钢材耗量小、投资低等特点，设备即使出现单根
或几根损坏，也不影响整个系统的运行。

图 6-32 所示为 70 t 电炉热管式烟气余热回收系统，该系统最大产汽 20 t/h 左右，年
回收约 1 万 t 标准煤。

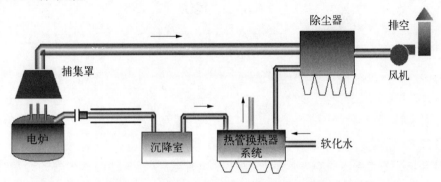

图 6-32　某钢厂电炉烟气余热回收系统示意

6.4.4.3　连铸坯热装热送

连铸坯热装热送技术是指连铸坯在 400℃ 以上的温度直接装入轧钢加热炉中。或者连铸坯先放入保温装置,经协调连铸与轧钢生产,在 400℃ 以上温度装入加热炉中。在轧钢采用的节能技术中热装热送效益明显,主要表现在:大幅度降低加热炉燃耗,减少烧损量,提高成材率,缩短产品生产周期等。连铸坯热装热送技术使得炼钢与轧钢更加紧密地联系起来,使之成为一体化的生产系统。

连铸坯热装热送技术可大幅降低轧钢加热炉加热连铸坯的能源消耗,减少钢坯的氧化烧损,提高轧机产量。另外,由于缩短了连铸坯的加热时间,减少烧损,可使成材率提高 0.5%～1.5%。连铸坯热装温度和热送率已经成为衡量钢铁厂轧钢工序生产技术管理水平的重要指标之一。

◇ 参 ◇ 考 ◇ 文 ◇ 献 ◇

[1]　上海市经济和信息化委员会.上海工业能效对标实用手册[R].2009.
[2]　上海市节能协会.上海工业重点节能技术指南[R].2014.

第 7 章

能源大数据应用
——石化行业

7.1 石化行业工艺介绍

7.1.1 行业概况

石油化工产业是利用石油和天然气的某些组分生产各种烯烃、芳烃,进而生产各种有机合成原料、合成树脂、合成橡胶以及合成氨等产品的多门类的工业部门。其特点是:技术密集、资金密集、产业关联度高、经济带动作用强。

石油化学工业简称石油化工,是化学工业的重要组成部分,在国民经济的发展中有着重要作用,是我国的支柱产业部门之一。石油化工指以石油和天然气为原料,生产石油产品和石油化工产品的加工工业。石油产品又称油品,主要包括各种燃料油(汽油、煤油、柴油等)和润滑油以及液化石油气、石油焦炭、石蜡、沥青等。生产这些产品的加工过程常被称为石油炼制,简称炼油。石油化工产品以炼油过程提供的原料油进一步化学加工获得。生产石油化工产品的第一步是对原料油和气(如丙烷、汽油、柴油等)进行裂解,生成以乙烯、丙烯、丁二烯、苯、甲苯、二甲苯为代表的基本化工原料。第二步是以基本化工原料生产多种有机化工原料(约200种)及合成材料(塑料、合成纤维、合成橡胶)。有机化工原料继续加工可制得更多品种的化工产品,习惯上不属于石油化工的范围。在有些资料里,以天然气、轻汽油、重油为原料合成氨、尿素,甚至制取硝酸也列入石油化工范畴。

7.1.2 发展现状

我国石油化工产业已形成完整体系,成为国民经济基础型支柱产业,在促进国民经济和社会发展中发挥着重要作用,产业规模也已跻身世界石油石化大国行列。

国有石油公司现代企业制度建设基本完成,在国内外成功上市,企业规模迅速扩大,资产结构趋于合理,竞争能力显著提高。中国石化、中国石油两大集团公司在2014年已位居世界500强的第3位和第4位。

我国石化产业增加值约占全球石化产业的12%,仅次于美国的约20%和欧盟的30%,居第3位。

1) 已进入世界石油石化大国行列,但总体竞争力不强

2010年,中国炼油能力达到5.50亿t/a,加工原油4.23亿t,生产汽油、煤油、柴油三大类油品2.53亿t,基本满足国内需求,部分产品出口。

乙烯自给率仅42%,丙烯自给率88%,合成树脂自给率66%,合成纤维自给率102%,合成橡胶自给率72%。

2) 国内市场需求增长迅速,资源供需矛盾突出

2010年中国原油产量达到2.03亿t,到2020年有可能稳定在2亿t左右的水平,更长远看,产量有逐步下降的风险。

石油消费迅速增长,国内增长潜力很小,石油进口依存度越来越大,2010年已超过55%,2020年可能会超过65%,2030年将超过70%。

3) 企业"走出去"取得初步成效,但国际化程度仍然较低

海外投资已扩展到油气勘探开发、生产销售、管道运输、炼油化工多个领域,工程技术服务业务市场规模不断扩大,自主开发市场能力不断增强。

油气资源"走出去",目前在海外已形成五个油气产区,权益油产量增长迅速,2010年达到5 937万t,2005—2010年年均增速达22%,占中国石油产量比例从12%提高到30%。

与国际一流的石油公司相比,我国企业国际化经营的比重仍然较低,国际化管理水平有待提高。

4) 环保与产品质量差距较大

产品质量主要是成品油在较短时间内实现了产品质量大幅度提高,但与发达国家相比仍有很大差距。

中国的油品质量比发达国家还落后2个档次以上,差距明显。在全球100多个国家柴油硫含量排名中,中国排在第72位。

5) 企业劳动力生产率较低,社会负担仍然较重

受历史原因和中国国情因素影响,中国石油石化企业从业人员相对较多,远高于国外石油大公司,导致劳动效率相对较低,人均石油产量与人均原油加工量指标远低于国外水平。

与国外同类企业相比,中国大型石油石化央企仍承担着较重的社会负担,上游企业最为明显。

7.1.3 生产过程特点

石化行业生产过程(图7-1)包括油气勘探、油气田开发、钻井工程、采油工程、油气集输、原油储运、石油炼制、化工生产、油品销售等,生产社会需要的汽油、煤油、柴油、润滑油、化工原料、合成树脂、合成橡胶、合成纤维、化肥等3 000多种石油、化工产品,与人们的衣、食、住、行密切相关。2000年,我国石化行业生产原油达到1.63亿t,加工原油2.1亿t。中国的三大石油石化集团公司——中国石化、中国石油和中国海洋石油集团公司固定资产已超过6 000亿元,从业人员超过200万人,石化行业在我国国民经济发展中起着举足轻重的作用。石化行业又是一个高风险的行业,有着自己的行业特点。

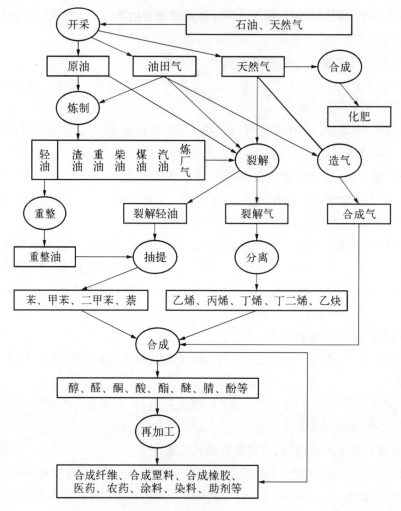

图7-1　石化行业生产过程

1）石化生产中涉及物料危险性大，发生火灾、爆炸、群死群伤事故概率高

石化生产过程中所使用的原材料、辅助材料、半成品和成品，如原油、天然气、汽油、液态烃、乙烯、丙烯等，绝大多数属易燃、可燃物质，一旦泄漏，易形成爆炸性混合物，发生燃烧、爆炸；许多物料是高毒或剧毒物质，如苯、甲苯、氰化钠、硫化氢、氯气等，这些物料若处置不当或发生泄漏，容易导致人员伤亡；石化生产过程中还要使用、产生多种强腐蚀性的酸、碱类物质，如硫酸、盐酸、氢氧化钠等，设备、管线腐蚀出现问题的可能性大；一些物料还具有自燃、暴聚特性，如金属有机催化剂、乙烯等。

2）石化生产工艺技术复杂，运行条件苛刻，易出现突发灾难性事故

石化生产过程中，需要经历很多物理、化学过程和传质、传热单元操作，一些过程控制条件异常苛刻，如高温、高压、低温、真空等。如蒸汽裂解的温度高达1 100℃，而一些深冷分离过程的温度低至−100℃以下；高压聚乙烯的聚合压力达350 MPa，涤纶原料聚酯的生产压力仅1～2 mmHg（1 mmHg＝0.133 kPa）；特别是在减压蒸馏、催化裂化、焦化等很多加工过程中,物料温度已超过其自燃点。这些苛刻条件,对石化生产设备的制造、维护以及人员素质都提出了严格要求,任何一个小的失误都有可能导致灾难性后果。

3) 装置大型化,生产规模大,连续性强,个别事故影响全局

石化生产装置呈大型化和单系列,自动化程度高,只要某一部位、某一环节发生故障或操作失误,就会牵一发而动全身。石化生产装置正朝大型化发展,单套装置的加工处理能力不断增强,如常减压装置能力已达 1 000 万 t/a,催化裂化装置能力最大为 800 万 t/a,乙烯装置能力将达 90 万 t/a。装置的大型化将带来系统内危险物料储存量的上升,增加风险。同时,石化生产过程的连续性强,在一些大型一体化装置区,装置之间相互关联,物料互供关系密切,一个装置的产品往往是另一装置的原材料,局部的问题往往会影响全局。

4) 装置技术密集,资金密集,发生事故财产损失大

石化装置由于技术复杂,设备制造、安装成本高,装置资本密集,发生事故时损失巨大。据有关资料对 1969—1997 年世界石化行业重大事故进行统计分析,发现单套装置的事故直接经济损失惊人。如 1989 年 10 月美国菲利普斯石油公司得克萨斯工厂发生爆炸,财产损失高达 8.12 亿美元;1988 年英国西方石油公司北海采油平台事故直接经济损失达 30 亿美元;2001 年巴西海上半潜式采油平台事故损失超过 5 亿美元。

7.1.4 主要产品生产工艺概况

石油产品中的汽油、煤油、柴油主要来自常减压蒸馏、催化裂化、延迟焦化、催化重整和加氢裂化等生产工艺和装置。为了提高油品的质量,将一次、二次石油加工生产装置产生的汽油、煤油、柴油等油品再经过加氢精制工艺和装置的处理,生产出优质的石油产品。

1) 常减压蒸馏

蒸馏生产原理是利用原油各组分有不同沸点的特性,将原油加热到一定温度,然后送入分馏塔内,在高温常压(即常压蒸馏)或减压真空(即减压蒸馏)条件下,按组分沸点的差别,把原油分割成不同的馏分,经冷凝冷却成为各种油品或中间产品,主要有直馏汽油、铂重整原料、溶剂油、石脑油、航空煤油、柴油、燃料油、催化裂化原料、润滑油原料,部分产品可作为成品直接出厂,大部分产品是半成品。

2) 催化裂化

催化裂化是将石油中的重质部分通过催化剂的作用,在一定温度、压力条件下,经过一系列的化学反应,生产汽油、柴油、液化气、化工原料、瓦斯等轻质产品,是实现石油深度加工、提高石油加工经济效益的重要生产装置之一。

催化裂化的主要工艺流程:反应、催化剂再生、分馏、吸收稳定等;延伸的流程:液化气和汽油精制、干气脱硫和气体分馏。

3) 延迟焦化

延迟焦化是将原料油以很高的流速在高热强度的条件下,在强烈湍流状态下快速通过

加热炉炉管,在短时间内通过渣油的临界裂解温度范围,达到焦化反应温度,并迅速离开加热炉炉管进入焦炭塔的反应空间,使裂化缩合等反应延迟到焦炭塔内进行。

延迟焦化的主要工艺流程:延迟焦化、分馏、吸收稳定等;延伸的流程:液化气、干气脱硫。

4) 催化重整

催化重整是炼油和石油化工工业生产高辛烷值汽油组分和轻质芳烃的主要工艺过程,副产氢气,是加氢过程的主要氢气来源。装置将 C6~C11 石脑油馏分,在一定的条件和催化剂作用下,进行环烷脱氢、异构化等多种反应,使环烷烃和部分烷烃主要转化成芳烃,同时副产氢气。

催化重整的主要工艺流程:原料预处理(预分馏和预加氢)、催化重整反应、催化剂再生、油气分离。

5) 加氢裂化

加氢裂化是重油深度加工的主要技术之一,即在催化剂存在的条件下,在高温及较高的氢分压下,使 C—C 键断裂的反应,可以使大分子烃类转化为小分子烃类,使油品变轻的一种加氢工艺。

加氢裂化的主要工艺流程:反应、分馏、吸收稳定和脱硫及溶剂再生。

6) 加氢精制

加氢精制是各种油品在氢压下进行催化改质的一个通称。加氢精制广泛应用于处理各种直馏的和二次加工的石脑油、煤油、柴油润滑油和石蜡成品。其主要目的是对油品进行脱硫、脱氮、脱氧、烯烃饱和、芳烃饱和以脱除金属和沥青杂质等,改善油品的气味、颜色和安定性,防止腐蚀,进一步提高油品质量,满足环保对油品的使用要求。主要应用加氢精制的工艺有:汽柴油加氢精制、航煤加氢精制、石蜡加氢精制和润滑油加氢精制。

7.2　主要供能或耗能工质系统情况

炼油的生产用能主要是燃料(油+气)、电力、热力和催化烧焦。燃料和催化烧焦来自原油加工过程。热力(1.0 MPa、3.5 MPa 蒸汽)一部分来自自备电厂,采取热电联产运行方式,另一部分来自炼油生产装置的余热、锅炉发汽、蒸汽发生器发汽和汽轮机做功后的排汽。绝大部分电力则由社会电网购入,很少部分来自炼油生产装置的余压发电(装置自用)。

蒸汽、电力和新水(自来水)是企业购入的主要能源,生产工艺用热的压力为 0.35~3.5 MPa;用水水源由自来水和地表水构成。

7.3 石化行业产品能效对标

7.3.1 乙烯能效对标

7.3.1.1 能效对标指标组成

1) 关键指标框架

乙烯综合能耗指标是反映乙烯生产企业能源利用水平的重要依据,是指报告期每生产1 t合格乙烯产品的综合能源消费量。

影响乙烯综合能耗的关键指标有原料品质、裂解技术、分离工艺和配套设施等。乙烯综合能耗对标指标体系框架如图7-2所示。

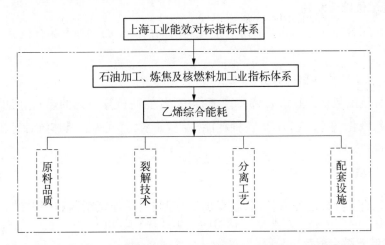

图7-2 石油加工、炼焦及核燃料加工业能效对标
指标体系框架——乙烯综合能耗

2) 对标指标和标杆值

乙烯综合能耗指标见表7-1。

表7-1 乙烯综合能耗

指标名称	指标值(kg 标准油/t)	典型企业/地区	指标说明
上海市平均*	827.5	—	
上海市先进	740	上海石化2#	
国内先进	580	扬 巴	

（续表）

指标名称	指标值（kg 标准油/t）	典型企业/地区	指标说明
国际先进	440	日　本	
限　　额	850	—	上海市参考限额

* 上海乙烯生产企业主要有上海石化、上海赛科等，乙烯产品的综合能源消费量分别为 100 万 t 标准煤和 90 万 t 标准煤左右。上海石化 2# 为 20 世纪 80 年代引进装置，经过几轮技术改造已经超出设备设计值；上海赛科乙烯生产受外部实际条件的影响（裂解炉运行周期和初分馏系统塔内件损坏产生的约束），尚未达到设计水平。

7.3.1.2　术语和定义

1）综合耗能量

报告期内从原料进入工艺装置开始至乙烯成品入库的生产全过程中，燃料和动力消耗的各种能源及耗能工质折算成标准油后的总和。

2）乙烯单位综合能耗

乙烯单位综合能耗指乙烯装置综合能耗与同期内产出的该种产品合格品总量的比值。

7.3.1.3　统计范围和计算方法

指标统计范围包括：① 在乙烯生产流程中，各能耗核算单元的燃料和动力消耗能源，如电、甲烷烃、液化气、蒸汽等；② 各种耗能工质，如水、氮气等。具体统计范围和计算方法按下述规定进行。

1）乙烯产量计算

（1）乙烯产品产量计算单位采用同行业及上级管理部门要求相一致的单位：t。

（2）乙烯产品产量以本企业检验合格品产量计算，记为 M。

2）乙烯装置综合能耗

（1）原料预热脱砷单元综合能耗 E_1。

（2）裂解炉区综合能耗 E_2。

（3）急冷却单元综合能耗 E_3。

（4）裂解汽油加氢单元综合能耗 E_4。

（5）压缩单元综合能耗 E_5。

（6）分离单元综合能耗 E_6。

（7）产品罐区综合能耗 E_7。

乙烯装置综合能耗按下式计算

$$E = \sum_{s=1}^{n} E_s \tag{7-1}$$

式中,E 为报告期内乙烯综合能耗,t 标准油;E_s 为报告期内乙烯第 s 核算单元综合能耗,t 标准油;n 为报告期内乙烯能耗核算单元数。

3) 乙烯单位综合能耗

乙烯单位综合能耗按下式计算

$$e = \frac{E}{M} \times 1\,000 \tag{7-2}$$

式中,e 为报告期内乙烯单位综合能耗,kg 标准油/t。

7.3.1.4 乙烯综合能耗影响因素及先进节能技术

1) 节能基础管理

乙烯生产企业管理主要应遵循以下原则:

(1) 重视能源计量管理。能源计量管理是企业开展工作的最基础环节,是企业开展节能降耗工作的前提条件。

(2) 做好能耗统计分析。通过企业能耗统计分析,对企业总体用能情况有全局和重点的把握,为技术和工艺改进指明方向。

(3) 制定用能考核制度。建立科学合理的用能考核制度,明确用能奖惩方案,将节能效果与员工业绩挂钩,推动全员节能。

(4) 设备配置要合理,从而减少设备维修或待机次数,提高生产率。

(5) 重视员工的设备知识培训。通过主要负责人和技术人员出国考察培训,提升技术水平和管理理念,提升员工对设备的操作和管理水平。

(6) 重视技术改进,不断提高设备技术性能。技术改进是节能管理中的重中之重,要及时发现问题、分析问题、解决问题。

2) 节能技术管理(表 7-2)

表 7-2 乙烯生产节能技术管理

影响因素	说　明
原料品质	原料品质是影响乙烯综合能耗的重要因素,将减压柴油 VGO 替换为加氢尾油 HVGO,可使乙烯能耗下降 10% 左右
裂解技术	裂解技术是乙烯生产的关键技术之一,对乙烯的能耗有重要的影响
分离工艺	乙烯分离工艺含急冷区、压缩区、冷区、热区四个区,包括顺序分离、前脱乙烷、前脱丙烷三个流程
配套设施	乙烯生产配套设施主要是指热电联产装置和火炬气回收装置等的配套

注: 详细内容请参阅文献[3]。

3）先进适用的节能技术（表7-3）

表7-3 乙烯生产先进适用的节能技术

关键技术与设备	节能原理	节能效果
裂解炉设备	新型大裂解炉设备提高炉管传热系数、预热燃料和燃烧空气、提高炉本体隔热效果；在保证生产能力和运行周期条件下，提高辐射裂解反应选择性以提高乙烯收率并降低能耗。新型燃烧器、提高炉本体密闭性、在线氧含量分析等以降低空气过剩系数从而减少烟气排放量并减少热损失。新型浴缸式急冷锅炉入口端气流分布的改进使裂解气的停留时间从0.040 s减少到0.012 s，二级甚至三级急冷锅炉流程既增加余热回收以多产蒸汽，又延长运行周期	—
先进控制技术	采用DCS/ESD、DCS/SIS及APC控制系统，使裂解炉生产运行更加平稳，操作条件更加舒适，管理水平更加先进	专用SPYRO和通用ASPEN软件的开发使乙烯选择性和热效率提高1%
裂解炉-IGCC-SOFC联合	固体氧化物燃料电池SOFC是采用廉价固体氧化物电化学反应直接将化学能转为电能；整体煤气化联合循环（IGCC）发电系统是将煤气化和联合循环结合的工艺，IGCC是将煤气化和净化送燃气轮机并驱动燃气透平做功，排气进余热锅炉产生蒸汽驱动蒸汽轮机	按乙烯1.0 Mt/a和电量50 MW考虑，与IGCC-SOFC联合，可使总燃料节约5.89%，但联合工艺正处于研究阶段，尚无工业应用实例
裂解气压缩机	压缩机一段入口压力由0.13 MPa提高到0.14 MPa，功率下降3%，而且降低段间阻力可再降功率4.5%	机械加工的进步使大型离心式压缩机多变效率从78%提高到85%以上
非严格分离流程	将中间组分不严格分离，仅在塔顶、塔底中分配以减少冷量	非严格分离流程降低20%制冷功率
分凝分离技术	分凝分离器具有同时传热和传质的性能，以分凝分离器为核心的ARS技术和新开发的热集成精馏HRS技术使冷量的利用更趋合理，分凝分离器相当于10块理论板	ARS/HRS分离技术比常规技术节省25%冷量
碳三系统流程	常规碳三加氢包括固定床反应器、泵、冷却器、精馏塔等，而专利商Lummus公司催化精馏加氢流程1台催化精馏塔可完成碳三加氢反应，减少85%设备	加氢选择性由固定床50%提高到催化精馏70%；催化精馏加氢移走35%氢气，可减少15%冷量
多元制冷	分离所需冷量通常由丙烯、乙烯、甲烷三机复叠制冷提供，温度曲线为阶梯形。采用多元冷剂并调整比例可使曲线改为平滑连续形，减少传热平均温差，提高热力学效率	三元混合冷剂摩尔分数：丙烯36%、乙烯42%和甲烷22%；以680 kt/a乙烯装置为例，三元制冷节省功率5 200 kW，节省7%功率
精馏塔结构	与增加处理能力多降液管MD塔板不同，精馏塔改造是采用高效塔板代替常规塔板并采用"四代三"或"三代二"增加实际塔板数，从两方面增加理论板数以降低回流比	乙烯分离流程急冷区、压缩区、冷区、热区等节能技术的采用，可节省2.95%能耗
余能回收	热电联储及火炬气回收，可间接降低能耗	回收能约占总能耗的1.5%

7.3.2 高密度聚乙烯能效对标

7.3.2.1 能效对标指标组成

1) 关键指标框架

高密度聚乙烯综合能耗指标是反映高密度聚乙烯生产企业能源利用水平的重要依据，是指报告期每生产1 t合格高密度聚乙烯产品的综合能源消费量。

影响高密度聚乙烯综合能耗的关键指标有冷却水的消耗、蒸汽的消耗、电的消耗、氮气的消耗等。高密度聚氯乙烯综合能耗对标指标体系框架如图7-3所示。

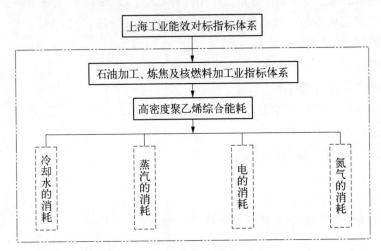

图7-3 石油加工、炼焦及核燃料加工业能效对标指标体系框架——高密度聚乙烯综合能耗

2) 对标指标和标杆值

高密度聚乙烯综合能耗指标见表7-4。

表7-4 高密度聚乙烯综合能耗

指标名称	指标值(kg标准油/t)	典型企业/地区	指标说明
上海市平均	337	—	
上海市先进	233.6	上海石化2#	
国内先进	233.6	上海石化2#	
国际先进	107.1	欧　洲	
限　额	350	—	上海市参考值

7.3.2.2 术语和定义

1) 综合耗能量

报告期内从乙烯等原料进入工艺装置至聚乙烯成品入库的生产全过程中，燃料和动力

消耗的各种能源及耗能工质折算成标准油后的总和。

2）高密度聚乙烯单位综合能耗

高密度聚乙烯单位综合能耗指高密度聚乙烯装置综合能耗与同期内产出的该种产品合格品总量的比值。

7.3.2.3　统计范围和计算方法

指标统计范围包括：在聚乙烯生产流程中，各能耗核算单元的燃料和动力消耗能源（如电、蒸汽等）以及各种耗能工质（如水、氮气等）。

1）高密度聚乙烯产量计算

（1）高密度聚乙烯产品产量计算单位采用同行业及上级管理部门要求相一致的单位：t。

（2）高密度聚乙烯产品产量以本企业检验合格品产量计算，记为 M。

2）高密度聚乙烯装置综合能耗

（1）原料精制单元综合能耗 E_1。

（2）催化剂单元综合能耗 E_2。

（3）聚合反应单元综合能耗 E_3。

（4）树脂脱气单元综合能耗 E_4。

（5）排、放气回收单元综合能耗 E_5。

（6）造粒单元综合能耗 E_6。

（7）产品包装单元综合能耗 E_7。

高密度聚乙烯装置综合能耗按下式计算

$$E = \sum_{s=1}^{n} E_s \qquad (7-3)$$

式中，E 为报告期内高密度聚乙烯装置综合能耗，t 标准油；E_s 为报告期内高密度聚乙烯生产流程中第 s 核算单元综合能耗，t 标准油；n 为报告期内高密度聚乙烯装置生产流程中能耗核算单元数。

3）高密度聚乙烯单位综合能耗

高密度聚乙烯单位综合能耗按下式计算

$$e = \frac{E}{M} \times 1\,000 \qquad (7-4)$$

式中，e 为报告期内高密度聚乙烯单位综合能耗，kg 标准油/t。

7.3.2.4　高密度聚乙烯综合能耗影响因素及先进节能技术

1）节能基础管理

高密度聚乙烯生产企业节能管理主要应遵循以下原则：

（1）重视能源计量管理。能源计量管理是企业开展工作的最基础环节，是企业开展节能降耗工作的前提条件。以《用能单位能源计量器具配备和管理通则》中对计量器具配备率要求为底线,尽可能建立涵盖企业能源消费品种(如电力、石脑油、燃料油、天然气、蒸汽等)的三级计量网络体系。建立完善的能源计量器具管理档案。

(2) 做好能耗统计分析。通过企业能耗统计分析,对企业总体用能情况有全局和重点的把握,为技术和工艺改进指明方向。做到整个企业、车间及大型用能设备每月都有统计报表,为查找能耗数据异常情况提供及时可靠的数据,并为企业的用能考核提供数据依据。

(3) 制定用能考核制度。建立科学合理的用能考核制度,明确用能奖惩方案,将节能效果与员工业绩挂钩,推动全员节能。根据每月的能源统计报表,组织会议讨论,以各装置/车间每月实际值对比其目标值分析差异,将经验结论共享,半年及年终进行总结,并与同行业进行对比。

2) 节能技术管理(表 7 - 5)

表 7 - 5　高密度聚乙烯生产节能技术管理

影响因素	说　明
冷却水的消耗	冷却水的能耗量大约为高密度聚乙烯生产装置的 11%
蒸汽的消耗	蒸汽的能耗量大约为高密度聚乙烯生产装置的 32%
电的消耗	电的能耗量大约为高密度聚乙烯生产装置的 53%
氮气的消耗	氮气的能耗量大约为高密度聚乙烯生产装置的 2%

3) 先进适用的节能技术(表 7 - 6)

表 7 - 6　高密度聚乙烯生产先进适用的节能技术

关键技术与设备	节 能 原 理	节 能 效 果
母液循环比增加	母液循环比增加使母液返回量增加,减少了回收工段母液压缩塔负荷以及中压蒸汽消耗,从而达到节能效果	母液循环比由 50% 增加到 74%,蒸汽耗量相应减少了 0.84 t/h
调整尾气压缩机出口压力	降低压缩机压力可节省一部分电能	压缩机空气压力可由 1.2 MPa 降低到 0.4 MPa
己烷含水量	己烷含水量超标会造成分子筛干燥器再生频繁,控制己烷含水量,可降低分子筛干燥器再生次数,从而节约高压蒸汽和电能	分子筛再生次数由每年 21 次降低到 3 次,大约可减少 80% 的蒸汽消耗和 78% 的电量消耗,节能效果明显

7.3.3　丙烯酸能效对标

7.3.3.1　能效对标指标组成

1) 关键指标框架

丙烯酸能效对标指标由产品能效核心指标和产品的单项能耗指标组成。产品能效核心指标为丙烯酸单位产品综合能耗。丙烯酸生产的主要生产工序为原料气制备、一步氧化、二步氧化、冷却吸收。二级指标有丙烯酸耗电、丙烯酸耗汽。

丙烯酸能效对标指标体系框架如图7-4所示。

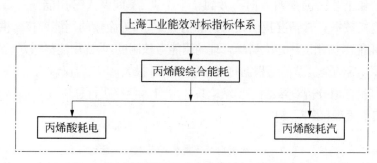

图7-4 丙烯酸能效对标指标体系框架

2) 对标指标和标杆值

丙烯酸能效指标见表7-7～表7-9。

表7-7 丙烯酸综合能耗

指标名称	指标值(kg 标准煤/t)	典型企业/地区	指标说明
上海市平均	135	—	
上海市先进	126	丙烯酸	
国内先进	90	巴斯夫	
国际先进	90	巴斯夫	
限　额	135	—	上海市参考值

表7-8 丙烯酸电耗

指标名称	指标值(kW·h/t)	典型企业/地区	指标说明
上海市平均	130	—	
上海市先进	125	丙烯酸	
国内先进	42	巴斯夫	

表7-9 丙烯酸汽耗

指标名称	指标值(kg 标准煤/t)	典型企业/地区	指标说明
上海市平均	210	—	
上海市先进	200	丙烯酸	
国内先进	190	巴斯夫	

7.3.3.2 术语和定义

1) 丙烯酸生产系统

由原料气制备、一步氧化、二步氧化、冷却吸收工序组成的工艺过程和设备。

2) 丙烯酸辅助生产系统

为生产系统工艺装置配置的工艺过程、设施和设备,包括废气和废水焚烧、动力、供电、机修、供水、供气、仪表以及安全等装置。

3) 丙烯酸附属生产系统

为生产系统专门配置的生产指挥系统(厂部)和厂区内为生产服务的部门和单位,包括办公室、操作室、休息室、更衣室、中控分析、成品检验等设施。

4) 丙烯酸生产界区

从原料气制备、一步氧化、二步氧化、冷却吸收到成品储存的生产过程,由生产系统工艺装置、辅助生产系统和附属生产系统设施三部分组成。

5) 丙烯酸产品能源消耗总量

报告期内,丙烯酸产品生产全部过程中的能源消耗量。

注意:能源消耗总量指生产系统、辅助生产系统和附属生产系统的各种能源消耗量和损失量之和,不包括基建、技改等项目建设消耗的、生产界区内回收利用的和向外输出的能源消耗量。

6) 丙烯酸单位产品综合能耗

用丙烯酸单位产量表示的综合能耗,即直接消耗的能源量以及分摊到该产品的辅助生产系统、附属生产系统的能耗量和体系内的能耗损失量。

7) 丙烯酸单位产品单项能耗

用单位产量表示的电、汽消耗,即直接消耗的电、汽以及分摊到该产品的辅助生产系统、附属生产系统的能耗量和体系内的电、汽损失量。

7.3.3.3 计算范围和计算方法

1) 能耗数据计算范围

(1) 丙烯酸产品生产系统能耗量应包括丙烯酸生产界区内实际消耗的一次能源量和二次能源量。耗能工质(如水、压缩空气等)不论是外购的还是自产的,均不应统计在能耗量中。但是,在丙烯酸生产中耗能工质所消耗的能源,应统计在能耗量中。

(2) 未包括在丙烯酸生产界区内的企业辅助生产系统、附属生产系统能耗量和损失量应按消耗比例法分摊到丙烯酸生产系统内。

(3) 各种能源的热值应折合为统一的计量单位——kg 标准煤。各种能源的热值以企业在报告期内实测的热值为准。没有实测条件的,可采用 GB/T 2589—2008《综合能耗计算通则》附录中给定的各种能源折标准煤参考系数。

(4) 能源消耗量的统计、核算应包括各个生产环节和系统,既不应重复,也不应漏计。

2）能耗计算方法

（1）丙烯酸综合能耗的计算。

$$E_{ZH} = E_1 + E_2 + E_3 - E_4 \tag{7-5}$$

式中，E_{ZH}为报告期内丙烯酸综合能耗，t标准煤；E_1为报告期内丙烯酸直接生产系统综合能耗，t标准煤；E_2为报告期内企业辅助生产系统按合理规定分摊到丙烯酸生产的综合能耗，t标准煤；E_3为报告期内企业附属生产系统按合理规定分摊到丙烯酸生产的综合能耗，t标准煤；E_4为报告期内向丙烯酸生产系统界区外供应的余热余压能量，t标准煤。

以上各种综合能耗的计算应符合《综合能耗计算通则》中的规定。

（2）丙烯酸单位产品综合能耗的计算。丙烯酸单位产品综合能耗应按下式计算

$$e_{dh} = \frac{E_{ZH}}{M} \times 1\,000 \tag{7-6}$$

式中，e_{dh}为报告期内丙烯酸单位产品综合能耗，kg标准煤/t；E_{ZH}为报告期内丙烯酸综合能耗，t标准煤；M为报告期内丙烯酸产量，t。

（3）丙烯酸单项能耗的计算。参照丙烯酸单位产品综合能耗的计算方法。

7.3.3.4 指标影响因素和最新节能技术

1）节能基础管理

制定产品能耗定额，每月进行考核。企业应根据《用能单位能源计量器具配备和管理通则》配备能源计量器具并建立能源计量管理制度。

2）节能技术管理

（1）经济运行。企业应使生产通用设备达到经济运行的状态，对电动机的经济运行管理应符合GB/T 12497—2006《三相异步电动机经济运行》的规定；对风机、泵类和空气压缩机的经济运行管理应符合GB/T 13466—2006《交流电气传动风机（泵类、空气压缩机）系统经济运行通则》的规定；对电力变压器的经济运行管理应符合GB/T 13462—2008《电力变压器经济运行》的规定。对各种管网应加强维护管理，防止跑、冒、滴、漏的现象发生。

（2）氧化工序。严格控制工艺参数，确保催化剂活力，提高氧化率。充分回收反应余热，加强冷凝水的回收。

（3）耗能设备。

① 企业应提高电机系统通用设备的能效，用高效节能设备更新淘汰高耗能设备。年运行时间大于3 000 h的设备，电动机的能效应达到GB 18613—2012《中小型三相异步

电动机能效限定值及能效等级》节能评价值的水平；通风机的能效应达到 GB 19761—2009《通风机能效限定值及能效等级》节能评价值的水平。应使电动机运行在额定负载的 75%~80%。

② 企业应提高变电和配电设备的能效，配电变压器的能效应达到 GB 20052—2013《三相配电变压器能效限定值及能效等级》节能评价值的水平。变电和配电应采用低压集中补偿的方法，采用补偿电容，提高功率因数。

③ 企业应提高照明系统的能效，电光源及镇流器应选用能效值达到相关能效标准节能评价值的产品。

3）最新实用节能技术

（1）废气催化氧化治理。废气原来采用高温焚烧治理，其原理是废气在焚烧炉中用液化石油气进行热力焚烧。其缺点是能耗高，正常操作液化气消耗量为 170 Nm^3/h，折标准煤为每小时 0.729 t，且要排放 SO_2 和 NO_x。

催化氧化法是指在催化剂的作用下，废气中的有机物进行深度无烟氧化，生成二氧化碳和水。由于反应速度快、反应浓度低，因此该法不仅比焚烧法节能，而且二次污染物 NO_x 的产生量也大大减少，年运行费用比焚烧法节省一半以上。

（2）高效丙烯酸催化剂。由兰州石化公司石油化工研究院科研人员自主研发的一种复合多金属氧化物催化剂被国家知识产权局授予专利金奖。该复合多金属氧化物催化剂是丙烯氧化制丙烯醛、丙烯酸催化剂的核心技术。丙烯氧化制丙烯醛、丙烯酸催化剂属于一种多元复合氧化物，主要应用于丙烯氧化制丙烯醛、丙烯酸，异丁烯氧化制甲基丙烯醛等反应中。

（3）废水生物处理工艺。焚烧处理法可以保证处理效果，但是每处理 20 t 废水，除回收 14 t 工艺水外，要排放含 Na_2SO_4、Na_2CO_3、NaCl 废水 6 t，这部分水含盐浓度 6% 左右，对环境造成一定程度污染。废水焚烧后排气含有 Na_2CO_3、NaCl（0.7g/m^3），采用一般技术很难捕集，污染周围大气。

采用生物处理方法，吨水处理成本比焚烧处理法可以降低 79 元。

7.3.4　精对苯二甲酸能效对标

7.3.4.1　能效对标指标组成

1）关键指标框架

精对苯二甲酸能效对标指标由产品能效核心指标和主要能源单耗的二级指标组成。产品能效核心指标为精对苯二甲酸单位产品综合能耗。精对苯二甲酸生产的主要生产工艺为氧化、加氢精制、分离、结晶和干燥等工序。二级指标为精对苯二甲酸耗蒸汽和精对苯二甲酸耗电。

精对苯二甲酸能效对标指标体系框架如图 7-5 所示。

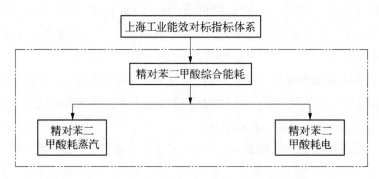

图 7-5　精对苯二甲酸能效对标指标体系框架

2) 对标指标和标杆值

精对苯二甲酸能效指标见表 7-10～表 7-12。

表 7-10　精对苯二甲酸综合能耗(等价值)

指标名称	指标值(kg 标准煤/t)	典型企业/地区	指标说明
上海市平均	220	—	
上海市先进	162	亚东	
国内先进	162	亚东	
国际先进	150		
限额	240	—	上海市参考值

表 7-11　精对苯二甲酸汽耗

指标名称	指标值(kg/t)	典型企业/地区	指标说明
上海市平均	1 000	—	
上海市先进	1 000	亚东	
国内先进	1 000	亚东	
国际先进	800		

表 7-12　精对苯二甲酸电耗

指标名称	指标值(kW·h/t)	典型企业/地区	指标说明
上海市平均	200	—	
上海市先进	200	亚东	
国内先进	200	亚东	
国际先进	170		

7.3.4.2 术语和定义

1）精对苯二甲酸生产系统

由氧化、加氢精制、分离、结晶和干燥工序组成的完整工艺过程和设备。

2）精对苯二甲酸辅助生产系统

为生产系统工艺装置配置的工艺过程、设施和设备以及催化剂回收单元回收装置，包括供汽、供电、仪表和厂内原料场地以及安全、环保等装置。

3）精对苯二甲酸附属生产系统

为生产系统专门配置的生产指挥系统（厂部）和厂区内为生产服务的部门和单位，包括办公室、操作室、休息室、更衣室、中控分析、成品检验等设施。

4）精对苯二甲酸生产界区

从氧化、加氢精制、分离、结晶、干燥到成品包装入库的生产过程，由生产系统工艺装置、辅助生产系统和附属生产系统设施三部分组成。

5）精对苯二甲酸产品能源消耗总量

报告期内，精对苯二甲酸产品生产全部过程中的能源消耗量。

注意：能源消耗总量指生产系统、辅助生产系统和附属生产系统的各种能源消耗量和损失量之和，不包括基建、技改等项目建设消耗的、生产界区内回收利用的和向外输出的能源消耗量。

6）精对苯二甲酸单位产品综合能耗

用精对苯二甲酸单位产量表示的综合能耗，即直接消耗的能源量以及分摊到该产品的辅助生产系统、附属生产系统的能耗量和体系内的能耗损失量。

7）精对苯二甲酸单位产品耗蒸汽

用精对苯二甲酸单位产量表示的蒸汽消耗。

8）精对苯二甲酸单位产品耗电

用精对苯二甲酸单位产量表示的电量消耗。

7.3.4.3 计算范围和计算方法

1）能耗数据计算范围

（1）精对苯二甲酸产品生产系统能耗量应包括精对苯二甲酸生产界区内实际消耗的一次能源量和二次能源量。耗能工质（如水、压缩空气等）不论是外购的还是自产的，均不应统计在能耗量中。但是，在精对苯二甲酸生产中耗能工质所消耗的能源，应统计在能耗量中。

（2）未包括在精对苯二甲酸生产界区内的企业辅助生产系统、附属生产系统能耗量和损失量应按消耗比例法分摊到精对苯二甲酸生产系统内。

（3）回收利用精对苯二甲酸生产界区内产生的余热、余能，不应计入能耗量中。供界区外装置回收利用的，应按其实际回收的能量从本界区内能耗中扣除。

（4）各种能源的热值应折合为统一的计量单位——kg 标准煤。各种能源的热值以企业在报告期内实测的热值为准。没有实测条件的,可采用《综合能耗计算通则》附录中给定的各种能源折标准煤参考系数。

(5) 能源消耗量的统计、核算应包括各个生产环节和系统,既不应重复,也不应漏计。

2) 能耗计算方法

(1) 精对苯二甲酸综合能耗的计算。

$$E_{ZH} = E_1 + E_2 + E_3 - E_4 \qquad (7-7)$$

式中,E_{ZH} 为报告期内精对苯二甲酸综合能耗,t 标准煤;E_1 为报告期内精对苯二甲酸直接生产系统综合能耗,t 标准煤;E_2 为报告期内企业辅助生产系统按合理规定分摊到精对苯二甲酸生产的综合能耗,t 标准煤;E_3 为报告期内企业附属生产系统按合理规定分摊到精对苯二甲酸生产的综合能耗,t 标准煤;E_4 为报告期内向精对苯二甲酸生产系统界区外供应的余热余压能量,t 标准煤。

以上各种综合能耗的计算应符合《综合能耗计算通则》中的规定。

(2) 精对苯二甲酸单位产品综合能耗的计算。精对苯二甲酸单位产品综合能耗应按下式计算

$$e_{dh} = \frac{E_{ZH}}{M} \times 1\,000 \qquad (7-8)$$

式中,e_{dh} 为报告期内精对苯二甲酸单位产品综合能耗,kg 标准煤/t;E_{ZH} 为报告期内精对苯二甲酸综合能耗,t 标准煤;M 为报告期内精对苯二甲酸产量,t。

(3) 精对苯二甲酸单位产品耗蒸汽的计算。精对苯二甲酸单位产品耗蒸汽应按下式计算

$$e_y = \frac{E_Y}{M} \times 1\,000 \qquad (7-9)$$

式中,e_y 为报告期内精对苯二甲酸单位产品耗蒸汽,kg 蒸汽/t;E_Y 为报告期内精对苯二甲酸耗蒸汽,t;M 为报告期内精对苯二甲酸产量,t。

(4) 精对苯二甲酸单位产品耗电的计算。精对苯二甲酸单位产品综合能耗应按下式计算

$$e_d = \frac{E_D}{M} \times 1\,000 \qquad (7-10)$$

式中,e_d 为报告期内精对苯二甲酸单位产品耗电,kW·h/t;E_D 为报告期内精对苯二甲酸用电量,1 000 kW·h;M 为报告期内精对苯二甲酸产量,t。

7.3.4.4　指标影响因素和最新节能技术

1) 节能基础管理

企业应定期对精对苯二甲酸产品综合能耗、单位产品综合能耗进行考核,并把考核指

标分解落实到各基层部门,建立用能责任制度。

企业应根据《用能单位能源计量器具配备和管理通则》配备能源计量器具并建立能源计量管理制度。

2) 节能技术管理

(1) 经济运行。企业应使生产通用设备达到经济运行的状态,对电动机的经济运行管理应符合《三相异步电动机经济运行》的规定;对风机、泵类的经济运行管理应符合《交流电气传动风机(泵类、空气压缩机)系统经济运行通则》的规定;对电力变压器的经济运行管理应符合《电力变压器经济运行》的规定。

对各种管网应加强维护管理,防止跑、冒、滴、漏的现象发生。

(2) 氧化反应工序。严格控制反应温度、溶剂比、停留时间、含水量等工艺参数,满足氧化反应、结晶粒径、溶剂消耗等方面的要求,提高产量。充分利用过程余热,用于精馏,降低一次能源消耗。

(3) 加氢精制工序。严格控制浆料浓度、反应温度、氢气分压等工艺参数,确保催化剂活性,提高加氢效率,降低能源单耗。

(4) 耗能设备。

① 企业应提高电机系统通用设备的能效,用高效节能设备更新淘汰高耗能设备。年运行时间大于 3 000 h 的设备,电动机的能效应达到《中小型三相异步电动机能效限定值及能效等级》节能评价值的水平;通风机的能效应达到《通风机能效限定值及能效等级》节能评价值的水平。应使电动机运行在额定负载的 75%～80%。

② 企业应提高变电和配电设备的能效,配电变压器的能效应达到《三相配电变压器能效限定值及能效等级》节能评价值的水平。变电和配电应采用低压集中补偿的方法,采用补偿电容,提高功率因数。

③ 企业应提高照明系统的能效,电光源及镇流器应选用能效值达到相关能效标准节能评价值的产品。

3) 最新实用节能技术

(1) 精对苯二甲酸氧化反应器国产化。氧化反应器的设计结构和焊接工艺都较复杂,控制点多,反应温度高,且物料中醋酸、催化剂等腐蚀性较强,工艺条件较为苛刻。

近 20 年来,我国的精对苯二甲酸生产工艺技术和装置一直依赖进口,国内自主开发能力薄弱。目前我国已打破了国外对我国大型精对苯二甲酸装置关键设备的技术壁垒,通过自主创新,将精对苯二甲酸氧化反应器国产化后,一台百万吨级精对苯二甲酸氧化器售价仅为同类进口产品的一半,大大降低了我国精对苯二甲酸装置的投资成本和产品成本,可促进我国聚酯工业和化纤工业发展,提升我国钛材料设备技术装备水平。

(2) 精制单元污水二次回用。在精对苯二甲酸主流生产技术中,精制单元在生产工艺上都需要使用大量脱离子水作为生产溶剂,降低外排污水量是精对苯二甲酸装置降本节能的关键。

目前,精对苯二甲酸装置脱离子水的使用都采用一次性的使用方案,国内同类装置中还没有废水二次利用的先例。美国 MOTT 公司成功研制出了一种利用金属粉末烧结的过滤装置,可有效回收外排污水中的精对苯二甲酸固体,有效降低了污水处理难度,极大地节约了水资源。

7.3.5　炼油能效对标

7.3.5.1　能效对标指标组成

1) 关键指标框架

炼油综合能耗指标是反映炼油生产企业能源利用水平的重要依据,是指报告期内企业每加工 1 t 原油的能源消费量。

影响炼油综合能耗的关键指标有原料条件、装备规模和水平以及余能回收水平等。炼油综合能耗对标指标体系框架如图 7-6 所示。

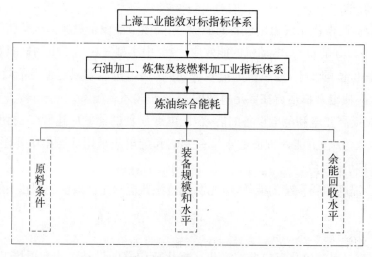

图 7-6　炼油综合能耗对标指标体系框架

2) 对标指标和标杆值

炼油综合能耗指标见表 7-13。

表 7-13　炼油综合能耗

指标名称	指标值(kg 标准油/t)	典型企业/地区	指标说明
上海市平均	78	—	
上海市先进*	69.76	上海高桥石化	
国内先进	58.31	镇海炼化	

（续表）

指标名称	指标值（kg 标准油/t）	典型企业/地区	指标说明
国际先进	58.31	镇海炼化	
限　额	80	—	上海市参考值

＊ 主要改进建议有：加强对物料管线蒸汽伴热的管理；生产方案和作业计划的优化，应使能源利用效率相对较高、能耗较低的装置实行满负荷运行；对大功率机泵进行改进，避免"大马拉小车现象"；采用变频调速、机泵叶轮车削和"小泵换大泵"，对部分气体增压机安装气量调节控制系统。

7.3.5.2　术语和定义

1）炼油综合能耗

炼油综合能耗是统计对象在统计期内，对实际消耗的各种能源如各种燃料、动力（电、蒸汽）和耗能工质等（不包括作为原料用途的能源），按实际能量换算系统进行综合计算所得的能源消耗量。

2）实际能量换算系数

实际能量换算系数是按统计对象得到该种能源或耗能工质的实际能量消耗计算所得。

7.3.5.3　统计范围和计算方法

1）炼油综合能耗量

炼油综合能耗量是统计对象在统计期内，实际消耗的各种能源的总和。其计算通式为

$$E = \sum M_i R_i + Q \qquad\qquad (7-11)$$

式中，E 为统计对象综合能耗量，t 标准煤/a（月、季）；M_i 为某种能源或耗能工质的实物消耗或输出量，t 标准煤（kW·h）/a（月、季）；R_i 为对应某种能源或耗能工质的实际能量换算系数，t/t（kW·h）；Q 为与外界交换的有效能量折为一次能源的代数和，t/a（月、季）。向统计对象输入的实物消耗量和有效热量计为正值，输出时为负值。

2）炼油单位综合能耗

单位综合能耗的计算通式为

$$e = E/G \qquad\qquad (7-12)$$

式中，e 为统计对象的单位综合能耗，t 标准煤/t；E 为统计对象综合能耗量，t 标准煤/a（月、季）；G 为统计对象的原油加工量（或原料加工量、产品产量），t/a（月、季）。

3）能耗计算的规定和说明

（1）炼油综合能耗包括炼油型生产装置以及为之服务的辅助系统（储运、污水处理、空压站、氧气站、机修、仪修、电修、化验、研究、仓库、消防、生产管理等）所消耗的能量，以及热力损失、输变电损失及热交换量。在实际消耗的各种能耗中，不包括作为原料用途的能源。

（2）装置开停工和检修所消耗的能量均应计入装置或辅助系统能耗中。

（3）装置热进料或热出料热量计入能耗时，只计算高出如下规定温度的那部分能量：汽油 60℃，柴油 80℃，蜡油 90℃，重油 130℃。

（4）加热炉烟气或再生烟气输出高于 150℃的烟气热量，直接供其他装置或单元有效利用时计入能耗输出。

（5）装置余热发汽、发电和背压汽向外提供的能量，其数据按统一能量换算系数计算。

（6）不论向外输出何种形式的能量，只有被有效利用时方可计负值，否则不作外输能量计算。输出输入的数值必须相等。

（7）储运系统能耗包括原油及半成品、成品的卸、储、调、装、输过程中所消耗的各种能源和耗能工质的能量。统计单位能耗时，分母为原油加工量。

（8）污水处理场能耗包括来水提升、隔油、浮选、匀质调节、生化、絮凝沉淀、中水活性炭吸附过滤、中水回用、污泥脱水及焚烧等过程能量消耗的总和。统计单位能耗时，分母为原油加工量。

（9）辅助系统的能耗中如空压站、氧气站、机修、仪修、电修、化验、仓库、研究、消防等，可合并一项计算。

（10）输变电损失为主变压器到装置和系统分变压器过程中全部输变电损失的数量，不包括装置内部的输电线路损失。全厂电量按主变压器前电表计量数，装置电量按分变压器后电表计量数。

（11）热力损失指蒸汽管网散热、排凝的损失，不包括装置和辅助系统内部蒸汽损失。

4）能量换算系数

（1）实际能量换算系数。实际能量换算系数指新鲜水、循环水、电、蒸汽和燃料的换算系数，按供出该能源或耗能工质的总量与生产该能源或耗能工质所消耗的实际总能量的比值计算。

（2）对于热电站，采用供热比和供电比的方法将消耗分开，再计算能量换算系数。供热比定义为热电站向外供热的热量与热电站总供热量（即供热的热量与供发电的热量之和）之比，供电比定义为供电消耗的热量与电站总供热量之比，供热比与供电比之和等于 1。

（3）对水、电、蒸汽等同时有外购和自产的情况计算实际能量换算系数时，能量换算系数应取两者的加权平均值。

（4）电的换算系数。

$$R_e = E_{pe}/G_{pe} \qquad (7-13)$$

式中，R_e 为电换算系数，t 标准煤/kW·h；E_{pe} 为电站综合能耗量，t 标准煤/a（月、季）；G_{pe} 为电站总供电量，kW·h/a（月、季）。

（5）蒸汽的换算系数。

$$R_s = E_{bs}/G_{bs} \qquad (7-14)$$

式中，R_s 为蒸汽换算系数，t 标准煤/t；E_{bs} 为锅炉综合能耗量，t 标准煤/a（月、季）；G_{bs} 为锅炉总供汽量，t/a（月、季）。

（6）新鲜水的换算系数。

$$R_{nw} = E_{nw}/G_{nw} \qquad (7-15)$$

式中，R_{nw} 为新鲜水换算系数，t 标准煤/t；E_{nw} 为新鲜水站综合能耗量，t 标准煤/a（月、季）；G_{nw} 为新鲜水站总供水量，t/a（月、季）。

（7）循环水的换算系数。

$$R_{rw} = E_{rw}/G_{rw} \qquad (7-16)$$

式中，R_{rw} 为循环水换算系数，t 标准煤/t；E_{rw} 为循环水场综合能耗量，t 标准煤/a（月、季）；G_{rw} 为循环水场总供水量，t/a（月、季）。

（8）燃料实际能量换算系数。燃料（燃料油、燃料气）的实际能量换算系数采用统一能量换算系数。催化烧焦的实际能量换算系数采用统一能量换算系数。

5）统一能量换算系数

燃料、电及耗能工质折为一次标准能源时的统一能量换算系数见表 7-14。

表 7-14 统一能量换算系数表

序 号	类 别	单 位	换算系数（kg 标准煤）
1	电	1 kW·h	0.37
2	新鲜水	1 t	0.24
3	循环水	1 t	0.14
4	软化水	1 t	0.36
5	除盐水	1 t	3.29
6	除氧水	1 t	13.14
7	凝汽式蒸汽轮机凝结水	1 t	5.21
8	加热设备凝结水	1 t	10.92
9	燃料油	1 t	1 428.57
10	燃料气	1 t	1 357.14
11	催化烧焦	1 t	1 357.14
12	工业焦炭	1 t	1 142.86
13	10.0 MPa 级蒸汽	1 t	131.43
14	3.5 MPa 级蒸汽	1 t	125.71

（续表）

序　号	类　　别	单　位	换算系数（kg 标准煤）
15	1.0 MPa 级蒸汽	1 t	108.57
16	0.3 MPa 级蒸汽	1 t	94.29
17	<0.3 MPa 级蒸汽	1 t	78.57

装置或单元之间交换的高于规定温度的热进料热量、热出料热量和烟气热量，实际和统一能量换算系数均为 1.0。

7.3.5.4　炼油综合能耗影响因素及先进节能技术

1) 节能基础管理

按照国外专家诊断意见，通过加强日常能耗管理可提高能效 10%，甚至会高达 30%。

（1）重视能源计量管理。能源计量管理是企业开展工作的最基础环节，是企业开展节能降耗工作的前提条件。

（2）做好能耗统计分析。通过企业能耗统计分析，对企业总体用能情况有全局和重点的把握，为技术和工艺改进指明方向。

（3）制定用能考核制度。建立科学合理的用能考核制度，明确用能奖惩方案，将节能效果与员工业绩挂钩，推动全员节能。

（4）优化资源，生产经营在调整预期中展示成果。炼油部动态掌握原油进厂及加工，优化含硫原油调和；积极采取分储分炼，充分利用石蜡基原油资源；努力实现产品质量的卡边控制，追求效益最大化；新装置投用后柴油产量明显增加；多产三有产品，充分利用装置固有产品的升值空间。

（5）抓住关键，节能减排与降本减费同时抓。通过精细管理降低各类费用支出，减少装置改造带来的成本压力。在生产管理方面，采取优化蒸汽运行，降低外购蒸汽量；优化燃料供应方式，减少液化气补出量；合理利用氢气资源等措施。在设备管理方面，合理利用旧管线、仪表专业利旧、投用变频器等措施。在技术管理方面，组织节能检查，及时发现问题，提出整改意见。在综合管理方面，积极推进节能减排与降本减费活动；调整内部管理做到规范有序。炼油部增强干部忧患意识，提升干部履职能力；完善内部管理制度，确保管理有效运行。

2) 节能技术管理（表 7-15）

表 7-15　炼油节能技术管理

影响因素	说　　明
原料条件	实施"煤代油、气代油、焦代油"工程，既提高了效益，也提高了资源利用率
装备规模和水平	装置规模大型化、集约化，以增加装置平均规模和技术含量，发展深度加工，提高石油资源的综合利用率，降低能耗物耗水平
余热余能回收装置	余热、余能回收装置可显著降低炼油综合能耗水平

3) 先进适用的节能技术(表 7 - 16)

表 7 - 16　炼油先进适用的节能技术

关键技术与设备	节 能 原 理	节 能 效 果
降低催化生焦技术	降低催化生焦主要有三个方面:一是优化催化原料结构,减少生焦的原料来源,但这受到各企业的加工流程和加工深度要求的制约,从经济角度来说调整余地小;二是采用先进的催化装置单元设备;三是采用高效的汽提技术,减少可汽提焦的生成	
烟气能量回收技术	抓好烟气能量回收技术,要做到:保证烟气尽量多进烟机,争取全进烟机,优化工艺。降低再生回路压降,提高烟机效率	对 CO 余热锅炉进行改造(增加低温过热器、改变省煤器结构、采用水热媒技术、提高吹灰效果),总投资约 700 万元。改造后全年增效 3 000 万元以上
催化烟气余热利用技术	催化烟气余热利用技术:采用模块设计,大大缩短了现场安装时间;在设计上减少受热面积灰,解决露点腐蚀问题;具有较高的余热利用率(80%左右);结构紧凑、质量轻、占地面积小;寿命长,可连续工作 3～4 年;维护方便,易于操作。催化裂化再生烟气 CO 器外燃烧技术:在再生器外设置 CO 燃烧炉,利用再生烟气温度已接近燃点的特点,不补燃或少补燃,燃尽 CO。再生烟气 CO 的化学能及烟气显热通过能量回收设备回收	在催化裂化扩大生产能力、原料变重、生焦增加的情况下应用该技术,把焦炭燃烧热的 20%～30% 转移到再生器外燃烧回收,提高烧焦能力。可缓解主风容量不足和再生器线速度过高的矛盾
磁分离技术	采用磁分离技术,从催化裂化再生器中连续不断地改善催化剂活性、选择性,以达到降低催化剂损失、减少生焦、节能降耗的目的	根据催化裂化装置催化剂重金属污染程度不同而磁性不同的特点,将平衡催化剂置于磁场中,用磁分离技术回收平衡催化剂中尚可利用的催化剂。其过程为在线连续不断地进行。通过磁分离回收的低磁性催化剂比平衡催化剂微反活性提高 4～8 个单位,相应的物理化学性质均得到明显改善。该在线式催化剂磁分离技术可解决重油催化裂化装置的重金属污染问题,可降低装置焦炭和干气产率 0.5～1 个百分点,达到节能降耗及减少环境污染的目的。同时,用低磁性剂替代部分新鲜催化剂,可节约 30% 以上新鲜剂补充量

（续表）

关键技术与设备	节　能　原　理	节　能　效　果
强化加热炉管理，设置空气预热器和废热锅炉技术	主要包括：降低空气比，提高燃烧火焰温度和燃烧效率，加热炉强化燃烧技术，加热炉高效烧嘴技术，加热炉低频声波除灰技术	
强化余热回收	主要包括：水热媒技术，无机传热技术	与热管空预器相比，排烟温度可以低 30℃，热效率提高 2% 左右，避免了露点腐蚀，设备使用寿命长（5 年以上）
装置间热联合技术及低温热利用技术	主要包括：装置间热联合技术，低温位余热发电技术，低温位余热制冷技术	折流杆换热及冷凝器技术与设备比单弓板换热器效率提高 20%～30%，壳体压降减小1/3～1/2，节省传热面积 30% 以上。螺旋折流板换热器壳体压降仅为弓形板换热器的 40%～60%，提高热效率 30% 左右
蒸汽动力系统优化及凝结水回收	提高转换效率，降低供汽能耗；分级供汽，充分利用蒸汽能级；改善用汽状况，减少蒸汽消耗；合理使用伴热蒸汽（或热水），加强凝结水回收	强化凝结水回收系统完全可以在保障上游换热的基础上，回收约 80% 的凝结水
炼厂气燃气发电机组节能技术及热电联产技术	空燃比电控混合器，可以合理匹配空气和尾气流量，达到实时调节空燃比的目的；数字式点火技术，利用软件调整点火能量和点火时间，发挥机器最大能力，提高热效率；预燃室技术，可以降低排烟温度	使用热电联产，使在得到热能的同时，高效率提供电能
变频调速技术	采用直接高-高变换的方式，多电平串联倍压的技术方案	节电率一般在 20%～60%
水夹点技术	对常减压等装置换热网络进行调整，提高换热终温，降低能耗	通过优化换热流程，换热终温由 230～240℃ 提高到 285～310℃，可使常压炉的燃料消耗降低 36%～48%，水夹点技术可尽量减缓在传热过程中的能量品质降低

注：详见参考文献[3]。

7.3.6　顺丁橡胶能效对标

7.3.6.1　能效对标指标组成

1）关键指标框架

顺丁橡胶能效对标指标由产品能效核心指标和反映用能环节能效水平的二级指标组

成。产品能效核心指标为顺丁橡胶单位产品综合能耗。顺丁橡胶生产的主要工艺由聚合、凝聚、成品、精制回收和罐区组成。对应的二级指标有顺丁橡胶生产过程中的单位电耗、单位汽耗、单位水耗。

顺丁橡胶能效对标指标体系框架如图 7-7 所示。

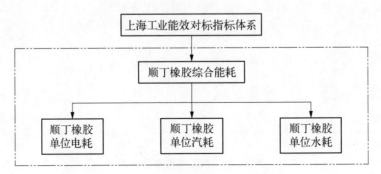

图 7-7 顺丁橡胶能效对标指标体系框架

2) 对标指标和标杆值

顺丁橡胶能效指标见表 7-17～表 7-20。

表 7-17 顺丁橡胶综合能耗(等价值)

指标名称	指标值(kg 标准油/t)	典型企业/地区	指标说明
上海市平均	393.83	—	
上海市先进	393.83	中石化股份 上海高桥分公司	
国内先进	322.22	中石化股份 北京燕山分公司	
国际先进	257	日 本	
限 额	424	—	上海市参考值

表 7-18 顺丁橡胶单位电耗

指标名称	指标值(kW·h/t)	典型企业/地区	指标说明
上海市平均	498.96	—	
上海市先进	498.96	中石化股份 上海高桥分公司	
国内先进	408.4	中石化股份 北京燕山分公司	
国际先进	326	日 本	
限 额	632.4	—	上海市参考值

表 7-19 顺丁橡胶单位汽耗

指标名称	指标值(t 蒸汽/t)	典型企业/地区	指标说明
上海市平均	3.16	—	
上海市先进	3.16	中石化股份 上海高桥分公司	
国内先进	2.59	中石化股份 北京燕山分公司	
国际先进	2.1	日 本	
限 额	3.2	—	上海市参考值

表 7-20 顺丁橡胶单位水耗

指标名称	指标值(t 水/t)	典型企业/地区	指标说明
上海市平均	9.04	—	
上海市先进	9.04	中石化股份 上海高桥分公司	
国内先进	7.23	中石化股份 北京燕山分公司	
国际先进	5.80	日 本	
限 额	11.16	—	上海市参考值

7.3.6.2 术语和定义

1) 顺丁橡胶生产系统

采用镍、铝、硼三元催化体系,多釜连续配位阴离子溶液聚合的工艺,即丁二烯和溶剂油预先混合,形成一定的丁油浓度,然后再和陈化过的铝、镍催化剂混合进聚合釜,硼剂单独入釜。整个生产过程包括从原料丁二烯和溶剂油及镍、铝、硼三元催化体系经计量并进入反应釜开始到成品进入仓库为止的有关工序组成的完整工艺过程和设备。

2) 顺丁橡胶辅助生产系统

为生产系统工艺装置配置的工艺过程、设施和设备,包括动力、供电、机修、供水、供气、采暖、制冷、仪表和厂内原料场地以及安全、环保等装置。

3) 顺丁橡胶附属生产系统

为生产系统专门配置的生产指挥系统(厂部)和厂区内为生产服务的部门和单位,包括办公室、操作室、休息室、更衣室、浴室、中控分析、成品检验、生产装置管理及修理等设施。

4）顺丁橡胶生产界区

从原料、电力、蒸汽、水等原材料和能源经计量进入工序开始,到成品计量入库为止的整个顺丁橡胶产品生产过程。由生产系统工艺装置、辅助生产系统和附属生产系统设施三部分组成。

5）顺丁橡胶产品能源消耗总量

报告期内,顺丁橡胶产品生产全部过程中的能源消耗总量。

注意：能源消耗总量指生产系统、辅助生产系统和附属生产系统的各种能源消耗量和损失量之和,不包括基建、技改等项目建设消耗的、生产界区内回收利用的和向外输出的能源消耗量。

6）顺丁橡胶单位产品综合能耗

用折 100％顺丁橡胶单位产量表示的综合能耗,即直接消耗的能源量以及分摊到该产品的辅助生产系统、附属生产系统的能耗量和体系内的能耗损失量。

7）顺丁橡胶单位产品单位电耗

用折 100％顺丁橡胶单位产量表示的电耗,即直接消耗的电量以及分摊到该产品的辅助生产系统、附属生产系统的电量和体系内的电量损失量。

8）顺丁橡胶单位产品单位汽耗

用折 100％顺丁橡胶单位产量表示的汽耗,即直接消耗的蒸汽量以及分摊到该产品的辅助生产系统、附属生产系统的汽量和体系内的蒸汽损失量。

9）顺丁橡胶单位产品单位水耗

用折 100％顺丁橡胶单位产量表示的水耗,即直接消耗的水量以及分摊到该产品的辅助生产系统、附属生产系统的水量和体系内的水量损失量。

7.3.6.3 计算范围和计算方法

1）能耗数据计算范围

（1）顺丁橡胶产品生产系统能耗量应包括顺丁橡胶产品生产界区内实际消耗的一次能源量和二次能源量。耗能工质(如水、氧气、氮气、压缩空气等)不论是外购的还是自产的,均不应统计在能耗量中。但是,在顺丁橡胶产品生产中耗能工质所消耗的能源,应统计在能耗量中。

（2）未包括在顺丁橡胶生产界区内的企业辅助生产系统、附属生产系统能耗量和损失量应按消耗比例法分摊到顺丁橡胶生产系统内。

（3）回收利用顺丁橡胶生产界区内产生的余热、余能及化学反应热,不应计入能耗量中。供界区外装置回收利用的,应按其实际回收的能量从本界区内能耗中扣除。

（4）各种能源的热值应折合为统一的计量单位——kg 标准油。各种能源的热值以企业在报告期内实测的热值为准。没有实测条件的,可采用《综合能耗计算通则》附录中给定的各种能源折标准油参考系数。

（5）能源消耗量的统计、核算应包括各个生产环节和系统，既不应重复，也不应漏计。

2）能耗计算方法

综合能耗的计算应符合《综合能耗计算通则》中的规定。顺丁橡胶单位产品综合能耗、顺丁橡胶单位产品电耗、顺丁橡胶单位产品汽耗、顺丁橡胶单位产品水耗的计算应按产品不同规格、不同生产方法分别进行能耗的核算。

（1）顺丁橡胶单位产品综合能耗的计算。

$$E_{ZH} = \frac{Q_{SD}}{P_{SD}} \tag{7-17}$$

式中，E_{ZH} 为报告期内顺丁橡胶单位产品综合能耗，kg 标准油/t；Q_{SD} 为报告期内顺丁橡胶生产过程实际投入的综合能耗，kg 标准油；P_{SD} 为报告期内顺丁橡胶 100％产量，t。

（2）顺丁橡胶单位产品电耗的计算。

$$Q_{DH} = \frac{Q_{DL}}{P_{SD}} \tag{7-18}$$

式中，Q_{DH} 为报告期内顺丁橡胶单位产品电耗，kW·h/t；Q_{DL} 为报告期内顺丁橡胶生产过程实际投入的电量，kW·h；P_{SD} 为报告期内顺丁橡胶 100％产量，t。

（3）顺丁橡胶单位产品汽耗的计算。

$$Q_{QH} = \frac{Q_{QL}}{P_{SD}} \tag{7-19}$$

式中，Q_{QH} 为报告期内顺丁橡胶单位产品汽耗，t 蒸汽/t；Q_{QL} 为报告期内顺丁橡胶生产过程实际投入的蒸汽量，t；P_{SD} 为报告期内顺丁橡胶 100％产量，t。

（4）顺丁橡胶单位产品水耗的计算。

$$Q_{SH} = \frac{Q_{SL}}{P_{SD}} \tag{7-20}$$

式中，Q_{SH} 为报告期内顺丁橡胶单位产品水耗，t 水/t；Q_{SL} 为报告期内顺丁橡胶生产过程实际投入的水量，t；P_{SD} 为报告期内顺丁橡胶 100％产量，t。

7.3.6.4 指标影响因素和最新节能技术

1）节能基础管理

企业应定期对顺丁橡胶产品综合能耗、顺丁橡胶单位产品电耗、顺丁橡胶单位产品汽耗和顺丁橡胶单位产品水耗进行考核，并把考核指标分解落实到各基层部门，建立用能责任制度。

企业应根据《用能单位能源计量器具配备和管理通则》配备能源计量器具并建立能源

计量管理制度。

2）节能技术管理

（1）经济运行。企业应使生产通用设备达到经济运行的状态，对电动机的经济运行管理应符合《三相异步电动机经济运行》的规定；对风机、泵类和空气压缩机的经济运行管理应符合《交流电气传动风机（泵类、空气压缩机）系统经济运行通则》的规定；对电力变压器的经济运行管理应符合《电力变压器经济运行》的规定。要尽量确保装置满负荷运行；确保和延长装置运行周期；每次装置检修结束开车时，要加强开车各节点的控制和各工序的调节，尽早出合格产品，缩短开车周期；在装置平时的正常生产过程中，要加强关键机、泵等重要设备的维护，减低设备故障率，确保装置长周期正常运行；对冷冻、循环水等公用工程辅助装置，要求根据主装置生产过程中的实际冷量需求和天气气候变化情况，及时控制好设备的运行负荷，及时调节机、泵的开启台数，控制好冷冻、冷却水的出水温度，在满足主装置实际生产的前提下，尽可能节约用电量。对各种管网应加强维护管理，防止跑、冒、滴、漏的现象发生。

（2）各工序生产中有关节能操作的要点。回收精制系统各塔的运行负荷，要求严格按照聚合提、减量进行及时操作调节，同时在工艺操作指标允许范围内，在确保质量的前提下对塔的加热量、回流量等的调节要优化操作，尽可能节约水、电、汽的消耗；凝聚系统作为最主要蒸汽消耗的工序，对水胶比和凝聚各釜的温度、压力控制要进行优化，摸索最佳控制条件，在确保产品质量合格的前提下，做到蒸汽消耗最低；凝聚各条线的热泵系统，要加强设备维护，确保正常运行，以减少凝聚工序的蒸汽消耗，使这项节能技术发挥出最大的效率。

（3）对能耗有较大影响的工艺操作参数控制的要求等。首先，对聚合丁油浓度、凝聚的水胶比、凝聚系统各釜的温度、压力等对能耗有较大影响的工艺操作参数，要严格按照工艺控制指标进行操作和调节；同时，根据生产实际状况，对这些操作参数进行优化摸索，寻找最佳控制点，在确保产品质量合格的前提下，尽量减少装置的蒸汽消耗。

（4）行业中较普遍使用的节能技术。回收精制系统的溶剂油回收塔塔顶、凝聚系统各釜釜顶的物料冷凝、冷却等采用空冷技术，安装空冷器，以达到节水、节电的目的。对溶剂油回收塔塔顶、凝聚各釜釜顶的空冷器风机，循环水风机等采用电机变频调速节能技术，根据塔顶、釜顶温度和循环水的出水温度自动控制电机的运转功率，调节电机转速，达到节约用电的目的。

3）最新实用节能技术——热泵系统

对凝聚系统采用热泵技术，将凝聚系统各釜釜顶的气相物料（溶剂油、丁二烯和水蒸气的混合气相）引入溴化锂热泵循环系统，经热泵系统回收其中的热量，并转化成高温热源，用于加热进入凝聚釜的循环热水，以达到回收热量、节约蒸汽的目的。

（1）热泵原理。热泵是利用废热驱动的，在化工生产中，具有大量低温位无法用常规方法进一步利用的废热，这部分热量通常只能被冷却水带走，或者排放到大气环境中。根据热机的原理,使热量(废热)向环境排放的同时对外做功,并利用这部分功驱动热泵,这样就可以把部分废热转移到更高的温位而重新利用。

废热被送入再生器,经过再生器的废热进入蒸发器作为热源。送入再生器中的稀溴化锂溶液被废热加热,分离出部分水蒸气进入冷凝器,向冷却水放出汽化潜热而凝结成液态,经凝液泵加压后送入蒸发器,吸收废热提供的热量而汽化,产生的蒸汽进入吸收器。

在再生器中,随着水蒸气的不断发生,溴化锂溶液不断被浓缩,由稀溴化锂溶液变成浓溴化锂溶液,再经溶液泵加压,流经溶液热交换器与稀溴化锂溶液换热,自身温度升高后送入吸收器,吸收来自蒸发器的水蒸气,吸收过程放出的热量加热进凝聚釜的循环热水。稀溴化锂溶液流经溶液热交换器与浓溴化锂溶液换热降温后,流入再生器,进行再循环。

(2) 节能效果。按照项目原设计值以及投用至今装置实际运行情况估算,凝聚系统采用热泵技术,大概每吨橡胶产品可节约蒸汽 0.5 t 左右,折合节能量 38 kg 标准油/t(即 0.054 t 标准煤/t)。

7.3.7 水煤气能效对标

7.3.7.1 能效对标指标组成

1) 关键指标框架

水煤气能效指标体系框架如图 7-8 所示。

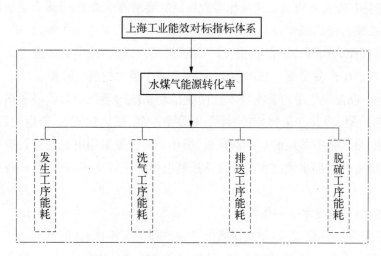

图 7-8 水煤气能效对标指标体系框架

2) 行业能耗参考值

水煤气能源转化率指标见表 7-21。

表 7-21 水煤气能源转化率

指标名称	指标值(%)	典型企业/地区	指标说明
上海市平均	0.57	—	
上海市先进	0.67	浦东煤气	
国内先进	0.8		
国际先进	0.8		
限　额	≥0.48	—	上海市参考值

7.3.7.2　术语和定义

1) 输入能量

报告期内进入水煤气工段所有的能源量之和。

2) 输出能量

报告期内从水煤气工段输出的所有能量之和。

3) 水煤气能源转化率

统计期内输出能量与输入能量的比值。

7.3.7.3　统计范围和计算方法

指标统计范围包括直接生产耗能量、间接生产耗能量和企业余能回收外供量,如图 7-9 所示。具体计算按下述规定的方法进行。

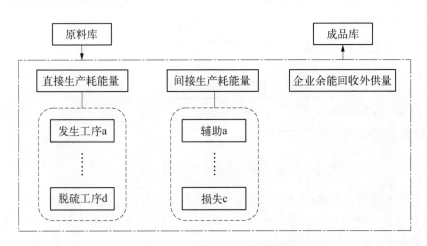

图 7-9　水煤气能效统计范围

1) 直接生产耗能量

直接生产耗能量主要包括:① 水煤气发生工序耗能量 E_1;② 洗气工序耗能量 E_2;③ 排送工序耗能量 E_3;④ 脱硫工序耗能量 E_4。

$$E_Z = \sum_{s=1}^{n} E_s \tag{7-21}$$

式中，E_Z 为报告期内企业直接生产耗能量，t 标准煤；E_s 为报告期内企业第 s 道直接生产工序的耗能量，t 标准煤；n 为报告期内该产品直接生产工序数。

2）间接（辅助、附属、损失）生产耗能量

间接（辅助、附属、损失）生产耗能量（在以上各生产工序中已计入的辅助、附属、损失耗能量除外）包括：

（1）辅助生产系统耗能量，指供配电、供排水、机修、采暖、空调、原料及产品化验、计量、运输、照明、环保设施、仓储等辅助生产系统实际消耗各种能源实物量分别折算标准煤后的总和 E_1'。

（2）附属生产系统耗能量，指厂区内职能科室（生产管理和调度指挥系统）、食堂、医务室、浴室、厕所、休息室等附属生产系统实际消耗电、煤、气、水等各种能源实物量分别折算为标准煤后的总和 E_2'。

（3）损失耗能量，指各种能源及耗能工质在企业内部进行储存、转换及分配供应中的损失量，如库损、变损、线损、各类管网损失等损失能耗实物量分别折算为标准煤后的总和（注：吨钢综合能耗中企业亏损应包括一级计量的损失量）E_3'。

间接生产耗能量按下式计算

$$E_J = E_1' + E_2' + E_3' \tag{7-22}$$

式中，E_J 为间接生产耗能量，t 标准煤。

3）水煤气能源转化率

（1）输入能量按下式计算

$$E_R = E_Z + E_J \tag{7-23}$$

式中，E_R 为输入能量，t 标准煤。

（2）输出能量按下式计算

$$E_C = E_P + E_h \tag{7-24}$$

式中，E_C 为输出能量，t 标准煤；E_P 为水煤气与副产品中所含能量，t 标准煤；E_h 为企业余能回收，t 标准煤。

（3）水煤气能源转化率按下式计算

$$e = \frac{E_C}{E_R} \tag{7-25}$$

式中，e 为水煤气能源转化率。

7.3.7.4 人工煤气综合能耗影响因素及先进节能技术

1) 综合能耗影响因素

(1) 工艺路线。工艺路线影响产品能耗可比性。

(2) 设备效率。主要用能设备效率直接影响综合能效。

(3) 工序优化。优化工序可减少能源的使用。

(4) 余能综合利用。综合利用各工序过程中产生的余能可提高产品综合能效。

(5) 能源结构。煤、电、油、气等不同能源品种转换效率不同,采用不同的能源供应比例影响产品能效。

(6) 产能利用率。产能利用不充分会导致产品单耗上升。

(7) 电力折标系数。电力采用等价值或当量值折标准煤对产品单耗影响很大,目前尚未完全统一。

2) 先进适用的节能技术

(1) 能源管理系统。供需管理,合理匹配,提高效率,整体节能 5% 左右。

(2) 锅炉分层燃烧。锅炉房煤仓与锅炉炉排的净高大,燃煤进入炉膛呈压实状态,影响均匀进风和燃烧效果,煤渣含碳量高,能源浪费严重。锅炉煤斗改装成分层燃烧装置后,煤仓下来的燃煤,经过滚筒疏松,形成下大上小的松散煤层,从而增加了燃煤与空气接触的表面积,使燃煤充分燃烧。分层燃烧改造后,可节煤 15% 左右。

(3) 锅炉智能化改造。锅炉实现全自动控制,降低锅炉汽包水位偏差,降低蒸汽压力偏差,稳定炉膛压力偏差,实现合理燃烧,降低煤渣含碳量,提高燃烧效率。智能化改造后可节煤 10% 左右。

(4) 锅炉冷凝水再利用。冷凝水再利用可减少锅炉用水软化处理消耗,同时减少加热能耗。锅炉冷凝水再利用可节能 10%,投资回收期 1 年。

(5) 电机变频改造。变频改造能明显减少电力消耗。电机变频改造可节约电力 7%~60%,还可通过功率匹配减少电力消耗。

7.4 基于大数据的节能技术改造案例

7.4.1 案例一——某公司航煤加氢装置热低压分离系统改造

7.4.1.1 项目改造内容

该公司航煤加氢装置原料为冷进料,进料温度低,反应进料加热炉负荷高;原料过滤器为非自动反冲洗过滤器,由于物料走向为上进下出,并且排污口较高,人为因素造成吹扫不及时、不干净,最后当压降升高时仍通过维修部门拆装清洗过滤器来消除压降,造成操作切换频繁,污染场地,且容易误操作,对管理和操作、经济性及环保不利;反应产物分离系统采用的是能耗较高的冷分离系统,需要将高温的反应产物进行冷却,分离后的低分油以较低的温度进入汽提塔,增加了汽提塔底重沸炉的热负荷。

本次改造后,航煤加氢装置与1♯、3♯蒸馏装置进行热联合,原料热进料至航煤加氢装置,产品的热量利用低温热水输出至全厂的低温热系统。原料过滤器采用自动的内反冲洗过滤系统,自动反冲洗过滤器技术成熟、操作方便,能满足装置的过滤要求,提升装置的安全运行和环保的排放要求,提高装置的自动化程度,管理上减少了不安全因素。原有航煤加氢装置冷低压分离系统改造为热低分系统,节约装置的燃料消耗并输出部分能量,对降低全厂的能耗有重要意义。

7.4.1.2 项目投资说明

项目改造投资情况见表 7-22。

表 7-22 项目投资情况

名 称	投资额(万元)	
	计划投资额	实际投资额
外包合同金额	289	289
企业发生费用	472.79	472.79
主体设备购置费	144.1	144.1
工程等其他费用	472.79	472.79
合计(投资额)	616.89	616.89

7.4.1.3 项目节能量

1) 项目工艺流程说明

航煤加氢装置反应产物分离系统采用的是能耗较高的冷分离系统,物料冷却后再加热,热能利用不合理。将冷低压分离系统改为热低压分离系统,可以回收原来由空冷器冷却掉的大量反应产物的热量,降低装置能耗。2010 年 11 月—2011 年 1 月,航煤加氢装置停工检修期间实施热低分改造项目,具体流程变化如下:反应产物经原料-反应产物换热器(E-5101AB)冷却后进新增热低压分离罐 D5104;从 D5104 顶出来的热低分气先经新更换的反应产物-汽提塔进料换热器(E-5102)降温,然后进空冷器冷却后进冷低分分离罐 D5102;从冷低分分离罐 D5102 罐顶出来的气体进循环氢分液罐 D5103,从冷低分分离罐 D5102 罐底出来的冷低分油经 E-5102 换热后与来自热低压分离罐 D5104 的热低分油汇合后进汽提塔 C5201。

装置开工后,原料温度在 40℃ 左右时,汽提塔进料温度由原来的 155℃ 左右上升至 178℃,在向 1♯蒸馏装置热供料后原料温度达到 70℃,此时进料温度达到 188℃。相同处理量下汽提塔重沸炉负荷大幅下降,炉膛温度由原来的720℃下降至560℃。

2) 项目实施前后各产品(工序)的产量统计记录

改造前,装置处理量为92 t/h,装置各产品分布见表7-23;改造后,装置处理量为95 t/h,装置各产品分布见表7-24。

表7-23 改造前装置各产品分布

项目名称	航煤产品	气 体	损 失
产品分布(%)	99.84	0.06	0.10

表7-24 改造后装置各产品分布

项目名称	航煤产品	气 体	损 失
产品分布(%)	99.84	0.06	0.10

3) 项目实施前后生产运行情况概述

含项目范围内重点用能设备的运行记录,如动力车间抄表卡、记录簿、各车间用能的记录簿等。

改造前,装置运行情况见表7-25。

表7-25 改造前装置运行情况

项 目	电压(V)	电流(A)
数 据	6 000	270

改造后,装置运行情况见表7-26。

表7-26 改造后装置运行情况

项 目	电压(V)	电流(A)
数 据	6 000	120

4) 耗能工质节能量自查情况说明

(1) 节能量计算公式为

$$Q = UI \times \sqrt{3} \times 85\% \qquad (7-26)$$

式中,Q为增压机电机节约功率(该数据为计算所得);U为增压机电机的实际电压(该数据为实际数据);I为增压机电机的降低部分电流(该数据为现场实际测量所得)。

经济效益为

$$M = 8\ 000 \times Q \times 0.36 \qquad (7-27)$$

式中，M 为无级调速系统运行一年的经济效益；8 000 为装置年生产运行的时间；0.36 为 1 kW·h 的电价，元/(kW·h)。

（2）由计量、测试等数据计算节能量如下：

无级调速系统节约功率为

$$Q = UI \times \sqrt{3} \times 85\% = 6 \times (270 - 120) \times 1.73 \times 85\% = 1\ 323.45(\text{kW})$$

年节约电量为

$$1\ 323.45 \times 8\ 000 = 10\ 587\ 600(\text{kW·h})$$

年节约标准煤量为

$$1\ 323.45 \times 8\ 000 \times 0.26 \div 0.7 = 3\ 933(\text{t 标准煤})$$

装置运行一年节约的经济效益为

$$M = 年节电量 \times 电单价 = 1\ 058.76 \times 0.36 = 381.15(万元)$$

5）项目节能量自查与目标节能量差距说明

2011 年 2 月、3 月瓦斯消耗量为 613 t、471 t，相比 2010 年同期的 631 t、794 t，共下降了 341 t，两个月节能达 463.5 t 标准煤。预计全年节能量达到 2 500 t 标准煤。随着进料温度不断上升，装置的反应加热炉及汽提塔底重沸炉的负荷还会不断下降，热低分改造的节能效果将会更加明显。

7.4.2 案例二——某公司 3♯ 常减压蒸馏加热炉

7.4.2.1 项目概况

3♯ 常减压蒸馏装置常压炉为双室立管箱式炉，是国内外大型常压炉代表炉型。设计负荷 58.1 MW，设计热效率 89%。通过采用国内领先水平的新技术、新设备、新材料进行技术改造，把该炉建成"中国石油化工股份公司炼油样板炉"之一。

7.4.2.2 项目投资额

项目投资额为 735 万元。

7.4.2.3 主要技术特点和实施过程

（1）采用 26 台低过剩空气系数、低 NO_x、新型油气联合燃烧器，以降低燃烧过剩空气系数和不完全燃烧损失及烟气中有害成分含量。

（2）对流室弯头箱全密封并更换看火门、防爆门衬里，以提高炉体密封性，减少炉体漏风量。

（3）辐射室采用改性轻质浇注料与致密型高铝陶瓷纤维喷涂复合衬里，炉底采用改性轻质浇注料和改性轻质浇注料复合衬里,降低炉体外壁散热损失,防止露点腐蚀,提高长期运行的安全性。

(4) 烟气余热回收器"扩能"改造,回收烟气余热,降低排烟温度至 120℃。

(5) 燃烧供风量采用 O/CO 串级调节控制,实现燃烧供风最优化,保证排放烟气 O_2 含量不高于 3%,CO 含量不高于 0.01%。

(6) 新增"加热炉自动控制系统",提高加热炉操作调节自动化水平和平均热效率。

(7) 采用声波+激波联合吹灰器,提高吹灰效果,减缓对流炉管积灰。

7.4.2.4 投用时间

2007 年 11 月 4 日完成加热炉改造工作,11 月 23 日一次开车成功。

7.4.2.5 投用效果

常压加热炉改造后的热效率达到了 93.46%,高于设计值 92%。

7.4.3 案例三——某公司增设 8.0 MPa 氢气管网

7.4.3.1 项目改造内容

该公司有 300 万 t/a 柴油加氢装置(简称 4♯加氢)、80 万 t/a 柴油加氢装置(简称 3♯加氢)和 100 万 t/a 蜡油加氢装置(简称蜡油加氢)三套加氢装置。4♯加氢、3♯加氢和蜡油加氢装置的系统压力均为 7.2 MPa,新建了一套 8.0 MPa 氢气管网,将三套加氢装置新氢压缩机出口单向阀后管道相连接,管网的压力由 4♯加氢装置作为主控制,这样在实际操作中可根据三套加氢装置的总耗氢量,由 4♯加氢装置与 3♯加氢装置或蜡油加氢装置各开一台压缩机来满足三套加氢装置的氢气消耗,蜡油加氢装置或 3♯加氢装置则停运新氢压缩机,达到节电的目的。8.0 MPa 氢气管网流程为:4♯加氢装置新氢压缩机 K1101/A、B 出口新氢一路与本装置循环机出口循环氢混合后至本装置反应系统,另一路经过孔板流量计(FT1208)后至 8.0 MPa 氢气管网,然后再分两路分别与 3♯加氢装置和蜡油加氢装置新氢压缩机出口相连,从而形成装置之间新氢互供格局,可以根据生产要求灵活安排各装置新氢压缩机开停。

7.4.3.2 项目投资额

项目投资额为 100 万元。

7.4.3.3 项目节能量

1) 项目工艺流程说明(含工艺流程)、主要耗能设备改造前后计量仪表情况说明

8.0 MPa 氢气管网流程为:4♯加氢装置新氢压缩机 K1101/A、B 出口新氢一路与本装置循环机出口循环氢混合后至本装置反应系统,另一路经过孔板流量计(FT1208)后至

8.0 MPa 氢气管网,然后再分两路分别与 3♯加氢装置和蜡油加氢装置新氢压缩机出口相连。该系统不设控制阀,由主供装置负责调节,主供装置利用新氢压缩机二回一控制阀来控制压缩机出口流量,以达到各装置系统压力平稳。

2) 项目实施前后各产品(工序)的产量统计记录

改造前,装置处理量为 357 t/h,分馏系统各产品产量分布见表 7-27。

表 7-27　改造前各产品(工序)产量

项　　目	加氢低分气	加氢轻烃	加氢石脑油	加氢柴油
产量(t/h)	1.8	6.8	35.3	313.1

改造后,装置处理量为 357 t/h,分馏系统各侧线抽出量分布见表 7-28。

表 7-28　改造后各产品(工序)产量

项　　目	加氢低分气	加氢轻烃	加氢石脑油	加氢柴油
产量(t/h)	1.8	6.8	35.3	313.1

3) 项目实施前后生产运行情况概述

含项目范围内重点用能设备的运行记录,如动力车间抄表卡、记录簿、各车间用能的记录簿等。

改造前,蜡油加氢装置新氢机运行情况见表 7-29。

表 7-29　改造前生产运行情况

项　　目	电压(V)	电流(A)	出口流量(Nm³/h)
数　据	6 000	136	9 000~11 000

改造后,蜡油加氢装置新氢机运行情况见表 7-30。

表 7-30　改造后生产运行情况

项　　目	电压(V)	电流(A)	出口流量(Nm³/h)
数　据	6 000	0	0

4) 耗能工质节能量

(1) 节能量计算公式为

$$Q = UI \times \sqrt{3} \times 85\% \tag{7-28}$$

式中,Q 为新氢压缩机电机节约功率(该数据为计算所得);U 为新氢压缩机电机的实际电压(该数据为实际数据);I 为新氢压缩机电机电流(该数据为现场实际测量所得)。

经济效益为

$$M = T \times 24 \times Q \times 0.36 \qquad (7-29)$$

式中,M 为 8.0 MPa 氢气系统运行一年的经济效益;T 为 8.0 MPa 氢气管网年投用天数(该数据为实际记录所得);0.36 为 1 kW·h 的电价,元/(kW·h)。

(2) 由计量、测试等数据计算节能量如下:8.0 MPa 氢气管网项目自 2009 年 3 月建成投用,由于 2009 年 3—10 月 3♯加氢处于停工状态,因此只能在 4♯加氢装置耗氢量在 25 000 Nm³/h 以下时投用 8.0 MPa 氢气管网,停用蜡油加氢装置新氢机,由 4♯加氢新氢机同时供 4♯加氢和蜡油加氢两套装置的用氢,2009 年 3—10 月累计投用 8.0 MPa 氢气管网 85 天;由于自 11 月开始供应上海市场沪Ⅳ柴油,3♯加氢自 10 月底开工,8.0 MPa 氢气管网可以一直投用,2009 年 11—12 月共可投用 8.0 MPa 氢气管网 61 天。因此,2009 年 3—12 月 8.0 MPa 氢气管网累计可以投用 146 天。

8.0 MPa 氢气管网节约功率为

$$Q = UI \times \sqrt{3} \times 85\% = 6 \times (136-0) \times 1.73 \times 85\% = 1\ 200(kW)$$

装置 2009 年节约电量为

$$1\ 200 \times 146 \times 24 = 4\ 204\ 800(kW·h)$$

装置 2009 年节约的经济效益为

$$M = 146 \times 24 \times Q \times 0.36/10\ 000 = 146 \times 24 \times 1\ 200 \times 0.36/10\ 000 = 151(万元)$$

5) 项目节能量自查与目标节能量差距说明

8.0 MPa 氢气管网流程简洁、控制简单,新增的 8.0 MPa 氢气管线分别从三套装置新氢压缩机出口单向阀前接出并相互连通,系统不设控制阀,由主供装置利用新氢压缩机二回一控制阀来控制好压缩机出口流量,以达到各装置系统压力平稳。系统投用以来,各装置系统压力控制平稳,且没有增加操作人员操作难度。8.0 MPa 氢气管网项目自 2009 年 3 月建成投用,2009 年 3—12 月 8.0 MPa 氢气管网累计可以投用 146 天,共节电 4 204 800 kW·h,节约的经济效益为 151 万元,达到了设计节能目标。

◇ **参** ◇ **考** ◇ **文** ◇ **献** ◇

[1]　GB/T 2589—2008 综合能耗计算通则[S].

[2]　GB/T 15587—2008 工业企业能源管理导则[S].

[3]　GB/T 17167—2006 用能单位能源计量器具配备和管理通则[S].

［4］ 国家统计局公交司. 能源统计知识手册. 2006.

［5］ DB 12/046.24—2008 乙烯装置单位综合能耗计算方法及限额[S].

［6］ 吴德荣，何琨，朱海峰. 乙烯联合装置能耗分析和节能技术[J]. 化学工程，2007(12)：66-70.

［7］ 中石油东北炼化工程有限公司吉林设计院. 丙烯酸装置反应单元的能量优化利用工艺[R]. 2009.

［8］ 陶子斌. 丙烯酸生产与应用技术[M]. 北京：化学工业出版社，2007.

［9］ 中国石油化工集团公司人事部. 精对苯二甲酸装置操作工[M]. 北京：中国石化出版社，2006.

［10］ 李晓红，钱雄. 精对苯二甲酸装置清洁生产审核分析[J]. 节能与环保，2005(9)：22-24.

［11］ 何小娟，李旭东，包建平. 精对苯二甲酸废水处理技术及优化[J]. 化工环保，2005(2)：100-113.

［12］ DB 33/643—2007 炼油单位产品能源消耗限额[S].

［13］ 许金林. 炼油企业节能潜力及对策[J]. 中外能源，2006(11)：8-12.

［14］ 建设节约高效的现代炼油工业[J]. 当代石油石化，2006(2)：1-5.

［15］ 姚丹郁. 降低炼油企业能耗的有效途径[J]. 油田节能，2005(2)：10-11.

［16］ 朱煜. 炼油工业节能仍有许多细致扎实的工作要做[J]. 中外能源，2008(4)：70-78.

［17］ 中国化工节能技术协会. 化工节能技术手册[M]. 北京：化学工业出版社，2011.

［18］ 国家发改委资环司. 重点耗能行业能效对标指南[M]. 北京：中国环境出版社，2009.

［19］ 王文堂. 石油和化工典型节能改造案例[M]. 北京：化学工业出版社，2008.

第 **8** 章

能源大数据应用
——机械制造行业

8.1　机械制造行业工艺介绍

8.1.1　钢锭的炼钢生产工艺

钢锭的炼钢生产工艺如图 8-1 所示。

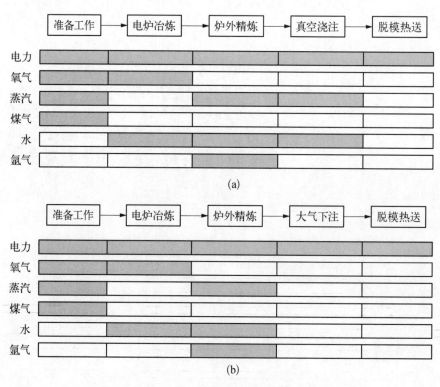

图 8-1　钢锭的炼钢生产工艺

（a）四大类攻关产品（>30 t）；（b）四大类攻关产品（≤30 t）

8.1.2　铸件的炼钢生产工艺

铸件的炼钢生产工艺如图 8-2 所示。

具体工艺说明如下：

（1）准备工作。主要工作包括钢包的烘烤、合金的烘烤、耐火砖的烘烤等。

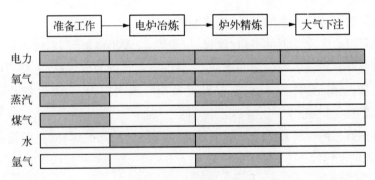

注：是否进行炉外精炼，根据产品要求决定。

图 8-2 铸件的炼钢生产工艺

（2）电炉冶炼。在电炉内，按照冶铸工艺要求，利用电弧产生的热能熔化生铁、废钢等原材料，吹氧加速熔化，调整钢水成分、温度，为炉外精炼做好准备。

（3）炉外精炼。在精炼包内，按照冶铸工艺要求，利用电弧产生的热能加热钢水，调整成分，利用氩气搅拌钢水，均匀成分、温度，利用蒸汽进行真空脱气操作，去除钢水中的气体元素含量。

（4）真空浇注。在真空罐内，利用蒸汽进行真空脱气，按照冶铸工艺要求，下注钢锭。

（5）大气下注。在普通工况条件下，下注钢锭。

（6）脱模热送。按照冶铸工艺要求，在规定的时间进行脱模操作，热送锻件厂水压机车间。

8.1.3 铸件生产工艺

铸件生产工艺如图 8-3 所示，具体工艺说明如下：

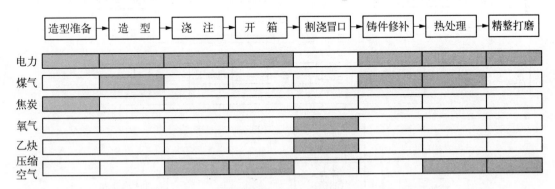

图 8-3 铸件生产工艺

（1）造型准备。准备造型所用的模样、芯骨等，主要设备及装置为冲天炉，主要消耗焦炭、电能。

（2）造型。制作浇注铸件所用的型腔，主要设备及装置为混砂机及砂处理设备，主要消耗电能。

（3）浇注。利用液态钢水和型腔获得要求尺寸的铸件，主要消耗电能。

（4）开箱。去除铸件表面的型砂，主要消耗电能。

（5）割浇冒口。去除铸件的浇口、冒口、拉筋等，主要消耗氧气、乙炔。

（6）铸件修补。铸件表面缺陷的修补，主要设备及装置为电焊机，主要消耗电能。

（7）热处理。保证铸件力学性能、晶粒度及消除残余应力，主要设备及装置为热处理炉，主要消耗煤气。

（8）精整打磨。铸件粗加工后外形的精整及探伤后缺陷的焊补，主要设备及装置为电焊机，主要消耗电能。

8.1.4　锻件生产工艺流程及说明

锻件生产工艺流程如图 8-4 所示，其中主要消耗的能源为重油、电力、煤气、天然气。

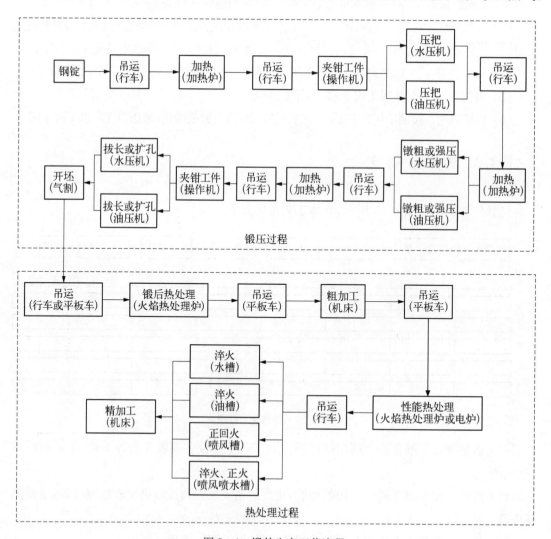

图 8-4　锻件生产工艺流程

其中压把、镦粗或强压、拔长或扩孔、开坯都要保证钢锭在较高的温度,消耗了较多能源,使用的能源主要是重油,同时也消耗电能,该生产工艺过程耗能占产品总能耗的 60% 左右;锻后热处理为必需步骤,主要消耗煤气和电力,主要为了去应力,耗能占总产品耗能 30%;粗加工属于冷加工,消耗的能源量较少;性能热处理主要消耗电力,主要是调整内部组织和增加机械性能,其必要性由产品的性质和客户的要求确定。

8.1.5 金属切削加工工艺流程

金属切削加工工艺流程:下料→粗加工→精加工→检查→完工。具体工艺说明如下:

(1)下料。物资处从市场上购买型材,按图样工艺要求下料。

(2)粗加工。在机加工车间对工件进行粗加工。

(3)精加工。在机加工车间对工件进行精加工。

(4)检查。按图样工艺要求对工件进行完工检查。

上述工艺中主要消耗的能源为电力。

8.1.6 金属结构件生产工艺流程

金属结构件生产工艺流程如图 8-5 所示。

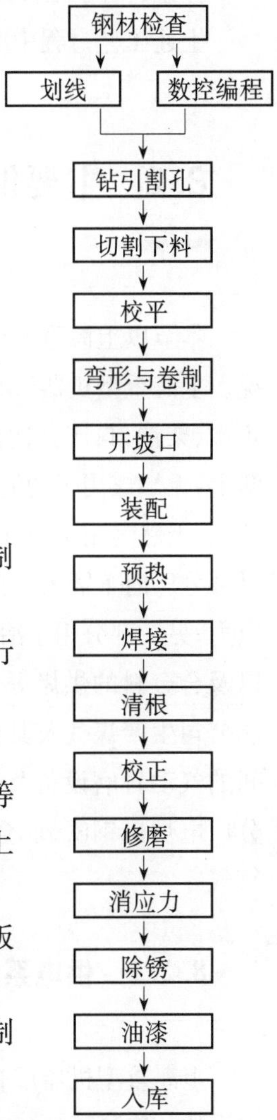

具体工艺说明如下:

(1)钢材检查。按标准对原料钢材进行检查。

(2)划线。在钢材上按照放样单零件实际尺寸进行划线或者绘制光电切割图。

(3)数控编程。按照放样单零件实际尺寸将尺寸编入计算机进行排料。

(4)钻引割孔。用钻床在厚钢板上钻引割孔。

(5)切割下料。采用半自动切割机、数控切割机、光电切割机、等离子切割机、手工火焰切割等方式,将所需尺寸和形状零件从钢材上切割出来。

(6)校平。采用油压机、撑直机、辊板机等将切割下来的钢板校平。

(7)弯形与卷制。采用油压机、卷板机、加热炉等方式将钢材卷制成形。

(8)开坡口。采用半自动或手工火焰等方式切割坡口。

(9)装配。将零件在装配平台上装配妥,采用手工焊、TIG 等方式

```
钢材检查
   ↓
划线 ← 数控编程
   ↓
钻引割孔
   ↓
切割下料
   ↓
校平
   ↓
弯形与卷制
   ↓
开坡口
   ↓
装配
   ↓
预热
   ↓
焊接
   ↓
清根
   ↓
校正
   ↓
修磨
   ↓
消应力
   ↓
除锈
   ↓
油漆
   ↓
入库
```

图 8-5 金属结构件
生产工艺流程

将工件点焊牢。

(10) 预热。采用煤气、履带加热器等方式对工件进行加热处理。

(11) 焊接。采用气体保护焊、手工焊、埋弧焊、TIG 等方式将工件焊接妥。

(12) 清根。采用碳弧气刨清根。

(13) 校正。采用油压机、手工火焰对工件进行校正。

(14) 修磨。采用砂轮机对焊缝去除毛刺棱角。

(15) 消应力。采用热处理炉或机器振动方式消除工件应力。

(16) 除锈。喷丸或者手工钢刷除锈。

(17) 油漆。给工件涂防锈底漆。

注意：由于工件结构不一样,具体生产时有些工序可能不需要或者顺序有变化。

上述工艺过程中主要消耗的能源为电力和煤气。

8.2　主要供能或耗能工质系统情况

本节以上海重型机器厂有限公司为例,介绍机械制造行业主要供能或耗能工质系统情况。上海重型机器厂有限公司消耗的外购能源主要有电力、天然气、原煤（烟煤、无烟煤）、焦炭、柴油,自产二次能源主要有煤气、蒸汽、压缩空气和氧气。电力用于工艺上加工和生活上,无烟煤用于动能公司煤气站加工转换生成发生炉煤气,烟煤供动能公司蒸汽站生产蒸汽,天然气用于锻件分厂的热处理炉和加热炉,焦炭供冶铸分厂铸造车间生产,柴油主要供部分厂内车辆用。自产的煤气一部分用于锻件分厂热处理炉的锻后处理,包括扩氢和去应力；另一部分用于冶铸分厂清理车间及铸造车间铸钢件的回火,钢包、炉砖、铸造模烘烤以及合金料的烘烤等。自产的蒸汽用于冶铸分厂炼钢真空脱气、锻件分厂重油加热、动能公司生产煤气及其他少量生活用。自产的压缩空气主要用于清理车间及各冷加工车间的气动打磨设备及部分设备的气动控制,生产主要耗能为电力。自产的氧气用于冶铸分厂电炉炼钢吹氧、金结构车间火焰切割和锻件厂大截面火焰切割及其他车间的维修用氧气。

8.2.1　供电系统情况

上海重型机器厂有限公司电能是由公司所属动能公司向社会电网购买,通过动能公司内设的一座降压站(220 kV/35 kV、110 kV/6 kV)降压后,再经由 15 个配电所向全公司各部门供电。所购电能主要用于生产和生活。

8.2.2　天然气系统

上海重型机器厂有限公司使用的天然气主要向上海燃气有限公司购买,经燃气公司减压一级计量后再由公司燃气管道分送各用气设备。公司主要用天然气设备为锻件分厂的热处理炉和加热炉。

8.2.3　原煤系统

上海重型机器厂有限公司使用的原煤分为两种:烟煤和无烟煤,由公司直接向供煤公司购买。烟煤用于动能公司蒸汽站中的 5 台蒸汽锅炉,负责生产蒸汽,所产蒸汽主要供给锻件厂和冶铸厂生产和生活用汽;无烟煤用于动能公司煤气站加工转换生成发生炉煤气,所产煤气供给锻件分厂、冶铸分厂和金结构生产使用。

8.2.4　重油系统

上海重型机器厂有限公司使用的油品为 250 号重油。由公司直接向炼油厂购买,通过汽车运输到公司,经地磅称重后将油卸到油库,油车卸完油后再经地磅称重,两者差为重油的购入量,卸油池的油经油泵存储到储油罐内,根据开炉需求经总油管输送到车间,再经各支油管送到车间的每台加热炉喷嘴点火,燃烧加热锻件。

8.2.5　焦炭系统

上海重型机器厂有限公司使用的焦炭是由公司直接向供焦炭公司购买,所购焦炭全部用于冶铸分厂铸造车间生产。

8.2.6　能源加工转换系统

上海重型机器厂有限公司的能源加工转换系统主要有锅炉蒸汽系统、煤气系统、氧气系统和压缩空气系统。

1) 锅炉蒸汽系统

上海重型机器厂有限公司共有 5 台蒸汽锅炉,全是 SHL 型双锅筒横置式链条炉,所耗能源均为烟煤。其中 SHL10 - 2.5(A)型锅炉 4 台,SHL20 - 2.45(A)型锅炉 1 台。5 台锅炉的技术参数见表8-1。

表8-1　蒸汽锅炉主要技术参数

锅炉形式	SHL10-2.5(A)Ⅱ双锅筒横置式链条炉		SHL20-2.45(A)Ⅱ 双锅筒横置式链条炉
制造厂	上海四方锅炉厂	无锡华光	无锡华光
产品型号	AL62、AL64、AL65	05G03	05G04
特种设备 使用登记证	锅炉MH0687、 MH1519、MH0674	MH1621	MH1611
制造年月	1991年12月	2005年9月	2005年11月
安装竣工日期	1993年5月30日	2006年8月3日	2006年6月26日
投入日期	1993年9月10日	2006年8月31日	2006年8月31日
设计压力(MPa)	2.5	2.5	2.5
工作压力(MPa)	1.6	1.6	1.6
蒸汽温度(℃)	203	203	203
给水温度(℃)	105	105	105
最大连续 蒸发量(t/h)	10	10	20
燃料种类	烟煤	烟煤	烟煤
燃烧方法	机器燃烧	机器燃烧	机器燃烧
通风方法	机器通风	机器通风	机器通风
除尘方式	水膜除尘	水膜除尘	水膜除尘
出灰方法	机器出灰	机器出灰	机器出灰
锅炉热效率(%)	73.06,71.49,76.12	77.73	80.72

蒸汽生产工艺流程如图8-6所示。所产蒸汽主要用于冶铸分厂真空脱气装置(约占45%)、锻件分厂燃料油储存、输送、保温和燃烧雾化,动能公司煤气发生炉用汽及少量生活用汽等。

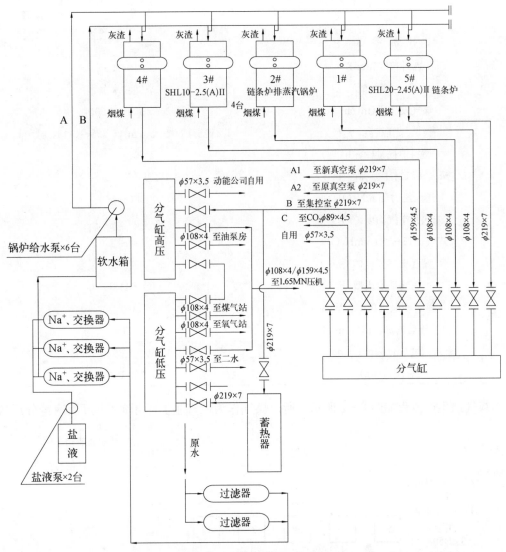

图 8-6 蒸汽生产工艺流程

2) 煤气系统

上海重型机器厂有限公司现拥有 WG3000 煤气发生炉 10 台,主要技术参数见表 8-2。

表 8-2 WG 3000 煤气发生炉主要技术参数

技 术 参 数	数 值
炉膛直径(mm)	3 000
炉膛断面面积(m²)	7.07
燃料层高度(m)	1.9
所用燃料	焦炭或无烟煤

(续表)

技 术 参 数	数 值
燃料粒度(mm)	10～25
氧化剂类型	空气和水蒸气
煤气发生量(m³/h)	5 500～7 500
煤气热值	1 250～1 300 kcal/m³(5 225～5 434 kJ/m³)
燃料消耗量(kg/h)	1 500～2 000
探火孔汽封压力(kg/cm²)	3
送风压力(mmH₂O)	300～600
饱和空气温度(℃)	60～70
煤气出口压力(mmH₂O)	140～250
煤气出口温度(℃)	350～550
炉箅转动电机型号	JO₃-112L-6
炉箅转动电机功率(kW)	4
炉箅转动电机转速(r/min)	965
外形尺寸(mm×mm×mm)	14 350×4 392×3 622
总质量(kg)	30 085

煤气站生产流程如图 8-7 所示。所产煤气作为燃气主要用于锻件分厂、冶铸分厂、特

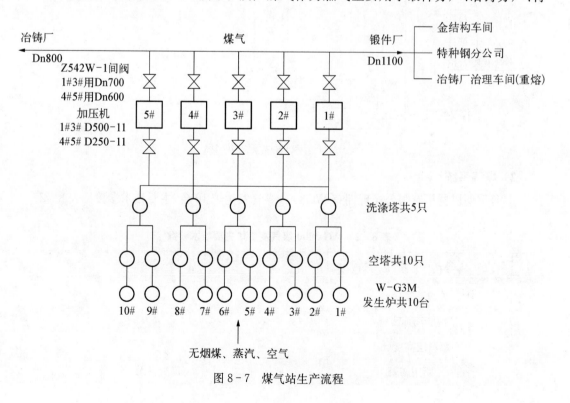

图 8-7　煤气站生产流程

种钢公司、金属结构车间各种工业窑炉和工艺加热等。

3) 氧气系统

上海重型机器厂有限公司现有 2 套 KDON－1000/1100 空气分离设备,主要技术参数见表 8－3。

表 8－3　KDON－1000/1100 空气分离设备主要技术参数

加工空气			
加工空气量(m³/h)	6 000	加工空气压力(MPa)	0.6
产品指标			
产品名称	出冷箱产量(m³/h)	纯度(%)	出冷箱压力(kPa)
氧　气	1 000	99.6	30

氧气生产流程如图 8－8 所示。所产氧气主要用于冶铸分厂电炉炼钢吹氧、金结构车间火焰切割和锻件分厂大截面火焰切割及其他车间的维修。

4) 压缩空气系统

各使用车间就近配备压缩空气系统,一金工、二金工、四金工、金结构、冶铸分厂、锻件分厂、特种钢均有空压站系统。

冶铸分厂压缩空气主要由 7 台 20 m³/min 柱塞式空压机(2011 年已报废 1 台,新更换一台 40 m³/min 双螺杆式空压机)及 2 台 40 m³/min 双螺杆式空压机提供,空气压力为 8 kg/cm²,主要用于清理车间的气动打磨设备及部分设备的气动控制,生产主要耗能为电力。

空压机主要性能参数详见表 8－4。

表 8－4　空压机主要性能参数

设备名称	型　号	数　量	公称容积流量(m³/min)	公称排气压力(MPa)	电机功率(kW)
往复活塞式空气压缩机	4L/20－8	6	20	0.8	130
喷油螺杆式空气压缩机	L250－8.5W	3	40.8	0.85	250

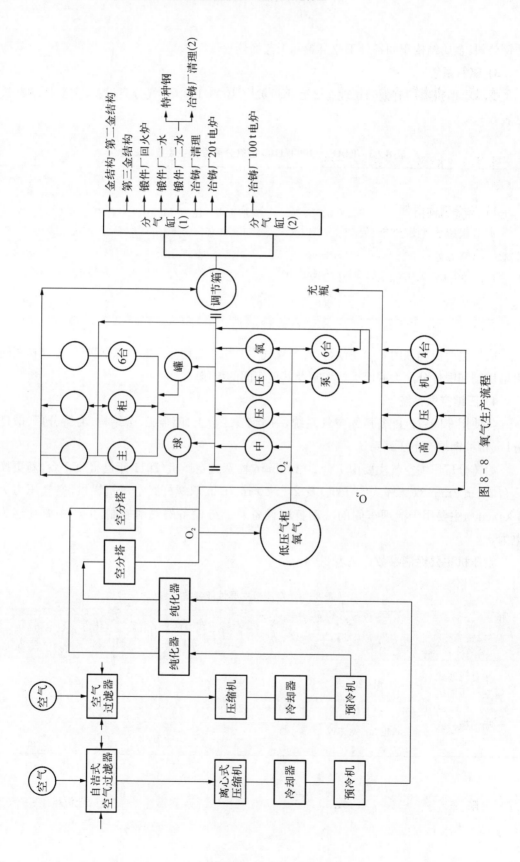

图 8 - 8 氧气生产流程

8.3 机械制造行业产品及工序能效对标

8.3.1 能效对标指标组成

1）关键指标框架

本节仅以大型锻件能效对标为例，大型锻件能效对标指标由产品能效核心指标和反映用能环节能效水平的二级指标组成。

产品能效核心指标为大型锻件单位产品综合能耗。

大型锻件生产的主要生产工艺为钢锭加热、压把、气割、加热、镦粗或强压、加热、拔长或扩孔或开坯、锻后热处理、粗加工、性能热处理和半成品粗加工。对应的二级指标由锻件加热工序能耗、性能热处理工序能耗和粗加工工序能耗组成。

图8-9所示是大型锻件能效对标指标框架示意。

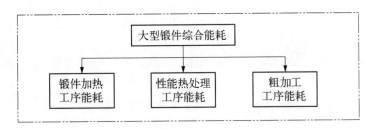

图8-9 大型锻件能效对标指标框架示意

2）对标指标和标杆值

大型锻件能效对标指标见表8-5～表8-8。

表8-5 大型锻件产品综合能耗(等价值)

指标名称	指标值(kg标准煤/t)	典型企业/地区	指标说明
上海市先进	2 219.9	上海重型机器厂有限公司	
国内先进	2 219.9	上海重型机器厂有限公司 中国第一重型机械集团公司 中国第二重型机械集团公司	
国际先进	1 200	日 本	
限 额	2 461.8	—	上海市参考值

表 8 - 6　锻件加热工序能耗

指标名称	指标值(kg 标准煤/t)	典型企业/地区	指标说明
上海市先进	2 044.5	上海重型机器厂有限公司	
国内先进	2 044.5	上海重型机器厂有限公司 中国第一重型机械集团公司 中国第二重型机械集团公司	
限　额	2 101.1	—	上海市参考值

表 8 - 7　性能热处理工序能耗

指标名称	指标值(kg 标准煤/t)	典型企业/地区	指标说明
上海市先进	305.9	上海重型机器厂有限公司	
国内先进	305.9	上海重型机器厂有限公司 中国第一重型机械集团公司 中国第二重型机械集团公司	
限　额	315.9	—	上海市参考值

表 8 - 8　粗加工工序能耗

指标名称	指标值(kg 标准煤/t)	典型企业/地区	指标说明
上海市先进	42.3	上海重型机器厂有限公司	
国内先进	42.3	上海重型机器厂有限公司 中国第一重型机械集团公司 中国第二重型机械集团公司	
限　额	55.8	—	上海市参考值

8.3.2　术语和定义

(1) 大型锻件生产系统。从冶铸厂炼钢、铸锭,保证其化学成分、冶金质量及钢锭质量。利用加热炉按照加热工艺加热到锻造温度,保证其塑性。为方便装夹钢锭做准备,进行压把、气割。升温到钢锭的锻造温度,使其具有良好的塑性。进行镦粗或强压,钢锭金相组织不变,使其内部结构紧密。为加工到所需的尺寸形状,进行拔长、扩孔或开坯。经锻造成型后的半产品进入回火炉热处理,改变其组织结构,去除应力。切除工件部分多余量。最后进行性能热处理,保证力学性能、晶粒度及残余应力合格。整个生产过程包括从钢锭进行加热锻造开始到成品进入仓库为止的有关工序的完整工艺过程和设备。

（2）大型锻件辅助生产系统。为生产系统工艺装置配置的工艺过程、设施和设备，包括起重、运输、动力、供电、供油、机修、供水、供气和厂内原料场地以及安全、环保等装置。

（3）大型锻件附属生产系统。为生产系统专门配置的生产指挥系统（厂部）和厂区内为生产服务的部门和单位，包括办公室、操作室、休息室、更衣室、浴室、成品检验、生产装置管理及修理等设施。

（4）大型锻件生产界区。从钢锭、电力、重油、煤气等原材料和能源经计量进入工序开始，到成品计量入库为止的整个大型锻件产品生产过程。由生产系统工艺装置、辅助生产系统和附属生产系统设施三部分组成。

（5）大型锻件产品能源消耗总量。报告期内，大型锻件产品生产全部过程中的能源消耗总量。

注意：能源消耗总量指生产系统、辅助生产系统和附属生产系统的各种能源消耗量和损失量之和，不包括基建、技改等项目建设消耗的、生产界区内回收利用的和向外输出的能源量。

（6）大型锻件单位产品综合能耗。用折100％大型锻件单位产量表示的综合能耗，即直接消耗的能源量以及分摊到该产品的辅助生产系统、附属生产系统的能耗量和体系内的能耗损失量。

（7）锻件加热工序单位能耗。用折100％大型锻件单位产量表示的锻件加热工序单位综合能耗，即直接消耗的能源量以及分摊到该产品的辅助生产系统、附属生产系统的能耗量和体系内的能耗损失量。

（8）性能热处理工序单位能耗。用折100％大型锻件单位产量表示的性能热处理工序单位综合能耗，即直接消耗的能源量以及分摊到该产品的辅助生产系统、附属生产系统的能耗量和体系内的能耗损失量。

（9）粗加工工序单位能耗。用折100％大型锻件单位产量表示的粗加工工序单位能耗，即直接消耗的能源量以及分摊到该产品的辅助生产系统、附属生产系统的能耗量和体系内的能耗损失量。

（10）大型锻件。质量在30 t以上的锻件产品。

8.3.3 计算范围和计算方法

1）能耗数据计算范围

（1）大型锻件产品生产系统能耗量应包括大型锻件产品生产界区内实际消耗的一次能源量和二次能源量。耗能工质（如水、氧气、氮气、压缩空气等）不论是外购的还是自产的，均不应统计在能耗量中。

（2）未包括在大型锻件生产界区内的企业辅助生产系统、附属生产系统能耗量和损失量应按消耗比例法分摊到大型锻件生产系统内。

（3）回收利用大型锻件生产界区内产生的余热、余能，不应计入能耗量中。供界区外装置回收利用的，应按其实际回收的能量从本界区内能耗中扣除。

（4）各种能源的热值应折合为统一的计量单位——kg 标准煤。各种能源的热值以企业在报告期内实测的热值为准。没有实测条件的，可采用《综合能耗计算通则》附录中给定的各种能源折标准煤参考系数。

（5）能源消耗量的统计、核算应包括各个生产环节和系统，既不应重复，又不应漏计。

2）能耗计算方法

（1）综合能耗的计算应符合《综合能耗计算通则》中的规定。

（2）大型锻件单位产品综合能耗、锻件加热工序单位能耗、性能热处理工序单位能耗、粗加工工序单位能耗的计算应按产品不同规格、不同生产方法分别进行能耗的核算。

（3）大型锻件单位产品综合能耗的计算。

$$E_{ZH} = E_{JR} + E_{CL} + E_{JG} \tag{8-1}$$

式中，E_{ZH} 为报告期内大型锻件单位产品综合能耗，kg 标准煤/t；E_{JR} 为报告期内锻件加热工序单位产品综合能耗，kg 标准煤/t；E_{CL} 为报告期内性能热处理工序单位产品综合能耗，kg 标准煤/t；E_{JG} 为报告期内粗加工工序单位产品综合能耗，kg 标准煤/t。

（4）锻件加热工序单位能耗的计算。

$$E_{JR} = \left[\sum_{i=1}^{n} (e_{jrsc} k_i) + \sum_{i=1}^{n} (e_{jrfz} k_i) \right] \Big/ P_{JR} \tag{8-2}$$

式中，e_{jrsc} 为报告期内锻件加热工序生产系统加工投入的各种能源消耗实物量，t、kW·h 或 m³；e_{jrfz} 为报告期内锻件加热工序辅助生产系统、附属生产系统投入的各种能源消耗实物量，t、kW·h 或 m³；k 为某种能源折标准煤系数；n 为能源种类数；P_{JR} 为报告期内锻件加热工序产量折 100% 大型锻件产量，t。

（5）性能热处理工序单位能耗的计算。

$$E_{CL} = \left[\sum_{i=1}^{n} (e_{clsc} k_i) + \sum_{i=1}^{n} (e_{clfz} k_i) \right] \Big/ P_{CL} \tag{8-3}$$

式中，e_{clsc} 为报告期内性能热处理工序生产系统加工投入的各种能源消耗实物量，t、kW·h 或 m³；e_{clfz} 为报告期内性能热处理工序辅助生产系统、附属生产系统投入的各种能源消耗实物量，t、kW·h 或 m³；P_{CL} 为报告期内性能热处理工序产量折 100% 大型锻件产量，t。

（6）粗加工工序单位能耗的计算。

$$E_{JG} = \left[\sum_{i=1}^{n} (e_{jgsc} k_i) + \sum_{i=1}^{n} (e_{jgfz} k_i) \right] \Big/ P_{JG} \tag{8-4}$$

式中，e_{jgsc} 为报告期内粗加工工序生产系统加工投入的各种能源消耗实物量，t、kW·h 或 m³；e_{jgfz} 为报告期内粗加工工序辅助生产系统、附属生产系统投入的各种能源消耗实物量，t、

$kW \cdot h$ 或 m^3；P_{JG} 为报告期内粗加工工序产量折 100% 大型锻件产量，t。

8.3.4 指标影响因素和最新节能技术

1) 节能基础管理

企业应定期对大型锻件单位产品综合能耗、锻件加热工序单位能耗、性能热处理工序单位能耗和粗加工工序单位能耗进行考核，并把考核指标分解落实到各基层部门，建立用能责任制度。

企业应根据《用能单位能源计量器具配备和管理通则》配备能源计量器具并建立能源计量管理制度。

2) 节能技术管理

（1）经济运行。企业应使生产通用设备达到经济运行的状态，对电动机的经济运行管理应符合《三相异步电动机经济运行》的规定；对风机、泵类和空气压缩机的经济运行管理应符合《交流电气传动风机（泵类、空气压缩机）系统经济运行通则》的规定；对电力变压器的经济运行管理应符合《电力变压器经济运行》的规定。

对各种管网应加强维护管理，防止跑、冒、滴、漏的现象发生。

（2）各工序生产中有关节能操作的要点。由于加热过程中存在正负压的问题，为了使炉内燃料充分燃烧，经常需将炉门开着加热钢锭，这样做增加了能源的消耗，应该对原有的炉窑进行改造，采用自动控制方式调节排烟阀门，使炉膛压力始终保持在正负压的临界点，节省能源。合理地安排生产调度，加强对设备的定、巡检管理，坚持预防为主、维修为辅的原则，采取动态维修的设备维护维修模式，及时发现和排除设备故障隐患。

（3）对能耗有较大影响的工艺操作参数控制的要求。根据生产实际状况、工人素质和设备情况，对锻打余量进行控制，寻找最佳控制点，在确保产品质量合格的前提下，尽量减少锻打余量，可以减少运输费用、加热费用和锻打量。

3) 行业中较普遍使用的节能技术

（1）加热炉排烟系统加装氧量表、负压表，实现对喷嘴、排烟阀门进行自动控制，以利于操作工合理调节配风量，改善燃烧状况。

（2）排烟系统的余热进行回收利用，在排烟系统安装空气预热器或余热式蒸汽发生器，以回收烟气余热，改善燃烧状况，减少燃油消耗，提高油炉热效率。

（3）燃重油加热炉和煤气热处理炉改烧天然气，以降低锻件厂的能源消耗，提高加热质量，使工业炉综合性能达到国内领先水平。

（4）采用精确的 on/off 脉冲燃烧精细化控制系统技术模式。此种技术可靠性高，克服了目前加热炉定比、定压脉冲燃烧系统普遍存在的点火点不燃、检测不到火焰、燃气和阻燃空气压力波动大、电磁阀打不开、关不严等现象。

（5）采用时序脉冲分配控制技术。时序脉冲分配控制技术是加热炉脉冲燃烧的技术核心,是目前国际上最先进的燃烧控制技术。每区由一个时序脉冲分配器进行时序控制。它接收智能温度调节器输出的功率信号,对同区每个烧嘴进行时序分配,对每区烧嘴进行大、小火时序脉冲循环燃烧控制。与传统燃烧方式过多分区、气流循环相互干扰、容易造成过烧相比,改善效果较为明显。

（6）采用热风补偿技术。对于周期式燃气加热炉运行时,随着空气预热温度的不断提高,相同压力下,空气的流量将减小,空气燃烧过剩系数将随之降低,火焰成欠氧燃烧状态,一氧化碳含量增加,炉内形成还原气氛,可能造成工件表面渗碳;反之,炉温降低时,空气预热温度降低,同样压力下,空气流量增加,空气过剩系数将随之增加,火焰成过氧燃烧状态,氧含量增加,炉内形成氧化气氛,造成工件表面氧化烧损和脱碳,产生大量的氧化皮。采用热风补偿系统可通过先导换热器感知空气预热温度的变化,在压力不变的情况下,带动可变调节阀自动、等比例调节烧嘴前的燃气流量,实现在不同的预热温度和不同的烧嘴功率下空燃比例的恒定,达到最佳的燃烧状态。

（7）应按照"分级补偿,就地平衡,分散补偿与集中补偿相结合,以分散为主"的原则,合理布局补偿位置和补偿容量。合理选择电容器的容量,对车间低压配电线路较长的集群用电负荷或单台功率大的设备进行就地无功补偿。通过无功补偿,可使补偿点以前的线路中通过的无功电流减小,既可增加线路的供电能力,又可减少线路损耗。

（8）连铸连锻技术。根据工艺要求,在钢锭冷却到 700℃ 或 300～400 ℃ 就进行加热锻造,从而减少加热能耗。

4）最新实用节能技术

节能技术名称:空心钢锭锻打。

主要内容和节能原理:20 世纪 70 年代末,日本川崎公司发明了一种生产空心钢锭的新技术,可用于以后经济地加工圆筒状锻件。根据锻件成品的形状要求,预先浇铸成相似的空心钢锭,从而减少了钢锭冷却时间、运输费用、加热费用和锻打工作量。

节能效果和经济可行性:因这项技术在国内还没有厂家使用,节能具体数据不详。中国第一重型机械集团公司实验研究表明,空心钢锭的钢锭利用率可达 80%,而常规钢锭的钢锭利用率一般在 55%。

8.4　基于大数据的节能技术改造案例

8.4.1　企业概况

上海重型机器厂有限公司是上海电气所属重型机械产品生产企业。企业设有设计研究院、大型铸锻件研究所、工艺处等技术开发部门以及冶炼、铸造、锻造、热处理、金属结构、机械加工等 11 个主要生产车间。拥有数控镗床、数控龙门铣、数控立车、数控加工中心和重型数控卧车等机械加工设备。主要设备包括热加工的 100 t 电弧炉、120 t 精炼炉,在 120 MN 自由锻造水压机和 200 t 级电渣重熔炉的基础上,又自行和合作研制成功目前世界最大的 165 MN 自由锻造油压机、630 t·m 操作机、450 t 电渣重熔炉,机械加工设备及高精度检验和检测设备近几年也有很大提升。

上海重型机器厂有限公司拥有国家级技术中心,主要生产电站、冶金轧制和冶炼、锻压、水利、矿山、建材化工设备等,以及电站、核电、冶金、机械、船舶、化工和石化等行业的高质量大型铸锻件,目前公司具有年钢产量 24 万 t、单件铸钢件最大 450 t、双真空钢锭最大 600 t、单件锻钢件最大 350 t 的生产能力。拥有国家核安全局颁发的民用核承压设备制造资格许可证、ISO 9001 质量保证体系和军品质量管理体系认证证书。

8.4.2 项目概述

通过冶铸厂精炼炉系统能效检测、节能控制平台示范工程建设,对电机系统能效监测装置实现电机系统输入能量与参数检测和输出参数实时采集与处理,计算各电机系统和整个系统的能效情况,进行节能运行综合管理控制,将控制命令发送给各电机系统控制装置,使整个系统在满足生产工艺要求和不降低生产效率的情况下,实现系统最佳匹配。

依托三菱电机在工业自动化领域的优秀产品及完善的解决方案,为用户提供了即时监测系统能耗使用情况,及时发现用能问题并加以改善,发挥最大的节能潜力,达到可持续节能的平台。本改造项目能耗监测主要对上海重型机器厂有限公司的电、煤、天然气、煤气、蒸汽、氧气、水等进行实时测量,并把这些测量数据通过三菱节能数据服务器上传到企业网,通过企业网把实时的能耗数据显示在任何一个网络结点上,同时配合可视化综合管理软件,使得能耗可以被随时监视。

通过节能可视化平台建设,可达到以下目标:
(1) 实时监视全厂用能信息,发现用能问题后及时解决,实现节能的效果。
(2) 自动生成日、月报表,提高工作效率。
(3) 通过设备改造达到节能的效果。
(4) 在可视化平台的基础上建立和完善有效的能源管理体系,杜绝能源浪费。

8.4.3 技术原理

8.4.3.1 节能可视化综合平台
节能可视化综合平台主要包括电能可视化系统平台及非电能可视化系统平台建设两部分。

1）电能可视化系统平台（图8-10）

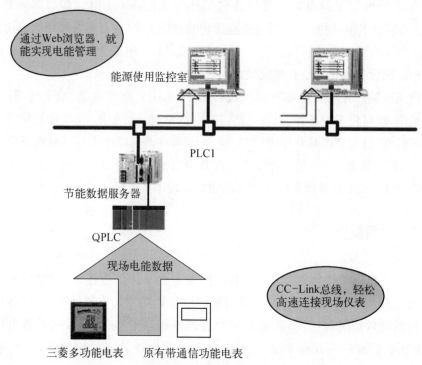

图8-10 电能可视化系统平台

本改造项目电能监控包括输配电监控和设备用能监控，其中输配电监控系统可分为用户层、控制层、现场层。

（1）用户层。节能数据服务器可接入工厂的 LAN 局域网，这样所有接入局域网的计算机只需通过 Web 浏览器，即可实现电力实时数据的监视和电能数据的分析。并且根据工厂的需求，可以定时、定内容地向相关部门人员的邮箱发送日、月、年报表，为工厂做节能管理、分析、改善提供了一个有效持续的平台。

（2）控制层。作为 CC-Link 的主站，控制层的 PLC 负责搜集并将数据送至节能数据服务器。

（3）现场层。多功能电表可以计测多种电力重要数据，并通过 CC-Link 现场高速总线，以最节省线缆和最简单的工程量，即可完成现场设备能耗的采集，是可视化检测系统的数据基础。

2）非电能可视化系统平台（图8-11）

（1）白煤和煤气。外购白煤，经过 10 台煤气发生炉产生煤气作为燃气，主要用于冶铸厂、锻件厂、特种钢公司、金属结构车间等各种工业窑炉和工艺加热等。

（2）烟煤和蒸汽。所产蒸汽主要用于冶铸厂真空脱气装置（约占 45%）、锻件厂燃料油储存、输送、保温和燃烧雾化，动能公司煤气发生炉用汽及少量生活用汽等。

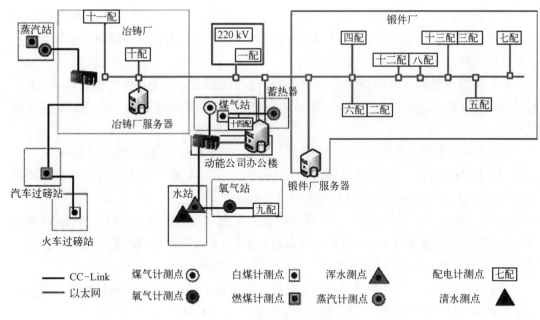

图 8-11　非电能可视化系统平台

（3）氧气。氧气发生站制氧机组所产氧气主要用于冶铸厂电炉炼钢吹氧、锻件厂大截面火焰切割、金结构车间火焰切割及其他车间的维修。

（4）水。上海重型机器厂有限公司的水取自黄浦江，清水主要用于生活用水，浑水用于补充循环冷却水。

在对不同的非电能源品种进行监控时，采用不同的监测仪表。

① 原有带有通信功能的仪表。对于原有带有通信功能的非电能仪表（包括水表、流量计、压力变送器等），通过转换装置转换成 CC-Link 网络格式接入 CC-Link 现场总线。

② 原有模拟量输出仪表。对于原有具有模拟量输出的非电能仪表（包括水表、流量计、压力变送器、测温电阻等），通过接入远程模拟量模块或远程温度输入后再接入 CC-Link 网络。远程模块都将安装在现场的集中仪表柜中。

对于原有无法提供第二路模拟量输出的仪表，采用模拟电流分配器将原先的单路信号分配成多路。这样做的优点在于可以既不破坏原先的计量系统，也不用安装新的计量仪表，但需要与企业计量管理部门进行沟通，达到认可的标准。

8.4.3.2　网络系统

节能可视化平台系统是针对上海重型机器厂有限公司的电、蒸汽、天然气、煤气、煤、氧气、水等能耗量进行实时的测量，并把这些测量数据通过节能数据收集服务器（ECO Web Server）上传到企业网，通过企业网把实时的能耗数据显示在任何一个网络结点上，同时配合可视化综合管理软件，使得能耗可以被随时监视。

上海重型机器厂有限公司节能可视化平台信息层网络主要由位于各个区域的 PLC 总站和位于技术中心机房的主服务器构成,各个总站通过公司原有的以太网与主服务器进行互联。本系统分为以下五层:

(1) 现场计测层。由现场仪表(包括多功能电能测量仪、热电偶及相应模块、流量计或水表等)组成,通过 CC - Link 现场总线传输至现场控制层的 CC - Link 主站模块中。

(2) 现场控制层。由分站可编程控制系统组成,负责采集、转换、上传能耗数据。

(3) 本地信息层。由高速光纤网络构成,通过 CC - Link IE 现场总线或企业以太网将现场数据传输至总站的高性能 PLC 可编程控制系统。

(4) 总站控制层。由高性能 PLC 可编程控制系统和节能数据收集服务器(ECO Web Server)组成,负责整合总站下各分站的现场计测数据,并在节能数据收集服务器中做安全备份,同时通过控制层中的 MES 接口向主服务器发送能耗数据。

(5) 远程信息层。由主服务器和高速光纤网络传输系统(企业以太网)组成,负责企业能耗数据的存储、备份和历史追溯,是可视化节能系统的核心部分。

8.4.3.3　现场控制设备 (FCDS)

1) 现场控制设备的优势和应用背景

在可视化节能平台建立的基础上,上层平台可以掌握现场能源利用情况,并通过原单位管理等一系列能源管理体系进行全厂能耗的综合利用,并有效实现管理节能。

根据有效的节能管理体系,现场除需要实现对能源的考核,还须实现在全厂范围进行人员的考核,以实现事先设定的节能目标。

全公司人员的考核需建立在现场人员对能耗应用掌握的基础上,因此,现场能源使用情况和能源管理体系的实时显示则是有效能源管理体系的重要组成部分。

2) 现场控制设备所能实现功能

(1) 现场实时用能情况的显示。在上层平台掌握用能情况的基础上,该功能还可以使现场工作人员及时掌握整个生产过程的用能状况,并根据当前能耗及时调整生产,从源头实现有效的节能。

(2) 生产管理系统。工艺流程状态控制根据不同的操作权限,赋予现场操作人员相应的权限,在现场实时掌握工艺流程的进行状况,并结合能量控制及时调整。

① 加工量的实时控制。在现场实现产品加工量的实时显示,同时,允许现场操作人员输入当班的预计加工量,同时由自动化系统统计现场实际加工量,在以上数据的基础上,操作人员可以预先根据预计加工量估算单位产品的能耗,并与实际单位产品能耗进行比较,以便及时对生产进行调整和改善,并由现场提供有效节能的依据。

② 产品合格率的实时控制。通过布置在现场的现场控制设备,操作人员可以根据预先设定的产品参数与实际生产产品的参数进行及时比对,以便及时了解产品合格状况,并及

时做出调整,同时,也有助于当班人员及时了解有效的能源消耗情况(合格产品所消耗的能源)。

3) 产品能源的综合考核

该功能可以实现现场操作人员根据相应的权限录入个人当班情况的信息,如产品的规格、加工量、加工时间,操作人员的当班时间及现场异常情况等,管理层和现场人员均可根据以上信息了解现场生产的状况,并对产品的生产进行综合评估。

同时,对于非批量生产的零件,也可以根据当班人员录入的产品规格(如尺寸、形状、重量、原材料等)、加工时间和加工状态(如炉温、炉压等)等一系列信息,对其进行综合考核,为计算原单位能耗提供有力依据。

4) 生产计划的综合规划

现场控制设备可以通过数据库系统在现场显示由生产计划部门制定的生产计划,这使得现场操作人员可以根据权限随时了解当前的生产任务,并在当班结束时向系统录入实际的生产情况,以便于生产计划部门进行生产计划的综合规划,同时,动能公司也可以根据生产计划的综合规划实时分析能源的需求,以便及时调整能源的生产和供给。

5) 异常情况的报警和反应

现场控制设备可以根据生产计划和对电力、煤气、氧气等能源消耗的监测判断现场生产的异常状况,对其做出报警,并及时将该状况反映给管理层。

6) 现场生产和管理层的无缝沟通

现场控制设备可以通过分布于生产现场的各种工业网络接口(CC - Link、CC - Link IE、以太网等)和实施数据库系统,实现与管理层的无缝沟通,使管理层可以实时了解生产现场的生产情况,包括产品的加工量、产品的加工工艺、生产部门的生产计划以及现场能源的实际使用情况。

现场控制设备的配置使得管理层可以通过现代化的通信手段,实时不间断了解现场的生产计划和实际生产情况,以便及时对生产做出调整,同时,也能够及时掌握生产的异常情况,并实施应急措施。

8.4.4 节能减排效果分析

上海重型机器厂有限公司是上海电气乃至整个上海的耗能大户,是中国重型装备制造业的典型代表,公司的"可视化节能"示范工程对上海电气内部企业能源管理及上海工业乃至周边城市都有着重要的示范作用。

1) 构建可视化节能平台,实现全方位监测企业能耗信息

通过可视化节能平台的建设,实现分散计量、分区控制、集中管理,从而优化能源使用的结构与配置,为企业综合能源的利用与长远规划提供决策依据。

（1）实现能源计量的精细化，有效开展能源审计与监督。能源计量是最基本的第一步，却是最为关键和困难的一步，没有精确的基础数据，后续的步骤都无从谈起。节能可视化系统能够将设备、员工的用能情况进行全程记录；监测计量不同层次区间的耗能数据。能源计量是能源审计的基础，是未来发展的必然趋势。能源计量有利于对企业的能源使用情况进行有效的监督和合理的考核；减少企业能源管理的日常工作量，提高工作效率。

（2）能源数据采集的多元化，整合包括电、煤、汽、油、水在内的多种能耗数。节能可视化系统可以应用针对各种能源数据的采集，除了对电能数据进行采集分析之外，其他煤、汽、油、水等各种非电参数都可以进行采集监测。对现场采集的能源数据可以通过 CC - Link 现场总线进行便捷传输，从而建立层次化的企业能源管理系统。

（3）节能管理的立体化，将设备节能和管理节能相结合，充分挖掘人的主动性。通过将设备运行耗能、人员生产用能和节能管理措施三者有机结合起来，纳入节能可视化管理系统中，构建三位一体能源管理机制，使能源的整个利用过程得以全程掌控和分析，管理者可以从中判断能耗的关键和节能潜力所在，找出能耗偏高的真正原因和能损分布，指导运行人员的正确操作，使生产处于最经济的状态下安全运行，从而达到可持续节能的目的。

2）实现企业单位 GDP 降耗目标

上海重型机器厂有限公司属于能耗大户，节能目标任务十分艰巨。如何有效地将企业自身的利益与节能目标结合起来，实现经济效益与社会效益的双赢，显得十分迫切。

节能可视化平台为实现单位 GDP 能耗目标提供了评价方法和技术上的有力支撑；将企业切实利益与节能目标紧密结合。通过节能可视化平台的监测管理，对单位 GDP 能耗目标进行综合调配，分解到各个部门及负责人，按照年、月、日制定相应的时间控制计划，使得单位 GDP 能耗目标的实现变得清晰、可控。

3）构建系统能效检测、节能控制平台，提高系统整体能效水平

系统能效检测、节能控制平台通过电机系统能效监测装置实现电机系统输入能量与参数检测和输出参数实时采集与处理，通过网络传输到中央控制装置；通过数据分析运算，计算各电机系统和整个系统的能效情况。根据生产工艺和设备性能建立各电机系统和整个系统的数学模型，进行节能运行综合管理控制，将控制命令发送给各电机系统控制装置，使整个系统在满足生产工艺要求和不降低生产效率的情况下，实现系统最佳匹配，减少系统整体能耗，提高系统运行综合能效水平。

8.4.5　项目投资额

项目投资总额 2 166 万元，其中一期投资总额 1 020 万元，二期投资总额 1 146 万元，具体见表 8 - 9。

表 8 - 9 项目投资构成

工程及费用项目		投资金额(万元)	备　注
一　期			
材料费	a. 控制系统	53	
	b. 非电类仪表	141	
	c. IT 设备类(包括监控室)	32	
	d. 电柜	20	
	e. 可视化软件	75	
	f. 现场控制设备系统	55	
	g. 精炼炉系统能效检测、节能控制平台	75	
	h. 小计 1(a+b+…+g)	451	
施工费	i. 施工(安装/系统调试/PLC 编程及辅材)	154	
	j. 光缆敷设	10	
	k. 设计费	140	
	l. 小计 2(i+j+k)	304	
培训考察费	m. 赴日考察及培训	30	
安全监督费	n. 安全监督费	5	
	o. 合计 1(h+l+m+n)	790	
服务费	p. o×5%	40	
管理费	q. (o+p)×5%	42	
税　金	r. (o+p+q)×17%	148	
	一期总计(o+p+q+r)	1 020	
二　期			
材料费	a. 电能仪表	240	
	b. 非电类仪表	52	
	c. 现场控制设备系统	80	
	d. 控制系统	97	
	e. 可视化软件	75	
	f. 电柜	66	
	g. 精炼炉系统能效检测、节能控制平台	75	
	h. 小计 1(a+b+…+g)	685	

（续表）

工程及费用项目		投资金额(万元)	备 注
二　　期			
施工费	i. 施工(安装/系统调试/PLC 编程及辅材)	115	
	j. 光缆敷设	24	
	k. 设计费	60	
	l. 小计 2(i+j+k)	199	
	n. 安全监督费	5	
	o. 合计 1(h+l+n)	888	
服务费	p. o×5%	44	
管理费	q. (o+p)×5%	47	
税　金	r. (o+p+q)×17%	167	
	二期总计(o+p+q+r)	1 146	
	一、二期合计	2 166	

8.4.6　项目推广和复制潜力

本项目依托三菱电机在工业自动化领域的优秀产品及完善的解决方案,为用户提供了即时监测系统能耗使用情况,及时发现用能问题并加以改善,发挥最大的节能潜力,达到可持续节能效果的平台。

早在多年前三菱电机就一直致力于节能产品和技术的研究,在其绿色制造理念下开发出来的节能产品的基础上,整合了三菱的“可视化”技术,使得平时容易被忽略的浪费、能源使用的不合理等情况都一览无遗地呈现出来,再针对性地制定改进计划并实施。从掌握能耗的现状入手,结合设备改善和管理改善不断地核查节能效果,达到可持续的节能。

三菱电机通过能源可视化,首先从管理运用上展开节能,这样一开始就无须额外的节能设备投入费用,在管理上找出以前可能疏忽掉的能源浪费,并且利用可视化的能源管理系统找出具体设备的能耗问题,达到“运用改善”与“设备改善”的结合,实现长期的持续性节能。

节能渗透于各领域各行业的不同能源,如何管理好能源,三菱电机提出了 E-JIT (energy just in time),即在必要的场所、必要的时间,使用必要的量。以 E-JIT 为准则,使得节能活动切实可行,不再只是一句口号,而是切实降低企业成本。因此,可视化节能管理可以在多领域、多行业推广。

第9章

能源大数据应用
——电力行业

　　电力行业是国民经济的命脉,但我国电力工业面临能源枯竭、温室气体排放和严重雾霾的三重挑战,以投资拉动增长的发展方式已难以为继。虽然衡量我国电力工业发展的重要指标——装机容量始终在增长(图9-1),但是其增速已经大大放缓:一方面,电力工业近年来快速增长透支的产能需要时间来慢慢消化;另一方面,我国电力需求的增速也在逐步放缓。这就要求根据新的形势和国际规则探索和创新新的发展模式,迎接所面临的各种挑战。

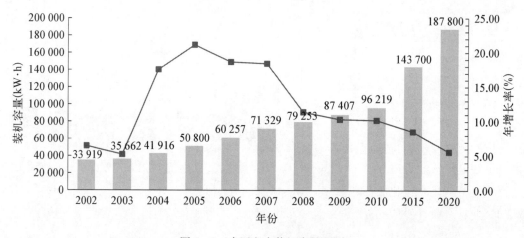

图 9-1　中国电力装机容量预测

　　新能源的快速发展、互联网加快渗透传统行业以及大数据的蓬勃兴起,为我国电力行业寻求新的电力工业价值创造了新的机遇,能否以此为契机,推动电力工业实现跨越式发展? 挑战重重,但机遇也前所未有。当前信息通信技术对我国电力工业的价值贡献正处于量变到质变的关键点上,而变化的本质就是电力信息通信与电力生产、企业运营管理以及社会大数据的深度融合。这一方面将推动电力数据的爆发性增长,提升电力行业整体能效水平;另一方面将通过电力大数据与互联网数据、天气数据、经济数据、交通数据、电动汽车数据等社会数据融合,促进智慧城市的建设,深度改变人们生活的各个方面。

　　我国电力企业信息化起源于20世纪60年代,从初始电力生产自动化到80年代以财务电算化为代表的管理信息化建设,再到现在大规模的企业信息化建设。伴随着下一代智能化电力系统的全面建设,以物联网和云计算为代表的新一代IT技术在电力行业中的广泛应用,电力数据资源开始急剧增长并形成一定的规模,我国电力系统必将成为全球最大规模的关系国民生计的专业化物联网。这张遍及生产经营各个方面的物联网,将利用其产生的巨大信息流,构筑起我国最大规模的“云计算”平台,使能源、资源和信息可以在不同的时间、空间维度充分流动,实现最优配置,将对我国经济社会发展乃至人类社会进步形成更为强大的推动力。据统计,截至2013年底,国家电网建成世界最大电能计量自动化系统,累计安装智能电能表1.82亿只,实现采集1.91亿户,采集覆盖率56%,自动抄表核算率超过97%,智能电网可以产生巨大的数据量。比如国网信息通信分公司在北京5个小区,353个采集点,采集1.2万个参数,包括频率、电压、电流等,每15 min采集一次,一天就产生34 GB数据。中国社会的发展正经历从传统的投资驱动逐步向价值驱动,粗放型发展模式向集约化经营的演进和转变。在这种大趋势下,中国电力工业也将面临传统的动力经济的转型,大数据时代下的中国电力工业也必将顺应能源变革的历史潮流,走出一条科学发展的康庄大道。

9.1 电力大数据特征

电力大数据是能源变革中电力工业技术革新的必然过程,而不是简单的技术范畴。电力大数据不仅仅是技术进步,更是涉及整个电力系统在大数据时代下发展理念、管理体制和技术路线等方面的重大变革,是下一代智能化电力系统在大数据时代下价值形态的跃升。重塑电力核心价值和转变电力发展方式是电力大数据的两条核心主线。大数据的核心价值之一就是个性化的商业未来,是对人的终极关怀。电力大数据通过对市场个性化需求和企业自身良性发展的挖掘和满足,重塑中国电力工业核心价值,驱动电力企业从"以人为本"的高度重新审视自己的核心价值,由"以电力生产为中心"向"以客户为中心"转变,并将其最终落脚在"如何更好地服务于全社会"这一根本任务上。人类社会经过工业革命两百多年来的迅猛发展,能源和资源的快速消耗以及全球气候变化已经上升为影响全人类发展的首要问题。传统投资驱动、经验驱动的快速粗放型发展模式,已面临越来越大的社会问题,亟待转型。电力大数据通过对电力系统生产运行方式的优化、对间歇式可再生能源的消纳以及对全社会节能减排观念的引导,能够推动中国电力工业由高耗能、高排放、低效率的粗放发展方式向低耗能、低排放、高效率的绿色发展方式转变。

电力大数据是大数据在电力行业的子集和聚集,除了具有大数据本身的特性外,还有自身所特有的特性:能量性、交互性和共情性。

(1)能量性。电力大数据是在能量生产、运输、分配和终端利用过程中所产生的大数据,从始至终都具备能量的属性。因此,电力大数据可以在使用过程中不断地精炼和演化,在电力系统各个环节的低能耗和可持续发展方面发挥独特且巨大的作用。通过对大数据的分析,可以通过节约能源来提供能量,使电力大数据具有与生俱来的绿色性。因此,利用好电力大数据,节约能源,就是对电力大数据最好的投资和应用。

(2)交互性。电力行业深入渗透到国民经济的各个方面,其产生的大数据与国民经济联系也十分紧密,具有无与伦比的正外部性。电力大数据与互联网数据、天气数据、经济数据、交通数据、电动汽车数据等社会数据融合,一方面促进了智慧城市的建设,提升电力系统能源利用效率和服务水平,为用户提供便利的电力服务;另一方面利用电力大数据的优势,全方位地挖掘、分析和展现,促进国民经济健康运行、社会文明进步以及各行各业持续健康发展,为政策制定、公共事业管理及商业经营提供了有益帮助。

(3) 共情性。电力行业存在的目的是为国民经济和电力用户提供清洁、安全和高效的电力服务。这就决定了电力大数据天然联系着千家万户、厂矿企业和国民经济的各个方面。随着智能电网、分布式能源的发展,我国电力工业"以电力生产为中心"的发展模式必定要向"以客户为中心"转变。同时,随着分布式供能的快速发展,曾经的电力用户也开始变成电力生产者,这就给电网带来了巨大的机遇和挑战,也为电力大数据的挖掘和应用提出了更高的要求。这些转变将打破传统业务系统间各自为政的局面,有利于集中优势资源,提升整体运作的效率和效果,为坚强智能电网建设提供有力支撑。

9.2 电力大数据在传统发电企业的应用

电力大数据作为连接能源消费、能源供给和能源技术的桥梁,将为电力系统能源体制改革提供强力的支撑。基于大数据、云计算等技术的快速发展和应用,各个电力集团也根据企业自身情况制定了自己的数据应用战略、治理方针和数据标准。

1) 火电厂大数据的发展趋势

传统的火力发电厂正在向数字化电厂阔步迈进,各种数字化仪表和设备已取代原有的机械式仪表和设备,DCS、SIS 乃至 ERP 等系统也已在各个电厂普及。各类传感设备、移动终端、数据采集设备等产生的大量数据被保存、分析,用于指导火力发电厂的生产运营。这些智能系统设备在提升企业管理和运营的同时,也产生了大量的电厂运行的专业化数据。如何对数据进行分析应用和数据价值的深度挖掘,成了摆在各个发电企业面前的挑战。

火力发电厂的数据可以分为以下三类:① 结构化数据,是生产一线直接生产的数据,数据价值密度高,有严格的数据分类和标准的查询语言,易于挖掘出更高的数据价值;② 非结构化数据,这些数据来自非生产一线,但与企业管理契合度很高,数据价值密度中等,数据价值挖掘难度较大;③ 多媒体数据,这部分数据量大,对企业事故视频回放分析有很高的价值,但是数据价值密度低,数据价值挖掘难度大。

电力大数据的价值,极少数能够直接表现出来,大部分则是隐藏在枯燥的数字背后。比如,在火力发电厂,厂用电率指标的高低可以直接从指标信息中获得,但是导致其升高或者降低的原因却隐藏在看似杂乱无章且规模庞大的数据流中。对数据分析得越深入,就越能挖掘出更多的数据价值,分析后所取得的数据价值密度要远远高于原始数据的价值密度。

电厂数据的相关性分析也是获得隐含数据价值的高效方式。数据可能存储在不同的数据库等空间中,但是物理上的分离不代表数据逻辑也是隔离的,甚至有些时候这些数据恰恰是高度关联的,所以对数据价值的分析必须将相关数据看成一个整体,通过对数据的相关性进行分级,建立数据模型。例如电厂厂用电率指标与各个主要辅机耗电量相关,各辅机设备耗电量又与单台辅机的各项运行指标有关,任何一个指标的变动都会导致厂用电率的改变。相关性分析就如同将厂用电率当作一个生命体,而辅机指标等相关数据集作为这个生命体的体征指标,用来衡量这个生命体的健康程度。

电力大数据具有很强的交互性,发电企业大数据也不例外,如果将发电厂的各种数据与整个社会大数据进行交互融合,将会产生不一样的效果。比如,将火电厂设备运行大数据与设备制造厂大数据进行数据对接。电厂的设备缺陷信息、生命期参数信息等数据,与设备制造厂的设备部件材质、质检情况、流水线信息等数据整合到一起,以前割裂的信息孤岛就成了一个整体,可以进行进一步的信息挖掘。设备制造厂可以针对电厂大数据所体现出来的设备缺陷信息、生产周期参数信息等数据调整产品设计方案、制造工艺以及生产安排,制定更加精准的市场定位。而火力发电厂可以根据设备制造厂大数据的设备材质、质检情况、流水线信息等数据更加深入了解所用设备的使用参数、运行方式以及维修调试方法。通过信息汇总后的数据挖掘,可以使发电厂和电力设备生产企业都得到对自己有价值的数据,而这些价值是不可能单独从一方的数据中挖掘得到的。

"大数据"时代,电力生产企业的数据会持续快速地增长,如何从海量的数据深度挖掘出有价值的信息,从而提高电力生产相关企业的生产效率和服务价值,节约更多的成本和创造更高的价值,是摆在电力生产企业面前的一大挑战。努力提高电厂的信息化水平,培养专业人才,深度挖掘数据价值,必然是火力电厂管理模式发展的大趋势。

2) 某发电有限责任公司大数据应用案例

某发电有限责任公司 2×600 MW 机组性能监测与节能诊断系统是在保留原机组运行优化管理系统相关功能特点的基础上进行设计和拓展的系统。该系统一方面建立了一套基础数据平台(包括原始数据、计算数据),增强了数据接口对原始测点数据的读取功能,使其具有更为完整的历史数据存储、更为便捷的趋势曲线查询方式、更为高效的节能指标分析指导功能以及更符合电厂实际使用人员需求的功能设计;另一方面该系统通过拓展相关性能计算模型,再结合专家系统(知识库、推理机),实时分析每个指标偏离标杆值(基准值)的原因及发生的概率,实现实时对标;并通过月度统计结合离线指标推理,实现月度对标,触发生成月度节能对标报告。节能对标这项工作对改善运行、完善设备、提高机组运行经济性起到了积极的推动作用,但这项工作需要每个电厂配备多个业务能力强、专业面宽的专家型技术人员,同时需要投入大量的工作时间进行数据收集、数据分析,而机组性能监测及节能诊断系统通过计算机实时统计最终生成相关报告的方式很好地解决了这一问题,进一步减轻节能管理人员工作量,提高工作效率。

该系统具有以下特点:

（1）采用 Visual Studio 2008(C♯)工具对原机组性能优化管理应用平台进行改造,实现数据统一管理、兼具性能计算及故障诊断功能的高级应用基础平台,以满足节能诊断分析需要。

（2）开发了具有用户自定义功能的历史趋势查询控件是本开发项目的亮点之一,该控件能为不同用户所面临的不同问题制定各自的解决方案,不同曲线组的自定义功能其实也是人们在日常工作的经验积累,该功能可帮助电厂相关运行管理人员对机组性能相关数据进行数据挖掘,及时发现和解决机组运行中出现的问题,进一步提高机组经济性和安全性。

（3）通过 Plant Connect 底层 API 函数对实时数据库中的相关测点进行读取,同时补历史数据程序的运行时间与实时数据库日常操作时间进行分离,解决系统试运行阶段由于补历史数据的运行而导致实时系统查询速度慢、趋势无法显示等异常情况的出现,大大提高了系统稳定性。

（4）对性能优化模型进行拓展,以满足节能对标诊断需要。

（5）知识库由故障表、规则表、原因表、措施表组成,表与表之间通过故障 TAG、故障 ID、原因 TAG、原因 ID、规则 TAG、规则 ID 进行关联。

（6）根据《600 MW 火电机组节能对标指导手册》,结合公司多年从事火电机组运行、检修及性能诊断分析经验,整理出节能诊断系统所需的知识库。

（7）通过对模糊数学理论及基于规则的故障诊断方法进行深入研究,开发了一套可组态的逻辑推理机。

机组性能监测及节能诊断系统为电厂日常管理和节能指标分析等工作的开展创造了理想的平台,节能对标工作的成功与否很大程度上取决于知识(规则)库的完整性、准确性。在实际应用过程中,需要电厂相关专业人员认真斟酌及在实践中检验规则的完整性、准确性,如发现不合理、不完整、不完善的地方,及时反馈给项目组,及时更新知识库,希望在电厂、公司的共同努力下,把机组性能及节能诊断系统变成一套真正能指导生产的专家平台。

9.3　大数据在太阳能、风能等新能源领域的应用

太阳能与风能作为气候资源的重要组成部分,因为没有污染,所以被称为"清洁能源",日益受到重视。根据全球风能理事会统计,2014 年全球风电新增装机容量达到 51 477 MW。这一创纪录的装机数据显示全球市场实现了 44% 的年增长。这一增长也表明全球风电从近两年来的缓速增长中全面恢复。2014 年,中国风电产业发展势头良好,新增风电装机量刷新历史纪录(图 9 - 2)。据统计,全国(除台湾地区外)新增安装风电机组 13 121 台,新增装机容量 23 196 MW,同比增长 44.2%;累计安装风电机组 76 241 台,累计装机容量

114 609 MW,同比增长 25.4%。2014 年,全球光伏产业开启了新一轮的景气周期。全球光伏市场的新增装机容量又创新高,达到 47 GW,累计装机容量达到 188.8 GW(图 9-3)。全球光伏市场的竞争格局悄然发生变化,中国、日本和美国光伏市场的快速升温推动本轮景气周期,快速崛起的英国等新兴光伏市场成为 2014 年全球光伏市场的新贵。光伏技术的持续进步推动光伏市场的细分化程度不断升高,除地面电站、分布式等传统光伏发电的应用类型外,光伏技术和民用产品的结合应用开始展现生机。这反映了当今国际国内新能源电力发展的一个新动向。

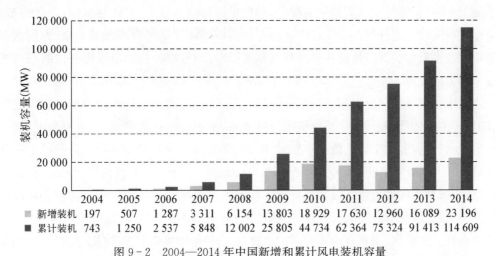

图 9-2　2004—2014 年中国新增和累计风电装机容量

图 9-3　2006—2014 年全球新增和累计光伏装机容量

　　但风电、太阳能发电本身具有不稳定性,不易准确预计,风况和光照不稳定,产生的电能就不稳定,风电和太阳能发电的电能质量也较差,其功率因数和谐波往往得不到有效控制。风电、太阳能发电正成为电网管理部门头痛的"垃圾电",原因大致有三个方面:一是电网建设速度严重滞后于风电发展,风电项目难以接入电网系统;二是电网调度调节能力差,无法全部接受不稳定的风力发电量,影响风电场的效益;三是风电企业、气象部门与电网部门的协调统筹能力以及气象预报的准确度低。技术瓶颈无法突破、气象预测技术和电网设备及调节能力相对落后、风电并网技术规范的缺失等问题制约风电产业的发展。"大数据"的出现解决了这个问题，彰显出其巨大的威力。

1) 气象大数据在太阳能和风能开发中的应用

在光伏发电产业，一些企业通过对各地区气象数据、检测电站情况的汇总和分析，得出较翔实的太阳能资源情况，作为产品销售。购买这一产品后，光伏电站的投资商就可以提前对投资区域的光伏资源进行分析，并初步划定开发的区域，省去了很多手续和环节。在此基础上，一些企业开发出更细化的服务，如提供区域内的地形、矿产等数据，以此为基础，投资商可以一次确定开发场址。还有一些企业将服务和移动客户端联系起来，方便业主随时随地地查询资源情况。从这些产品和服务可以看出，数据分析和应用为光伏的高速发展提供了有力的支撑。

依据中国气象局风能太阳能资源中心最新发布的"全国风能资源高分辨率数值模拟数据(2014)"给出的我国近30年风能资源评估成果，采用全国风能资源、专业观测网2014年测风塔观测数据，利用格点化统计订正技术，得到2014年全国陆地70 m高度层水平分辨率1 km×1 km的风能资源数据，用于评估2014年全国陆地70 m高度层的风能资源年景。资料显示，风功率密度大值区域主要分布在我国的三北地区(即东北、华北和西北地区)、东部沿海地区以及青藏高原和云贵高原山脊地区。年平均风功率密度超过300 W/m² 的区域主要分布在三北地区、青藏高原和云南的山脊地区；年平均风功率密度超过200 W/m² 的分布区域较广，华东和沿海以及中部地区的山地、台地的风功率密度一般都能达到200 W/m² 。

因此，利用天气建模技术和气象部门的大数据，能源电力系统能够提高风电和太阳能发电的可靠性。以往对风资源的预测不够精准，在风能无法贡献预期功力时，火电就要作为后备电力。这样，电网对风电的依赖程度越高，需要建设后备电站的成本就越高。另外，启用火电站就等于向环境中碳排。然而，在大数据分析的帮助下，温度、气压、湿度、降雨量、风向和风力等变量都得到充分考虑，对风电的预测更加精准。电网调度人员可以提前做好调度安排，也有助于电网消纳更多风电。

2) 大数据在太阳能电站运营中的应用

大数据为光伏发电产业中存在的问题提供了解决方法。我国的光伏发电在经过了高速发展后，暴露了两大问题：一是设备质量问题，二是金融服务滞后。这两个问题使得电站的投资、运营管理都受到了影响。光伏电站的高速发展中，为快速占领市场，很多设备商重量不重质，导致光伏电站建成后发电效率低下，故障频发。国家主管部门对此非常重视，通过政策制定、标准发布等多种方式提高光伏设备的准入门槛，保障产品质量。大数据平台可以利用建成光伏电站的设备运行效率、故障率等数据，汇总、分析，使用市场的手段为业主提供"火眼金睛"，将有劣迹的制造商产品拒之门外。金融服务滞后的最核心问题是金融机构对光伏电站在15~20年的运营期内能否"安全且有保障"还款存有疑虑，对电站来说，其运营期内的发电量就是金融机构放款的定心丸。大数据平台提供的建成电站的多年发电量数据是金融机构对光伏发电项目收益率进行分析的基础,是金融机构放款决策的关键指标。依托大量光伏电站的历史运营数据,各类创新的数据服务大量涌现,涉及光伏发电的全流程,为光伏发电的投资建设、运营管理的决策提供了有效的服务。可以说,光伏发电的大数据时代已经来临,光伏发电和数据还会碰撞出哪些火花,人们拭目以待。

3) 大数据在风能电站运营中的应用

风电行业的意义在于向终端消费者提供更稳定、更清洁、更廉价的电力,这是行业存在合理性的根据,也是业界努力的方向。共建并分享运营数据,进而激发这些数据的全部潜力才是风电行业迎接大数据时代的应有姿态。

(1) 预测数据。根据预测的风速情况,安排运维计划,如小风天气维护,确保大风天气的最佳运行;或台风(大于风机最大风速)将至,做好预防准备,避免事故发生。根据超短期预测情况对突发情况做应急准备,如台风天气的预防工作。

(2) 实时数据。根据实测风速情况,发现风机问题,安排检修计划,如实测风速已达到满发风速,某台风机机组未满发,安排该台风机的维护检修计划。根据实测风向情况,优化风机控制策略(目前该设想还在研究),如通过对风向前排机组的偏航微调,减少尾流影响,提升后排机组的发电量。根据实测数据情况,优化风机参数,达到最佳运行(目前该设想还在研究),如相同的机组参数设置,对于不同机组在不同点位的布局排放,未必可以达到该机组的最佳运行状态。根据实测风速、风功率密度情况并结合风机数据,评估不同厂商的不同机型,为日后的选型选址提供可靠依据(需要试验风场,或多种机型的运行数据),如临港风场 6 台机组中有四种机型,通过历史运行情况,比较各机型,得出特定地区适合哪种特定机型。

通过检测和采集风机的运转数据、风场的运营数据不仅有利于风电场业主追求风场效益最大化,也有利于风机制造商更好地改善风机的性能,为产品的技术升级提供大数据支撑。

4) 新能源的消纳难题与智能电网的解决方案

新能源的一个普遍的特点就是出力不稳定,具有随机性的问题,新能源同时也存在地理位置分布和用电负荷的分布不均衡、季节周期不匹配的问题;而传统电网主要是为消纳可稳定出力的能源而设计的。解决这些问题需要从电网规划、技术变革、设备升级、电网改造以及设计规范、技术标准、运行规程乃至市场营销政策的统一等多方面进行系统性的、周期性的协同变革。发达国家提出智能电网的概念,就是认识到传统电网根深蒂固的结构模式,是无法大规模适应新能源消纳的需求的,必须经过一个系统化的结构性的变革,将传统电网在使用中进行升级,既要完成传统电源模式的供用电,又要逐渐适应未来分布式能源的消纳需求。电网本身的这种变革过程,也是一个需要精心计划和准备,逐步实施的需要智慧的过程。也正是因为电网的这种从少量集中的大主力电源进行远距离大容量输送电方式为主的电网结构,需要演变为以大数量分散的小容量和微容量电源为主,就地生产就地协同消化的送用电方式为主的电网结构,智能技术的应用,才成为突出的要求。如果不使用智能化的控制和管理技术,电网结构就不可能完成这样的结构变迁,而不完成这样的结构变迁,人类大规模消纳新能源的愿望就会成为泡影。

智能电网所需的智能技术,应该以帮助传统电网尽快进行结构变迁为目标进行应用而得到发展。网络化、微型化、海量化将是适应这种结构变迁的显著的电网设备所需的技术特征;相比之下,片面追求高电压、大容量、远距离的单体化、大型化、集约化则应该是反其道而行之的,至少是应该被抑制的特征。这便是智能技术适应电网发展需求的本源,也是智能电网为消纳新能源在整体上必须采用的策略。电网设备和用电设备的普遍小型化、智能化,必定带来电网运行控制信息的急剧增长,承载这些信息的数据量出现爆发式的增长也就是必然的趋势。因此,采集、管理这些数据也将成为智能电网必须承担的任务。大数据和智能电网的必然联系因此建立。

5) 大数据在太阳能和风能应用的案例

大数据在太阳能和风能的开发中起到越来越重要的作用,得到了跨国公司的极大关注和大量资金投入。

IBM宣布了一项先进的结合大数据分析和天气建模技术而成的能源电力行业先进解决方案,旨在帮助全世界能源电力行业,提高可再生能源的可靠性。该解决方案结合天气预测和分析,能够准确预测风能和太阳能的可用性。这使能源电力公司可将更多的可再生能源并入电网,减少碳排放量,提供消费者与企业更多的清洁能源。这个名为"混合可再生能源预测"(HyRef)的解决方案,利用天气建模能力、先进的云成像技术和天空摄像头、接近实时的跟踪云的移动,并且通过涡轮机上的传感器监测风速、温度和方向。通过与分析技术相结合,这个以数据同化(data-assimilation)为基础的解决方案,能够为风电厂提供未来一个月区域内的精准天气预测或未来 15 min 的风力增量。此外,HyRef 可以通过整合当地的天气预报情况,预测每台单独的风力涡轮机的性能,进而估算可产生的发电量。这种洞察力将使能源电力公司更好地管理风能和太阳能的多变特性,更准确地预测发电量,使其可以被复位导向到电网或储存。它同时也允许能源组织更好地并用可再生能源与其他传统能源,例如煤炭和天然气。"世界各地的能源电力行业正在采用一整套的战略,来整合各种新的可再生能源到他们的供电运营系统中,以实现在 2025 年之前,全球 25% 的电力供应来自可再生能源组合的基本目标。"美国可再生能源理事会(ACORE)总裁兼首席执行官丹尼斯·麦金说,"由 HyRef 所产生的天气建模和预测数据,将显著改善这一过程,反过来说,它使我们朝最大限度地挖掘可再生能源的潜能更迈进了一步。"

中国国家电网所属的冀北电力有限公司,正在使用 HyRef 来整合可再生能源并入所属电网中,而这项应用将是冀北电力有限公司张北县 670 MW 示范项目的第一阶段重点。这整个项目,是当前世界上最大的可再生能源的倡议,将涉及风能和太阳能发电的集合以及能源存储和传输等范畴。该项目有助于实现中国"减少对化石燃料依赖"的 5 年计划目标。通过使用 IBM 风力预测技术,张北项目的第一阶段目标,旨在增加 10% 的可再生能源的整合发电量。这一额外发电量,大约可供 14 000 户家庭使用。通过分析提供所需的信息,将使能源电力公司得以减少风能与太阳能的限制,进而更有效地使用已产出的能源,来强化电网的运行。

丹麦 Vestas Wind Systems 是从事风力发电机设计、制造、销售的公司,它将大数据分析运用于业务中,通过持续的、公司全体有组织的工作收获了成功。Vestas 将从全球天气系统中收集数据,与公司现有发电机数据结合,存储于风库中,借助 IBM 的大数据分析和超级计算技术,整合来自天气预报、潮汐、传感器、卫星图像、森林砍伐地图、天气建模研究所得到的海量级数据,进而策略性地设置风力涡轮机组,精确定位其风力发电机,以达到最大发电量,并减少能源成本。这种洞察力不仅改善了能源的产出,同时可以降低整个项目生命周期所需的维护和运营成本。目前,Vestas 风库存有近 2.8 PB 数据,现有参数范围包括:地面至 300 ft(1 ft=0.304 8 m)高空的气温、气压、空气湿度、空气沉淀物、风向、风速,以及公司的历史数据记录。Vestas 还计划添加以下数据:全球森林砍伐追踪图、卫星图像、地理数据以及月相与潮汐数据。

9.4　大数据在电力输送和分配环节的应用——电网大数据

随着电力工业和信息化的融合,智能电网同时承载电力流、信息流和业务流,成为世界各个国家竞相发展的新领域。而随着大数据成为继云计算、物联网之后信息产业的又一次颠覆性技术变革,将大数据融入智能电网成为智能电网发展的新趋势。国际能源署(International Energy Agency,IEA)认为,为实现能源安全、经济发展和减少温室气体排放等全球目标,智能电网是全球的基本发展方向之一。无论是美国、日本和欧洲发达国家,还是中国等发展中国家,智能电网都是国家或区域能源发展战略的重要组成部分。据介绍,仅省一级电力公司数据服务中心就有上千台计算机用于电网历史数据的保存,耗电量惊人。但是,浩瀚的历史数据却在“沉睡”。利用大数据技术,唤醒“沉睡”的数据,为智能分配电量提供坚实可靠的依据,是摆在电力公司面前的一项新课题。

9.4.1　大数据在智能电网中的应用

智能电网就是电网的智能化,也称“电网2.0”,它是建立在集成的、高速双向通信网络的基础上,通过先进的传感和测量技术、设备技术、控制方法以及决策支持系统技术的应用,实现电网的可靠、安全、经济、高效、环境友好和使用安全的目标,其主要特征包括自愈、激励和保护用户、抵御攻击、提供满足21世纪用户需求的电能质量、容许各种不同发电形式的接入、启动电力市场以及资产的优化高效运行。智能电网由很多部分组成,可分为智能变电站、智能配电网、智能电能表、智能交互终端、智能调度、智能家电、智能用电楼宇、智能城市用电网、智能发电系统、新型储能系统等。国家电网规划2020年基本建成坚强智能电网，这是一个包括发电、输电、变电、配电、用电、调度等各个环节和各电压等级的完整智能电力系统，其中"坚强"是基础，"智能"是关键。

智能电网的蓬勃发展为相关行业的创新发展打开了新的大门：大规模可再生能源的安全接入，电动汽车及分布式发电的接入；通过需求响应控制电能消费，促使客户参与电力市场；通过提高全民控制与检测的能力，实现高能效、坚强的供电系统；通过网络自动重构避免停电或快速恢复供电（自愈功能）。未来，物联网技术在智能电网中的应用，将深入改变人们的生活和生产方式。可以想象，在烈日炎炎的夏天，可以通过手机APP提前半小时打开家里的空调和热水器，一回到家中就能享受清凉的感觉。随着智能电网的发展和大数据的应用，这样的生活已不再遥远。

1) 智能电网的特点

与现有电网相比，智能电网体现出电力流、信息流和业务流高度融合的显著特点，其先进性和优势主要体现在以下几方面：

（1）具有坚强的电网基础体系和技术支撑体系，能够抵御各类外部干扰和攻击，能够适应大规模清洁能源和可再生能源的接入，电网的坚强性得到巩固和提升。

（2）信息技术、传感器技术、自动控制技术与电网基础设施有机融合，可获取电网的全景信息，及时发现、预见可能发生的故障。故障发生时，电网可以快速隔离故障，实现自我恢复，从而避免大面积停电的发生。

（3）柔性交/直流输电、网厂协调、智能调度、电力储能、配电自动化等技术的广泛应用，使电网运行控制更加灵活、经济，并能适应大量分布式电源、微电网及电动汽车充放电设施的接入。

（4）通信、信息和现代管理技术的综合运用，将大大提高电力设备使用效率，降低电能损耗，使电网运行更加经济和高效。

（5）实现实时和非实时信息的高度集成、共享与利用，为运行管理展示全面、完整和精细的电网运营状态图，同时能够提供相应的辅助决策支持、控制实施方案和应对预案。

（6）建立双向互动的服务模式，用户可以实时了解供电能力、电能质量、电价状况和停电信息，合理安排电器使用；电力企业可以获取用户的详细用电信息，为其提供更多的增值服务。

2) 智能电网在世界各国的发展

欧盟十分重视智能电网的发展，2008年提出了欧盟实现2020年可再生能源占20％的目标。这将持续影响欧洲未来十几年的能源市场。为了实现这一目标，欧盟在2006年提出"智能电网愿景"；2007年制定第一份智能电网战略研究议程，明确了欧洲短期和中期的主要研究领域；2008年，为便于20多个国家开展智能电网项目管理合作，启动智能电网研究网络；2009年发布首份智能电网战略部署文件，启动"创新能源"知识和创新社区加强产学研联系，并建立欧洲智能电网技术平台；2010年正式启动欧洲电网产业倡议，明确了欧洲实现 2020 年智能电网发展目标的研发与示范需求。2012 年又发布第二份《至 2035 年的智能电网战略研究议程》，报告介绍了直到 2035 年促进欧洲电网和智能电力系统发展的技术优先研发和示范方向，主要包括：小到中等规模的分布式储能系统、实时能源消费计量和系统状态监测系统、适应新的电网结构和电力消费模式的电网建模技术、通信技术、大规模可再生能源并网的保护系统以及智能电网相关的经济和法律等非技术问题研究。另外，该报告还提出了并网、输电、配电、用电及社会经济层面等六个研究领域，并分别确定了具体研究任务和主题。在欧盟，智能电网已经从技术创新示范阶段转向战略部署阶段。欧盟委员会通过制定欧盟层面通用技术标准，保障不同系统的兼容性（所有连接到电网的用户都可交换和说明可用数据，用以优化电力的生产和消费）；向欧洲标准化组织提出了一项指令，要求其指定并发布欧洲和国际市场快速发展智能电网所需的标准体系，首套智能电网标准体系应在 2012 年底完成。在智能电表推广方面，意大利国家电力公司于 2001 年就率先在全国安装了 3 000 万只智能电表，建立起智能化的用电计量网络。英国已经宣布在 2019 年前为英国 3 000 万处住宅及商业建筑物安装 5 300 万只智能电表，法国则计划从 2012 年 1 月起将所有新装电表更换为智能电表。欧盟委员会认为，建设智能电网是今后 10 年内欧洲最大的基础设施建设项目之一。

欧盟在智能电网的科学研究方面投入也很大，截至 2012 年 5 月，欧洲 30 个国家（欧盟 28 国以及瑞士和挪威）开展的智能电网研发和示范项目共 281 个，总投资约 18 亿欧元。项目数及预算见表 9-1，项目平均周期为 35 个月。

表 9-1 欧盟研发项目和示范项目数及其预算

项目分类	项目数	总预算（欧元）	平均预算（欧元）
研 发	151	5 亿	370 万
示 范	130	13.3 亿	1 000 万
总 数	281	18.3 亿	650 万

2002 年，美国电科院（EPRI）正式提出并推动了"Intelli-Grid"项目研究，致力于智能电网整体的信息通信架构开发，配电侧的业务创新和技术研发，开展电能和通信系统框架整合项目研究（Integrated Energy and Communications Systems Architecture，IECSA），18 个月后，项目正式命名为智能电网框架（Intelli-Grid Architecture）。这是世界上第一个智能电网框架研究，从而使得 EPRI 在智能电网领域研发迈开了坚实的一步。2003 年美国能源部输配电办公室发布了《2030 电网》的远景规划，提出了会议达成的共同愿景："该计划将使北美电网具有极富竞争力的市场地位，人们无论何时何地都可以得到充足、廉价、清洁、高效和可靠的电力供应，得到最好和最安全的电力服务。"提出至 2020 年，半数的电力要经过智能电网输送，至 2030 年要使 100% 的电力通过智能电网输送的目标。设想用 30 年左右时间，建设横跨北美大陆的国家超导输电骨干网，以实现美国东西海岸间的电力交流等。

2007年12月,美国国会颁布了《能源独立与安全法案》,其中的第13号法令为智能电网法令,该法案用法律形式确立了智能电网的国策地位。2009年2月,美国国会颁布了《复苏与再投资法案》,美国政府将在未来两三年向电力传输部门投资110亿美元。美国的智能电网试点城市为位于科罗拉多州首府丹佛西北40 km的小城博尔德(Boulder),这个拥有9.4万多人口的风光秀美的山城,于2008年成为全美第一个智能电网城市。在美国西弗吉尼亚州,阿勒格尼电力公司(Allegheny Energy)的"超级电路"项目(Super Circuit Project)把先进的监测、控制和保护技术结合在一起,增强了供电线路的可靠性与安全性。美国科罗拉多州柯林斯堡(Fort Collins)及该市拥有的公用事业公司支持多项清洁能源计划。美国夏威夷大学(University of Hawaii)研制的配电管理系统平台,采用智能计量作为门户站,综合了需求响应、住宅节能自动化、分布式发电优化管理、配电系统的储存与负荷、允许配电系统与主电网中其他系统协调的各种控制手段。

日本计划在2030年全部普及智能电网,同时官民一体全力推动在海外建设智能电网。在蓄电池领域,日本企业的全球市场占有率目标是力争达到50%,获得约10万亿日元(约1 277.8亿美元)的市场。同时,日本非常重视智能电网国际标准的开发。经济产业省已经成立"关于下一代能源系统国际标准化研究会",发表了《关于下一代能源系统国际标准化》的报告,并积极采取行动与美国合作。日美已确立在冲绳和夏威夷进行智能电网共同实验的项目。

3) 智能电网在中国的发展

我国智能电网也在蓬勃发展,国家电网公司以坚强智能电网承载和推动第三次工业革命,积极开展用电环节的智能化建设。目前,国家电网公司供区的智能电能表应用量占全球的一半,用电信息采集系统成为世界上最大的电能计量自动化系统。智能电表和用电信息采集系统是坚强智能电网用电环节的基本组成部分。国家电网公司近年来高度重视智能电表和用电信息采集系统建设,将智能用电服务送进千家万户。截至2013年底,国家电网公司累计安装智能电能表1.82亿只,实现采集1.91亿户,采集覆盖率56%,自动抄表核算率超过97%。其中,2013年安装智能电能表6 000万只。国家电网公司采集系统成为世界上最大的电能计量自动化系统,不仅为生产、运营监控分析系统提供实时数据,还为大数据管理、云计算应用提供了海量数据支撑。

国家电网公司用电信息采集数据广泛应用,其数量居世界第一、保有量超过全球40%的用电信息采集数据。自推广应用智能电表以来,国家电网公司自动抄表核算的客户比例达到97.1%。18 112个非统调发电上网关口实现自动采集,覆盖率达到86%。营销系统人均服务客户数提升33%,用工减少24.9%。依托采集系统,公司4年累计降损265.8亿 kW·h,实现了线损管理方式由结果统计型向过程管控型转变。公司供区的专公变停电事件采集超过230万件,应用采集数据的电压监测点达1.5万个,有力推动了国家电网公司管理方式不断转变提升。国家电网公司将深化智能电能表和采集系统应用,加强电能表双向互动功能和新型通信技术研究应用,制定互动化技术路线,研究完善信息安全防护方案,构建统一标准的用电信息采集互联互通通信体系,建立完善的运维保障机制,为分布式电源并网、电动汽车充电桩、充换电站管理及智能电网多元化互动功能需求提供技术支撑。同时开展计量装置状态检测,提高采集系统主站性能和数据处理能力,把数据资源作为公司战略资源,实现关键数据共享,探索大数据、云计算等技术应用,在安全生产、经营管理中发挥更大作用。另外,公司将继续推广应用智能电能表和用电信息采集系统,实现专变、公变和并网电源全采集,逐步构建购、供、售电量的统一数据平台。

9.4.2　大数据在智能电表中的应用

2009—2012 年,南加州爱迪生公司(SCE)近 500 万个住宅和小型企业客户参与了该公司的智能电表项目——Edison Smart Connect。该项目基于下一代技术,以客户为中心来设计。截至 2011 年 4 月,整个服务区域已经安装了上百万只电表,随后,南加州爱迪生公司开始为客户提供区间数据,这些数据都是经由安全的无线双向通信系统上的智能电表所读取的。借助该系统提供的新工具、新方案和新服务,客户可以更明智地管理其用电行为,实现节能、省钱和环保。

负责 Edison Smart Connect 项目的南加州爱迪生公司业务集成总监 Tom Walker 表示,新型电表的智能化源于其通信功能——不仅可以向客户传达用电情况和价格信号,还能告知公用事业公司是否存在功率波动,甚至还能准确地查出电力中断的部位。由于智能电表生成的海量信息,南加州爱迪生公司以及诸如此类的公司与用户之间的互动方式从根本上发生了改变。该公司的智能电网信息管理策略就是以大量的数据管理实践以及对数据库的投资为基础建立起来的,目的是确保用户能够准确、及时地获得信息。下面列举的一些最佳实践对公用事业管理智能电表数据很有借鉴意义。

(1) 访问策略。围绕哪些职能部门可以访问智能电表数据这个问题,信息管理方案需要制定多项政策。公用事业公司将智能电表的大量实时区间数据引入数据库,通过这些数据来了解用户的用电模式。用户可以登录网站获取数据,从而获悉自己每月的用电量与账单情况。

(2) 建立数据库监控政策。建立数据库监控政策决定了公用事业公司内部实际评估电表数据的人员。当智能电表日益成为主流,监管机构(如美国州公用事业委员会)将在保护用户隐私权上拥有更多话语权。因此,公用事业公司在制定内部信息管理方案时需要为应对这些法规做好准备。

(3) 归档政策。信息管理方案还需制定数据归档政策,以免增加智能电表数据的存储成本。例如,公用事业公司可以设定一个时间段,规定电表区间数据在保留多长时间以后再转移至二级存储,以此来减少存储成本。

(4) 元数据。电力公用事业公司采用了一些可靠性指标如系统平均停电持续时间指标(SAIDI)和系统平均停电频率指标(SAIFI)来对系统进行评估。地方当局通常要求其签订达到 SAIDI 和 SAIFI 等指标要求的服务水平协议,以便在计算用电情况时可以更好地进行评估和定价。

据统计,2011 年,公用事业公司在美国安装了近 3 600 万只智能电表。2012 年,这些电表全部投入运行,在由其构成的智能电网也开始生成数据并共享数以百万计端点上的数据时,公用事业公司将再次成为信息管理的最佳实践者,为其他行业提供借鉴。在中国,2014年国家电网公司将完成全部专变客户、公变台区采集建设,新增通信模块可更换、支持双向通信的智能电表 6 100 万只。2015 年,将建成 50 座新一代智能变电站,安装智能电表 6 060万只,实现 3.16 亿户用电信息自动采集。

9.4.3　大数据在国家电网商业模式创新的应用

随着智能电网的发展,国家电网公司已经初步建成了国内领先、国际一流的信息集成平台,并陆续投运了三地集中式数据中心,拓展了一级部署业务的应用范围,上线运营了结构化以及非结构化数据中心,可以说从规模和类别上电网的业务数据都已初具规模。国家电网的业务数据可分为三类:一是电网生产数据,包括发电量和电压稳定性等方面数据;二是电网运营数据,包括交易电价、用电客户、售电量等方面数据;三是电网的企业管理数据,包括 ERP 系统、协同办公、一体化平台等方面数据。在逐渐深入普及智能电表后,电网业务数据的时效性也会得到进一步丰富和拓展。国家电网已经获得了海量、实时的电网业务数据,具备了规模性、多样性、实时性的特征,存在对大数据的存储、分析、管理需求,也有了许多成功案例。

(1) 价值发现——直接影响。国家电网的用电信息采集系统采用大数据处理平台,每隔 15 min 就采集全网省电力用户(规模超过千万户)的用电数据并进行统计分析,效率比小机架关系数据库的解决方案提高了 6~20 倍,而成本仅为传统方案的 1/5。利用收集、处理的用电数据可深入实现客户用电行为分析、用电负荷预测、营销数据分析、电力设备状态评估等功能。该方案面向业务人员提供了统一的可视化数据分析结果展示工具,还提供增强的实时状态监控和告警。

(2) 价值发现——间接影响。国家电网实行"大营销"体系的电力营销建设,建设营销稽查监控系统、24 h 面向客服的省级集中的 95598 客服系统以及业务属地化管理的营销管理体系。公司以分析性数据为基础,以客户和市场为导向,构建营销稽查监控的分析模型,以此建立专属营销的系统性算法模型库,从而发现数据中的隐藏关系,提供直观、全面、多维且深入的电力预测数据,提高企业各层决策者的市场洞察力并能够采取有效的营销策略,优化企业现有的营销组织体系,提高服务质量和营销能力,从而起到改善企业整体营销能力的作用,确保企业、用户、社会经济三者利益最大化。以广西电网公司为例,该公司对95598 客服系统、电力营销 MIS 系统、计量自动化等营销系统的业务系统数据进行整合,提取出 190 个数据指标,设立示警阈值实施检查,对营销环节进行全过程、全方位、全维度的闭环分析(即管理),做到了事前示警、事中跟踪和事后分析,及时发现系统相关问题并进行督察办理。

(3) 价值创造——直接影响。国家电网使用大数据技术协助其运营监测系统的有效运行。运营监测系统中的资金收支管理主要针对营销的售电数据、财务的资金变动、银行账户等数据进行实时监控,主要包括资金流入、资金存量、资金流出以及应收票据四大功能近1 000 个指标。在该系统中通过云豹流处理平台的实施,实现了每 5 min 对所有变动数据的指标计算和监控预警,峰值时可处理超过 2 000 万条交易数据。此外,国家电网还将大数据应用在 OA 办公系统中,即协同办公平台,用云计算模式构建虚拟化统一管理应用,利用分布式大数据存储解决存储压力。

(4) 价值创造——间接影响。国网公司构建统一的资金调度与监控平台来满足资金集中管理及风险防控需要,并在 2013 年展开全面推广。该系统涵盖了七大功能,包括银行账户和票据监控、融资和对账监控、收支余监控、资金计划监控和监控分析。省公司与系统各级分公司的业务(包括领用、结存、贴现、应收应付票据购入、银行结算票据等)的信息管理实现了一体化的上线,建立了归集路径清晰的银行账户体系,资金计划全部实现了在线审批和全程监控,包括纵向申报、审核、汇总和下达,银行账户的开立、变更和撤销等。

(5) 价值实现——直接影响。目前电力行业的大数据还处于逐渐发展阶段,在直接利用大数据应用创新产品方面还有所欠缺。国家电网提供发电、传输、配电等业务,在电动汽车领域建设运营充换电设施,在城市轨道交通领域做好配套供电建设,并积极开展智能电网建设。随着大数据应用的日渐深入和足够成熟,国家电网会将大数据直接应用到新型产品中。

(6) 价值实现——间接影响。国家电网开展智能电网建设,为居民、商业用户提供智能用电服务。智能电网本质上就是大数据在电力行业中的应用,获取、分析用户信息以此来优化电力生产、传输、分配情况。同时智慧电网中的互联设备,也需要大数据技术及相关应用来确保其工作的有效性。

国家电网作为电力行业的领先企业,是大数据在国内电力行业应用的先行者,可以更大程度上发现知识、信息,确保良好的数据运维,并具备良好的条件和基础。目前在价值发现和价值创造两阶段已有了较为成熟和领先的大数据应用案例,但是在最为深入的价值实现阶段,国家电网的大数据应用还处于试点应用阶段。随着时间的推进、技术的发展和大数据应用的不断成熟,国家电网完全可以立足于数据运维服务,挖掘并创造数据业务的增值价值,提供和衍生多种服务。如果能够合理充分利用上述数据,对基于电网实际数据的深入分析,国家电网即可分析挖掘出大量高附加值服务,具体包括掌握具体的客户用电行为,对用户进行细分,开展更准确的用电量预测,进行大灾难预警与处理,支持供电与电力调度决策,有利于电网的安全监控,优化电网的运营管理过程等,从而实现更科学的需求侧管理。大数据的成功运营可以带来新型的数据运维方式,形成一种新的交付方式和消费形态,并给用户带来全新的使用感受,进一步推动电网生产和企业管理,打破传统电力系统业务间各自为政的局面,从数据分析和管理的角度为企业生产经营和管理以及坚强智能电网的建设提供更有力、更长远、更深入的支撑。

9.4.4　智能电网出现的问题

中国智能电网项目所遇到的主要障碍与欧洲的情况类似,主要与政策、社会或法规有关,而不是技术问题。总结中国和欧洲智能电网项目所遇到的困难,具有很大的价值,可以为我国未来新项目的设计提供帮助。主要涉及以下几个方面的问题:

(1)标准化问题。将成功的开发项目扩展到大规模实施时,标准化是其基础。目前的技术方案和设备主要还处于试点项目中,需要研究和开发网络运行的标准化工具,包括具有互动性的连接标准、智能电网设备的互动性标准、电动汽车通信标准、智能电网设备的通信标准、家庭路由器与智能电网应用的互动性标准等。

(2)监管障碍的问题。在新的智能电网应用中角色和责任的不确定性,共享成本和收益的不确定性,这些因素造成新商业模式的不确定性,从而也妨碍了投资。在试验性应用的大规模实施中,这是特别显著的障碍。

(3)监管条例和市场规则的问题。不同的监管条例和市场规则有着很重要的作用,将项目结果从一个国家转移到另一个国家可能会存在很大的障碍。

(4)客户不愿参与试验的问题。探讨如何吸引客户参与,是大家非常感兴趣的话题。

(5)有些新开发的设备不够成熟的问题。

所以,与其说是大数据为智能电网的建设提供的机遇,还不如说是智能电网的发展,必然依赖大数据技术的发展和应用,是智能电网本身的发展变革必然面对大数据的采集、管理和信息处理的挑战。因此,大数据技术,不仅仅是智能电网某个技术环节所需要的专门性的技术,而是组成整个智能电网的技术基石。将全面影响电网规划、技术变革、设备升级、电网改造,以及设计规范、技术标准、运行规程乃至市场营销政策的统一等方方面面,它支撑的正是整个未来新结构的精细化能量管理的电力系统。

9.5　电力大数据在信息服务的应用

麦肯锡研究报告《大数据:创新、竞争和生产力的下一个前沿领域》中指出,大数据的应用具有显著的财务价值,而作为天然联系千家万户厂矿企业的中国能源生产和消费行业,所产生的能源大数据价值尤为宝贵。其中电力数据以其同用电客户的紧密耦合可以实现对用户360°的精确定位,电力数据以其同国民经济的紧密耦合可以实现对区域经济走势的准确还原,电力数据以其同电力生产的紧密耦合可以实现对电力设施设计、生产阶段的反馈指导。总之,能源大数据的有效应用可以面向行业内外提供大量的高附加值的内容增值服务。

伴随着智能电网的全面建设,以物联网和云计算为代表的新一代信息通信技术在电力行业中的广泛应用,电力数据资源开始急剧增长并形成一定的规模。电力与社会经济的发展密切相关,电力需求变化是经济运行的"晴雨表"和"风向标",能够真实、客观地反映国民经济的发展状况与态势。因此,发展电力大数据是电力行业革新的必然过程。随着我国智能电网的发展,电力系统发、输、变、配、用电各个环节的信息化进程不断推进。在用电侧,利用电力大数据分析可以了解产业结构、经济走势、房屋空置率、区域消费能力等情况,从而可以更好地为经济服务。在用电环节,由于以用电信息采集系统和营销业务应用系统为主的信息化系统的数据采集点多、覆盖范围广,积累了大量的数据资源,各类业务数据从总量和种类上都已颇具规模,为智能用电大数据的研究工作提供了数据基础。

1) 电力需求侧的大数据在各国的应用

在电力大数据的科学研究和工程应用方面,美国一直走在国际前列。欧洲国家近五年聚焦在部署电网分布式传感器和控制系统上,包括智能电表,对用户采集数据进行分析。

(1) 洛杉矶电力地图。美国加州大学洛杉矶分校、加州可持续发展社区中心、洛杉矶水电部及政府规划研究办公室共同开发了洛杉矶电力地图(图9-4),将街区平均收入、建设时间、占地面积等信息全部集合在一起,从而得出更为准确的社会各群体的用电习惯信息,为城市和电网规划提供了直观有效的负荷预测依据,作为城市内能源应用趋势的可视化分析工具,该地图有助于更直观地讨论如何进行能源投资,提高能源效率以及制定公共政策。

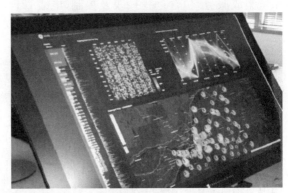

图9-4 洛杉矶电力地图

(2) C3能源分析引擎平台之电力用户分析工具。美国C3 Energy公司开发的C3能源分析引擎平台(C3 Energy Analytics Engine),将多个分散电力系统数据存储在云平台上,与工业标准、天气预报、楼宇信息、持久协议和其他外部的数据相结合;基于该平台开发了三个分析工具,为公司、商业用户及居民用户等提供能源投入冗余分析、能耗基准点、节能计划、电力用户空间视图等服务类应用,其界面如图9-5所示。

(3) 法国电力公司基于大数据的用电采集应用系统。法国电力公司(EDF)在2009—2011年已安装25万台智能电表Linky,计划到2020年安装3 500万台,主要采集个体家庭的用电负荷数据,并以电表数据、气象数据、用电合同信息及电网数据等为基础,开发了基于大数据的用电采集应用系统。目前,法国电力公司以用户用电负荷曲线的海量存储和处

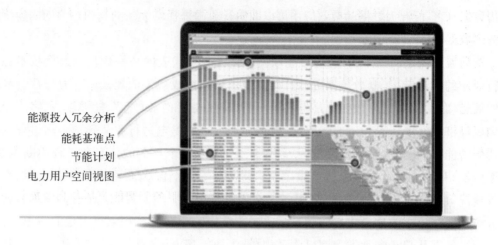

能源投入冗余分析
能耗基准点
节能计划
电力用户空间视图

图 9-5　C3 能源分析引擎平台

理为突破口,利用大数据技术,生成用户用电负荷曲线及其关联数据。

(4) E.ON 大数据智能用电研发中心。2013 年 4 月,德国 E.ON 公司与爱立信(Ericsson)公司合作建立了位于瑞典的大数据智能用电研发中心,该中心同时提供咨询及系统集成服务,包含远程抄表及控制,电表管理、监测,服务层协议管理,资产管理,商业过程管理,现场服务等。2013 年 9 月,E.ON 公司与 IBM 公司合作建立了位于德国的智能电能表数据中心(E.ON Metering)。

(5) 国网江苏省电力公司营销大数据智能分析系统。自 2013 年开始,我国电力企业着眼于用电与能效、电力信息与通信、政府决策支持等电力需求侧领域,开展大数据应用关键技术研究,并进行数据中心建设。国网江苏省电力公司于 2013 年率先开展营销大数据智能分析系统建设,初步实现电力看经济、电力看民生、用户用电行为分析三方面的应用,并开发了对数据分析结果的可视化展示界面;系统另设有电力用户搜索引擎,可查询用户每日用电量情况,用于用电行为分析。

2) 电力需求侧的大数据应用现状

(1) 用电信息采集系统。目前国家电网公司已在 27 个省公司部署,累计实现采集覆盖用户数 2.42 亿户。根据现有采集系统的规模,国家电网公司范围采集系统每年数据增量超过 200 TB。

(2) 电力营销业务管理系统。营销业务管理系统功能主要包括客户基础档案信息、业扩报装流程信息、每月抄表核算信息、收费账务信息、分布式电源信息等几类数据。

(3) 95598 客户服务系统。95598 客户服务系统于 2014 年实现全网全业务集中,加强中心信息系统运行保障支持,完成业务、IT 运维等资源统一监控;提升外部服务能力,完成95598 网站、移动 APP、微信、短信等电子渠道协同运营。

(4) 电能服务管理平台。电能服务管理平台的数据架构分为数据源、支撑数据和业务应用数据三个层次。具体数据包括：DSM 目标责任考核数据、有序用电管理数据、需求响应管理数据、售电市场分析数据、节能服务业务管理数据、用户用能数据、客户档案数据、电量电费数据、有序用电负荷数据等。

（5）地理信息系统（GIS）。电力 GIS 提供电力设备设施信息、电网运行状态信息、电力技术信息、生产管理信息、电力市场信息，与山川、河流、地势、城镇、公路街道、楼群等自然环境信息集中于统一系统中。通过 GIS，可查询有关数据、图片、图像、地图、技术资料、管理知识等。

（6）气象预报系统。在配电环节，数值天气预报可服务于分布式新能源功率预测和高精度母线负荷预测等领域；在用电环节，数值天气预报可服务于智能家居与高效能设备管理、用户电源与储能设备接入等领域。

9.6　电力大数据应用瓶颈

面向电力需求侧的大数据技术，不仅仅是电力需求侧管理领域在技术上的进步，更是在发展理念、管理体制和技术路线等方面的重大变革，可为未来智能用电技术的广泛推广应用提供坚实的数据基础。此外，电力大数据的有效应用可以面向行业内外提供大量的高附加值的内容增值服务。我国电力需求侧管理的发展，亟须充分利用现有信息化系统和大数据技术，探索目前瓶颈问题的解决方法，挖掘海量数据蕴藏的价值。

1）数据融合存在障碍

由于用户侧多个信息化系统在建设初期缺乏统一规划，开发厂商根据各业务部门的需求独立开发，导致数据结构不统一、同种数据重复存储、统计计算模型不一致、时间颗粒度难统一等一系列问题，难以形成全面的数据共享，与其他专业部门的系统存在数据壁垒。数据融合是大数据分析的基础，打破数据壁垒，实现信息共享是大数据应用的关键。数据共享不畅，数据集成程度不够。大数据技术的本质是从关联复杂的数据中挖掘知识，提升数据价值，单一业务、类型的数据即使体量再大，缺乏共享集成，其价值就会大打折扣。目前电力行业缺乏行业层面的数据模型定义与主数据管理，各单位数据口径不一致。行业中存在较为严重的数据壁垒，业务链条间也尚未实现充分的数据共享，数据重复存储且不一致的现象较为突出。

大数据在风电领域的应用前景看起来很美，但当前存在的问题是，将风机、风场的数据汇集起来并非易事。这些数据分散在风机制造商、风场业主、系统运营商和运维服务商等多个环节，他们能从这些数据中得到利益却无法做到合理分配，所以，有些利益相关方宁愿不分享这些数据。

2) 数据质量参差不齐

系统建设之前对档案质量管控不足,统计数据在颗粒度、维度、统计方式、完整性、一致性和准确性等方面千差万别,历史数据难以收集和整理。此外,部分数据尚需手动输入或修正,采集效率和准确度还有所欠缺。数据质量的高低、数据管控能力的强弱直接影响大数据分析的准确性和实时性。

目前,电力行业数据在可获取的颗粒程度,数据获取的及时性、完整性、一致性等方面的表现均不尽如人意,数据源的唯一性、及时性和准确性急需提升,行业中企业缺乏完整的数据管控策略、组织以及管控流程。

3) 硬件设备承载力有待提升

近些年,电力数据呈爆发式增长,现有的系统架构和硬件设备只能够满足日常业务的处理要求,用电侧信息化系统对数据储存的颗粒度小,而且存储时间要求长,这对其数据存储和处理能力、数据交换能力、信息网络传输能力以及数据展示能力都提出更高要求。需要对现行硬件及时升级改造,提高系统运行效率和稳定性,支撑大数据分析工作。

承载能力不足,基础设施亟待完善。电力数据储存时间要求以及海量电力数据的爆发式增长对 IT 基础设施提出了更高的要求。目前电力企业虽大多已建成一体化企业级信息集成平台,能够满足日常业务的处理要求,但其信息网络传输能力、数据存储能力、数据处理能力、数据交换能力、数据展现能力以及数据互动能力都无法满足电力大数据的要求,尚需进一步加强。

4) 隐私保护和信息安全面临挑战

电力需求侧大数据必然会涉及众多用户的隐私,由于目前用户数据的收集、存储、管理与使用等均缺乏规范,更缺乏监管,主要依靠企业的自律保护隐私,因此对信息安全也提出了更高的要求。电力企业地域覆盖范围极广,各类防护体系建设不平衡,信息安全水平不一致,因此亟须从技术手段和政策法规两个层面解决用户隐私保护和信息安全面临的挑战。

防御能力不足,信息安全面临挑战。电力大数据由于涉及众多电力用户的隐私,对信息安全也提出了更高的要求。电力企业地域覆盖范围极广,各单位防护体系建设不平衡,信息安全水平不一致,特别偏远地区单位防护体系尚未全面建立,安全性有待提高。行业中企业的安全防护手段和关键防护措施也需要进一步加强,从目前的被动防御向多层次、主动防御转变。

5) 相关人才欠缺,专业人员供应不足

大数据是一个崭新的事业,电力大数据的发展需要新型的专业技术人员,如大数据处理系统管理员、大数据处理平台开发人员、数据分析员和数据科学家等。而当前行业内外此类技术人员的缺乏将会成为影响电力大数据发展的一个重要因素。

◇参◇考◇文◇献◇

［1］ 中国电机工程协会.电力大数据白皮书［R］.2013.

［2］ 国家电网公司.国家电网建成世界最大电能计量自动化系统［Z］.2014.

［3］ 李浩博,陈睿.大数据时代火力发电厂数据价值深度挖掘应用探析［C］.中国电机工程学会2012电力行业信息化年会论文集,2012.

［4］ 全球风能理事会.2014全球风电装机统计数据［R］.2014.

［5］ 中国风能协会.2014年中国风电装机容量统计(完整版)［R］.2015.

［6］ 汉能控股集团和全国工商联新能源商会.全球新能源发展报告2015［R］.2015.

［7］ 中国气象局风能太阳能资源中心.中国风能太阳能资源年景公报(2014年)［R］.2015.

［8］ zhanggl.IBM用"大数据"预测风电和太阳能［Z］.比特网.2013 http：//server.chinabyte.com/160/12692160.shtml.

［9］ 袁雪莱编译.八大行业大数据部署案例［R］.畅享网.2012 http：//www.ciotimes.com/2012/1115/74213.html.

［10］ International Energy Agency,OECD.Technology roadmap smart grids［R］.Paris,France,2011.

［11］ United States Department of Energy.Grid 2030：a national vision for electricity's second 100 year［R］.2003.

［12］ EDSO,ENTSOE.The European electricity grid initiative：roadmap 2010 - 2018 and detailed implementation plan 2010 - 2012,EEGI［R］.2010.

［13］ 杨超.智能电网：国内投资积极 储能技术待突破［N］.中国经济导报,2247.2012.

［14］ European Renewable Energy Council.Renewable energy technology roadmap：20% by 2020［R］.Brussels,Belgium,2008.

［15］ 智能电网是欧洲未来10年最大的基建项目之一［N］.经济日报,2011.

［16］ 欧洲智能电网技术平台.至2035年的智能电网战略研究议程［R］.2012.

［17］ 大发电力科技股份有限公司.智能电网行业研究报告［R］.2012.

［18］ 中国电力网.计划：2030年日本全部普及智能电网［Z］.2012.

［19］ 国家电网建成世界最大电能计量自动化系统.国家电网.2014 http：//www.sgcc.com.cn/ztzl/newzndw/zndwzx/gnzndwzx/2014/01/300817.shtml.

［20］ 闫晓虹.国家电网2015年电网投资将达4 200亿元增24%.中新网,2015.

［21］ 国家电网智能专栏.智能电表数据最佳管理实践的实例［Z］.2012 http：//www.sgcc.com.cn/ztzl/newzndw/zndwzx/gnzndwzx/2012/02/267273.shtml.

［22］ 刘军,吕俊峰.大数据时代及数据挖掘的应用［N］.国家电网报,2015.5.15.

［23］ 钟泉盛,毛雨贤,莫英红.信息化提升管理大数据创造价值［J］.广西电网,2013,11.

［24］ 刘丹,曹建彤,王璐.基于大数据的商业模式创新研究——以国家电网为例［J］.当代经济管理,2014,36(6).

［25］ 史梦洁.电力需求侧大数据在中、美、德、法等国的不同应用及瓶颈［J］.供用电杂志,2014.

第10章

能源大数据公共
服务平台建设

10.1　背景与意义

能源是为人类提供各种形式能量的物质资源,是经济社会发展的粮食和血液,支撑其正常运转。能源与经济、能源与环境、能源与可持续发展越来越成为人们共同普遍关心的话题。能源流涉及能源的生产、传输、消费等各个环节,由此衍生出企业节能潜力挖掘、能效提升、政府能源管控、低碳社会发展等议题,并催生了节能服务、碳交易、碳金融、新能源等相关产业,从而构成了整个能源流生态系统。在能源流生态系统中引入大数据分析思维有助于实现能源大数据价值的深层次挖掘。

当前,大数据的应用备受国家、地方政府的关注和重视,国家和各地均出台了不同的政策鼓励大数据相关产业发展。

1) 大数据发展的政策形势

(1) 2012 年,国家发改委将数据分析软件开发和服务列入专项指南。

(2) 2013 年,科技部将大数据列入 973 基础研究发展计划。

(3)《2013 年度国家自然科学基金项目指南》中,管理学部、信息学部和数理学部将大数据列入其中。

(4) 2013 年 7 月,上海发布《上海推进大数据研究与发展三年行动计划(2013—2015年)》,在食品、卫生、电力等领域探索建设大数据公共服务平台。该《计划》要求围绕上海"创新驱动、转型发展"主线,抢占科技战略制高点,强化前沿理论研究,突破大数据关键技术,建立以企业为主体、产学研联合的发展机制,形成需求牵引、创新应用的发展模式,发展数据产业,服务智慧城市。

(5) 2014 年 5 月,市政府明确上海将率先实行政府数据资源向社会开放,建成"上海政府数据服务网(一期)"。在此基础上,上海市经信委印发了《2014 年度上海市政府数据资源向社会开放工作计划》,要求全面有序推进市级部门开展政府数据资源开放,全力支持上海政府职能转变和产业转型发展。

在国家大势的驱动下,对节能领域而言,大数据也逐渐成为各级管理部门关注的焦点问题。大数据的有效利用,在推进节能工作的高效开展、保障节能主管部门与用能单位和社会的良性互动、促进节能管理政府职能的转变中具有不可替代的重要作用。

2) 数据爆炸与能效提升

(1) 能源数据信息爆炸。20 世纪 80 年代以来,随着计算机数据库技术和产品的日益成熟以及计算机应用的普及和深化,各行业部门的数据采集能力得到前所未有的提高。

能源管理系统是一种基于网络、计算机等先进技术的现代化能源管理工具和平台,可对企业能耗数据进行采集、存储、处理、统计、查询和分析,提供企业能源消耗状况、能耗核算及定额管理,对企业能源消耗进行监控、分析和诊断,实现节能绩效的科学有效管理及能源效率的持续改进。

目前政府和企业均建有工业相关的能源管理系统,期望实现能源利用的最优化管理和决策。通过内部的管理信息系统以及外部网络系统,获得并积累了大量数据,由于缺少获取数据库中利于决策的有价值数据的有效方法和操作工具,人们对规模庞大、纷繁复杂的数据显得束手无策,原本极为宝贵的数据资源反成了数据使用者的负担,于是产生了一种"数据多但知识贫乏"的怪象。

(2)能效提升。随着国家对能源环境问题的重视,绿色低碳发展的提倡,我国能效水平逐年提升,实现了能源发展支撑国民经济较快发展,一次能源机构不断优化,以上海市为例,2000—2012年平均能源消费弹性系数为0.49。十年来,上海市清洁能源所占比重不断上升,污染排放严重的煤品能源消费比重降幅较大。

但随着我国不同地区能源供需格局的深刻转变以及能效水平与发达国家之间的差距(图10-1),我国能效水平的提升仍任重道远。

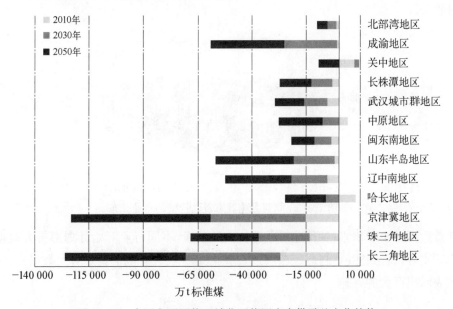

图10-1　中国主要用能区域化石能源未来供需差变化趋势

由图10-1可知,在未来,长三角地区化石能源供需差最大,其次是京津冀地区。随着中西部地区的快速发展,未来中西部传统的能源资源输出地区,能源自用率将会越来越高,中原地区、关中地区、成渝地区这三大中西部主要城市区域,将逐步由化石能源的净调出区或自给区转变为净调入区。

3) 建设能源大数据公共服务平台需求及经济社会需求

由至顶网(ZDNet)发起的一份《中国大数据认知和应用市场调研报告》显示目前大数据已广泛深入各个行业,在该份调查中,调查样本企业行业分布如图10-2所示。

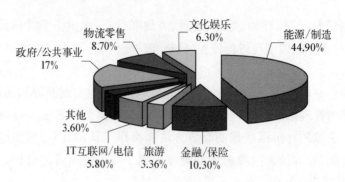

图 10-2　ZDNet 调查样本企业行业分布

　　从各个行业对大数据调研的参与程度来说,能源/制造行业对市场行情的数据更为敏感;随着政府部门公共事业服务意识的加强与转变,以及更智慧的执政与管理理念的带动,对于数据的管理与分析的需求也在日益加强;随后便是传统数据大户,金融/保险行业。

　　如图 10-3 所示,能源/制造、政府/公共事业、IT 互联网/电信以及金融/保险行业是对数据价值认可度最高的四个行业,其中能源/制造企业占据了近一半的比例,对数据价值最为认可和关注。

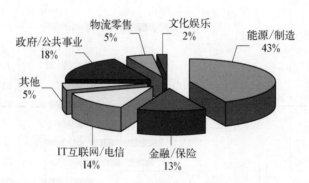

图 10-3　认可数据具有较高价值的行业分布

　　随着数据的不断积累,各行业对数据价值的重视,不同行业开始计划部署大数据平台。从图 10-4 可以看到能源/制造、政府/公共事业、IT 互联网/电信行业对大数据平台和方案部署均表示出巨大的兴趣。

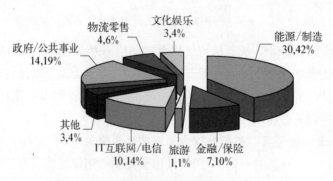

图 10-4　对大数据平台和方案部署感兴趣程度

综上所述,在能源领域对大数据的敏感度,数据价值的认可及大数据平台方案的需求均排在前列,可见将大数据应用于能源领域势在必行。

通过采集以电力为主的企业能源流数据,建立面向能源流、用电企业能源流和跨行业能源流的能源大数据分析研究与应用平台,构筑工业能源大数据生态系统,进行面向政府服务到面向企业与社会服务的转型。通过深入分析、挖掘生态系统内的工业和能源数据,提供面向企业个体、面向产品整个产业链以及面向整个工业产业各层次在能源、环境、经济和可持续发展等方面的决策支持、优化评价和预测咨询服务,并积极探索形成创新的能源服务模式,在一两个行业内成功开展示范应用,实现对企业自身能源管理、节能潜力挖掘以及政府部门工业节能管控、能源利用水平的持续提高、节能低碳社会建设的良好助推作用,获得经济效益和社会效益的双赢。

10.2 平台建设

10.2.1 能源大数据公共服务平台数据采集流程

能源数据拥有大量的非结构化数据和结构化数据,在数据采集过程中包含报表上传、数据在线采集等多种形式,数据采集具体流程如图 10-5 所示。首先各重点用能单位通过

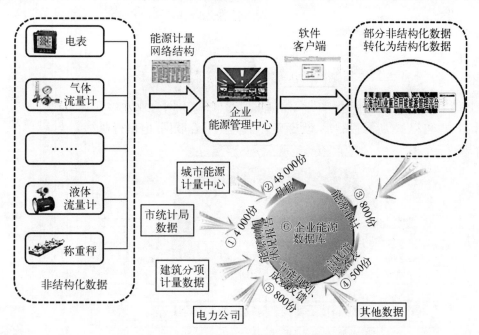

图 10-5 能源大数据公共服务平台数据采集流程

各企业本身的能源计量网络结构中的电表、气体流量计、称重秤等计量器具上传到企业能源管理中心或记录台账,再经过软件客户端进行数据填报,此时计量网络中部分非结构逻辑关系的数据转化为具有结构逻辑关系的数据,形成各种能源利用相关的报告上传,并与其他平台或数据源对接进行数据传输,如城市能源计量中心、建筑分项计量数据、电力公司等,完成数据的采集工作,并进行数据的相互验证,形成企业能源数据库。

10.2.2　能源大数据公共服务平台建设特点及架构

能源大数据公共服务平台具有以下特色: ① 建立以电力为主的企业能源流模型及数据采集、脱敏与开放机制,包括结构化能源数据与非结构化计量网络数据的融合与表达; ② 建立面向产业链、跨行业的能源大数据框架,覆盖电力及相关能源的生产、传输和使用三个环节; ③ 提供基于产品整个产业链的能效提升服务,为供应链管理和产业结构优化提供决策支持;提供基于能源消费的经济形势、用能与碳排放预测方法,为电力交易与碳交易市场提供决策依据; ④ 在能源大数据生态系统内,围绕企业、节能服务公司、融资机构、节能产品提供商和研发机构等角色探索形成创新的能源服务模式。

能源大数据分析研究与应用平台架构如图 10-6 所示,该平台为一个面向能源流、用电企业能源流和跨行业能源流的平台。

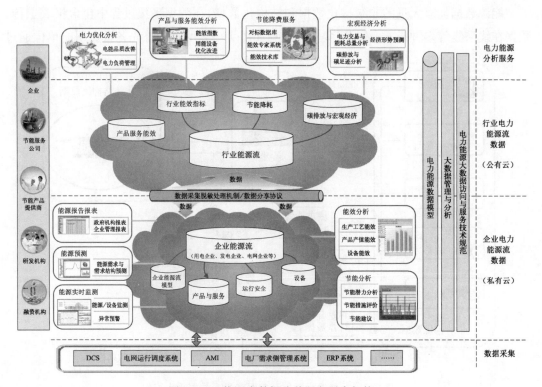

图 10-6　能源大数据公共服务平台架构

如图 10-6 所示,能源大数据公共服务平台详细描述了整个平台架构建设思路及原则,平台由下至上分为四个层次,依次为数据采集层、企业能源流数据层(私有云)、行业能源流数据层(共有云)、能源分析服务层。其中数据采集层包括各类数据计量采集分析系统,如 DCS 系统、电网运行调度系统、高级计量体系 AMI、电厂需求侧管理系统、ERP 系统等;通过各个系统与平台的对接,将数据上传到平台形成企业能源流数据层(私有云),具体包括企业能源流模型、产品与服务数据库、运行安全数据库、设备数据库;对能源大数据经过管理和分析,并采取数据采集脱敏处理机制及数据分享协议,将私有云中的数据转化为公有云,形成行业能源流数据层,该层主要包含产品服务能效数据库、行业能效指标数据库、节能降耗数据库以及碳排放与宏观经济数据库;在平台最顶层则为能源分析服务层,主要包括电力优化分析、产品与服务能效分析、节能降费服务、宏观经济分析等。整个平台的建设将有效促进企业挖掘节能潜力点,使企业进行合理用能,优化用能管理;在企业、节能服务公司、研发单位和融资机构之间架起一座良好沟通的桥梁,将大数据分析成果和用能单位需求共享给用能单位、节能服务企业和研发机构,更好地促进用能单位的能效提升服务及促进节能服务产业的发展,并对融资机构进行合理的引导,形成新的产业形态。

10.2.3 能源大数据平台建设关键技术

10.2.3.1 能源大数据采集、脱敏技术

1) AMI 计量体系

结合国内外 AMI 技术的研究进展,需要进一步加深多功能智能电表的研制,促进用户参与需求响应和电力市场;进一步建立统一共享的数据平台,积极开展 AMI 组网方式和通信技术的研究。电能测量结构的量值溯源是实现智能电网 AMI 系统功能的保障,而 AMI 系统的构建要求也推动智能技术在电能计量领域的应用,从而进一步促进计量装置的更新换代。

能源大数据在能源生产和使用过程中产生,数据来源涉及能源生产的各个环节。能源大数据蕴藏着巨大的商业价值和社会价值,挖掘能源大数据的价值面临巨大机遇。基于能源数据和能源的同步传输,促进能源与信息技术的深度融合,逐渐形成以能源、数据为运行体系支撑下的坚强可靠、清洁环保、友好互动的能源管理网络。能源大数据在经济、能源、民生等方面展现出巨大的综合价值,从生活、生产及运行等各领域全面支撑智慧城市建设。从能源管理角度讲,数据就是能源。通过延伸到企业、楼宇的广泛覆盖的数据采集网络和深度的能源大数据挖掘,实现智能用电管理,使用户实时掌握用电性能、在线互动能耗数据、实时响应电价,实现能源梯次循环及高效利用,大幅提升能效管理水平,为节能改造提供依据,为政府政策制定、节能减排管理、宏观经济运行等提供智能决策,为城市经济的绿色发展提供坚实保障。

2) 分布式控制系统

分布式控制系统(distributed control system,DCS)是综合了计算机技术、通信技术、控

制技术和 CRT 显示技术的一种新型控制技术,实现了对生产过程的集中监视、操作、管理和分散控制,同时具备分散的仪表控制系统和集中式计算机控制系统的特点。

近年来,发电行业进一步提高了电厂综合自动化水平,注重并加强了信息化的投入,很多火电厂提出需要分布式控制系统为基础的厂级监控信息系统以提高生产安全及生产效率。

在大型火电厂,分布式控制系统是计算机系统与发电机组控制模式结合的控制系统,与传统控制系统有本质区别。分布式控制系统具有通用性强、系统组态灵活、控制功能完善、数据处理方便、显示操作集中、调试方便、运行安全可靠等特点,在大型火力发电厂的生产过程中,能提高发电技术的自动化水平,减少不必要的人员浪费,增强系统的安全系数。

3) 数据发布与挖掘中的隐私保护技术

数据发布中隐私保护技术的研究最早源于统计泄露控制(statistical disclosure control, SDC)领域。SDC 中隐私保护研究的目的是在保护隐私的同时尽量保留数据的统计特性,其实现隐私保护的方法主要有微聚集、样本化、随机化、添加噪声等。自 1998 年 K-匿名模型提出以来,数据发布中的隐私保护(privacy preserving in data publishing, PPDP)问题便开始受到计算机科学领域学者的广泛关注,成为数据库与信息安全领域的一个研究热点。与其相平行的另一个研究分支是数据挖掘中的隐私保护(privacy preserving in data mining, PPDM),PPDM 这一概念是 Rakesh Agrawal 于 2000 年在 ACM SIGMOD 上正式提出,主要针对数据挖掘过程中可能产生的隐私泄露形式。PPDM 在实现隐私保护的过程中需要结合具体的数据挖掘方法来解决问题,主要采用修改原始数据和隐藏敏感知识(即数据库中的知识隐藏,简称 KHD)的方法。PPDP 的概念是 2007 年由 Benjamin Fung 正式提出的,目的在于研究通用的、能保护隐私的数据发布方法和工具,即使是不具备统计分析、数据挖掘等领域专业知识的普通数据使用者也可以使用。而 PPDM 中的方法则要求使用该方法的用户具有数据挖掘等方面的专业知识,并且还要考虑数据发布后的具体应用。

目前,PPDP 研究中已有多种隐私保护方法提出,根据实现方法的不同可以分为数据转换方法、数据匿名化方法、安全多方计算方法以及混合方法。其中,匿名化方法以其安全和有效性,成为目前隐私保护方法研究中的一大热点。

4) 数据采集系统建设

数据采集系统建设包括机房的基础设施建设、软硬件建设以及数据通信建设。数据采集系统采用传感、通信等物联网技术,覆盖能源数据的实时、在线采集系统等,可以将工业、建筑、交通等领域用能企业的电力、天然气、煤等能耗数据进行在线采集,从而为平台后面的监测、仿真、预警预测、分析诊断、共享及查询等功能的实现提供基础。

各层级之间的数据通信包括企业分布式中心子系统和数据在线采集系统内部通信,以及企业分布式中心和能源大数据公共服务平台的通信等。其中数据实时、在线采集系统内部通信应符合国家相关数据传输技术导则。

数据采集网关与能源大数据公共服务平台之间的网络通信,在子系统管理服务器与能源大数据公共服务平台通信服务器之间进行。可灵活选用 ADSL、LAN、GPRS/CDMA 无线等方式进行数据传输,并通过配套的证书认证和虚拟专用网加密传输双层保障,以确保数据传输安全性。

数据通信的安全,符合下列规定:

(1) 双方数据交互前进行身份认证,算法和密钥的安全性符合要求。

(2) 在通信数据传输过程中,使用数字证书加密或使用 VPN 隧道进行安全传输,以保证数据传输的完整性和机密性。

(3) 重要数据报文进行数字签名。能源大数据公共服务平台是企业能源计量数据监测网络上的数据结点,负责各企业能源计量数据的分类汇总、统计分析、上报等工作。能源大数据公共服务平台自动接收并存储来自企业能源管理管控中心子系统上报的或者直接来自计量装置能源资源实时、在线采集的监测数据,并按监管体系要求统计汇总、分析本辖区内各类能耗监测数据,生成各类统计报表及分析报告,并将能源资源计量数据定时上传到上一级平台。

能源大数据公共服务平台采集并存储企业的能源数据,并对本区域内的能源数据进行处理、分析、可视化。能源大数据公共服务平台将各种数据进行分类汇总。实时采集数据频率根据能源品种不同而不同,其中电力数据最短可达 15 min,最长达 1 h。

软件系统的主要子系统包括数据采集子系统、数据处理子系统、数据上报子系统、数据分析子系统、数据可视化子系统、数据报表生成等。

现场采集子系统由数据计量仪表装置、能源数据通信网络系统组成。能源数据采集器支持同时对不同用能种类的计量装置进行数据采集,包括电能表、水表、燃气表、热量表等。计量装置到能源数据网关之间的通信方式,主要包括 RS-485 有线方式、载波方式、ZigBee 无线方式。

通信网络是整个系统的联系纽带,覆盖范围可以到达各企业的厂区各处。在能源管理系统中,随着管理企业数量的增多以及系统功能的增强,往往需要多种通信方式组合使用,如光纤网、以太网、GPRS 等,根据具体情况选用。

10.2.3.2 能源大数据平台存储技术

大数据需要新的处理模式才能具有更强的决策力、洞察力和流程优化能力的海量、高增长率和多样化的信息资产。

大数据既包含结构化数据,也包括非结构化数据,而且是以数量巨大、变化率高的形式存在。相比于传统数据以数据库存储,大数据存储则主要以数据仓库的形式存储,数据仓库主要构建一个面向主题的、集成的、相对稳定、反映历史变化的数据集成,用于支持管理决策和信息的全局共享,其不同点见表 10-1。传统数据库基本能够应对日常的管理事务,但随着用户提出更高的功能需求时,如决策分析、规律研究、产业规划等,传统数据库显然无法满足这样的功能需求,因此为满足用户的业务需要,就需在传统数据库的基础上产生适应业务的数据环境。

表 10 – 1　传统数据库和数据仓库的不同点

	原始数据/操作型数据	导出数据/分析型数据
处理问题方向	面向应用	面向主题
数据存储特点	详细的、存在冗余	综合的、经过提炼的、非冗余
数据库系统性能要求	对系统性能要求高	对系统性能要求宽松
数据读取方式	一次访问一个单元	一次访问一个集合
存储数据结构	静态结构,内容可变	数据结构灵活,与实际需求匹配

　　构建能源流大数据仓库有利于对最原始的数据进行综合、集成、加工和提炼,形成结构相对灵活、可直接调用的数据分析源,其具体流程如下:首先处理前的数据来自不同的数据源,比如能源利用情况、设备情况、淘汰情况、单位产品能源消耗限额等,这些数据源经过 ETL 等数据转换软件对数据源进行去噪、清理、抽取、转换、提炼等,将数据存储在数据仓库中,未来根据业务需求直接在数据仓库中进行数据的查询、调用、分析和处理,进行类似 OLAP 的联机分析处理,并生成报表,使数据信息以可靠和安全的方式呈现给用户,深入洞察企业的运营情况。

10.2.3.3　研制企业能源流建模与分析软件

　　从系统化、层次化角度对企业能源使用情况进行全面合理分析及优化是实现企业节能减排的重要方面。首先,研究分析行业内不同企业生产经营活动的共性特征,围绕企业能源介质(电、天然气、蒸汽等)结构、来源、去向和能源转换消耗情况,从企业生产工艺、生产工序、组织结构和数据等多个视角,构建行业内通用的企业能源流模型,将企业的能源流、工序流和成本流进行全面关联与集成,以形成对企业能耗多角度全方位的综合认识。其次,基于企业能源流模型,结合企业实际生产和能耗数据,对企业能源结构、能源现状和能源需求进行深入分析和科学预测,为改进能源管理、实行节能改造、提高企业能源利用率和进行企业用能评价提供科学依据。主要功能如下:

　　(1) 能耗监测。对企业用能数据及相关参量进行在线监测,实时反映企业不同视角能源流的情况和变化趋势,并对企业异常能耗、设备异常用能状态等进行在线预警,为企业安全用能、设备安全运行及设备运维等提供保障和依据。

　　(2) 能耗报表。根据各政府机构能源统计与节能监察需求以及企业自身能源管理的需求,对各类能耗数据进行梳理和统计分析,自动生成符合要求的能耗统计报表,实现企业能源数据上报、能源数据管理的数字化和自动化。

　　(3) 能效分析。对企业的生产工艺能效、产品产值能效和设备能效等进行综合分析,帮助企业了解自身能源利用水平;并通过能效对标分析,了解企业在该区域该行业的平均用能水平和用能排名情况,为企业制定节能策略、提升能效指明方向。

（4）节能分析。帮助企业了解自身节能潜力，核算企业实施节能改造措施后的节能效果（如节能量和经济效益等），并为企业节能方向提出合理化建议（如工艺节能改造、产品节能改造等）。

（5）能耗预测。依据企业实际生产数据，按照能源仿真算法，预测企业内各种能源介质的需求量与需求结构、设备运行情况，为合理调度各种能源介质、优化控制提供依据。

10.2.3.4 构架能源大数据平台，向企业提供服务

通过对上海市工业能效大数据分析研究与应用平台的建设，可以建立起一种全新的面向工业用能企业、节能服务企业及政府的服务模式，见表 10 - 2。

表 10 - 2 能源大数据平台与服务

用户层	用 户					
	工业用能企业			节能服务企业		政 府
业务层	能效 对标	用能 管理	对接 政府	服务对象 发掘	服务行业 导向	节能技术 推广	宏观调控
数据采集层	数据采集		在线监测	生成报表	数据传输	数据分析
平台层	指标库		专家库		技术库	
	Hadoop 集群			Spark 集群		
	数据云					

在平台层方面，通过数据采集层的数据采集、在线监测、生成报表、数据传输、数据分析等多种手段将大量的企业能耗数据进行整合，并上传至云平台，该云平台将包含指标库、专家库、技术库，便于对企业的用能情况进行有效的大数据分析。

能源大数据应用平台主要将服务于工业用能企业、节能服务企业及政府。在对工业用能企业的服务方面，一是通过能效对标等方式有效提升企业能效水平。通过能效对标、智慧能源管控、能效提升专家系统切实提升企业能效。提供主要装置、工序、通用设备、产品单耗等方面的对标标杆数据，由数据处理与分析模块和能效提升专家系统模块自动找出差距，分析原因，并提供详细的技术可行性方案、经济性分析等企业关心的潜在能效项目方案，起到实时能源审计和专家现场诊断的作用，便于企业实施能效项目和优化用能管理。二是有效优化企业自身的用能管理。工业能效大数据平台建设同时所开发的企业用能管理软件，可有效地帮助企业进行用能管理。为增强分布式智慧能源系统的针对性，还将针对不同的行业开发不同的版本，便于企业依据自身情况进行针对性管理，并发现自身在用能管理中的不足，发掘自身节能潜力，基于此，企业自身的用能管理水平将得到较大的优化。三是方便企业对接政府。企业可依据此管理软件，快速地生成相关报告、报表，简化了企业的人力管理，对于企业对接政府，提供了极大的便利。

　　节能服务企业的发展对于推广合同能源管理机制,通过市场化手段推进全社会实现节能化发展具有重要的意义。该平台的建设在对节能服务企业的服务方面,一是有助于节能服务企业对服务对象的发掘。大数据分析可以及时发掘出能效水平较低、亟待进行节能技术改造的一批用能企业,大数据的分析结果对节能服务企业与工业用能企业的对接起到了极好的媒介作用。二是对节能服务企业所服务的行业进行有效导向。通过对企业的用能情况分行业进行大数据分析,可以及时发掘出能效水平较低、亟待提升能效的相关行业,节能服务企业可有针对性地研究发展对于这些行业的节能技术改造方案,并大力推广,使得工业用能企业和节能服务企业在此过程中获得双赢。三是有助于节能技术的推广。该平台还将收集汇总一批节能改造技术方案,通过该平台分享、发布,对节能服务企业的节能改造工作及先进节能技术的推广具有极好的推动作用。

　　能源大数据应用平台的建设对政府的工作开展也可起到很好的服务成效,通过该平台收集、整合的工业用能数据,对于政府分析不同行业能效数据趋势,为政府部门主导的碳排放,经济形势预测,节能目标分解、考核、预警、预测,节能政策制定等提供了有力的支撑。

10.2.3.5　信息安全保障技术

1) 物理层安全

　　保证计算机信息系统各种设备的物理安全是整个计算机信息系统安全的前提。物理安全是保护计算机网络设备、设施以及其他媒体免遭地震、水灾、火灾等环境事故以及人为操作失误或错误及各种计算机犯罪行为导致的破坏过程。它主要包括以下三个方面:

　　(1) 环境安全。对系统所在环境的安全保护,如区域保护和灾难保护(参见 GB 50174—2008《电子信息系统机房设计规范》、GB/T 2887—2011《计算站场地通用规范》、GB/T 9361—2011《计算机场地安全要求》)。

　　(2) 设备安全。主要包括设备的防盗、防毁、防电磁信息辐射泄漏、防止线路截获、抗电磁干扰及电源保护等。

　　(3) 媒体安全。包括媒体数据的安全及媒体本身的安全。

　　(4) 设备冗余。主要是针对网络中的那些重要单元(如中心交换机、服务器、存储系统、重要的通信线路等),采用冗余备份措施。

2) 应用级安全

　　应用级安全主要目的是在应用层保证各种应用系统的信息访问合法性,确保用户根据授权合法地访问数据。应用层的安全防护是面向用户和应用程序的,采用身份认证和授权管理系统作为安全防护手段,实现应用级的安全防护。

　　可将系统数据信息分类和系统用户分类来有效地实现应用级的安全。比如可以将数据信息分为特级机密信息、机密信息、公共信息。相应地将用户分为特级用户(可以访问所有的信息)、一级用户(可以访问机密信息和公共信息)、普通用户(只能访问公共信息)。不同权限的用户登录到应用系统,只能在其权限范围内进行操作。

应用级安全主要从两个层次加以实现：一方面利用各个应用子系统自身专有的安全机制；另一方面则是利用数据库自身的安全机制。

应用系统安全机制主要是指在开发应用系统时建立相关的安全机制，并与相关数据库平台安全机制和相应消息传递平台的安全机制紧密、有机结合。主要包括以下几点：① 自定义的用户安全策略；② 应用系统用户身份认证；③ 访问控制授权；④ 数据加密传输；⑤ 审计监督。

（1）口令保护、身份认证。为了防止非法用户不合法地存取信息，可对用户的存取资格和权限进行检查。在系统中口令选择足够的码长，一般性用户口令的字符长度至少有 8 位，而且要经常更换。保密性很强的高级用户采用一次性口令（one-time-password），涉及有关信息和用户，采用数字安全证书等措施。

（2）存取控制。在网络设计时通过对数据重要性、保密性、公开性及使用者的分析，把网络分为不同的网段，或划分为不同的工作组；通过信息系统的管理人员对工作组和用户不同操作的授权，可以控制用户对信息源不同级别操作，防止对信息非法地访问、修改、删除，保证数据的安全与保密。

（3）审计管理。系统软件和应用软件应具有强大的日志能力，对于任何被保护的数据资源的存取、删除、修改等操作的时间、操作的用户等信息都有详细记录，提供审计功能。

（4）信息的加密。传输数据的加密采用数据链路加密和端-端加密。其中数据链路加密是对两个结点间的单独通信线路上的数据进行加密；端-端加密为网络提供从源头到目的地的传输加密保护。存储数据加密保护是针对记录媒体的信息进行密码化保护，只有获得正确密钥的用户才有权共享文件。加密的目的主要是防止偷读、冒充其他用户存取、非法复制等。

3) 数据级安全

数据级安全主要从数据传输和数据存储两个方面进行设计。

（1）数据传输安全。数据传输安全设计中涉及数据传输加密技术、数据完整性鉴别技术及防抵赖技术。

① 数据传输加密技术。目的是对传输中的数据流加密，以防止通信线路上的窃听、泄露、篡改和破坏。一般常用的是链路加密和端-端加密方式。

② 数据完整性鉴别技术。许多协议为了确保动态传输信息的完整性，大多采用收错重传、丢弃后续包的方法，因而，应采取有效的措施来进行完整性控制，主要技术有报文鉴别、加密校验、消息完整性编码等。

③ 防抵赖技术。它包括对源和目的地双方的证明，常用方法是数字签名。

（2）数据存储安全。在信息系统中存储的信息主要包括纯粹的数据信息和各种功能文件信息两大类。对纯粹数据信息的安全保护，主要是保护数据库信息；而对各种功能文件的保护，应用终端的数据存储安全也很重要。

① 数据库安全。提供多级数据库的安全机制，并能支持数据加密存储和传输及冗余控

制。对数据库系统所管理的数据和资源提供安全保护,一般包括以下几点:物理完整性,即数据能够免于物理方面破坏的问题,如掉电等;逻辑完整性,能够保持数据库的结构,如对一个字段的修改不至于影响其他字段;元素完整性,包括在每个元素中的数据是准确的;用户鉴别,确保每个用户被正确识别,避免非法用户入侵;可获得性,指用户一般可访问数据库和所有授权访问的数据。

②　应用终端的数据存储安全。主要解决微机信息的安全保护问题,一般的安全功能有以下几种:基于口令或(和)密码算法的身份验证,防止非法使用机器;自主和强制存取控制,防止非法访问文件;多级权限管理,防止越权操作;存储设备安全管理,防止非法软盘复制和硬盘启动;数据和程序代码加密存储,防止信息被窃;预防病毒,防止病毒侵袭;严格的审计跟踪,便于追查责任事故。建议可以采用智能钥匙(USB 接口)实现应用终端的数据存储安全。

③　安全管理制度。信息系统在建成并投入运行后,为保证其安全,除了技术上的措施外,在管理方面,必须在内部建立一整套完善而且严密的安全制度,并切实遵照执行,才能从根本上确保系统的安全。加强内部人员的安全教育,明确各用户的系统使用权限,严格机房等重要场所的管理,加强内部的安全管理。

内部安全管理必须坚持以下基本原则:分离与制约、有限授权、预防为主和可审计原则。内部安全管理的内容主要包括制定以下管理制度:机构与人员安全管理制度,系统运行环境安全管理制度,硬设施安全管理制度,软设施安全管理制度,网络安全管理制度,数据安全管理制度,技术文档安全管理制度,应用系统运行安全管理制度,操作安全管理制度,应用系统开发安全管理制度,应急安全管理制度。

④　数据备份防范制度。随着信息系统数据量的增长、历史数据对业务的重要性不断增强,建立和采用全面、可靠、安全和多层次的数据备份以保证在灾难突发时的系统及业务的有效恢复。

不同用户对灾难发生后数据的恢复程度有着不同的要求,通常要求越严格,花费也越高,一般是按照威胁半径、数据更新要求、恢复时间要求和对丢失数据的容忍程度来评价对灾难恢复的要求程度。在能源大数据平台中,对各主要系统及其相关数据进行定时、自动备份,对数据量大、更新较少的数据采用差分备份,对数据量小、更新较多的数据采用完成备份。

⑤　计算机病毒防范。计算机病毒的防范应采用技术手段和管理手段相结合的办法,进行综合防范。技术手段主要是形成一套严密的多级跨平台防病毒系统。对系统实行全面统一的防病毒保护,杜绝病毒在网络系统中的传播,实时监测包括软盘、Internet 下载、E-mail、网络、共享文件、CD-ROM 和在线服务等的各种病毒源,使系统免遭各种病毒的侵害。它甚至还能扫描各种流行的压缩文件和内容,使病毒无处藏身。多级跨平台防病毒系统主要包括以下几个主要方面:

A. 桌面防毒。提供桌面全面、有效的安全保护,包括防止病毒、防止和 Internet 相连时一些恶意 Java 和 ActiveX 小程序等 Web 攻击和电子邮件入侵。

B. 服务器防毒。提供应用于文件及应用程序服务器的防毒,提供综合的基于服务器的病毒防护,帮助在网络上的关键服务器控制点防止病毒传播,保护被网上其他人访问的服务器文件、共享文件夹和服务器上的任何重要数据。能够实时地检测所有上传或传出服务器的感染了病毒的文件,并对检测出的病毒进行清除、删除甚至隔离以备将来分析和追踪根源。

C. 群件防毒。阻止消息传递平台即群件环境内病毒。安装在服务器上的防毒软件采用扫描技术,扫描出被感染的文件,并防止病毒扩散到客户机。

10.3 平台服务政府、企业功能

10.3.1 产业转型

2012 年上海市重点用能行业能效情况见表 10-3。由表可知,上海工业重点耗能行业主要集中在黑色金属冶炼及压延加工业,化学原料及化学制品制造业,石油加工、炼焦及核燃料加工业,电力、热力的生产和供应业,非金属矿物制品业。这些行业用能量达到 4 226.32 万 t 标准煤,占规模以上工业用能量的 78.9%,产值占规模以上工业总产值的 23.3%,产值能耗是规模以上工业产值能耗的 3.38 倍。

表 10-3　2012 年上海市重点用能行业能效情况

行　　业	综合能源消费量 (万 t 标准煤)	比重(%)	工业总产值 (亿元)	比重(%)	产值能耗 (t 标准煤/万元)
总　计	5 357.94	100	33 186.41	100	0.16
黑色金属冶炼及压延加工业	1 484.35	27.7	1 613.42	4.8	0.92
石油加工、炼焦及核燃料加工业	1 099.27	20.5	1 640.7	4.9	0.67
化学原料及化学制品制造业	1 199.38	22.4	2 447.71	7.3	0.49
电力、热力的生产和供应业	336.39	6.3	1 601.86	4.8	0.21
非金属矿物制品业	106.93	2.0	509.19	1.5	0.21

上述几种行业主要涉及传统的用能行业,均为传统用能大户,生产工艺也包括窑炉、电炉等大型用能设备。以非金属矿物制品业中的水泥产品为例,水泥生产工艺流程如图

10-7所示,水泥生产工艺主要耗能设备有回转窑及烧成窑头冷却风机和窑尾高温风机、生料磨机、水泥磨机、煤粉磨机及引风机、烘干热风炉、破碎机等。水泥生产过程中,生料制备及水泥制成工序主要耗能为电力,其次消耗少量的水;熟料煅烧工序主要能耗为烟煤和电力,其次消耗少量的水和柴油。烟煤有少部分用于矿渣、生料及煤粉烘干,一部分柴油、汽油用于厂内机车、管理用小车等辅助生产系统。

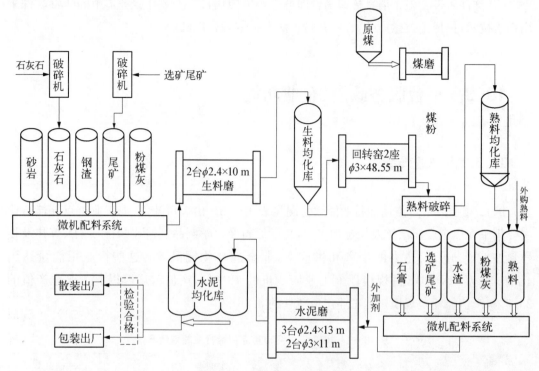

图 10-7　水泥生产工艺流程

由图 10-8 可知,"十二五"以来,黑色金属冶炼及压延加工业,化学原料及化学制品制造业,石油加工、炼焦及核燃料加工业,非金属矿物制品业,电力、热力的生产和供应业等工业重点用能行业中部分行业的能耗强度(即产值能耗)有所下降,但与计算机、通信及其他电子设备制造业等低载能高附加值行业的能耗强度相比,仍存在一定的差距。产业结构调整有助于用能情况的进一步优化。

上海能源大数据平台的建设在上海市示范应用可将本市 34 个行业中各个企业能源消耗数据进行收集,并和本市的经济数据进行跨界,研究分析哪些行业属于低载能高附加值行业,哪些行业属于高载能低附加值行业,为产业的转型和调整提供参考依据;并对曾经的低载能高附加值行业进行分析,和目前的高附加值行业进行关联,从而进行及时预警和规划。而在环境方面,平台的建设除可促进高附加值产业的发展外,还可推动风能、太阳能等新能源新兴技术产业的发展,减少常规化石能源的使用,从而减少污染物的排放,促进居民居住环境的改善。

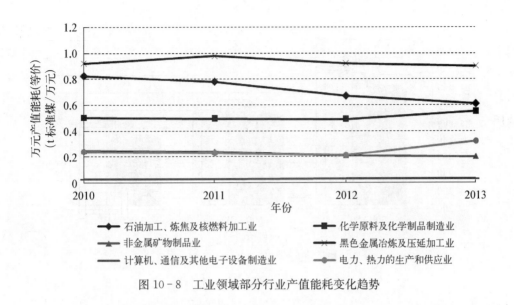

图 10-8 工业领域部分行业产值能耗变化趋势

10.3.2 能效对标及能效整体评价指标体系的构建

能效水平对标活动是指企业为提高能效水平,与国际国内同行业先进企业能效指标进行对比分析,通过管理和技术措施,达到标杆或更高能效水平的节能实践活动。开展重点耗能企业能效对标活动有利于企业了解自身所处能效水平,政府部门了解相关行业所处能效水平,引导推动企业节能行动的实施,提高企业能源利用效率、经济效益和竞争力;同时为政府部门在制定产业政策调控及节能政策,细化针对不同行业特点的相关节能法规,提供重要的、可供量化的决策参考依据。

目前能效指南说明书一般为 2 年左右更新一次,参考相关文献目前能效指南遴选了 60 种工业产品,117 项国际国内能效标杆值,4 类非工业行业 39 项节能评价值,5 类重点用能设备 561 项节能评价值;整理了 45 个工业产品单耗行业平均水平,35 个大类行业、155 个中类行业的产值能效平均水平。图 10-9 所示为电力行业不同级别机组的能效对标情况,从图中可以看出机组能效均达到了限定值要求,并符合国际先进水平。而在实际的工作经验中发现,有部分企业生产的产品无法在能效指南中找到相应的参考值,无法了解自身能耗所处的水平;而具有能效参考值的产品只能了解产品能耗的能耗水平,而不能进行进一步的二级工序和工艺能效对标,从而使得能效对标的效果在一定程度上有所折扣。

能源大数据平台的建设将进一步促进能效对标工作的开展,通过对采集的能效数据进行分析,得出目前相关行业的能效平均值、先进值等,这样企业既可进行国标和地标的能效对标,也可进行实时的能效对标,了解企业实时的能效水平。此外,通过对更详细能效数据的采集,一些国标或者地标上没有的能效指标,也能找出相应的参考值,并可进行

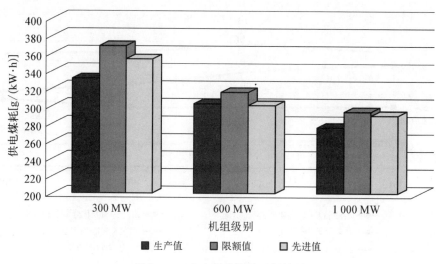

图 10 - 9　电力行业能效对标情况

详细的二级工序或者工艺的能效对标,更有利于企业进一步发现节能问题,挖掘节能潜力。

在进行能效对标活动的同时,可基于能源大数据平台采集的基础数据,分析现有的节能评价指标体系,从能源利用环节、设备用能优化构建用能单位能效整体评价指标体系,合理设置相关权重,促进行业能效总体提升,完成政府部门下达的节能减排目标任务。

10.3.3　企业能效提升专家系统

能源管理中心的研究始于 20 世纪 60 年代中期,早期的能源管理中心主要用来进行能源数据的采集和监控以及用能设备的控制,随着统计、分析、决策系统等广泛应用于能源管理系统中,能源管理中心已成为企业能源管理现代化的标志。通过能效诊断分析,用能单位能够掌握设备及系统的运行状态,了解能源消费分布以及平衡情况。

能源大数据平台的建设将增强能源监控工作的行业、企业针对性,开发分布式智慧能源系统的设想。该系统主要包括能耗数据分项计量模块、数据采集与传输模块、数据处理与分析模块以及能效提升专家系统解决方案四大模块。系统实现的主要功能包括:分项能耗数据采集、在线监测、报警、评价、智慧能源管控、自动生成统计报表以及专家能耗诊断系统等。此系统相当于“企业能源管理中心＋能效提升专家系统”。

能源大数据平台搭建起服务公司和用能单位之间沟通的桥梁,将节省大量能效诊断资源的投入,降低能效诊断工作的难度。此外,该诊断系统挂有节能知识库等,既便于用能单位及时了解行业的最新节能减排规划、优惠政策、管理要求等信息,又能够及时学习各行各业的节能减排技术,指导用能单位制定节能改造计划。

诊断系统通过搭建一个面向用户侧的 Web 平台,内置能耗分析模型,实现锅炉能效、电机能效、空调能效、照明能效以及其他设备和系统能效的诊断和分析。用能单位在输入企业本身能耗数据参数后即可实现自诊断,匹配合理的节能改造技术和方案,挖掘节能潜力,形成能效诊断报告和节能改造投资回报建议书;与行业进行综合能耗、工艺能耗、设备能耗对标,发现用能能效差距,为后期实施节能改造工程提供指导和支持。

　　能效诊断系统硬件平台包括数据库服务器、智能设备、数据采集设备以及诊断仪器等硬件设备。软件管理平台包括诊断系统软件、能效诊断数据采集与远传系统、能效现场诊断分析系统、操作系统、备份软件。能效诊断系统拓扑结构如图 10 - 10 所示。能效诊断系统主要包含三大子系统和一套知识库,主要架构如图 10 - 11 所示。

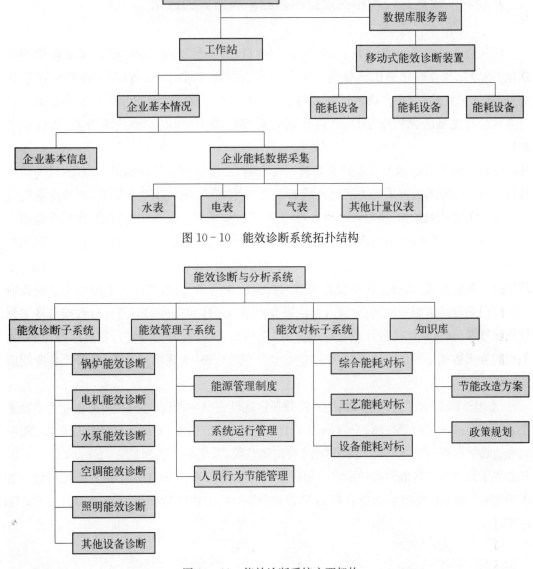

图 10 - 10　能效诊断系统拓扑结构

图 10 - 11　能效诊断系统主要架构

在能效提升专家系统的基础上,可进一步开拓能效仿真系统,初步可以达到以下几方面的目的:① 企业可对自身提出的节能改造技术方案进行仿真或匹配,在经济、技术、节能量等方面进行对比分析,寻找最优方案;② 基于数据库和仿真检验相关企业向政府部门申请节能技改项目的真实性,成为节能项目的试金石;③ 通过仿真研究用能行业、产品、工艺的能耗影响因素,提出能耗需求,研究开发节能项目,并通过一定的方式向社会公布,为节能产业相关方搭建沟通平台;④ 针对不同行业及区县集团构建典型用能概况和模型,面向各类对象培训仿真,节省人力物力,增强培训对象感知。

10.3.4　政府部门和相关企业的数据采集方式的创新

能耗数据是整个节能服务工作的基础和重点,为能源管理、数据统计、能源政策的科学化、准确化和合理化提供良好支撑。企业开展能源审计、能效测试、用能产品能效评价、能源计量评价、能源平衡测试等节能服务工作,都必须以准确的计量数据为基础。只有有效分析挖掘能耗数据信息,才能挖掘企业节能潜力,开展节能技术服务,实现低碳发展。

随着数据采集技术的发展以及新技术在政府、企业等相关领域的推广应用,目前政府部门和相关企业的数据采集方式已经或者正在发生变革,在工业企业层面,部分企业已改变过去由手工记录数据、填写台账的方式,实现了数据的在线采集实时监控,数据质量也大幅提高;在建筑层面,目前上海市大力推进建筑分项计量,实现了所有回路能耗的采集和统计、远程自动抄表、能耗监测功能,报表自动生成;在政府层面,改变了过去人工填写数据、按年月上传的方式,这种方式不仅容易造成数据质量问题,长时间间隔上报也无法使政府相关部门充分了解企业能耗,更深入地挖掘节能潜力。建立先进的能源计量数据自动采集信息化技术,对重点用能行业或企业的电力、天然气、煤等能源情况进行实时跟踪监测,为低碳经济指标体系提供数据支撑,提高企业能源利用效率,实现精细化管理,降低企业用能成本。

图 10-12 展示了能源大数据公共服务平台建设完成后,政府部门和相关企业的数据采集方式改变后的实时效果图,平台涵盖了工业企业、建筑楼宇、交通运输的能耗数据,能够对电力、燃气、煤、油、水等能耗数据实时采集和监控,采集频率达到最短 15 min,最长 1 h,并形成了总能耗或各能源品种的实时和历史趋势曲线,更直观地表达了相关能耗信息。数据的实时采集,使数据基础更具有海量数据特征,初步估计数据在量级上可以达到 TB级别。

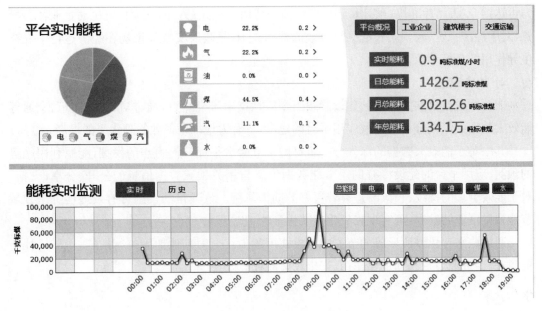

图 10 - 12　数据实时采集效果

10.4　能源大数据公共服务平台的社会经济效益

能源大数据公共服务平台可逐步开发和发布工业与 34 个大类行业、区县、集团、工业园区年度和月度能效指数、产业能效指南等,增加节能领域工作的透明化、公开化程度,吸取社会专家和普通公众的意见和建议,促进政府、企业、节能服务产业、科研机构在内的能源生态系统良好发展。

1) 经济效益

能源大数据公共服务平台建设将为工业、建筑、交通等全领域节能减排增加新的发展路径,能效对标技术库与信息库及节能技术改造数据库都可间接地推动新节能改造技术、工艺工序、管理水平等节能措施、理念的发展和提高。工业能效诊断专家系统的研发也将间接对工业企业设备能效的提高起到良好的推动作用。

能效(节能)仿真系统可通过仿真研究用能行业、产品、工艺的能耗影响因素,提出能耗需求,研究开放节能项目;并可针对不同行业及区县构建典型用能概况和模型,面向各类对象培训仿真,节省了人力物力,直接有益于节能项目经济效益的提高。另外,企业能源管理模块的研发可通过智慧能源管控挖掘关键能耗设备和管理水平存在的节能潜力,确定各项节能措施优先级别,实现节能诊断和能效持续改进。

能源大数据公共服务平台在上海市示范应用可挖掘约 1 000 个潜在节能项目,节能潜力可达约 50 万 t 标准煤,预计每年可节省能源费用 5 亿元;另外,该项目可拉动企业社会投资,对于经济稳定、较快增长起到了有效的推动作用,是政府实践让市场在经济运行中发挥主导作用的良好示范。

2) 社会效益

能源大数据公共服务平台建设紧跟当今信息技术研究热点,通过对工业、建筑、交通等能效大数据的深入分析研究及应用平台的建设,将有力地推动能效管理水平的提高。

其中对于能效大数据的深入分析将有助于节能水平提升潜力点的发掘,能源利用趋势的预测;应用平台的建设将有助于节能数据信息与相关领域数据信息的公开、分享、交换,对于能效管理的持续、长久改进有着很好的助推作用。该项目的实施可有效地促进全领域节能减排事业的发展,可实现二氧化碳减排量约 120 万 t。

通过该平台建设所形成的节能减排模式可逐步在全国其他地区进行推广,对节约社会资源,减少资源浪费起到重要作用,产生较好的社会效益。

◇ 参 ◇ 考 ◇ 文 ◇ 献 ◇

[1] 薛薇,陈欢歌.基于 Clementine 的数据挖掘[M].北京:中国人民大学出版社,2012.

[2] 王学文.能源管理系统的发展[J].石油工业技术监督,2007,6:5 - 7.

[3] 毛俊鹏,任庚坡,李琦芬.上海能源形势和能源需求预测分析[J].上海节能,2014,2:29 - 34.

[4] 中国大数据认知和应用市场调研报告[R].ZDNet.com.cn,2013.

[5] 周宁宁,刘继义.能源计量数据实时在线采集系统的设计开发[J].中国计量,2013,12:78 - 79.

[6] 大数据和传统数据存储的区别[R].http://www.dlnet.com/bigdata/storage/229904.html,2013.

[7] 谭磊.大数据挖掘[M].北京:电子工业出版社,2013.

[8] 熊华文,周伏秋,刘静茹.浅议能效对标指标体系的构建与应用[J].中国能源,2008,11:27 - 31.

[9] 原清海.上海产业结构调整负面清单及能效指南[R].上海市经济和信息化委员会,2014.

[10] 杨文人.基于能耗预测模型的能源管理系统研究与实现[D].广州:华南理工大学,2013.

[11] 孙卫琴.基于 MVC 的 Java Web 设计与开发[M].北京:电子工业出版社,2004.

[12] 陈锋,陈根军,张道农,等.EMS 和 WAMS 一体化主站系统关键技术研究[J].华北电力技术,2013,43(1):13 - 15.

[13] 梁翀,杨小云,姚建凯,等.基于用户侧能效诊断系统的研究[J].广西电力,2014,37(2):22 - 25.

[14] 王龙,王刚.能源计量数据平台建设的作用和意义[J].中国计量,2013,12:34 - 35.

[15] 嘉计文.嘉兴"能源计量数据自动采集信息化平台建设"项目达到国内先进水平[J].中国计量,2013,7:37.

2010 年度及"十一五"工业系统节能目标责任评价考核计分表

上海市区(县)工业节能目标责任评价考核计分表

| | 序号 | 考核内容 | 分值 | 考核内容分解 | | 核查方法和打分具体标准 |
				内　容	分值	
节能目标（50分）	1	2010 年度产值能耗下降目标	10	1. 完成年度计划目标 2. 未完成年度计划目标 ★本指标为否决性指标，只要未达到年度计划确定的目标值即为未完成年度目标等级	10	该目标以 2010 年市经济信息化委（原市经委）下发目标为准，依据市统计局统计数据考核
	2	2010 年度能源总量控制目标	10	1. 完成总量控制目标 2. 未完成总量控制目标 ★本指标为否决性指标，只要未达到年度计划确定的目标值即为未完成年度目标等级	10	该目标以 2010 年市经济信息化委（原市经委）下发目标为准，依据市统计局统计数据考核
	3	"十一五"万元产值能耗下降目标	30	1. 完成"十一五"节能目标	30	该目标以市经济信息化委（原市经委）下发"十一五"目标为准，依据市统计局统计数据考核
				2. 完成进度达到90%	27	
				3. 完成进度达到80%	24	
				4. 完成进度达到70%	21	
				5. 完成进度达到60%	18	
				6. 前三年完成进度不足60%	0	
节能措施（50分）	4	节能工作运行机制	6	1. 建立本地区工业万元产值能耗统计、监测、考核体系	2	核查相关文件。提供本地区建立工业万元产值能耗统计、监测、考核体系的相关通知文件的，得 1 分；提供 2010 年依通知文件开展的万元产值能耗监测指标分析报告或其他证明材料的，得 0.5 分；提供 2010 年依通知文件开展的考核工作及考核结果的，得 0.5 分
				2. 定期召开会议，推进节能工作	1	核查会议通知、会议纪要及相关文件。提供 2010 年度定期会议通知、纪要的，得 1 分

（续表）

	序号	考核内容	分值	考核内容分解		核查方法和打分具体标准
				内　容	分值	
	4	节能工作运行机制	6	3. 制定本区县工业节能工作计划和工作总结	1	核查相关文件。提供2010年度本区县内部节能工作计划的，得0.5分；提供"十一五"工作总结报告的，得0.5分
				4. 设立节能专项资金及增长情况	2	核查相关文件。提供设立节能专项资金相关文件的，得0.5分；有节能专项资金使用清单，并且节能专项资金逐年增长的，得1.5分，持平的得1分，减少的不得分
节能措施（50分）	5	节能目标分解落实	6	1. 节能目标分解到本区县各行政区或重点用能企业	3	核查相关文件。提供2010年度本地区各行政区或1万t标准煤以上重点用能企业节能目标文件或目标责任书的，得0.5分；将节能目标分解至所有行政区或年耗能5 000 t标准煤以上重点用能企业的，得1.5分；分解至规模以上企业的，再得1分 如果本区县没有年耗能1万t标准煤以上企业，提供本地区主要用能企业节能目标文件或目标责任书的，得0.5分；按照实际情况将节能目标分解至主要用能企业的，得1.5分；分解至规模以上控股企业的，得1分
				2. 开展节能目标完成情况检查和考核，定期公布能耗指标和考核结果	3	核查相关文件。提供"十一五"节能目标完成情况检查和考核结果文件或相关材料的，得1.5分；提供公布能耗指标和考核结果时间、内容、途径、方式的，得1.5分
	6	节能技术进步和节能技改实施	8	1. 固定资产项目进行节能评估和审查	2	核查相关文件。提供2010年度区县审批或备案的固定资产项目节能评估和审查清单的，得1分；提供2个固定资产投资项目节能评估和审查报告的，再得1分

（续表）

| 序号 | 考核内容 | 分值 | 考核内容分解 | | 核查方法和打分具体标准 |
			内 容	分值	
6	节能技术进步和节能技改实施	8	2. 低能耗高产出项目、产品增长情况	1	核查相关文件。提供 2010 年度低能耗高产出项目、产品清单,并且项目、产品数同比增长 20% 的,得 1 分
			3. 完成淘汰落后生产能力目标	2	以市经信委统计数据为准。完成 5 年产业结构调整计划的,得 2 分;完成计划的 90% 的,得 1 分
			4. 实施重点节能工程及节能技改工作情况	3	核查相关文件及资料。提供 2010 年度重点节能工程及节能技改项目清单,实施重点节能工程及节能技改项目个数或投资额同比有所增长的,得 1 分;节能量同比有所增长的,得 1 分;节能技改项目节能量占本区县能耗总量的 3% 以上的,得 1 分
7 节能措施（50 分）	重点企业节能工作管理	5	1. 重点用能企业户数完成节能目标情况	3	核查相关文件及资料。提供 1 万 t 标准煤以上重点用能企业"十一五"节能目标完成情况表,80% 完成节能目标的,得 3 分;70% 完成节能目标的,得 2 分;60% 完成节能目标的,得 1 分;60% 以下者不得分
			2. 对重点用能企业节能管理进行定期检查	2	核查相关文件及资料。提供 2010 年每月定期检查记录的,得 1 分;有定期检查清单,覆盖范围超过 60% 的,再得 1 分
8	节能专项工作开展	18	1. 组织所属企业开展能效对标活动,有明显效果	2	核查相关文件。提供组织所属 1 万 t 标准煤以上重点用能企业开展对标管理活动通知文件的,得 0.5 分;列出 70% 以上所属重点用能企业产品单耗标杆的,得 1.5 分;列出 60% 以上单耗标杆的,得 1 分;列出 50% 以上单耗标杆,得 0.5 分
			2. 所属企业能源利用状况报告上报情况	5	以市节能监察中心统计数据为准,2010 年度上报率达到 100% 的,得 5 分;达到 90% 以上的,得 4 分;达到 80% 以上的,得 3 分;达到 70% 以上的,得 2 分;达到 60% 以上的,得 1 分;未达到 60% 的,不得分

(续表)

序号	考核内容	分值	考核内容分解		核查方法和打分具体标准
			内 容	分值	
8	节能专项工作开展	18	3. 所属企业能源审计完成情况	5	以市节能监察中心统计数据为准,"十一五"期间全部通过并且一类审计报告占30%以上的,得5分;全部通过并且一类审计报告占15%以上的,得4分;全部通过的,得3分;通过率达到90%以上的,得2分;达到85%以上的,得1分
			4. 节能月报上报情况	5	以市节能监察中心统计数据为准,2010年度上报率达到100%的,得5分;达到90%以上的,得4分;达到80%以上的,得3分;达到70%以上的,得2分;达到60%以上的,得1分;低于60%的,不得分
			5. 能源管理岗位备案	1	以市节能监察中心统计数据为准,所属企业全部备案率100%的,得1分;备案率80%的,得0.5分;未达到80%的,不得分
节能措施(50分)					
9	节能基础工作落实	7	1. 统计、计量工作	2	核查相关资料及现场核实。提供建立能源统计制度文件及相关材料的,得1分;提供督促企业按标准配备能源计量器具的通知文件的,得0.5分;有能源计量器具检查记录和整改记录的,再得0.5分
			2. 参加市有关节能工作会议	1	依据市经信委会议签到单,2010年度1次未参加的,扣0.5分;2次以上未参加的,不得分
			3. 组织和参加节能培训工作	2	以市节能监察中心统计数据为准,"十一五"期间本地区所属企业参加能源管理岗位培训,通过率达到95%以上的,得2分;达到90%以上的,得1.5分;达到85%以上的,得1分;达到80%以上的,得0.5分;未达到80%的,不得分
			4. 开展节能宣传	2	核查相关资料。提供2010年度全国节能宣传周活动期间节能宣传活动具体方案的,得1分;提供参加市级节能交流资料的,得0.5分;提供新闻媒体宣传资料的,再得0.5分
	小 计	100		100	

上海市工业控股(集团)公司节能目标责任评价考核计分表

序号	考核内容	分值	考核内容分解 内容	分值	核查方法和打分具体标准
节能目标(50分)					
1	2010 年度产值能耗下降目标	10	1. 完成年度计划目标	10	该目标以 2010 年市经济信息化委(原市经委)下发目标为准,依据市统计局统计数据考核
			2. 未完成年度计划目标		
			★本指标为否决性指标,只要未达到年度计划确定的目标值即为未完成年度目标等级		
2	2010 年度能源总量控制目标	10	1. 完成总量控制目标	10	该目标以 2010 年市经济信息化委(原市经委)下发目标为准,依据市统计局统计数据考核
			2. 未完成总量控制目标		
			★本指标为否决性指标,只要未达到年度计划确定的目标值即为未完成年度目标等级		
3	"十一五"万元产值能耗下降目标	30	1. 完成"十一五"节能目标	30	该目标以市经济信息化委(原市经委)下发"十一五"目标为准,依据市统计局统计数据考核
			2. 完成进度达到 90%	27	
			3. 完成进度达到 80%	24	
			4. 完成进度达到 70%	21	
			5. 完成进度达到 60%	18	
			6. 前三年完成进度不足 60%	0	
节能措施(50分)					
4	节能工作运行机制	4	1. 建立本单位工业万元产值能耗统计、监测、考核体系	2	核查相关文件。提供本单位建立工业万元产值能耗统计、监测、考核体系的相关通知文件的,得 1 分;提供 2010 年依通知文件开展的万元产值能耗监测指标分析报告或其他证明材料的,得 0.5 分;提供 2010 年依通知文件开展的考核工作及考核结果的,得 0.5 分
			2. 定期召开会议,推进节能工作	1	核查会议通知、会议纪要及相关文件。提供 2010 年定期会议通知、纪要的,得 1 分

（续表）

序号	考核内容	分值	考核内容分解		核查方法和打分具体标准
			内　容	分值	
4	节能工作运行机制	4	3. 制定本单位工业节能工作计划和工作总结	1	核查相关文件。提供2010年本单位内部节能工作计划的,得0.5分;提供"十一五"工作总结报告的,得0.5分
5	节能目标分解落实	7	1. 节能目标分解到本单位重点用能企业	4	核查相关文件。提供2010年本单位1万t标准煤以上重点用能企业节能目标分解文件或目标责任书的,得0.5分;将节能目标分解至年耗能1万t标准煤以上控股企业的,得1.5分;分解到年耗能1万t标准煤以上非控股企业的,再得1分;分解至5 000 t标准煤以上控股企业的,得0.5分;分解至5 000 t标准煤以上非控股企业的,再得0.5分 如果本单位没有年耗能1万t标准煤以上企业,提供本单位主要用能企业节能目标分解文件或目标责任书的,得0.5分;按照实际情况将节能目标分解至控股的主要用能企业的,得1.5分;分解至非控股的主要用能企业的,再得1分;分解至规模以上控股企业的,得0.5分;分解至规模以上非控股企业的,再得0.5分
			2. 开展节能目标完成情况检查和考核,定期公布能耗指标和考核结果	3	核查相关文件。提供"十一五"节能目标完成情况检查和考核结果文件或相关材料的,得1.5分;提供公布能耗指标和考核结果时间、内容、途径、方式的,得1.5分
6	节能技术进步和节能技改实施	7	1. 低能耗高产出项目、产品增长情况	1	核查相关文件。提供2010年度低能耗高产出项目、产品清单,并且项目、产品数同比增长20%的,得1分
			2. 完成淘汰落后生产能力目标	2	以市产业结构调整办公室统计数据为准。完成5年产业结构调整计划的,得2分;完成计划90%的,得1分

节能措施
（50分）

（续表）

序号	考核内容	分值	考核内容分解		核查方法和打分具体标准
			内　容	分值	
6	节能技术进步和节能技改实施	7	3. 实施重点节能工程及节能技改工作情况	4	核查相关文件及资料。提供2010年度重点节能工程及节能技改项目清单，实施重点节能工程及节能技改项目个数同比有所增长的，得1.5分；节能量同比有所增长的，得1.5分；节能技改项目节能量占本单位能耗总量的3%以上的，得1分
7	重点企业节能工作管理	5	1. 重点用能企业户数完成节能目标情况	3	核查相关文件及资料。提供重点用能企业"十一五"节能目标完成情况表，80%完成节能目标的，得3分；70%完成节能目标的，得2分；60%完成节能目标的，得1分；60%以下者，不得分
			2. 对重点用能企业节能管理进行定期检查	2	核查相关文件及资料。提供2010年每月定期检查记录的，得1分；提供定期检查清单，覆盖范围超过60%以上的，再得1分
8	节能专项工作开展	18	1. 组织所属企业开展能效对标活动，有明显效果	2	核查相关文件。提供组织所属1万t标准煤以上重点用能企业开展对标管理活动通知文件的，得0.5分；列出70%以上1万t标准煤以上重点用能企业产品单耗标杆的，得1.5分；列出60%以上单耗标杆的，得1分；列出50%以上单耗标杆的，得0.5分；未组织所属企业开展对标管理活动的，不得分
			2. 所属重点用能企业能源利用状况报告上报情况	5	以市节能监察中心统计数据为准，2010年度上报率达到100%的，得5分；上报率达到90%以上的，得4分；达到80%以上的，得3分，达到70%以上的，得2分；达到60%以上的，得1分；未达到60%的，不得分

节能措施（50分）

(续表)

	序号	考核内容	分值	考核内容分解		核查方法和打分具体标准
				内　容	分值	
	8	节能专项工作开展	18	3. 所属企业能源审计完成情况	5	以市节能监察中心统计数据为准,"十一五"期间全部通过并且一类审计报告占 30% 以上的,得 5 分;全部通过并且一类审计报告占 15% 以上的,得 4 分;全部通过的,得 3 分;通过率达到 90% 以上的,得 2 分;达到 85% 以上的,得 1 分
				4. 节能月报上报情况	5	以市节能监察中心统计数据为准,2010 年度上报率达到 100% 的,得 5 分;上报率达到 90% 以上的,得 4 分;达到 80% 以上的,得 3 分;达到 70% 以上的,得 2 分;达到 60% 以上的,得 1 分;低于 60% 的,不得分
				5. 能源管理岗位备案	1	以市节能监察中心统计数据为准,所属企业备案率 100% 的,得 1 分;备案率 80% 的,得 0.5 分;未达到 80% 的,不得分
节能措施(50 分)	9	节能基础工作落实	9	1. 统计、计量工作	3	核查相关资料。提供企业能源统计工作相关文件或制度的,得 1.5 分;提供督促企业按标准配备能源计量器具的相关文件或制度的,得 1 分;有能源计量器具检查记录和整改记录的,得 0.5 分
				2. 参加市有关节能工作会议	2	依据市经信委会议签到单,2010 年度 1 次未参加的,扣 0.5 分;2 次以上未参加的,不得分
				3. 组织和参加节能培训工作	2	以市节能监察中心统计数据为准,"十一五"期间本单位所属企业参加能源管理岗位培训,通过率达到 95% 以上的,得 2 分;达到 90% 以上的,得 1.5 分;达到 85% 以上的,得 1 分;达到 80% 以上的,得 0.5 分;未达到 80% 的,不得分
				4. 开展节能宣传	2	核查相关资料。提供 2010 年度全国节能宣传周活动期间节能宣传活动具体方案的,得 1 分;提供参加市级节能交流资料的,得 0.5 分;提供新闻媒体宣传资料的,得 0.5 分
	小　计		100		100	

附录二

截至 2015 年公布执行的
标准及指南目录

序　号	名　　　称	标　准　号
1	工业企业能效对标管理导则	DB 31/T 671—2013
2	能源管理体系要求	GB/T 23331—2009
3	工业企业能源管理导则	GB/T 15587—2008
4	上海产业能效指南	公布的最新版
5	市级机关办公建筑合理用能指南	DB 31/T 550—2011
6	星级饭店建筑合理用能指南	DB 31/T 551—2011
7	大型商业建筑合理用能指南	DB 31/T 552—2011
8	市级医疗机构建筑合理用能指南	DB 31/T 553—2012
9	粗钢生产主要工序单位产品能源消耗限额	GB 21256—2013
10	常规燃煤发电机组单位产品能源消耗限额	GB 21258—2013
11	焦炭单位产品能源消耗限额	GB 21342—2013
12	铝合金建筑型材单位产品能源消耗限额	GB 21351—2014
13	铝及铝合金轧、拉制管、棒材单位产品能源消耗限额	GB 25326—2010
14	烧碱单位产品能源消耗限额	GB 21257—2014
15	建筑卫生陶瓷单位产品能源消耗限额	GB 21252—2013
16	铜冶炼企业单位产品能源消耗限额	GB 21248—2014
17	铜及铜合金管材单位产品能源消耗限额	GB 21350—2013
18	平板玻璃单位产品能源消耗限额	GB 21340—2013
19	电石单位产品能源消耗限额	GB 21343—2008
20	合成氨单位产品能源消耗限额	GB 21344—2008
21	黄磷单位产品能源消耗限额	GB 21345—2008
22	电解铝企业单位产品能源消耗限额	GB 21346—2013
23	氧化铝企业单位产品能源消耗限额	GB 25327—2010
24	铝电解用石墨质阴极炭块单位产品能源消耗限额	GB 25324—2014
25	铝电解用预焙阳极单位产品能源消耗限额	GB 25325—2014
26	镁冶炼企业单位产品能源消耗限额	GB 21347—2012
27	镍冶炼企业单位产品能源消耗限额	GB 21251—2014
28	铅冶炼企业单位产品能源消耗限额	GB 21250—2014
29	再生铅单位产品能源消耗限额	GB 25323—2010

（续表）

序　号	名　　　称	标　准　号
30	炭素单位产品能源消耗限额	GB 21370—2008
31	锑冶炼企业单位产品能源消耗限额	GB 21349—2014
32	铁合金单位产品能源消耗限额	GB 21341—2008
33	锡冶炼企业单位产品能源消耗限额	GB 21348—2014
34	锌冶炼企业单位产品能源消耗限额	GB 21249—2014
35	铝及铝合金热挤压棒材单位产品能源消耗限额	GB 26756—2011
36	多晶硅企业单位产品能源消耗限额	GB 29447—2012
37	纯碱单位产品能源消耗限额	GB 29140—2012
38	铜及铜合金棒材单位产品能源消耗限额	GB 29443—2012
39	铜及铜合金线材单位产品能源消耗限额	GB 29137—2012
40	铜及铜合金板、带、箔材单位产品能源消耗限额	GB 29442—2012
41	玻璃纤维单位产品能源消耗限额	GB 29450—2012
42	镁冶炼企业单位产品能源消耗限额	GB 21347—2012
43	轮胎单位产品能源消耗限额	GB 29449—2012
44	海绵钛单位产品能源消耗限额	GB 29136—2012
45	钛及钛合金铸锭单位产品能源消耗限额	GB 29448—2012
46	磷酸一铵单位产品能源消耗限额	GB 29138—2012
47	磷酸二铵单位产品能源消耗限额	GB 29139—2012
48	工业硫酸单位产品能源消耗限额	GB 29141—2012
49	稀硝酸单位产品能源消耗限额	GB 29441—2012
50	工业冰醋酸单位产品能源消耗限额	GB 29437—2012
51	硫酸钾单位产品能源消耗限额	GB 29439—2012
52	焙烧钼精矿单位产品能源消耗限额	GB 29145—2012
53	钼精矿单位产品能源消耗限额	GB 29146—2012
54	锗单位产品能源消耗限额	GB 29413—2012
55	稀土冶炼加工企业单位产品能源消耗限额	GB 29435—2012
56	甲醇单位产品能源消耗限额 第 1 部分：煤制甲醇	GB 29436.1—2012
57	聚甲醛单位产品能源消耗限额	GB 29438—2012
58	炭黑单位产品能源消耗限额	GB 29440—2012
59	煤炭井工开采单位产品能源消耗限额	GB 29444—2012
60	煤炭露天开采单位产品能源消耗限额	GB 29445—2012

（续表）

序　号	名　　称	标　准　号
61	选煤电力消耗限额	GB 29446—2012
62	中频感应电炉熔炼铁水能源消耗限额	DB 31/508—2010
63	集成电路晶圆制造能耗限额	DB 31/506—2010
64	水泥单位产品能源消耗限额	DB 31/498—2010
65	日用玻璃池窑节能运行管理及产品能耗限额	DB 31/6—2010
66	蒸发式冷凝器能效限定值及能效等级	DB 31/523—2011
67	塑料薄膜单位产品能源消耗限额	DB 31/608—2012
68	矿渣粉单位产品能源消耗限额	DB 31/581—2012
69	用能设备能量平衡通则	GB/T 2587—2009
70	设备热效率计算通则	GB/T 2588—2000
71	评价企业合理用电技术导则	GB/T 3485—1998
72	评价企业合理用热技术导则	GB/T 3486—1993
73	设备及管道绝热技术通则	GB/T 4272—2008
74	节水型企业评价导则	GB/T 7119—2006
75	用能单位能源计量器具配备和管理通则	GB 17167—2006
76	热处理生产电耗计算和测定方法	GB/T 17358—2009
77	工业锅炉经济运行	GB/T 17954—2007
78	空气调节系统经济运行	GB/T 17981—2007
79	生活锅炉经济运行	GB/T 18292—2009
80	工业炉窑保温技术通则	GB/T 16618—1996